外国心理学流派大系

FOREIGN PSYCHOLOGY SCHOOL SERIES

郭本禹 主编

智慧的发生

——皮亚杰学派心理学

丁芳 熊哲宏 著

山东教育出版社
·济南·

图书在版编目（CIP）数据

智慧的发生：皮亚杰学派心理学 / 丁芳，熊哲宏著. 2版. -- 济南：山东教育出版社，2025. 1. --（外国心理学流派大系 / 郭本禹主编）. -- ISBN 978-7-5701-3440-3

Ⅰ. B84-069

中国国家版本馆 CIP 数据核字第 2024Q7G221 号

WAIGUO XINLIXUE LIUPAI DAXI

ZHIHUI DE FASHENG——PIYAJIE XUEPAI XINLIXUE

外国心理学流派大系　　郭本禹　主编

智慧的发生——皮亚杰学派心理学　　丁　芳　熊哲宏　著

主管单位：山东出版传媒股份有限公司

出版发行：山东教育出版社

地址：济南市市中区二环南路 2066 号 4 区 1 号　　邮编：250003

电话：（0531）82092660　　网址：www.sjs.com.cn

印　　刷：山东华立印务有限公司

版　　次：2025 年 1 月第 2 版

印　　次：2025 年 1 月第 1 次印刷

开　　本：710 毫米 ×1000 毫米　1/16

印　　张：22.5

字　　数：361 千

定　　价：89.00 元

（如印装质量有问题，请与印刷厂联系调换）印厂电话：0531-76216033

主　编　郭本禹
副主编　高峰强　杨韶刚　高申春
编　委　（以姓氏笔画为序）
丁　芳　方双虎　王国芳　李广军　杨韶刚　修巧艳
贾林祥　郭本禹　高申春　高峰强　崔光辉　熊哲宏

目录

Contents

总 序

著名心理学家艾宾浩斯曾说过："心理学虽有一长期的过去，但仅有一短期的历史。"心理学的长期过去可以上溯到古希腊、古罗马时期的心理学思想，从大约公元前 6 世纪到公元 19 世纪中叶的这一时期被称为前科学心理学时期或哲学心理学时期。1879 年，冯特在德国莱比锡大学创建了世界上第一个心理学实验室，标志着科学心理学的诞生。此后的短期历史被称为科学心理学时期。科学心理学是指具有科学形态的心理学，与之相对的是前科学形态的心理学。前科学形态的心理学主要指形而上学的心理学，它以纯粹思辨的方式进行推演研究，试图揭示心理现象的本质。科学形态的心理学即科学心理学，它主要受到近代科学尤其是自然科学的影响，采用经验尤其是实验的方式进行归纳研究，得出心理现象本质的知识。

从理论形态演变上看，科学心理学的发展主要表现为不同心理学流派的产生、发展和更替过程。这一过程大致沿着科学主义心理学和人文主义心理学两条路线不断演进。科学主义心理学是主流的心理学取向，主要包括内容心理学、构造心理学、机能心理学、行为主义心理学、皮亚杰学派心理学和认知心理学等流派。人文主义心理学是非主流的心理学取向，主要包括意动心理学、精神分析心理学、格式塔心理学、现象学心理学、存在心理学和人本主义心理学等流派。现代心理学流派的发展过程大致可以划分为三个阶段：一是哲学心理学时期的思想起源，从大约公元前 6 世纪到 19 世纪 70 年代；二是心理学流派自身的历史演进，从 19 世纪 70 年代到 20 世纪 80 年代；三是心理学流派的当代效应，从 20 世纪 80 年代至今。

一、现代心理学流派的思想起源

在前科学心理学的漫长历史中，心理学曾一度是"灵魂的奴仆"、"神学的婢女"和"哲学的附庸"。现代心理学流派萌芽于古希腊，发端于近代欧洲。古希腊心理学思想表现为存在(being)与形成(becoming)的张力，近代欧洲心理学思想表现为经验主义与理性主义的对立，到科学心理学时期就演变为科学主义心理学和人文主义心理学的纷争。

1. 思想萌芽

古希腊是现代心理学流派的思想源头。在哲学形成之前，古希腊人已经开始了对灵魂(psyche)的探索。当时人们认为灵魂是一种生命气息，它在人死亡时离去。“心理学”(psychology)一词就由此而来。大约在公元前6世纪，古希腊产生了哲学。古希腊哲学致力于探究世界的本原，其中包括回答灵魂是什么。因此，此时的心理学是灵魂的奴仆。

古希腊哲学隐含着存在与形成的张力。这一张力最初体现在巴门尼德和赫拉克利特之间。巴门尼德提出，要通过理性的道路来获得确定无疑的知识。他推崇理性认识的重要性，贬低感觉经验的作用，认为后者只能产生纷乱的意见。赫拉克利特则通过“人不能两次踏入同一条河流”来表述世界变动不居的特征。他重视感觉经验的重要性，甚至认为视觉经验比听觉经验更可靠。存在与形成的张力在柏拉图和亚里士多德那里达到顶峰。柏拉图发展了巴门尼德的观点，认为存在着普遍的理念世界，变化中的现实事物只是对不变的理念的一种模仿。理性是最高级的灵魂，并指导着意气和情欲。亚里士多德是古希腊思想的集大成者，其《论灵魂》一书可以视为西方心理学史上第一本心理学著作。他持有形成的立场，对柏拉图的观点进行了改造。在他看来，世间万物都是有目的的，朝向隐得来希即自身的全面发展迈进，因而处于时刻流转中，灵魂也是如此。他强调感觉经验在灵魂中的重要地位，认为感觉限定着灵魂的认识活动。

在古希腊之后，西方心理学思想的目的虽然发生了变化，但却依然延续着存在与形成的张力。到了中世纪，一切思想均转向认识上帝，此时的心理学成为“神学的婢女”。两位基督教哲学家奥古斯丁和托马斯·阿奎那为心理学思想指出两条不同的道路。奥古斯丁提出通过内心的感受来获得上帝的启示，从而走向形成立场；托马斯·阿奎那提出通过理性和逻辑论证来获得上帝的启示，从而走向存在立场。

总之，从古希腊到中世纪，心理学从作为“灵魂的奴仆”到作为“神学的婢女”，提出了许多朴素的心理学思想，构成了现代心理学流派的思想萌芽，其间一直延续着存在与形成的张力，开启了现代科学主义心理学和人文主义心理学纷争的历史源头。

2. 思想发端

经过漫长的中世纪，西方世界从文艺复兴时期进入近代。近代自然科学的进步使世界图景发生了根本改变，从中世纪以上帝为中心的神秘世界观转变为数学的机械世界观，对哲学以及心理学产生着越来越重要的影响。近代哲学的目的从古希腊探讨世界本原是什么转向如何认识世界。近代心理学由“神学的婢女”变成“哲学的附庸”，不再是对灵魂和上帝的探讨，而是围绕如何认识世界对心理学问题展开系统的理论阐述，表现为经验主义与理性主义两种对立的观点。这两种对立的观点由先前形成与存在的张力衍生而来：经验主义延续了形成的观点，理性主义延续了存在的观点。近代心理学思想在英国和法国表现为经验主义心理学思想，在荷兰和德国表现为理性主义心理学思想。

经验主义心理学思想主张，一切心理现象均是经验（如感觉和观念）的集合或联结。经验主义心理学思想从英国的培根开始。他认为，知识和观念起源于感性世界，感觉经验是一切知识的源泉。在培根之后，经验主义心理学思想有两种形式：英国的联想论心理学思想和法国的感觉论心理学思想。英国的联想论心理学思想以经验为基础，以联想为工具，试图揭示观念的形成和发展的规律。霍布斯是联想论心理学思想的先驱，他坚持知识和观念来源于感觉经验。洛克第一个提出“联想”概念，认为联想是观念的联合，简单观念经过综合、联系和分离形成人的心灵内容。贝克莱和休谟进一步发展了联想论心理学思想，解释了空间知觉和联想规律。哈特莱是联想论心理学思想体系的建立者，试图用生理学概念把经验论和联想论结合起来，用联想去解释一切心理现象。培因是联想论心理学思想的集大成者，对联想的规律、种类和动力等进行了系统化的阐述，在联想论心理学思想向科学心理学的过渡上起到承前启后的作用。

法国的感觉论心理学思想主要受到笛卡儿关于身体是机器的思想和洛克的唯物主义经验论的影响，强调感觉经验在认识中的作用。与联想论心理学思想一样，感觉论心理学思想也认为，一切观念源自经验，所有的心理事件都能用感觉和联想规律来解释，同时，它还重视心理与脑的关系，认为心理是脑的属性，脑是思想的器官，这对科学心理学的产生起到积极的作用。拉·美特利提出了“人是机器”的观点，对后来行为主义心理学有重要的影响。孔狄亚克改造了洛克的经验论心理学思想，形成了感觉论心理学思想体系。此后经过爱尔维修和波纳等人的发展，到卡巴尼斯那里，感觉论心理学思想发展到极致，并推进了生理心理学的发展。

理性主义心理学思想主张，人的心理是一种主动活动的、富于理性的固有观念，即一切心理作用都归结为不同程度的理性。理性主义心理学思想从法国的笛卡儿开始。他认为，人的知识不是来源于感觉经验，而是来源于理性,理性的演绎是唯一正确方法。作为理性表现的知识和能力是先天具有的,因此,他主张天赋观念论。莱布尼茨是理性主义心理学思想的开创者,他提出统觉说,认为心理从无意识的微觉到最有意识的统觉,具有把握对象的不同程度。他把统觉视为对感知自身内在状态的意识,即自我意识。沃尔夫是官能心理学的创始人,他认为人的心灵具有各种官能,心灵利用其不同的官能从事不同的活动。康德提出心理的先天范畴论,并使心理过程的知、情、意三分法流行起来。他认为,统觉是人的一种先验的综合统一的认识能力。赫尔巴特第一次明确宣称心理学是一门科学,但还需要建立在形而上学之上,仍属于哲学的科学。他还将统觉团等思想应用到教育心理学中。陆宰是实验心理学建立前的最后一位哲学心理学家,提出空间知觉的符号部位说,在理性主义心理学思想向科学心理学的过渡上起到承前启后的作用。

总之,近代心理学思想具有丰富的内容,形成了系统的心理学思想体系。它与近代科学一起,直接促成了科学心理学的诞生。经验主义心理学思想提出被动的心灵观,强调主体后天的经验性、心理活动的元素性和被动性,将人的心理视作静态的联想过程。理性主义心理学思想提出主动的心灵观,强调主体先天的主动性、心理活动的整体性和动力性,将人的心理视作发展的过程。经验主义心理学思想演变为现代心理学中的科学主义心理学,理性主义心理学思想演变为现代心理学中的人文主义心理学。正是在这种意义上,近代心理学思想成为现代心理学流派的思想发端。

二、现代心理学流派的历史演进

科学心理学产生于19世纪70年代,一开始就表现为两种理论形态,即科学主义心理学和人文主义心理学。科学主义心理学的第一个学派是冯特创立的内容心理学(主要是实验心理学),人文主义心理学的第一个学派是布伦塔诺创立的意动心理学。内容心理学与意动心理学形成了心理学史上两条路线之间的第一次对立与纷争。自此,科学主义心理学与人文主义心理学各自相对独立发展,两者之间少有相互交流和彼此借鉴。

过去人们主要是从狭义上来理解科学心理学,认为科学心理学完全等同于冯特创立的内容心理学(主要是实验心理学)。现在人们倾向于从大科学观来看待科学,认为科学既包括自然科学也包括人文科学和社会科学。尽管两者的研究对象不同、追求的真理目标和价值不同、探究真理的方式和方法不同,但它们毕竟都是科学,都以探究终极真理为己任。对于以既具自然属性又具社会属性的人为研究对象的科学心理学来说，只有以实验心理学为代表的科学主义心理学是远远不够的，还需要另一种心理学即人文主义心理学。历史发展的事实也是如此，1874 年，冯特的《生理心理学原理》(下卷)和布伦塔诺的《经验观点的心理学》同时出版，这两本著作都把新心理学界定为一门经验科学，分别标志着现代科学主义心理学和现代人文主义心理学的开端。因此，科学心理学有两个创始人或者说有两位“父亲”，一个是冯特，另一个是布伦塔诺。过去人们之所以只提冯特是科学心理学之父，是因为波林那本著名的《实验心理学史》教科书造成了我们的误解。波林是铁钦纳的学生，铁钦纳力图把自己标榜为冯特的正统传人，要求波林按照他的实验心理学内容重新解读冯特的心理学体系。[①] 因此，在《实验心理学史》中大量论述冯特等人的实验心理学内容，而对冯特的对立者布伦塔诺等人的贡献则不予重视，以至于布伦塔诺被历史埋没了近半个世纪，成为学术史上的“隐身人”。这不能不说是一个历史的误会！我们今天需要澄清铁钦纳和波林所造成的误解，还布伦塔诺及其意动心理学的历史本来面目。

在现代心理学流派的演进过程中，有的作为一个心理学派别已经消失，融进了心理学的历史进程，如内容心理学、意动心理学和机能心理学等；有的犹如老树常青，如行为主义心理学和精神分析心理学在今天仍然具有活力。某些较大的心理学流派又包括一些较小的分支派别，如行为主义前后有三代，精神分析更是分支派别繁多。

1. 科学主义心理学流派的历史演进

科学主义心理学亦称自然科学心理学，是指一种以自然科学为价值定向的心理学研究取向，它坚持心理学的自然科学观和实证主义的客观实验范式，力图建构以自然科学为模板的心理学理论模式。科学主义心理学是主流的心理学取向，它从内容心理学开始，依次表现为构造心理学、机能心理学、行为主义心理学、皮亚杰学派心理学和认知心理学等派别。它们之间具有明显的连续性，要么是一种继承关系，如构造心理学对内容心理学的继承；要么具有对立关系，如认知心理学对行为主义心理学的反动。

(1) 内容心理学。

科学主义心理学从冯特的内容心理学(content psychology)开始。在冯特之前，心理学一直附庸于哲学，处于默默无闻的状态。冯特全面总结了哲学心理学、生理学和心理物理学的研究成果，把哲学心理学的理论观点、自然科学的研究方法与心理学的有关研究课题结合起来，将实验法引入心理

① 据说波林每写完《实验心理学史》的一章，都要交给铁钦纳审读。

学研究领域，于1879年在德国莱比锡建立了世界上第一个心理学实验室，使心理学获得了科学的形态，标志着现代科学心理学的确立。莱比锡成为世界新心理学的圣地，各国的学生都前往跟随冯特学习。

冯特创立的实验心理学，开辟了科学心理学的科学主义研究路线。冯特认为，科学心理学应该是一门经验科学，他把心理学的研究对象规定为直接经验，而不同于自然科学所研究的间接经验。他认为，心理学作为研究心理、意识事实的一门经验科学，其任务就在于分析出心理或意识的元素，并确定元素构成复合观念的原理与规律。冯特通过实验内省法分析，发现最基本的心理元素有两个，即感觉元素与感情元素。任何复杂的心理现象都是由心理元素结合而成的，简单的心理元素通过联想、统觉结合成为心理复合体。正是从这个意义上说，冯特的实验心理学被贴上"内容心理学"的标签。冯特的内容心理学与其同时代的布伦塔诺的意动心理学形成直接对立，这也是科学主义心理学与人文主义心理学长期纷争的开始。

与冯特同时代的德国心理学家艾宾浩斯和缪勒等人发展了他的内容心理学。艾宾浩斯创造性地运用实验法研究记忆这种高级的心理过程，开辟了实验研究的新领域。缪勒在哥廷根大学创建了一个设备完善的心理学实验室，其地位仅次于莱比锡心理学实验室，吸引了从欧洲和美国来的许多学生，取得了多方面的研究成果。以冯特的学生铁钦纳为代表的构造心理学(structural psychology)又称构造主义(structuralism)，其思想体系继承和发展了冯特的内容心理学的主要观点，特别是在坚持心理学是一门实验科学的观点上，二者一脉相承，可以看成是冯特的内容心理学的极端形式。

(2) 机能心理学。

机能心理学(functional psychology)产生于19世纪末20世纪初的美国，是美国本土出现的第一个正式的科学心理学思想体系。早在1890年，美国心理学之父詹姆斯在《心理学原理》中就将机体适应环境的心理功效规定为心理学的研究对象，这为19世纪末20世纪初的美国心理学定下了机能心理学的总基调。美国机能心理学与德国实验心理学之间存在着密切的关系。冯特在德国创建了心理学实验室之后，美国有许多年轻人来到冯特的实验室学习新的内容心理学，这些人回国后热心倡导生理心理学和实验心理学，并在各自所在的大学开设新课程，建立实验室。这样，德国实验心理学的科学形式就传入了美国，为美国的心理学家们提供了一种科学的思维方式和研究手段。但是美国年轻一代的心理学家不赞成冯特只以实验的内省方法研究纯粹的意识内容，强调用观察、测验和实验等多种方法研究意识或心理功能。他们认为，心理学可用于解决人们在不同的环境中如何活动、如何适应不同的环境等日常生活问题。

机能心理学有狭义和广义之分，与构造心理学直接对立的是狭义的机能心理学，即以杜威、卡尔、安吉尔为代表的芝加哥学派。代表美国心理学一般特征和总体倾向的是广义的机能心理学，即以卡特尔、桑代克、武德沃斯为代表的哥伦比亚学派。随着构造心理学因1927年铁钦纳逝世而消失，狭义的机能心理学由于失去了对立面逐渐退出历史舞台。而广义的机能心理学由于随后行为主义心理学的产生，也完全融入了美国心理学发展的历史洪流之中。

(3) 行为主义心理学。

行为主义(behaviorism)是20世纪初起源于美国的一个心理学派别，它在20世纪70年代之前是实验心理学中最有影响的运动，被称为心理学的“第一势力”。1913年，华生发表的《行为主义者心目中的心理学》一文标志着行为主义的诞生。华生抨击了传统上研究意识的内省心理学，批判了构造心理学和机能心理学，并声称心理学应该抛弃内省法而采用客观的实证方法研究可观察的外显行为。由此，行为主义作为一种新生的力量登上了心理学的历史舞台，其浩大的声势很快席卷了美国，并几乎遍及全世界，成为心理学史上著名的“行为主义革命”，被称为心理学史上的“第一次革命”。

行为主义的发展经历了三代。从1913年到1930年，是以华生等人为代表的第一代行为主义，又称古典行为主义。与华生同时代的魏斯、霍尔特、亨特、拉施里以及中国的郭任远等人，也对行为主义的推广做出了重要贡献。从20世纪30年代至60年代，赫尔、托尔曼、斯金纳等人对华生的极端简单化的观点和方法不满，都采纳操作主义和逻辑实证主义的哲学观点，开展了一系列研究，形成了各具特色的新体系，共同促生了第二代行为主义的心理学运动，也被称为新行为主义(neobehaviorism)。尽管第二代行为主义的术语名称、理论观点、概念体系等各不相同，但其行为主义的基本立场却是一致的。从20世纪50年代起，随着赫尔、托尔曼的过世，只有斯金纳等少数人仍坚持激进的行为主义观点，更多的批评者则看到了行为主义的实证主义哲学基础、严格的环境决定论以及人兽不分观点的严重缺陷。罗特、班杜拉、米契尔等更新一代的行为主义者，采取了更加温和的态度，大胆引入刚刚兴起的认知心理学的术语来说明人的行为，力图克服行为主义的危机，对行为主义进行认知心理学改造，形成了第三代行为主义，又称新的新行为主义(new-neobehaviorism)。

(4) 皮亚杰学派心理学。

皮亚杰学派(Piagetians)是20世纪20年代由瑞士心理学家皮亚杰创立

的。由于该学派的研究工作主要是在日内瓦大学及日内瓦发生认识论国际研究中心进行的，因此又称日内瓦学派。皮亚杰学派通过研究个体的认识发生，把认识论和心理学紧密结合起来创立了发生认识论，在心理学史上第一次系统而完整地描绘了儿童心理的发生和发展，指明儿童心理发展的实质是个体通过同化和顺化这两种形式来适应环境达到有机体与环境的平衡，并进一步详细探讨了儿童心理发展的结构、影响因素和发展阶段。皮亚杰学派对心理学、哲学和教育学诸多学科领域产生了广泛而深远的影响。

自20世纪50年代中期以来，皮亚杰理论受到了严重的挑战与诘难，出现了新皮亚杰学派（neo-Piagetians）和后皮亚杰学派（post-Piagetians）。新皮亚杰学派采用信息加工观点，对经典的皮亚杰体系作出一定的修正，使之更完善和更具解释力。后皮亚杰学派从地域上是指那些法语世界的学者（主要是法国和瑞士）所形成的一个松散的联盟，他们（也包括少数说英语的学者）在方法论上主张或实际从事以皮亚杰的临床法为标准构建发展量表和运算测验，在理论上主张差异心理学与发展心理学的真正整合。

(5) 认知心理学。

认知心理学（cognitive psychology）有广义和狭义之分，广义的认知心理学指的是所有侧重研究人的认知过程的心理学，狭义的认知心理学专指现代认知心理学。现代认知心理学表现为三种理论形态：信息加工论心理学、联结主义认知心理学和生态论认知心理学。

信息加工论认知心理学产生于20世纪50年代中期，其主要代表人物有纽厄尔、西蒙和奈瑟等人。它以“心理活动像计算机”为隐喻，用信息加工的观点看待人的认知过程，认为人的认知过程是一个接受、加工、贮存和输出信息的过程。由于这种观点以符号操作为基础，通过符号的串行加工方式建立心理模型，故又称符号论认知心理学。信息加工论认知心理学把以往被行为主义排挤到后台的意识重新拉回到心理学研究的前台，实现了心理学研究对象的回归。它还在继承传统科学主义心理学的客观实证方法基础上，综合运用反应时实验和自我观察法，尤其把计算机模拟方法作为重要研究工具，取得了心理学研究方法的突破。20世纪70年代，信息加工认知心理学成为心理学研究的主流，席卷了心理学的大多数分支。它的兴起被称作心理学史上的一场“认知革命”，相对于先前的行为主义革命是心理学史上的“第二次革命”。

20世纪80年代以来，联结主义认知心理学开始复兴。在联结主义心理学看来，人脑不能简单地等同于计算机，符号加工与真实的人类心理加工存在很大差距。它提出以大脑隐喻代替计算机隐喻，把大脑视为生物的神经网络，以平行分布加工代替串行加工。联结主义认知心理学试图构建一个更接近于神经活动的认知模型，暂时缓解了认知心理学遇到的困难。

从20世纪90年代开始，生态论认知心理学受到研究者的重视。它批判认知心理学注重实验室研究、远离日常生活的倾向，强调心理是人与环境互动的结果，主张心理学应当走出实验室、在现实环境中研究人的心理和行为，追求心理学研究的生态学效度，促进了认知心理学与实际生活的联系。

2. 人文主义心理学流派的历史演进

人文主义心理学亦称人文科学心理学，是指一种以人文科学为价值定向的心理学研究取向，它坚持心理学的人文科学观和现象学（存在主义、解释学）的主观经验范式，力图建构以人文科学为模板的心理学理论模式。人文科学心理学是非主流的心理学取向，它的发展有两条线索：一条从意动心理学开始，依次表现为格式塔心理学、现象学心理学、存在心理学、人本主义心理学、超个人心理学等流派，它们之间具有明显的连续性；另一条从古典精神分析心理学开始，依次表现为自我心理学、客体关系学派、自体心理学、社会文化学派、存在分析学、马克思主义精神分析学、后现代精神分析学等，它们之间也具有明显的连续性。当然，这种划分无论是时间上还是在思想渊源上都具有一定的相对性和交叉性。例如，存在心理学与精神分析学具有很大的关联性，存在心理学有时又称存在精神分析学或简称存在分析学。再如，作为存在心理学家的罗洛·梅和布根塔尔等人也可以归入人本主义心理学阵营。

(1) 意动心理学。

人文主义心理学从布伦塔诺的意动心理学（act psychology）[①]开始。意动心理学有狭义、广义之分。狭义的意动心理学主要是指布伦塔诺的意动

① 布伦塔诺开创了意动心理学的体系，但并未提出“意动心理学”这个概念。“意动心理学”进入心理学界，首先要归功于铁钦纳，他于1921年和1922年在《美国心理学杂志》上连续发表《机能心理学与意动心理学：Ⅰ》和《机能心理学与意动心理学：Ⅱ》，区分出两种心理学团体：关注生物学方面的机能心理学和关注意向方面的意动心理学。他明确指出，意动心理学以布伦塔诺、麦农、斯顿夫、立普斯、胡塞尔和屈尔佩为代表，英国的斯托特也受到布伦塔诺的影响。（Titchener，E. B.，Functional psychology and the psychology of act：I. *American Journal of Psychology*，1921，32，pp. 519～542）1921年，他又在《美国心理学杂志》上发表《布伦塔诺与冯特：经验与实验的心理学》，认为他们开创了不同的心理学取向。他说：“心理学的学生，尽管其得益是双倍的，但依然必须在这一个和另一个之间作出选择。在布伦塔诺和冯特之间，没有中间的道路。”（Titchener，E. B.，Brentano and Wundt：empirical and experimental psychology. *American Journal of Psychology*，1921，32，pp. 108～120）在铁钦纳之后，他的忠实的学生波林继承了老师的观点，将布伦塔诺和冯特视作两种阵营。他说：“19世纪后期和20世纪早期的系统心理学的分歧在于意动和内容，也就是在于布伦塔诺和冯特。”（波林著，高觉敷译：《实验心理学史》，商务印书馆1981年版，第406页）

心理学，广义的意动心理学除了布伦塔诺的意动心理学，还包括斯顿夫的机能心理学①、形质学派、符茨堡学派等。

布伦塔诺不同于冯特，他主张把意动作为心理学的研究对象，强调心理的意向性、活动性和整体性；提倡通过直接体验的方法，如内部知觉方法，来研究心理现象的组织规律和本质。布伦塔诺最先确立了意动心理学体系。在他之后，其学生斯顿夫提出机能心理学，麦农和厄棱费尔等人提出形质心理学，推进了意动心理学的发展。同时，冯特的学生屈尔佩站在意动心理学的立场上，领导符茨堡学派进行无意象思维的研究，并提出二重心理学，尝试调和意动心理学和内容心理学。此外，英国的沃德和斯托特、法国的里博和沙可也受到意动心理学的影响，推动了意动心理学在英国和法国的发展。

布伦塔诺等人的意动心理学与冯特等人的内容心理学相抗衡，开创了心理学中的人文主义路线与科学主义路线对立之先河。在意动心理学之后，弗洛伊德受到布伦塔诺的心理意动观的影响创立了精神分析心理学，惠特海默等人受到斯顿夫的影响，提出格式塔心理学，作为心理学中的"第三势力"的现象学心理学和人本主义心理学也回应了意动心理学。

(2) 格式塔心理学。

格式塔心理学(Gestalt psychology)又译"完形心理学"，包括两个分支，一是格式塔心理学的格拉茨学派，二是格式塔心理学的柏林学派②。1890—1900 年间，厄棱费尔和麦农将其老师布伦塔诺的意动心理学具体运用到形、形质问题的研究上，认为形、形质的形成有赖于意动。后来这一思想又通过威塔塞克和贝努西等人的努力继续传播于世。由于他们提出形质学说，故称为形质学派。这一学派是以奥地利的格拉茨大学为中心，又称格拉茨学派。

格式塔心理学的柏林学派由惠特海默、苛勒和考夫卡三位德国心理学家于 1912 年创立。这个学派最初以反对冯特的元素论作为出发点，强调经验和行为的整体性，认为整体不等于且大于部分之和，整体的性质决定部分的性质，部分的性质则有赖于它在整体中的关系、位置和作用。整体观贯穿

---

① 斯顿夫的机能心理学不同于美国心理学的机能主义，对后者也没有直接的影响。斯顿夫的机能强调的是一种逻辑的机能，而美国机能主义强调的是一种生物或适应的机能。

② 史密斯指出，格拉茨学派可以与柏林学派并列，作为格式塔心理学的两个中心。(Smith, B., *Austrian Philosophy*: *The Legacy of Franz Brentano*, Open Court Publishing Company, 1994, pp. 259～272)林登费尔德也指出："格拉茨学派本来能够轻易地成为战争时期[指第一次世界大战]格式塔心理学主要的中心。"(Lindenfeld D. F., *The Transformation of Positivism Alexius Meinong and European Thoug*, *1880—1920*. University of California Press, 1980, p. 237)

于柏林学派体系之中，在对知觉、心身关系、思维、学习和人格问题的解释上都体现了这一观点。由此出发，柏林学派十分注重心理各成分之间的动力性、交互性和系统性。

柏林学派承认形质学派的地位与作用，在诸多方面与其保持一致：它们都坚持整体论观点，反对元素论观点；都把对形式和图形关系尤其是知觉作为核心主题。不过，格拉茨学派与柏林学派间存在着一定的差异。两个分支的争论反而成了格式塔心理学发展的动力，这反映在后来意大利的格式塔心理学发展上。

格式塔心理学的柏林学派除了三位创始人之外，后来受到柏林学派影响的勒温转向团体动力学，可以视作是对格式塔心理学的一种继承和发展。海德和费斯汀格等继承和发展了团体动力学，各自提出新的理论和学说，并在美国社会心理学界长期占据着统治地位，而格拉茨学派在一定程度上被冷落了。

（3）现象学心理学。

在20世纪五六十年代，美国的现象学心理学、存在心理学和人本主义心理学以相似的人文主义心理学观点共同构成心理学的“第三势力”，它们共同反对心理学的“第一势力”行为主义心理学和“第二势力”精神分析心理学。在严格意义上，“第三势力”心理学都是心理学的一种共同研究取向，而非一个严格意义上的学派。当然，从起源上看，现象学心理学和存在心理学都比人本主义心理学出现得较早。

现象学心理学(phenomenological psychology)是产生于20世纪上半叶的一种心理学取向，它上承人文科学心理学最初形态的意动心理学，并受到现象学哲学的直接影响。它从直接呈现的经验出发，坚持意向性观点，对经验加以描述。胡塞尔的现象学心理学和哥廷根的实验现象学构成了现象学心理学的最早思想雏形。从地域上看，现象学心理学可分为欧洲的现象学心理学与美国的现象学心理学。前者主要有以萨特和梅洛—庞蒂为代表的法兰西学派、以伯伊滕蒂克等人为代表的乌特列支学派。后者兴起于20世纪40年代，到60年代逐渐形成了以乔治为代表的迪尤肯阵营。美国的现象学心理学的兴起过程主要是吸收与转化现象学哲学和欧洲现象学心理学的过程，这个过程实际上是现象学心理学在美国的本土化过程。1970年，乔治创办《现象学心理学杂志》，在现象学心理学发展中具有标志性意义。从理论形态上，现象学心理学可以分为三个维度六种形态：在研究方式上，表现为思辨的与实验的现象学心理学；在研究取向上，表现为经验与解释的现象学心理学；在研究领域上，表现为存在与超个人的现象学心理学。

(4) 存在心理学。

存在心理学(existential psychology)主要受到存在主义哲学和精神分析心理学的影响,以人的存在为核心观点,采用现象学方法,来理解人的爱、本真、自由、焦虑、孤独、死亡等存在状态。存在心理学家在坚持心理学的存在主义观点和现象学方法方面是一致的,但他们在研究主题上又各有侧重。存在心理学在20世纪三四十年代兴起于欧洲,并在五六十年代发展于美国和英国。早期的欧洲存在心理学的主要代表人物是瑞士的宾斯汪格、鲍斯和奥地利的弗兰克尔等人。美国的存在心理学以罗洛·梅为领军人物,此后还有布根塔尔、施奈德和雅洛姆等人。1958年,罗洛·梅等主编的《存在:心理学与精神病学中的一种新维度》是美国的存在心理学发展的一个里程碑。1959年,在美国心理学会的年会上举办了关于存在心理学的研讨会,会议论文由罗洛·梅主编并以《存在心理学》(1961)为题出版。1960年开始,美国陆续创办了几种存在心理学杂志,如《存在精神病学》(1960,后更名为《存在主义杂志》)、《存在心理学与精神病学评论》(1961)、《存在分析者》(1964)、《存在精神病学》(1964)等,这些刊物成为存在心理学最重要的阵地。英国的存在心理学以莱因等人为代表。

(5) 人本主义心理学。

人本主义心理学(humanistic psychology)诞生于20世纪五六十年代,是美国心理学中的一种新思潮和革新运动。它假定每个人的内部都存在着一种成长的机制,这种机制可以促使人们在环境允许的情况下实现他们的潜能,而心理学家的目标和责任就是关注这种内部潜能,并寻求各种方法来帮助人们实现这种潜能。奥尔波特、马斯洛、罗杰斯等人是其主要代表人物,此外,存在心理学家罗洛·梅和布根塔尔等人的思想也具有人本主义心理学倾向。在20世纪60年代末,从美国人本主义心理学中又分化出超个人心理学,它是人本主义心理学创始人马斯洛和萨蒂奇等人在对人本主义心理学进行自我扬弃的基础上提出来的。超个人心理学超越了人本主义以个人的自我实现为目标的狭隘认识,迈向以研究人类心灵与潜能的终极价值和真我完满实现为目标。人本主义心理学理论形态包括以奥尔波特、马斯洛、罗杰斯等人为代表的自我实现理论、以罗洛·梅和布根塔尔等人为代表的自我选择论和以马斯洛和萨蒂奇等人为代表的自我超越论。

(6) 精神分析心理学。

精神分析(psychoanalysis)由奥地利著名医生弗洛伊德于19世纪末创立,它既是一种治疗心理疾病的方法,又是一种潜意识的心理学说。精神分析最初是从神经症治疗实践中产生的,逐渐发展成为现代西方心理学的一个主要流派，被称为西方心理学的“第二势力”。自 20 世纪 20 年代以来，精神分析逐渐超越了心理学的范围，扩展到社会科学的诸多领域，开创了一场人类思想文化运动。可以说，精神分析心理学是西方心理学史上绵延最长、影响最大、分支派别最多的一个心理学流派。

自从弗洛伊德创建精神分析理论以来，精神分析运动已经经历了百年的发展历程，其发展循着内部和外部两条路径。内部发展路径指的是精神分析内部的不断分裂与重组、演变与发展。其逻辑线索是，弗洛伊德所倡导的驱力模式，经过荣格、阿德勒等人的过渡之后，进一步演化为自我模式、关系模式和自体模式，分别对应着以安娜、哈特曼和埃里克森等人为代表的自我心理学，以克莱因、费尔贝恩和克恩伯格等人为代表的客体关系学派和以科胡特等人为代表的自体心理学等，它们从学科内部推动着精神分析运动向前发展。外部发展路径指的是弗洛伊德之后的精神分析从外部学科，如医学、社会学、文化学、哲学、语言学等积极汲取养分，一些精神分析学家把传统精神分析学与其他学科相结合，分别出现了以霍妮、沙利文、卡丁纳和弗洛姆等人为代表的社会文化学派，以宾斯万格、鲍斯、罗洛·梅、莱因等人为代表的存在分析学，以赖希、马尔库塞和弗洛姆等人为代表的马克思主义精神分析学，以拉康等人为代表的后现代精神分析学等，它们推动了精神分析运动向外发展。

精神分析百年运动的发展历程是一个不断分裂与整合的过程。其整合过程就是不断地克服片面性、极端性从而逐渐地走向互相吸收、融合的历程，表现在它的不同发展阶段之间、其内部的各种模式之间以及它与外部诸多学科之间的相互吸收与融合。精神分析运动的整合逻辑与其发展逻辑相一致，也循着内部整合与外部整合两条路径。内部整合路径是指精神分析内部的各种模式之间的整合，即对驱力或本能、自我、客体关系与自体模式之间的不断整合，包括雅可布森的自我理论整合、克恩伯格的客体关系理论整合、科胡特的自体理论整合和米契尔的关系理论整合等。外部整合路径是指精神分析与外部邻近学科，如社会学、文化学、哲学、语言学、医学和神经科学之间的整合，包括社会文化学派的文化理论整合、存在精神分析的人本主义理论整合、拉康的语言学理论整合和神经科学的科学化整合等。无论是内部整合还是外部整合都推动了精神分析运动不断向前发展。

三、现代心理学流派的当代效应

20世纪80年代以来，西方心理学进入“后体系时代”(postsystem era)①。尽管一些学派和思潮如行为主义心理学、认知心理学、精神分析心理学、人本主义心理学等依然存在，但是，学派纷争日益淡化，学派界限日趋模糊，大多数心理学家更倾向于具体问题的研究，提出一些微观理论模型，而不大关心学派建设。就宏观理论观点而言，当代心理学也出现了一些新的研究趋势。这些新趋势一方面延续着科学主义心理学与人文主义心理学的分野。例如，联结主义认知心理学、认知神经科学、生态心理学、进化心理学等主要体现了科学主义心理学精神，后现代心理学、女性主义心理学、叙事心理学、文化心理学、积极心理学等主要体现了人文主义心理学精神。同时，这些新趋势在一定程度上也体现了科学主义心理学和人文主义心理学之间相互吸收和融合的新特点。当代出现的这些心理学的新趋势，只能看成是新的心理学研究取向，还不能视为严格意义上的心理学派别，而且，它们各自的代表人物也没有打算创立什么新的学派。

1. 科学主义心理学流派的当代效应

以自然科学为价值定向的科学主义心理学的当代趋势主要有：联结主义认知心理学、认知神经科学、生态心理学和进化心理学等。表面上看来，虽然不断有新的特征纳入到这些趋势中，比如多学科的交叉性以及研究方法的多元化，但是这些趋势在总体上却都反映出了诸如坚持经验证实原则、强调量化研究等科学主义心理学所固有的研究特征。

(1) 联结主义认知心理学。

联结主义认知心理学(connectionist cognitive psychology)是联结主义模型研究于20世纪80年代在认知心理学领域的复兴。它的复兴既逢信息加工论认知心理学遭到怀疑与困难之时，又得益于脑科学和神经科学的飞速发展。1986年，鲁梅尔哈特和麦克里兰编辑出版的联结主义“圣经”《并行分布加工：认知结构的微观探索》一书，标志着联结主义认知心理学进入发展的鼎盛时期。联结主义认知心理学以“心理活动像大脑”为隐喻基础，把认知过程类比为神经网络的整体活动，把认知系统看做是简单而大量的加工单元的联结网络，网络中的每一单元在某一特定时刻总是处在某种激活

---

① Brennan, J. F. (2003). *History and systems of psychology*. New Jersey: Pearson Education, p. 280.

水平上，其实际的激活水平与来自环境和其他与之相连的单元有关。在联结主义看来，知识并不存在于特定的地点，而是存在于单元之间的联结之中，学习就是建立新的激活模式或改变单元之间的联结强度，因此，不同的激活模式能够解释不同的认知过程。相对于信息加工论认知心理学，联结主义认知心理学所研究的人工神经网络与大脑的功能方式更为一致，因为人脑就是由大量神经细胞以复杂方式联结起来的。联结主义认知心理学为处于危机中的认知心理学带来了新的生机，被称作“在认知解释方面的一场哥白尼式的革命”①，但它以对大脑的同构型或同态型模型为研究对象本身就具有一定的局限性。

(2) 认知神经科学。

认知神经科学(cognitive neuroscience)是20世纪80年代末出现的一种主要研究趋势。这一趋势重在研究和探讨人类心理及其活动的脑基础，以便揭示出人类心理和大脑之间的关系。认知神经科学融合了多个学科，比如脑科学、认知科学、神经科学等。这一新趋势有两点基本主张：一是认为脑结构与脑功能具有多层次性的特点；二是认为虽然人脑的结构是脑功能的基础，但在结构和功能之间并非简单的对应关系。这一趋势以传统认知心理学的行为实验研究方法为基础，主要采用脑功能成像技术进行研究。这其中主要包括基于脑代谢或脑血流变化的正电子发射断层扫描技术(PET)、功能性核磁共振成像技术(fMRI)和基于脑电或脑磁信号的脑生理功能成像的事件相关电位技术(ERP)、脑磁图技术(MEG)。认知神经科学将认知科学中的精细、严密的实验设计和现代神经科学中的先进技术相结合，丰富了心理学的研究，促进了人们对心理学中的一些重要主题研究的深入。有观点甚至认为认知神经科学正取代认知心理学成为心理学发展的新阶段。② 虽然这一新的趋势目前还正处于进一步发展和完善之中，但相信它会给心理学研究带来更多的借鉴和突破。

(3) 进化心理学。

进化心理学(evolutionary psychology)是在20世纪80年代末期出现于心理学研究领域中的一种新的研究趋势，其主要代表人物有巴斯、考斯麦茨、巴库等人。进化心理学主要受到本能心理学、认知科学和精神分析理论的影响，在方法论上主要运用生物学的进化理论来探讨人类心理的起源和

① Andy Clark & Rudi Lutz(1992). *Connectionism in context*. Springer-Verlag, p. 9.

② 索拉索编，朱滢、陈烜之等译：《21世纪的心理科学与脑科学》译者前言，北京大学出版社2002年版，第12页.

本质，并尤其强调自然选择的机制。这一趋势的基本观点主要包括：理解心理机制的关键在于过去；功能分析是理解心理机制的最主要途径；人类在解决问题的过程中逐渐演化出心理机制；心理机制具有模块性；人类的行为和表现是外部环境和心理机制相互作用的结果。进化心理学的研究主要建立在多种方法和数据来源的基础之上，通常采用比较法和实验法对所提出的假设进行检验，数据资料主要来源于观察资料、自我报告、生活史、考古学记录、狩猎采集社会的数据等。进化心理学把心理学的研究融进了生命科学的研究范围之中，拓宽了心理学的研究领域，并对人性等问题做了深入探讨。虽然进化心理学目前尚存在诸多争议，但是它无疑启发并促进了心理学的深入研究和纵深发展。

(4) 生态心理学。

生态心理学(ecological psychology)是在20世纪80年代末最终确立并得以发展的心理学新趋势之一。它受到科学、哲学和心理学等多个学科的影响，但以心理学的影响为主。在心理学领域中，生态心理学既受到机能主义心理学、行为主义心理学、认知心理学等这些主要的科学主义心理学流派的影响，又受到格式塔心理学、精神分析心理学和人本主义心理学等人文主义心理学流派的影响。从这些影响中，我们可以看到生态心理学这一新趋势在总体上反映了科学主义心理学和人文主义心理学的融合迹象。生态心理学的特征主要包括：强调人类心理的整体性；主张心理学的研究应面向生活世界；主要关注生态危机。在研究方法上，生态心理学虽然倡导多元化取向，但在实际研究中往往以注重生态效度的实验法、以行为抽样记录为主的自然观察法、以背景评估为主的测量法以及档案法为主。由于生态心理学的发展处在以科学主义为主导的当代心理学氛围下，不可避免地对经验和实验尤为注重，这也在一定程度上限制了生态心理学的发展空间。

2. 人文主义心理学流派的当代效应

以人文社会科学为价值定向的人文主义心理学的当代趋势主要有：后现代心理学、女性主义心理学、叙事心理学、文化心理学、积极心理学等。它们主要以现象学为哲学基础，以质化描述和个案分析方法研究现实生活中人的整体经验世界，关注人的价值、尊严、情感的理解和体验等主题，重视社会和文化因素对人的心理的影响。

(1) 后现代心理学。

后现代心理学(postmodern psychology)是在20世纪80年代中后期，受到后现代文化思潮的直接影响，在西方主流心理学面临困境与危机的情势下产生的一种心理学新趋势。它直接缘起于在心理学界处于非主流地位的人文科学定向的心理学思想。它以批判和消解科学主义心理学，并从后现代视野重新审视和重构心理学为基本特征。后现代心理学反对把心理学视为一门自然科学，从总体上倾向将心理学划为人文科学阵营；反对只研究可观察的对象，主张扩大心理学的研究对象；反对以实证方法为中心和量化分析，主张质化研究；反对原子论、还原论、客观论、决定论，倡导整体论、建构论、去客观化、或然论；反对追求普适性真理、价值中立和把人视作机器的观点，主张淡化对普适性真理的追求，关注事实与价值的融合，张扬人性；反对将知识视为客观实在，主张把知识放到社会背景中，视其为人际互动和社会建构的结果。后现代心理学作为后现代文化思潮的重要组成部分，体现出人文科学的精神，对人文主义心理学领域具有积极意义。

(2) 女性主义心理学。

女性主义心理学(feminist psychology)产生于20世纪60年代末以来的西方女性主义思潮背景之下。其发展逻辑体现为三种研究取向：20世纪六七十年代出现的经验论女性主义心理学，20世纪80年代出现的立场论女性主义心理学和20世纪90年代出现的后现代女性主义心理学，其中后现代女性主义心理学占据主流地位。女性主义心理学的主流观点是：消除心理学中男性中心的偏见，建立“性别公平”的“好科学”；反对实证霸权，主张采用适于女性的多元方法，如质化方法；反对传统心理学的客观和价值中立的研究模式，提倡在社会文化背景下对女性的主观经验如价值、情感和信念的深度理解；主张从社会性别视角革新咨询关系，尊重女性能力、尊严及价值，强调赋予自我决定的治疗目标，建立平等的咨询关系。女性主义心理学对我们全面认识人类心理和关注女性心理起到独特作用。

(3) 叙事心理学。

叙事心理学(narrative psychology)诞生于20世纪80年代中期，它受到后现代文化思潮的影响，是现代文学中的叙事分析与社会心理学相结合的产物。它是通过分析神话、民间故事、小说等虚构文本来探讨和理解我们精神世界的意义系统和结构的一种人文主义心理学取向。叙事心理学以自我叙事表征心理过程的核心特征，主张用话语分析等质化方法研究人的意义、价值、情感和人格，研究人的生活故事，其目标是理解，而非实证和解释；它强调人的心理的情景性和生成性，既关注日常生活世界中人的发展过程的连续性，又注重对人生链条上每一个故事内容的分析；它认为心理问题产生的原因在于外界事物导致个体生活故事的连续性遭到破坏，心理治疗的目的是帮助个体“修复故事”或重构一个新故事。叙事心理学以其独特的研究方法和视角，启示我们重新审视传统心理学的目标和方法。

(4) 文化心理学。

文化心理学(cultural psychology)是20世纪末产生的一种心理学取向,是对主流心理学困境与危机的一种反应和结果。它主要通过人文科学模式研究特定文化中人的心理或行为,重视实际语境,强调生态学研究方法,重视主位研究、同文化研究和本体论解释学研究。它强调文化与心理的创生关系和互动关系,力图改变传统文化与心理学领域研究中的文化决定论模式。文化心理学主要有三种取向:符号理论取向、活动理论取向和个人主义理论取向。它对科学主义心理学进行了全面的批判和建构:反对物性,张扬人性;反对经验—理性理论模式,主张文化研究范式;反对传统心理学的本体论和普遍知识观,坚持文化相对主义与建构主义;反对二分主义和以此为基础的本质主义、基础主义和归因主义,倡导整体主义、非本质主义、非基础主义。文化心理学重视人性,突出心理学的人文科学性,弥补了科学主义心理学的不足。

(5) 积极心理学。

积极心理学(positive psychology)是利用心理学目前已比较完善和有效的实验方法与测量手段,来研究人类的力量和美德等积极方面的一种心理学思潮。它产生于20世纪末的美国,是相对于主流心理学中的"消极心理学"而言的。它反对传统心理学以消极、问题、障碍、病态心理为研究重点,反对本能驱力论、环境决定论和悲观人性论,强调对主观幸福感、美德、力量和潜能等积极品质的研究;反对心理学研究只关注对"问题"的修补,主张心理学关注和鼓励人保持积极心理品质。积极心理学的主要研究内容包括:积极情感体验,如主观幸福感、满足和快乐等;积极人格,如自尊、虔诚、宽恕、善良、爱、正直、感恩等;积极的社会组织系统,如工作制度、家庭关系和学校管理等。积极心理学虽然沿用了实证主义的研究方法,但也逐渐尝试借鉴质化研究方法,更重要的是它继承和发展了人文主义心理学的人性观与心理观,其目标在于寻求人类的人文关怀和终极关怀,它在总体上属于人文主义心理学,同时也体现了科学主义心理学与人文主义心理学的融合迹象。

在当前西方心理学中,科学主义心理学与人文主义心理学逐渐开始对话与交流,出现了相互融合的新迹象。例如,上述生态心理学和积极心理学两种研究趋向就表现出这种融合的特点。又如,精神分析心理学通过借鉴认知神经科学的研究方法和成果向科学主义心理学融合。神经精神分析学(neuropsychoanalysis)是一门将传统精神分析学与神经科学的理论和方法相结合的新研究领域。其领军人物马克·索姆斯指出,神经精神分析学"联系心理与大脑，以详细探究因不同大脑结构受损而带来的人格、动机和情绪变化的内部心理结构。如此，我们可以辨别引起这些症状和症候群的多重潜在因素，并将它们与其解剖的'活动场景'联系起来"①。1999年《神经—精神分析学》杂志创刊，2000年国际神经—精神分析学协会创建，标志着神经精神分析学的正式建立。神经精神分析学试图通过结合精神分析学与神经科学的理论与方法，实现精神分析的科学化，被称为21世纪精神分析研究的新范式。再如，认知科学通过借鉴现象学的方法向人文主义心理学融合。1996年，认知科学家瓦雷拉提出神经现象学(neurophenomenology)构想，试图将认知科学与现象学结合起来。② 神经现象学是研究意识体验的神经科学，在理论上寻求对意识的神经生理层面进行具身化(embodied)与大规模(large-scale)的动力学研究；在方法上广泛而严格地使用现象学的第一人称主观经验报告策略，来量化和描述意识的大规模的神经动力活动。神经现象学鲜明地体现了实证方法与现象学方法的结合。

四、现代心理学流派的理论特征

现代心理学流派的发展与演进并非杂乱无章，而是有其内在的理论逻辑。这种理论逻辑从心理学的科学观、对象论、方法学和理论观等方面体现了科学主义心理学与人文主义心理学的分歧与争论。心理学史学家华生③、科恩④、金布尔⑤等人都曾对此进行过研究。我们在这里分别从科学观、对象论、方法学和理论观方面总结科学主义心理学和人文主义心理学的不同理论特征，以进一步深化对现代心理学流派的理解。

1. 科学观

心理学科学观是指心理学家关于心理学的学科性质、定位及其建构方式的理论观点，体现为心理学家对心理学研究对象的理解、对心理学研究方

---

① Kaplan-Solms, K. & Solms, M. (2000). *Clinical studies in neuropsychoanalysis*. London: Karnac, p. 62.

② Varela, F. J. (1996). Neurophenomenology: A methodological remedy to the hard problem. *Journal of Consciousness Studies*. 3(4), pp. 330～50.

③ Watson, R. I. (1967). Psychology: A prescriptive science. *Americcan Psychologist*. 22(5), pp. 435～443.

④ Coan, R. W. (1979). *Psychologist: Personal and theoretical psthways*. New York: Irvington Publishers, Inc.

⑤ Kimble, G. A. (1984). Psychology's two cultures. *Americcan Psychologist*. 39(8), pp. 833～839.

式的确定以及对其理论本身的表述。心理学家持有什么样的科学观，决定着他们怎样看待心理学，怎样研究心理学，致力于将心理学建构成什么样的科学。科学主义心理学与人文主义心理学在科学观上表现为自然科学观与人文科学观的差异。

科学主义心理学自冯特起，就确立了心理学的自然科学观，以物理学、生理学和生物学等自然科学为模板，反对旧的思辨的形而上学心理学，将心理学打造为自然科学的一个分支。这种科学观遵从17世纪以来流行于物理学等学科中的数学和机械观点，将世界视作遵循物理规律的自然物的世界，力图通过客观的实验研究发现自然物的成分及其运动规律。铁钦纳将冯特的内容心理学观点推向极致，认为心理学类似形态学，它通过类似于"活体解剖"的工作发现心理的元素及其结合规律。行为主义者华生曾明确宣称："心理学是自然科学的一个分支，它将人的活动及产物作为主题。"①华生将心理学的研究对象限定在可观察的行为范围内，同时将心理排除在心理学大门之外。认知心理学虽然实现了心理的复归，但仍将可客观操作的信息符号作为研究对象，来发现其中的运转规律。科学主义心理学通过采用自然科学模式，极大地推动了心理学的发展，但同时也存在过于强调自然科学观点、忽视心理的原本面目的不足。心理学史学家科克对此批评说："物理学的语言成了心理学的理想术语。科学的脸面远比真知灼见更具魅力。心理学史成了对自然科学的模仿史。"②

与科学主义心理学不同，人文主义心理学自布伦塔诺起，就确立了心理学的人文科学观，将心理学打造为人文(社会)科学的一个分支。这种科学观重视人的世界的整体性与独特性，将世界视作有意义的世界，力图在忠于心理现象原本面目的前提下，通过描述和理解阐发其中所蕴含的意义与价值。人文主义心理学强调心理的整体性、主观性、动态性和独特性，主张以人文(社会)科学的理论模式来研究心理学，以达到对人的心理生活的理解。狄尔泰通过区分描述心理学(descriptive psychology)与说明心理学(explanatory psychology)，明确提出人文科学的心理学观点。格式塔心理学提出"整体大于部分之和"的口号，强调心理现象的整体性。精神分析心理学力图通过理解与解释来考察人类心灵深处的潜意识现象。"第三势力"心理学则明确自己的人文科学立场，通过研究人的存在、潜能、意义、价值等主题，

① Watson, J. B. (1919). *Psychology from the standpoint of a behaviorist*. Philadelphia: J. B. Lippincott Company, p. 1.

② Koch, S. (1959). *Psychology: A study of a science* (vol. 3). New York: McGraw-Hill, p. 783.

彰显心理现象的整体性与独特性，揭示其中的意义源泉。人文主义心理学采用人文科学模式，丰富了心理学的主题和领域，推进了心理学的发展，但在方法落实等方面存在着不足。

2. 对象论

心理学的对象论是指心理学家在研究对象上的主张与阐释，它对于心理学的研究主题和领域等具有重要的指导意义。科学主义心理学与人文主义心理学在对象论上表现为人性观和心理观两个具体层面上的分歧。

人性观是指对人的本性的理解。科学主义心理学在人性观上坚持自然科学的立场，表现出自然化倾向。这种人性观把人从各种背景中隔离出来，视其为纯粹物理世界中的自然存在。冯特在创立科学主义心理学时，就将人和物等同，通过考察心理的元素及其结合规律，把人降为自然的化合物。行为主义将人和动物等同，通过考察刺激—反应的联结来推断人的适应行为，把人降为大白鼠。认知心理学将人视作物理符号系统，通过计算机模拟来推导人的内部心理过程，把人降为机器。科学主义心理学的人性观有利于掌握人的心理机制和规律，但忽视了人的自身独特性及其社会性。而人文主义心理学在人性观上坚持人文科学的立场，强调人在世界中的独特地位，提倡从社会、历史、文化和精神的视角去理解人。格式塔心理学重视具体情境中的人，精神分析心理学侧重从人的生活史考察人的内心世界，存在心理学则从人在世界中的存在来展现人的精神面貌。人文主义心理学拓展了心理学对人性的丰富性理解，但对人的自然属性重视不够。

心理观是指对心理学研究对象的看法。科学主义心理学将研究对象视作具有物理特征的自然物，尤其强调研究可观察的对象，如认知、行为等，而那些不能观察或无法实验证实的经验都被排斥在心理学的研究对象之外。冯特的内容心理学和铁钦纳的构造心理学都将各种复杂的心理过程分析为基本的心理元素，结果导致严重脱离实际的“砖块和水泥”的心理学。华生和斯金纳等人的行为主义心理学因为排除了意识和心理而成为“无头脑”的心理学。信息加工论认知心理学从信息的输入与输出来推论人的内在认知加工的规律。而人文主义心理学重视研究心理的主观体验，如情感、潜能、创造、价值等，强调心理学研究对象的主观性、意义性、整体性以及与情境的独特关联。布伦塔诺通过提出心理的意向性本质，强调了心理现象与对象的关联性。精神分析强调过去经验的独特意义，由此来发掘潜意识的奥秘。现象学心理学力求从人所体验到的生活世界出发，来考察心理的本质。人本主义心理学关注人的内在体验，如潜能、需要和自我实现等。

3. 方法学

从方法学上看，科学主义心理学与人文主义心理学无论在哲学方法论上还是在具体研究方法上都存在较大的分歧。科学主义心理学以实证主义为哲学基础，使用自然科学的研究方法，如实验室研究、量化研究和共同规律研究；人文主义心理学以现象学为哲学基础，使用人文（社会）科学的研究方法，如现场研究、质化研究和特殊规律研究。

(1) 实证主义与现象学。

科学主义心理学与人文主义心理学在哲学方法论上存在分歧。科学主义心理学以实证主义为哲学方法论。实证主义坚持客观立场，强调研究对象的可观察性，提倡通过经验的验证来发现心理现象的机制和规律。实证主义包括孔德的激进实证主义、马赫和阿芬那留斯的经验实证主义以及维也纳学派的逻辑实证主义三代，它们分别为华生的行为主义、铁钦纳的构造主义以及新行为主义提供哲学方法论。在实证主义哲学的影响下，科学主义心理学提倡实验、测量等量化方法，力求得出心理的本质。人文主义心理学以现象学为哲学方法论。现象学从生活世界出发，强调忠于心理现象本身，提倡通过经验的描述和理解，来揭示心理现象的原本面目。现象学包括胡塞尔现象学、存在主义和解释学三代，它们分别为格式塔心理学、人本主义心理学、现象学心理学、存在心理学和精神分析提供哲学方法论。在现象学哲学的影响下，人文主义心理学提倡个案、现场等质化方法，力求理解心理的意义。

(2) 实验室研究与现场研究。

科学主义心理学强调严格控制的实验室研究，而人文主义心理学注重日常生活的现场研究。科学主义心理学深受自然科学观和实证主义哲学的影响，信奉实验方法，主张通过精巧的实验设计、严格的变量控制来研究心理现象。例如，冯特把生理学和心理物理学的实验方法引入心理学，并把传统的内省法改造为实验的内省法，对感知觉、联想等进行了大量实验研究。行为主义更是笃信客观实验法，认为只有运用严格的实验程序与仪器设备，才能进行科学的心理学研究。信息加工论认知心理学也主要是在实验室内进行研究，运用反应时实验、眼动实验和计算机模拟等方法，并在使用中特别强调实验变量及其控制。与之相对，在人文科学观和现象学哲学的影响下，人文主义心理学认为心理学研究应当走出实验室，走进日常生活情境，采用访谈和自然观察等现场研究方法。精神分析心理学在临床背景下探究人的潜意识，对梦、口误、笔误、遗忘和疏忽等现象进行分析。格式塔学派主张采用实验现象学和自然观察法来研究人的直接经验。人本主义心理学采用个案、访谈等方法揭示个体的独特性。

(3) 量化研究与质化研究。

科学主义心理学侧重量化研究，而人文主义心理学突出质化研究。科学主义心理学关注研究的精确性，强调定量分析。铁钦纳说过："在科学中，一切解释对我来说，都是依存变量和独立变量的相关性。"①行为主义心理学通过数量分析来确定刺激与反应或环境与行为之间的关系，这在赫尔的逻辑行为主义和斯金纳的操作行为主义中表现得尤为突出。认知心理学用反应时作为感知觉、记忆、思维和语言等多种心理现象的主要指标，任何复杂的心理活动都可以转化为反应时指标或测验分数。而人文主义心理学并不排斥量化方法，但对科学主义心理学过于追求量化的倾向进行了批评，大力倡导质化研究。布伦塔诺以内部知觉方法研究心理的活动，精神分析心理学运用自由联想和梦的分析揭示潜意识的意义，格式塔心理学通过实验现象学方法揭示心理的本质，人本主义心理学和现象学心理学通过现象学方法发掘经验的意义。

(4) 共同规律研究与特殊规律研究。

科学主义心理学坚信客观的普适性原则，认为通过经验观察和实验就能归纳出适合所有人的共同规律，以此对心理与行为进行统一性解释。例如，行为主义者认为心理学可以发现人类行为的一般规律，并据此对人类的行为进行预测和控制。华生指出，心理学"在某种程度上成为探索人类生活的基础……为所有的人理解他们自己行为的首要原则做准备……应该使所有的人渴望重新安排自己的生活"②。认知心理学通过严格控制的实验室研究，得出人类认知的一般规律。而人文主义心理学主张，普适性的共同规律并没有多少意义，心理学研究不应离开特定的个体和具体的情境，而应重在发现适合个体的特殊规律。精神分析心理学从临床案例观察出发，得出适于某类病症的理论解释。人本主义心理学采取折中融合的方法论原则，马斯洛和奥尔伯特等人坚持在共同规律研究之外，一定要运用特殊规律研究法对个案进行深入研究。

4. 理论观

(1) 客观论与主观论。

科学主义心理学将实证主义哲学的实证性原则贯彻到心理学中，追求客观化，强调以量化方法研究可观察的对象。例如，机能主义心理学把人的

① 郭本禹主编：《西方心理学史》，人民卫生出版社 2007 年版，第 350 页。

② 华生著，李维译：《行为主义》，浙江教育出版社 1998 年版，第 304 页。

心理整体视为一种机体有效适应生活条件的活动过程,使心理学的研究重心转移到有机体与客观环境的适应关系中,进行开放、客观的研究。行为主义心理学是客观心理学的典型代表。华生反对把心理封闭在主体之内,主张以客观可观察的行为作为心理学的研究对象,以严格的客观法代替主观内省法。斯金纳把自己的新行为主义体系定性为:“从科学的角度看,这个体系是实证主义的。它的任务以描述为限,不企图提出解释,它的一切概念都由直接观察的结果来给以定义,不涉及身体部位或生理的特点。”①信息加工论认知心理学也信奉客观主义,强调在严格控制的实验条件下,使用精密仪器观察自变量与因变量之间的关系。人文主义心理学则受现象学哲学的影响,认为心理学要抓住统摄经验的有意义的结构,以现象学的方法研究主体的意识活动。布伦塔诺以直接体验为方法研究人的内在的意动。格式塔心理学主张采用实验现象学方法与自然观察等方法研究人的直接经验,反对人为的抽象和元素分析。而人本主义心理学则突出了人的主体性和主观性在心理学中的地位,倡导以整体分析法、现象学方法研究人性、价值、创造性和自我实现等高级心理过程。

(2) 方法中心论与问题中心论。

科学主义心理学认为,要想使心理学真正成为一门实证科学,就必须采用曾经使自然科学获得巨大成功的研究方法和研究范式,坚持“以方法为中心”的研究思路。马斯洛指出:“方法中心就是认为科学的本质在于它的仪器、技术、程序、设备以及方法,而并非它的疑难、问题、功能或者目的。”②方法中心论根据研究方法确定研究问题。这种观点在行为主义心理学那里表现得最为突出。华生宣称,行为主义的目的在于方法论的革命,并以研究意识和心理缺乏科学的方法为理由而将其赶出了心理学。信息加工论认知心理学尽管不像行为主义那样极端,但也具有方法中心论的倾向,强调以实验法和计算机模拟法研究人的信息加工过程。而人文主义心理学则反对方法中心论的倾向,主张以问题为中心,根据研究问题选择方法,既可采用实验法等定量分析的方法,也可采用个案、自陈、描述等定性的方法。例如,精神分析心理学为了研究潜意识心理,抛弃了实验室研究,而使用自由联想、梦的分析、日常生活分析等方法。人本主义心理学家马斯洛也明确指出,方法和手段是为目的服务的,其意义为问题所规定,心理学应以对个人或社会有意义的问题,如潜能、价值和自我实现为中心,然后才是选择适当的研究方

① 章益辑译:《新行为主义学习论》,山东教育出版社1983年版,第295页。

② 马斯洛著,许金声等译:《动机与人格》,华夏出版社1987年版,第14页。

法。

(3) 元素论与整体论。

科学主义心理学继承了联想主义心理学的传统,采用元素论来研究心理现象,认为确定心理现象的构成元素及其结合规律是心理学的首要任务。冯特最早提倡对心理进行元素分析,铁钦纳也坚持这种观点,并且分析得更为精细,提出意识是由感觉、表象和感情三种元素构成的。古典行为主义虽然在研究对象上反对冯特和铁钦纳,但在元素观上与他们保持一致。华生把复杂的行为简单化,将其视为刺激与反应的联结。信息加工论认知心理学继承了行为主义的元素分析传统,将心理视为信息及其符号单元。而人文科学心理学则更多地受到现象学方法的影响,主张对人的心理现象进行整体描述,认为整体不是部分或属性的机械相加,整体不为部分所决定,相反还决定部分。格式塔心理学是整体论心理学的典型代表。格式塔心理学家苛勒指出:"我们所需要的是那些可用以了解我们的直接经验的概念,至于感觉之类的分子,我们凭自己的观察没有发现这些分子。"①人本主义心理学也反对将人的心理和行为肢解为统计数字或数学公式的定量分析,强调将人作为一个整体来把握,如奥尔波特主张对人格进行整体的研究,马斯洛主张用整体分析法研究人的心理。

(4) 因果决定论与自由意志论。

科学主义心理学把人的心理现象看做自然现象,认为人的心理与行为都遵循因果决定论。决定论的观点认为,所有的心理事件都是有原因的,都是由某种先行的因素决定的,因而我们可以依据先前的心理事件来解释心理活动。科学主义心理学的创始人冯特指出,作为自然科学家,"我们必须把每一种行为中的变化都追溯到一种唯一可观察到的同一种东西,即运动。"②在后来的心理学发展中,行为主义在这方面的表现最为典型。行为主义强调行为分析的目的就是发现行为的原因,从各种各样的环境刺激中确定反应的决定因素,以便为预测和控制行为服务。尽管新行为主义包含着中介变量和行为目的等概念,但这些概念主要是对行为的刺激反应的操作化,与自由选择的意图和追求无关。与此相反,人文主义心理学强调人的自由意志和自由选择,认为人可以独立自主地做出决定,不受外在环境的干扰。存在心理学和人本主义心理学都坚持人具有自由意志,能够进行自由选择。如罗洛·梅指出,一个人若没有自由,他身上起作用的就只有达尔文

① 高觉敷:《高觉敷心理学文选》,江苏教育出版社 1986 年版,第 314 页。

② Ernst Cassirer(1950). *The problems of knowledge*. Yale University Press, p. 88.

的决定论原则了;心理治疗的目的是使人重获自由。弗兰克尔也指出,意志自由属于经验的直接性,即便是身体被囚禁了,人的精神也是自由的,意志自由赋予人新的生命体验。

(5) 机械论与生机论。

科学主义心理学固守"人是机器"的信念,主张研究物的范式同样适用于研究人的心理,并以机械论的观点解释一切心理事件。行为主义者华生认为,心理学的任务就是帮助和指导人这架机器能更快地适应新的环境、更好地运作下去。他公开宣称:"我们要把一个人之各方面的行为,完完全全地合拢起来,并把这样一个人看作一个复杂而又活动着的有机的机械。"[①]信息加工论认知心理学同样将人设想为机器,把人脑比作计算机,用计算机的信息加工过程来模拟说明人对外部世界的认知过程。与此相反,人文主义心理学则坚持生机论的观点,强调心理现象的有机性,重视人类意识的积极性和主动性,认为对于心理与意识的机械分析无助于对其本质的揭示。例如,格式塔心理学强调整体、组织作用、结构等在知觉过程及高级心理过程中的作用,注重人们对感觉信息输入的组织和解释的主动性。人本主义心理学肯定了价值、目的、意义等在人的心理活动和行为反应中的作用,认为个体的需要具有多种层次,人具有自主选择成长的倾向,在适宜的成长条件下会积极努力实现自己的潜能和价值。

(6) 价值中立论与价值负荷论。

在自然科学的研究中,许多人都信奉价值中立,主张科学只研究事实、知识,回答是不是的问题,不研究价值、意义,不回答该不该的问题。科学主义心理学以自然科学为模板,坚持价值中立论,其典型特征是强调心理研究的客观性,认为心理学研究探讨的是意识和行为的一般、共同的事实与规律,不掺杂任何个人的态度、情感,不涉及任何主观倾向和价值观念。例如,铁钦纳主张对人的心理进行纯粹客观的研究,并通过这种研究找到不受任何文化影响的一般心理元素及其结合规律。华生把人的行为看成客观的自然现象,认为可以对其进行严格的实验研究和价值中立的理论描述。信息加工论认知心理学因循了行为主义心理学追求实证性和价值中立的研究方式,试图通过计算机模拟揭示人脑的信息加工过程的普遍事实与规律,而不太考虑社会、文化、历史等因素的影响与制约。而人文主义心理学则采取了价值负荷论的立场,认为心理学的研究与所处社会的价值取向、意识形态有着密切的关系,心理学不能超越社会文化价值取向而进行纯客观的研究,心

① 华生著,陈德荣译:《华生氏行为主义》,商务印书馆1935年版,第427～428页。

理学研究必然负荷着所处社会的文化价值观。如人本主义心理学强调对人的需要、尊严和自我实现等的研究，这些经验体现人类真正的本性。马斯洛就曾指出："科学过去不是，现在不是，并且也不可能是绝对客观的，科学不可能完全独立于人类的价值。"①

总之，现代心理学流派的百年历程是科学主义心理学与人文主义心理学各自的相对独立发展，其间表现出长期冲突与纷争的局面。两者之间的张力在促进科学心理学长足发展的同时，也使心理学陷入分歧的困境。尽管当代心理学出现了科学主义心理学与人文主义心理学相互融合的某些迹象，但两者的分野在未来相当长的时间内仍会继续存在。虽然我们也希望两者走向统合，但这种统合之路漫长而艰巨，绝非简单地用一种主义叠加或消解另一种主义。历史已经证明，企图将两种主义合二为一的做法是不成功的。例如，二重心理学对内容心理学和意动心理学的调和，正像波林所指出的，只是一种"懒汉的做法"。当前，我们对两者的分歧应持尊重和包容的态度，也欢迎不同心理学研究取向之间的对话与交流。对科学主义心理学与人文主义心理学的融合，我们将拭目以待！

郭本禹

2008 年 12 月 18 日

于南京师范大学

① 马斯洛著，许金声译：《动机与人格》，华夏出版社 1987 年版，第 21 页。

导　言

本书研究的出发点是:皮亚杰(J. Piaget)学派发展到今天,需要对它进行新的审视,这才是对待人类这笔宝贵精神财富的科学态度。所以,本书研究的目的在于,从发展史的角度尽可能深入地厘清和系统地阐述皮亚杰学派的理论,从而能够使我们进一步科学地把握皮亚杰学派理论的实质、核心、内容、与其他心理学家思想的关系以及当前面临的问题和挑战。

皮亚杰在大学里接受的是自然科学方面的训练。他的主要兴趣原先是在生物学方面。在其学术生涯的早期,他也对儿童的智慧发展产生了兴趣,并把他一生的后60年用于搜集有关智慧发展的研究资料。这些资料的数量之多给人以深刻的印象。他的工作创建了一种详细且内容丰富的关于智慧发生、发展过程的理论。皮亚杰描绘了一幅儿童如何建构和获取知识的令人瞩目的图景。这一理论是以60年认真的观察、思考和研究为基础的,是由"20世纪最富于创造性和洞察力的头脑之一"来完成的。科学家们普遍认为皮亚杰对心理学思想领域的推进,是迄今为止任何人所不可比拟的。

从20世纪20年代到皮亚杰逝世,国际上涉及皮亚杰理论的论著非常多,其中有一些是赞成皮亚杰的,有一些是批评皮亚杰的。皮亚杰理论之所以引起这么大的反响是因为"皮亚杰,像弗洛伊德(S. Freud)一样,创立了一门新的学科,它虽与心理学密切相关,但以它与其他科学的相互作用而言,它却已经超过了心理学。……皮亚杰是一位发生认识论者而不是一位心理学家,无论如何强调这一点也不会过分"[①]。皮亚杰的理论之所以广为流传,除了他创立了发生认识论,提出了一些智慧发展的新问题,设计了一套研究认识发生发展规律的方法论体系以外,还因为他在新的维度上,运用新的方法,重新研究了传统的认识论争论不休的问题,并得出了令人惊讶的、大胆的新结论。

正如李其维教授所说:"尽管皮亚杰曾半戏谑地说过:'儿童心理学不过

① 皮亚杰著,傅统先译:《儿童的心理发展》,山东教育出版社1982年版,第1页。

是他从事反省思维在方法论上的一个插曲和他的事业的副产品'，但这毕竟改变不了这一事实：发生认识论的核心部分仍是儿童认知发展心理学。"①心理学研究是皮亚杰实现认识论研究目标的手段。考察皮亚杰关于儿童的研究，能使我们对儿童如何思维和学习的认识产生根本性的变化。

皮亚杰的理论的确为了解儿童和许多教育实践提供了一种系统的、首尾一贯的、并得到实际经验证明的方法。它验证了许多可以直接感受但又苦于得不到验证的观念，而这些观念又与儿童和学校教育有关。皮亚杰的工作可以帮助我们了解儿童，了解他们是如何发展的。理解儿童是推动课程教学改进的最好途径。皮亚杰的理论对许多传统的教育观念提出了挑战，他的理论改变了人们关于在教室中儿童应该做什么和怎样去做的看法。

皮亚杰理论并不是一种封闭的、排他性的绝对体系，它具有极强的相容性、开放性和灵活性。皮亚杰的理论曾受到一些心理学家思想的影响，如弗洛伊德，也曾与一些心理学家有过思想的碰撞，如维果茨基(L. S. Vygotsky)和乔姆斯基(N. Chomsky)。

20世纪50年代中期以来，皮亚杰理论受到了空前的挑战与责难。"新皮亚杰学派"、"后皮亚杰学派"、"反皮亚杰主义"蜂拥而至，对皮亚杰理论进行着修正、发展和反叛。

所以，我们这项研究的意义，首先有助于明确皮亚杰学派的理论形成和发展的脉络。其次，有助于消除通常人们在阅读皮亚杰过程中可能产生的困惑甚至误解，从而对皮亚杰学派的理论有一个更全面、更清晰和更深入的把握。

本书的写作思路和论述过程大致上分三个部分。

第一部分(第1～6章)属于皮亚杰学派的产生背景及其核心理论思想的研究。皮亚杰的核心理论思想主要包括发生认识论原理、临床法、发展心理学思想、儿童语言发展观以及教育科学发展观。

第二部分(第7章)是关于皮亚杰理论与维果茨基和弗洛伊德思想的关系的研究。有比较，才有鉴别。维果茨基与皮亚杰的理论具有极大的相似性，并由此而生成内在的相容性。当然，这种相似性和相容性并不排除它们之间的差别或对立。而正是这种差别或对立，为我们超越他们各自的缺陷从而在新的时代背景下产生新的发展心理学理论，提供了现实的可能性。皮亚杰既受到了弗洛伊德精神分析的很大影响，同时又实现了对它的超越，这种超越集中体现在皮亚杰对弗洛伊德精神分析的"发生学转换"上。

---

① 李其维著：《破解"智慧胚胎学"之谜》，湖北教育出版社1999年版，第129页。

第三部分(第 8～10 章)是关于皮亚杰学派理论的现状和未来的探讨。自皮亚杰逝世后，他的理论既面临着挑战，也孕育着新发展的契机。“新皮亚杰学派”和“后皮亚杰学派”都各自推出了发展皮亚杰理论的方案，但也都有自身的理论困境；某些持“反皮亚杰主义”倾向的人试图完全去除经典皮亚杰理论中的“阶段”和“结构”，但也苦于经验数据不足。“事实上，问题不在于我们是否接受或拒绝皮亚杰的各种观点，作为一名善于思考的、睿智博学的学者，他仍在不断与我们对话。……没有皮亚杰在前面的攀援和开拓，我们至今对自身的认识未必能达到今天的高度。”①

所以，正如博登(M. A. Boden)所说：“对那些今天被心理学或认识论的探索所吸引的人，应该这样说：‘去读皮亚杰吧。记住，他经常含糊不清且时有错误，对心理结构和过程的复杂性的那些依然朦胧的方面，他似乎有所觉察。然而，是的，去读皮亚杰吧。’”②

① 李其维著：《破解“智慧胚胎学”之谜》，湖北教育出版社 1999 年版，第 328～329 页。

② 玛格丽特·博登著，谢小庆、王丽译：《皮亚杰》，法律出版社 1992 年版，第 145 页。

第一章

皮亚杰学派的产生背景

让·皮亚杰(Jean Piaget,1896—1980)是 20 世纪最负盛名的学者之一。西方学者公认他是与巴甫洛夫(I. P. Pavlov)和弗洛伊德(S. Freud)齐名的当代心理学三大巨人之一。皮亚杰是认知心理学的先驱,是发生认识论(genetic epistemology)的创始人,是认知发展阶段论的建构者。事实上,皮亚杰首先是一位生物学家和哲学家(他自称为"发生认识论者"),其次才是一位发展心理学家。但是,皮亚杰在儿童心理学方面的成就和影响却是最引人注目的。本章主要探讨皮亚杰的成长历程、心理学研究生涯、主要心理学著作以及"皮亚杰学派"(Piagetian School)产生的时代背景。

图 1-1　让·皮亚杰(Jean Piaget, 1896—1980)

第一节　皮亚杰的成长历程

一、童年时代:自然博物学家

皮亚杰的一生是治学和勤奋工作的一生。1896 年 8 月 9 日,皮亚杰出生于瑞士北部的纳沙特尔(Neuchâtel),一座拥有浓厚文化氛围的大学城。父亲是当地一所大学的中古文学史教授。他不辞辛劳,富有批判性,极其讨厌仓促凑合的笼统思想。他常常给皮亚杰讲授系统性研究的重要价值，即使对小事也是如此。自幼聪颖绝伦的皮亚杰从小就和父亲一起进行各种理性探讨。皮亚杰的母亲非常聪明、精力充沛且和蔼可亲，是虔诚的基督徒，但她相当神经质，因而给他们的家庭生活带来些麻烦。在这样的家庭环境下，皮亚杰很小就因为做一些"严肃"的工作而放弃了游戏，可以说几乎没有童年。这样，他一方面是模仿父亲的个性，另一方面又是在一个只属于他自己的真实世界里躲避家庭生活的麻烦与困扰。缺乏真正的童年生活，也许就是皮亚杰为什么会在成人期花费大量时间与儿童在一起的原因吧。

图 1-2　皮亚杰与父母、妹妹

皮亚杰的父亲是理性的，常拘泥于实际证据，母亲则是非理性的，常沉溺于"想象性沉思"。父母亲之间个性的对立对皮亚杰本人的影响十分明显，而这种对立也长期体现在皮亚杰本人身上。"理性的验证和想象性沉思"就成为成年皮亚杰重要的思考和研究工具。皮亚杰毕生从事于用科学方法为想象服务，就是源于这些早期的样板。

皮亚杰的童年生活没有游戏，没有神话、传奇、探险故事。好在皮亚杰所在的学校有着开放而自由的教学气氛，教师真诚地欢迎学生的质疑，这使皮亚杰有可能形成自己独立的思想。而且学校的管理也相当宽松，使得皮亚杰能够有较多的空余时间去从事他所感兴趣的事情。皮亚杰 7 岁时就开始把闲暇时间用在对鸟类、化石、海洋贝类等的研究上，并在 10 岁时就撰写了一本有关当地鸟类的书。但是，他却因此而经历了一次相当大的挫折，他的这一处女作被严厉的父亲认为只不过是一本汇编而已。他的自豪感顿时因此而消失殆尽。但他并没有气馁，而是决定要更加严谨。

11 岁时，皮亚杰仔细观察了一只患白化病的麻雀，并写出了一篇简短的科学报告，发表在纳沙特尔自然历史杂志《枞树枝》上，该杂志的主编是纳沙特尔自然历史博物馆馆长戈戴特(P. Godet)(皮亚杰所承认的三个老师之一)。戈戴特对皮亚杰的小观察报告印象至深。不久后，皮亚杰谋得了这位馆长的兼职助手一职，利用课余时间协助馆长分类整理那些收集来的贝类。戈戴特的专长是研究软体动物，皮亚杰受其影响也对此研究发生了兴趣。皮亚杰给戈戴特当助手直到后者 5 年后去世。皮亚杰在这一工作中学到了很多，以至于他在 16 岁前就能够独立地在当地动物学杂志上发表关于软体动物的科学论文。皮亚杰一生从没有停止过回忆对这位接收他"作为一个生物学学徒"的老师的感激之情。他说，从那以后，作为一个训练有素的科学家，他对“哲学的恶魔”——指那种思辨的“形而上学”——就有了某些防护手段。所以，皮亚杰的生物学学徒生涯使他不仅学会了如何从事自然科学研究，而且还养成了严谨的治学态度。

二、青年时代：从生物学家到心理学家和哲学家

皮亚杰中学毕业后进入纳沙特尔大学并于1915年毕业，3年后以软体动物研究为题（博士毕业论文的题目是《瓦莱·阿尔卑斯区各种不同软体动物的分布情况》）获生物学哲学博士学位。这期间，他考察了纳沙特尔周围的许多湖泊里的软体动物的生长过程。他所感兴趣的是，软体动物是如何适应从一种环境到另一种环境的变换的。他发现，湖水的平静与否，会影响软体动物的甲壳结构；软体动物的甲壳结构会随着环境的变化而变化。到21岁的时候，他发表了25篇专业论文（大部分是关于软体动物的），因而被认为是国际上研究软体动物的屈指可数的专家之一。

图1-3 童年时期的皮亚杰

在生物学方面的深入研究，使他得出这样一个结论：生物的进化，不仅取决于成熟（和遗传），而且取决于环境的变化。他观察了一代又一代的软体动物在结构上的某种变化，这种变化只能归因于从多浪的大湖迁移到平静的池塘。这种观察使得皮亚杰相信生物的进化是一个适应环境的过程，它不能单靠成熟来说明。这些经验和信念有助于皮亚杰后来形成关于心理发展的见解。这种见解认为智慧发展基本上是一个适应环境的过程，并且是生物进化的一种延伸。

青少年时期的皮亚杰，学术兴趣集中在软体动物研究上。在获得博士学位后，曾一度对未来的研究方向感到彷徨迷失。母亲作为一个虔诚的新教徒，坚持在他15岁时对其实行宗教教育。幸好，他和他的教父（皮亚杰所承认的三个老师之一）待在一起，在散步、钓鱼中度过了愉快的时光。教父引导他阅读柏格森（H. L. Bergson）的《创造进化论》。最后，皮亚杰用如下认识解决了他的宗教困境：上帝即是生活本身；生物学能解释所有知识。这是皮亚杰从教父那里学来的从未被忘记的一课。后经教父建议，皮亚杰做了两方面改变：一方面扩大学术领域，除生物学外广泛涉猎哲学、宗教、社会学、心理学；另一方面扩大生活领域，走出家乡面向广大世界。他阅读了哲学家康德（I. Kant）等人的著作，并深受康德思想影响。

青年前期的皮亚杰在纳沙特尔有幸听过逻辑学家雷蒙德(A. Remond)(皮亚杰所承认的三个老师之一)讲授的心理学、逻辑学和科学方法论,特别是雷蒙德的"历史批判的"方法对皮亚杰影响很大。他首先在《探索》中系统地表达了自己关于"系统"和"平衡化"(equilibration)的思想,以此作为处理"所有生命领域"部分与整体之间的关系的手段。

由于早期父母的个性对他的影响,皮亚杰一方面从事生物学的科学研究,另一方面又习惯于想象性沉思,私下里学习哲学和宗教。这使他有了新的发现,即在生物学和对知识的分析之间,需要一种不同于哲学的东西,他认为能满足这种需要的只有心理学。这是他毕生从事心理学研究的原因,也是他坚称自己是生物学家和认识论者的原因。从此皮亚杰找到了自己的方向:从哲学的宏观取向提出问题,采用科学的微观取向寻求答案。以此大方向为指针,将自己的兴趣从纯生物学的研究,转向对人性本质的知识来源问题的探讨。惟他在探讨这一问题时,舍弃以往哲学家思辨的老路,企图从生物学的观念就儿童如何对环境事物认知的问题寻求科学的答案。这一转变决定了他一生的学术生涯,在以后60多年的研究中,他始终以儿童认知心理发展为主题。

第二节　皮亚杰的心理学研究生涯

一、20世纪20—50年代:儿童心理学研究

在攻读博士学位期间,皮亚杰通过对生物学和哲学认识论的研究发现,在从生命机体与环境的相互作用到智慧主体与客体的相互作用的发展过程之间有一段空白。而可以填补这一空白的,正是对儿童智慧的发生与发展的研究。这使皮亚杰的兴趣开始转向了心理学。于是,皮亚杰在获得了博士学位之后,开始了对心理学的学习和研究。他逐渐看到了哲学的某些严重的局限性。他最关心的是,如果缺乏实验,哲学关于各种问题的结论就不可能得到验证。有好几年他一直在阅读心理学方面的论著并修心理学课,

这使他对心理学的兴趣也越来越浓厚。

1918年，皮亚杰来到了苏黎世，在里普斯(G. F. Lipps)和雷舒纳(A. Wreschner)的心理实验室工作，并在著名精神病学家布洛伊勒(E. Bleuler)的精神病诊所学习精神分析学说。他在进行心理学和精神病学实验的同时，还阅读了精神分析学派的代表人物弗洛伊德的著作，并听取了荣格(C. G. Jung)的讲课。他对心理病理学和弗洛伊德的精神分析理论颇感兴趣，并在实验中掌握了研究精神病的临床谈话的技巧。这些对他后来的研究是大有裨益的。

1919年，皮亚杰来到巴黎，除在巴黎大学学习病理心理学和进修逻辑学和哲学课程外，他还在1920年结识了曾与比纳(A. Binet)合编智力测验量表的西蒙(T. Simon)，得以有机会在一所小学的比纳心理实验室研究儿童心理，受西蒙委托应用伯特(C. Burt)推理测验测量巴黎儿童，并把这种测验予以标准化。起先，皮亚杰对此并不热心，但渐渐地他的兴趣更多地放在对儿童所犯错误的性质上，而不是放在儿童正确回答的数量多寡上。他从儿童对测验题的正确和错误答案中得到启示，引导他通过与儿童的对话并从儿童的答案，特别是错误答案的推理过程中研究儿童的智慧活动。不久，皮亚杰认真研究了包含在儿童作答过程中的推理过程，使他对儿童认知心理有了深刻的认识。他认为儿童回答错误不完全是由儿童的无知和凭空猜测造成的毫无意义的事物。使皮亚杰大感惊异的是：它们反映了儿童意识中的逻辑结构与成人知识中的逻辑相比后所呈现出的重大差异。他发现根据成人智慧逻辑编制的比纳—西蒙智力量表，不适于用来研究儿童的认知能力。皮亚杰认为主要有这样几个原因：(1) 这类测验题目采用的是以是非对错的标准来制定的年龄常模；(2) 对同一试题作答时，年幼儿童答对者较少，年长儿童答对者较多；(3) 对同一年龄组施测时，答对题较多的儿童智力较高，答对题较少的儿童智力较低。皮亚杰分析测验结果发现，年幼儿童对题目的错答有雷同之处。因此，他特别对不按标准答案作答的儿童感兴趣，他想探讨的问题是：为什么儿童不按标准答案作答？是因为他们不能辨别对错，还是他们对问题另有自己的想法？考虑到个体发生可以为种系发生提供线索这一生物学的原则，皮亚杰决定去探索儿童的智慧，以求进一步了解人类一般知识的性质和发展。在皮亚杰看来，心理学是“智慧的胚胎学”。他的这种想法还得到鲍德温(J. M. Baldwin)的儿童心理学的鼓舞(鲍德温首先使用了“发生心理学”这一术语)，也受到弗洛伊德研究的影响。弗洛伊德不仅注重对发展问题的思考，而且将明显的异常行为作为揭示心理潜在的发生结构的线索。皮亚杰还受到格式塔心理学派关于部分与整体关系理论的影响，他在自传中曾说过："如果我在 1913—1915 年间早就接触到惠特海默（M. Wertheimer）和苛勒（W. Köhler）的著作，我可能成为一个格式塔心理学者。"①

皮亚杰确立了自己的研究兴趣，他相信可以通过实验来研究儿童的智慧发展。他花了两年的时间，持续地对儿童进行测试，考察他们的智慧发展。他说："最后，我确定了我的研究领域。首先，我明白了可以借助实验，通过对包含在逻辑运算（逻辑推理）中的心理过程的分析来研究群体和个体的关系的理论。这标志着我在心理学领域的'理论'时期的结束和归纳、实验阶段的开始。我一直想要进入这个领域，但只是到了这个时候，我才找到了这个领域的合适的课题。"②

1921 年，皮亚杰应当时著名的心理学家、日内瓦大学卢梭（J. J. Rousseau）学院院长克拉帕瑞德（E. Claparède）的邀请，从巴黎回到日内瓦，担任日内瓦大学卢梭学院研究所主任。这为他的研究提供了良好环境。20 世纪 20 年代，皮亚杰发表了一些有关儿童心理学的经验研究。这些研究涉及儿童的社会化，儿童理解他人观点的能力的增长，儿童运用语言于论述和说明，儿童对爱、对生命、对道德、对太阳、水和树的来源等的理解，儿童关于运动、力、机械和因果性等的观念，等等。

1925—1929 年，皮亚杰任纳沙特尔大学教授。1925 年和 1927 年，皮亚杰的两个女儿杰奎琳（Jacqueline）和卢西恩（Lucienne）先后出生，1931 年又生一男孩劳伦特（Laurent）。皮亚杰在夫人和同事查特妮（V. Châtenay）的协助下，用大量时间观察儿童动作并进行各种实验。这些观察的成果即皮亚杰关于感知运动智慧的理论，发表于 20 世纪 30 年代。这一理论论述了基于动作之上的实践智慧的自然发展，这种实践智慧既是儿童有关永久客体、空间、时间、数和因果性的早期概念形成的基础，也是这些概念的产物。

图 1-4　皮亚杰与妻子、儿女

1929 年，皮亚杰回到日内瓦，任日内瓦大学心理学教授，并担任卢梭学院的助理院长。在这里，皮亚杰开始了对儿童智慧发展的更全面的研究。在其后的 10 年，皮亚杰用前运算阶段和运算阶段

① 皮亚杰、英海尔德著，吴福元译：《儿童心理学》，商务印书馆 1980 年版，第 120 页。

② B·J·瓦兹沃思著，徐梦秋、沈明明译：《皮亚杰的认知和情感发展理论》，厦门大学出版社 1989 年版，第 5 页。

的概念来描述儿童的成长。他在研究儿童言语行为的同时，还研究了儿童对实验材料（如珠子、玩具、衣服、小棍、橡皮泥、绳结、杠杆等）的操作活动。他的实验表现出卓越的才能和丰富的想象，提出了许多使抽象的和内在的智慧得以"外化"的方法。20 世纪 40 年代，他发表了儿童有关逻辑、数、空间、几何、时间、运动和符号智慧等方面概念发展的实验研究（其中部分是与英海尔德[B. Inhelder]和泽明斯卡[A. Szeminska]共同发表的）。与皮亚杰早期有关儿童守恒（conservation）的自然主义研究相比，这些研究在方法上更为成熟。

1940 年，克拉帕瑞德逝世后，皮亚杰任日内瓦大学卢梭学院院长兼实验心理学讲座和心理实验室主任。在以后的 10 年左右期间，皮亚杰致力于使他的发生认识论系统化。1939 年至 1945 年间，皮亚杰主要从事两方面研究：一方面，研究从儿童期到成年期的知觉发展，企图探索知觉与智慧的关系，借以验证格式塔心理学派的论点；另一方面，他利用具体的实验技术和分析方法，开始研究儿童的时间、运动和速度概念以及与这些概念有关的行为的发展。1947 年，他第一次对发展阶段和智慧的平衡化结构给予了系统的说明，阐述了自己的心理学理论。

二、20 世纪 50 年代以后：发生认识论探索

从 20 世纪 50 年代起，皮亚杰在继续从事实验研究（有关智慧、知觉和记忆）的同时，也越来越关注理论和跨学科的研究。这种热情来源于他的初衷：运用心理学来融合生物学和认识论。1954 年，在加拿大举行的第十四届国际心理学大会上，皮亚杰当选为国际心理学会主席。此后又任联合国教科文组织领导下的国际教育局局长。1955 年，在洛克菲勒基金会的资助下，皮亚杰在日内瓦创办了"发生认识论国际中心"，并任该中心主任。他创立的"发生认识论"主要研究作为知识形成基础的心理结构（即认识结构）和探讨知识发展过程中新知识形成的机制。每年，这个组织允许一些优秀的学者来此访问，他们同围绕皮亚杰而建立起来的皮亚杰学派（或称日内瓦学派[Genevan School]）协作研究。皮亚杰一贯主张，对于知识的最佳追求必须依靠训练有素的人才。在这个中心工作的学者，都是多个领域的专家。因此，研究中心带有明显的跨学科特点，吸引了许多心

图 1-5　中年时期的皮亚杰

理学以外的、在皮亚杰看来与自己的理论有关的领域的学者。这些领域有物理学、生物学、逻辑学、数学、语言学、教育学、控制论等。他们对儿童的各种概念和知识的形成及发展过程进行跨学科的综合研究。由于皮亚杰认为发生认识论要研究一般的知识，所以他的写作所涉及的领域非常广泛。他的写作不仅涉及生物学、哲学和心理学的各个分支，而且涉及逻辑学、数学、控制论、物理学、语言学、符号学、人类学和社会学的性质和历史。皮亚杰试图对各个知识领域都给予一个整体的认识论的说明。在他看来，这些学科领域之间的差异不过是表面的。

皮亚杰还和英海尔德、辛克莱（H. Sinclair）、泽明斯卡、伦堡希（M. Lambercier）等人组成了以他为代表的皮亚杰学派。这一学派主要继承了欧洲广义机能主义心理学思想，运用现代生物学、逻辑学和哲学知识，以研究儿童认知发展为主要内容，通过对儿童科学概念以及心理运算起源的实验分析，探索智慧形成和认知机制的发生、发展规律。这一学派的观点对国际心理学界、教育界和哲学界产生了广泛的影响。

皮亚杰本来只打算对心理学做大约 5 年的专题研究，结果此研究持续了 40 年以上。尽管如此，他从未因心理学的研究而完全丢弃生物学和哲学。在他的晚年，他回到自己最初的计划。这时，他集中精力撰写生物学和认识论方面的著作，而这些著作利用了他在发展心理学方面的发现。与此同时，他还一直指导着日内瓦发生认识论国际中心的实验研究。从 20 世纪 50 年代末到 70 年代初，皮亚杰继续担任日内瓦大学卢梭学院院长和发生认识论国际中心主任的职务。1971 年，他辞去卢梭学院院长职务而只担任发生认识论国际中心主任一职。这期间他重点研究了儿童智慧的形象方面，还探讨了哲学同其他科学的关系。

图 1-6　老年时期的皮亚杰

皮亚杰的思想影响欧洲心理学界达 60 余年。他的认知发展研究始自 20 世纪 20 年代，到 30 年代已闻名欧洲。直到 1936 年皮亚杰获哈佛大学荣誉博士学位后，其思想始为美国所接受。但撇开语言方面的障碍不算（皮亚杰是用法文写作），皮亚杰工作的几个特点使美国心理学学术界不能像他们的欧洲同行那样容易地接受他。这四个特点是："他的散文式风格、他的高度抽象的理论、他的方法论和他的反行为主义的精神论。"[①]60 年代认知心理学兴起后，他的著作才

① 玛格丽特·博登著，谢小庆、王丽译：《皮亚杰》，法律出版社 1992 年版，第 13 页。

在全世界广为流传。皮亚杰曾获得36所大学颁赠的荣誉博士学位。1969年,在他73岁时,获得美国心理学会颁赠的科学杰出贡献奖,是为欧洲学者得此殊荣的第一人,他的工作被认为是“心理学文献中的一个宝贵的、不朽的里程碑”。1972年,皮亚杰在荷兰获得同诺贝尔奖齐名的“伊拉斯姆士”(Erasmus)奖金。鉴于皮亚杰的杰出贡献,1977年,国际心理学会授予皮亚杰桑代克(Edward Lee Thorndike)奖金,这是心理学界的最高荣誉。

1980年9月16日,皮亚杰病逝于日内瓦,享年84岁。

皮亚杰既没有接受任何心理学方面的系统训练,也没有任何心理学方面的学位,但却取得了如此杰出的成就。究其原因,这除了缘于他的非凡天赋以外,早年父亲、母亲及教父的教育,儿童时期所从事的“成人化”的自然科学观察和研究,广泛的兴趣和阅读,严谨的治学态度,坚定不移的志向,矢志不渝的意志,非凡的合作精神以及广阔的胸襟等都对他所获取的成就有着不可估量的作用。

第三节　皮亚杰的主要心理学著作

皮亚杰总爱说,儿童心理学不过是他从事反省思维在方法论上的一个插曲(好一个历时50年的插曲!)和他的事业的副产品(竟可盛满整整一座书柜的副产品!)。显然,这是一个戏谑,半真半假的戏谑。①

皮亚杰可谓著作等身。他写作的数量与其质量一样给人以深刻印象。他承认自己“不动笔就无法思考”,他已出版了近60部著作并发表了数百篇文章。这些著作大致可分为三类:一是与皮亚杰学派的其他学者合作进行的研究报告;二是皮亚杰与他人合写的专著;三是皮亚杰的个人专著。下面对反映皮亚杰思想的重点著作作一简单介绍。这些著作中所反映的思想,我们在以后各有关章节中还将作进一步的阐述和评价。

1921年至1925年,皮亚杰开始系统地研究智慧的发生。他正是从这个总的目的出发,开始从中提出并研究一个局部的问题——研究赋予儿童思

① 左任侠、李其维主编:《皮亚杰发生认识论文选》,华东师范大学出版社1991年版,第544页。

维以质的特性的一些潜在的智慧倾向,并揭示了它们发生和交替的机制。其中最重要的是发现儿童言语的自我中心性质、儿童逻辑的质的特点、内容独特的儿童关于世界的概念。但是,使皮亚杰得以成为名扬全球的学者的主要成就在于他发现了儿童自我中心主义。自我中心是儿童智慧的基本特点,是他内在的智慧立场。儿童言语的、逻辑的和关于世界观念的特点,不过是这种自我中心智慧立场的结果。皮亚杰根据他早期对儿童心理学的研究成果写出了 5 本儿童心理学著作,即《儿童的语言与思维》(1923)(皮亚杰的第一本心理学著作)、《儿童的判断和推理》(1924)、《儿童的世界概念》(1926)、《儿童的物理因果概念》(1927)、《儿童的道德判断》(1932)。在这些著作中,皮亚杰探讨了儿童智慧的一些特点以及影响儿童智慧发展的因素。这些著作成为皮亚杰日后致力于研究儿童心理的发生、发展的准备阶段。这些著作代表了当时儿童心理学的最高水平,并为皮亚杰赢得了世界声誉,从而奠定了他作为该领域开拓者的地位。科学界认为这些著作是这个领域的结论,但是皮亚杰却把它们看做是进一步研究的基本材料。他认为这些著作的缺点在于,那里面阐述的仅仅限于研究言语及言语所表达的思想。他清楚地懂得,思想是在行动的基础之上形成的,不过,他是在个体社会化中寻找智慧的整个逻辑结构的源泉的。他把个体社会化理解为个体意识之间的交往。他承认,这也是上述一些研究的欠缺。

1925 年至 1929 年,皮亚杰研究了科学史,他把科学上的基本科学范畴和观点与儿童智慧发展中的基本科学范畴和观点进行了考察和比较。皮亚杰在妻子的协助下,细心研究了自己的三个子女两岁以前的行为方式和智慧发展的过程,儿童这时的行为成为智慧发展的指标。皮亚杰的研究技术也因之有了变化:他给儿童一些可以在手中摆弄的东西。研究的核心成分是动作结构和关于儿童摆弄这些东西的推理。他把儿童这一时期的智慧称为感知运动智慧。这些研究的成果体现在他于 20 世纪 30 年代和 40 年代陆续出版的 3 本著作之中。这 3 本著作是《儿童智慧的起源》(1936)(第一本关于婴儿发展的书)、《儿童对现实的建构》(1937)、《儿童符号功能的形成》(1945)(英译本名为《儿童期的游戏、梦和模仿》(1951))。书中反映了智慧行为和世界图景(儿童关于物体永久性、空间和因果关系的概念)的发生、象征行为(模仿、游戏)的产生。这些研究表明,儿童的智慧产生于掌握言语之前,更高水平的智慧运算是由感知运动动作准备的。皮亚杰认为,心理学家的任务在于一步步地研究先天的遗传的反射是如何改造为各种复杂的行为方式的,接下去的任务是研究从产生关于物体不变性概念到形成物体物理属性(重量、质量等)守恒概念的途径。这些研究为他创立发生认识论奠定了基础，因为它们标志着皮亚杰研究的视角从以儿童的语言为中心转移到以儿童的具体行为为中心。皮亚杰已逐步形成了对发生认识论来说最为基本的观点之一：智慧发展的源头不在语言而在于行为、在于活动和动作。由此将引发皮亚杰日后关于认知建构等一系列问题的深层思考和相应的实证研究。

从1929年至1939年这10年间是皮亚杰硕果累累的科学探索年代。皮亚杰同英海尔德、泽明斯卡一起研究了儿童的逻辑、数、时间、空间、几何、运动等概念的形成和发展，写出了许多研究专著。这些研究为进一步探讨具体运算阶段，尤其是为从具体运算中发现已找到的智慧运算的逻辑整体结构提供了可能。为了准确地解释所得到的事实，皮亚杰决定把逻辑运算知识运用到心理学中来。他不只运用形式逻辑的概念体系，而且运用数理逻辑，并按照心理事实所提出的要求改进逻辑学。他还把概念分类运用到心理学中来。皮亚杰通过这些研究发展了他的发生认识论学说的基本思想。

1939年至1950年，皮亚杰继续进行智慧心理学的研究。他研究了儿童运动概念、速度概念、时间概念和几何概念的形成，并与伦堡希一起开始进行知觉研究，皮亚杰是从研究智慧发展角度出发对这个问题发生兴趣的。根据他对知觉过程的实验研究说明了知觉具有或然的本质。这些研究成果主要体现在下列专著中：《儿童的数概念》(1941)（第一本关于具体运算的著作）、《儿童的物理量的建构》(1942)、《类、关系和数》(1942)、《儿童的时间概念的发展》(1946)、《儿童的运动和速度概念》(1946)、《儿童的空间概念》(1948)、《儿童的几何概念》(1948)、《儿童或然概念的起源》(1951)。

在这一时期，皮亚杰还对儿童智慧向青少年智慧的过渡进行了实验研究，揭示了形式运算阶段的特征，叙述了发生认识论的一般的理论观点。这一时期的主要出版物是《智慧心理学》(1947)和三卷本巨著《发生认识论导论》(1950)。通常认为这两本著作是皮亚杰的发生认识论成为一种成熟理论的代表作。我国目前已翻译出版的《发生认识论原理》(1970)就是三卷本《发生认识论导论》的详细大纲。《智慧心理学》被看做是第一本系统阐述皮亚杰心理学思想的著作。它主要从心理学的角度论述知识的建构，主客体相互作用的建构主义的心理学在该书中首次有了全面系统的论述。皮亚杰真正以心理学为题的著作并不多，《智慧心理学》则是其中最重要的一本。《发生认识论导论》内容涵盖数学、物理学、社会学、生物学、逻辑学诸领域，涉及这些领域中一些最基本概念的个体认识发展的特点和规律。其基本思想有两点：其一，人类关于这些领域的认识是人与环境相互作用的产物，我们可以从中分析出这些相互作用的历史发展过程。这是认识的历史发展，属于广义发生认识论的内容。其二，对发生认识论来说具有极端重要性的是，认识的历史发展与个体发展之间存在着平行的关系。于是，认识的个体发展就构成了狭义发生认识论的内容。认识的个体发展的研究自然离不开儿童心理学，我们说皮亚杰的发生认识论是一种心理学化的认识论，其根源概出于此。

可见，经过 30 年，在写下 20 多部心理学研究著作之后，皮亚杰又重新回到他的核心的哲学思想——以心理学为基础的发生认识论上来了。

从 1955 年开始，皮亚杰进入新的活动时期。在日内瓦创建了“发生认识论国际中心”，集结了各国许多知识领域的专家，每年就心理学问题、逻辑学问题、生物学问题和发生认识论进行一次辩论，皮亚杰及其同事从中进行概括，出版了 30 余卷资料专辑(《发生认识论的研究》(1957—1979))。

1955 年，皮亚杰还出版了关于形式运算的著作《从儿童到青年逻辑思维的发展》。皮亚杰提出了关于儿童和青少年智慧发展阶段的假说。根据这一假说，可以把智慧发展分为三大时期：感知运动时期、具体运算的准备和实现时期、形式运算时期。在这些时期内，又把作为整个时期特征的形成智慧结构的准备及其实际形成分为一些阶段。皮亚杰在其中又划分出年龄发展阶段，这有助于其进一步研究儿童智慧运算。

皮亚杰最后 25 年所从事的工作是关于儿童记忆和智慧形式的发展，生物学、心理学、认识论和哲学的一般问题，儿童意识的发展。这些研究成果集中反映在以下著作中：《知觉的机制》(1961)、《儿童心理发展中的情感和智力的相互关系》(1962)、《哲学的洞察与错觉》(1965)、《儿童的心理映象》(1966)、《儿童心理学》(1966)、《记忆与智力》(1968)、《意识的把握》(1974)。知觉错觉是皮亚杰深感兴趣的领域，因为他似乎找到了一个批驳经验论的极好课题。错觉的产生显然蕴含着主体的作用，说明认识并不是由纯粹外部刺激所决定。和研究知觉一样，皮亚杰也是在其与智慧的关系上来考察记忆和想象过程的。意识问题是任何一位心理学家和任何一种心理学理论都无法回避的主题，发生认识论涉及的是意识的个体发生。皮亚杰为我们勾画了一条“从行动到概念再到意识”的清晰轨迹，他把意识与对行动的觉知联系起来。因此，皮亚杰所拟定的智慧发展阶段可以解释为是整个心理发展的阶段，因为全部心理机能在各个阶段的发展中，服从于智慧，决定于智慧。

皮亚杰全部著作的基本思想在于智慧运算是以整体结构方式实现的，这些结构是由于演化所趋向的平衡化达到的。对智慧结构的研究，对智慧结构与神经结构相互关系的分析，以及对智慧结构与数理结构、逻辑学结构和语言学结构的关系的分析，为建立一般结构理论作了准备。皮亚杰的一本概述性的著作《结构主义》(1968)就是专门讨论这个问题的，这本书公开标榜他的结构主义的哲学立场。皮亚杰在哲学方面的代表作还有《发生认识论》(1970)，此书宣布了发生认识论体系的确立。其实，这两者是有机联系着的。发生认识论是皮亚杰主要的心理学思想和理论，而结构主义正是发生认识论的哲学观点。也就是说，发生认识论的中心问题，就是要探索这种认识结构的发生和发展。

皮亚杰一生著述繁多，除了以上提到的以外，他的主要著作还有《心理学与教育学》(1935)、《心理学与逻辑学》(1953)、《儿童早期逻辑的发展》(1959)、《六项心理学研究》(1964)、《儿童的意象》(1966)、《生物学与认识》(1967)、《心理学与认识论》(1970)、《理解因果性》(1971)、《智慧与生物适应》(1974)、《成功和理解》(1974)、《行为与进化》(1978)、《辩证法的基本形式》(1980)、《可能性与必然性》(1981)等。这些著作也表现了皮亚杰发生认识论研究的丰富内容。

皮亚杰一生研究的课题概括起来有四个方面：(1) 智慧结构，(2) 知觉理论，(3) 各种科学概念的个体起源，(4) 发生认识论。其中发生认识论是皮亚杰晚年致力于研究的最主要的课题。皮亚杰的基本理论和实验研究对儿童心理学、发展心理学和教学改革具有比较广泛的影响，受到国际心理学界的重视。

第四节　皮亚杰学派产生的时代背景

产生于20世纪20年代的皮亚杰学派既受欧美机能主义心理学、格式塔心理学的影响，又受哲学、逻辑学、语言学、数学、生物学、控制论等多学科的影响。我们简要分析一下皮亚杰学派产生的思想背景和科学背景。

一、思想背景

皮亚杰早年对柏格森、康德的著作感兴趣，他的“格式”(scheme，schema)概念源于康德的“先验图式”。他曾说:“我把康德范畴的全部问题重新审查了一番,从而形成了一门新学科,即发生认识论。”[①]皮亚杰关于认识发展的连续性、阶段性理论、同化(assimilation)、顺化(accommodation)、平衡化理论也吸收了德国古典哲学的辩证思想。皮亚杰的“运算”概念也受布里奇曼操作主义的影响。皮亚杰曾指出,他的结构主义倾向同操作主义毫无共同之处,但他也认为正是因为操作主义有缺陷,他才以结构主义来补充操作主义。皮亚杰学派形成时期也正是结构主义思潮兴盛之时,皮亚杰的发生认识论是结构主义的发生认识论,它深受索绪尔(F. D. Saussure)、布龙菲尔德(L. Bloomfield)结构主义语言学、布尔巴基(N. Bourbaki)结构主义数学学派的影响,也受格式塔结构主义心理学、列维—斯特劳斯(C. Lévi-Strauss)结构主义人类学、帕森斯(T. Parsons)结构功能主义社会学的影响。

二、科学背景

从科学背景来看,皮亚杰早期从事生物学研究工作,同化、顺化概念直接来源于生物学,他认为生物体这种适应环境的机能,对人类也同样适用,并将这一原则应用于人类心理的发生,把儿童认识的发展看做是个体对环境适应的逐步完善和智慧化的成熟。皮亚杰认为“每种心理学的解释都迟早要依赖生物学和逻辑学”[②]。从20世纪40年代开始,皮亚杰学派就采用符号逻辑来研究儿童的认识活动,他们认为符号逻辑可作为衡量儿童智慧发展水平的标志。皮亚杰认为,以符号逻辑作为工具来描述儿童形成运算的智慧过程犹如统计学一样有用,因而数理逻辑对于皮亚杰学派关于儿童智慧发展,特别是形式运算智慧发展的研究起了重要作用。从心理学的学科背景来看,皮亚杰学派深受机能主义心理学的影响和格式塔心理学的影响。尽管欧美机能主义的研究志趣各异,但他们都共同重视心理现象在人对环境适应过程中的作用。皮亚杰在日内瓦大学时深受著名机能主义心理学家克拉帕瑞德的影响。克拉帕瑞德最早提出了人的心理适应问题,这对皮亚杰早期研究儿童的语言和思维起了重要作用。皮亚杰在其《儿童的语言与思维》一书的前言中也说:“日内瓦的克拉帕瑞德和布维特(P. Bovet)先生一贯地帮助我,要我随时考虑机能的观点和本能的观点,没有这两个观

① 高觉敷主编:《西方近代心理学史》,人民教育出版社1982年版,第431页。
② 高觉敷主编:《西方近代心理学史》,人民教育出版社1982年版,第432页。

点，人们就会忽略儿童活动的最深源泉。”[①]克拉帕瑞德在该书的序言中更是精辟地阐明皮亚杰思想的机能主义背景，“他是当三四十年前为他的长辈所陶醉的那种肤浅的联想主义已经死去并已被埋葬的时候，当充满希望的远景正在我们的科学面前展开的时候，开始研究心理学的。在詹姆士（W. James）、弗卢诺埃（T. Flournoy）和杜威（J. Dewey）看来，重要的是动力和实用的倾向；在弗洛伊德看来，是精神分析；在杜克海姆（E. Durkheim）看来（不管他的主张是否正确），是承认社会生活对于形成个人心理的作用；在霍尔（G. S. Hall）、格罗斯（K. Groos）、比纳和其他的人看来，是为儿童的生物学观点所支持的发生心理学。”[②]皮亚杰中后期的思想也深受格式塔心理学的影响。他在论述结构的三要素时，首先谈到的是整体性，坚决反对原子论和还原论。皮亚杰早年在苏黎世大学跟随荣格学习精神分析学，他在《儿童期的游戏、梦和模仿》一书中还专门谈了自己的理论同精神分析理论之间的关系，皮亚杰学说中的“自我中心倾向”、“自恋”概念都直接来自精神分析理论。

① 皮亚杰著，傅统先译：《儿童的语言与思维》，文化教育出版社1980年版，第11页。
② 皮亚杰著，傅统先译：《儿童的语言与思维》，文化教育出版社1980年版，第3页。

第二章

皮亚杰的发生认识论原理

从20世纪20年代到皮亚杰逝世，国际上涉及皮亚杰理论的论著非常多，其中有一些是赞成皮亚杰的，有一些是批评皮亚杰的。皮亚杰理论之所以引起这么大的反响是因为"皮亚杰，像弗洛伊德一样，创立了一门新的学科，它虽与心理学密切相关，但以它与其他科学的相互作用而言，它却已经超过了心理学。……皮亚杰是一位发生认识论者而不是一位心理学家，无论如何强调这一点也是不会过分的"①。皮亚杰的理论之所以广为流传，除了他创立了发生认识论，提出了一些智慧发展的新问题，设计了一套研究认识发生发展规律的方法论体系以外，还因为他在新的维度上，运用新的方法，重新研究了传统的认识论争论不休的问题，并得出了令人惊讶的、大胆的新结论。

从20世纪50年代开始，皮亚杰主要致力于发生认识论的研究，并在日内瓦大学建立了跨学科的"发生认识论国际中心"。一般认为发生认识论体系建立的标志是皮亚杰三卷本巨著《发生认识论导论》(1950)的出版。

皮亚杰给发生认识论所下的定义是："发生认识论就是企图根据认知的历史，它的社会根源以及认识所依赖的概念与运算的心理起源，去解释知识，尤其是科学知识。"另有一种为大家所接受的较为详尽的看法是："发生认识论是一门跨学科的科学，它研究认识(知识)——包括动物和人类(从新生儿到科学家)的知识——成为可能的必要的和充分的条件，以及知识从较少确定性向较高确定性的历史发展。"②这两种定义的"核心之点是：发生认识论是研究认识发展的。它要解决人的(人类群体的和个体的)智慧是通过怎样的机制，历经怎样的过程，从低级水平过渡到高级水平的。智慧不是虚

① 皮亚杰著，傅统先译：《儿童的心理发展》，山东教育出版社1982年版，第1页。

② 李其维著：《破解"智慧胚胎学"之谜》，湖北教育出版社1999年版，第35页。

无物，认识高低显其身。智慧与认识是一个互为表里的统一体。因此，这句话也可表述为：发生认识论就是要解决人是怎样从低级水平的认识过渡到高级水平的认识的"①。简言之，发生认识论是一门通过心理学研究科学概念形成和认知发展规律的学科。因此，皮亚杰的发生认识论具有跨学科的特点。它的研究成果对心理学、哲学认识论、科学史、逻辑学、教育学等领域都有深远影响。本章主要考察发生认识论的思想根源、皮亚杰理论的康德认识论框架、发生认识论的主要内容以及皮亚杰的新理论。

第一节 发生认识论的思想根源

皮亚杰发生认识论的学科性质是科学的，而不再是传统的哲学学科，也不是作为传统哲学的一个部门或领域的哲学认识论。发生认识论首先是一门科学并具有"跨专业"特征。正是在这个意义上，格鲁伯(H. Gruber)和弗内歇(J. Vonèche)说："至少有三个皮亚杰。有一个严肃理论家的皮亚杰，他把儿童思维转向形式化的逻辑建构；有一个诙谐的经验科学家的皮亚杰，他致使整整一代心理学家以新的方式倾听儿童；有一个怀疑者的皮亚杰，通过感受到他还没有解释新颖性的发生问题而向前推进新的研究，这种研究必定位于任何解释思维增长的理论的中心。"②皮亚杰不仅看到了随着当代科学(特别是自然科学)的发展，认识论日益从哲学中分离出来的趋势，而且毕生以"使认识论成为一门与哲学分开、与所有人类科学都有关系的科学"为己任。皮亚杰晚年在总结自己毕生的事业时说："对我来说，我致力于认识的心理发生的努力仅仅是在两件要事之间的一个中介。这两件要事是：探索生物适应的机制和对生物适应的较高形式——科学思想——的分析。对这二者的认识论解释一直是我的中心目的。……使认识论成为一种实验学科以及理论学科一直是我的目标。"③

① 李其维著：《破解"智慧胚胎学"之谜》，湖北教育出版社1999年版，第35～36页。

② Gruber, H., Vonèche, J. (Eds.) (1977). *The essential Piaget*. New York: Basic Books, p. xi.

③ Gruber, H., Vonèche, J. (Eds.) (1977). *The essential Piaget*. New York: Basic Books, p. xi.

虽说皮亚杰发生认识论的理论渊源或思想根源是多方面的，但就其实质而言却主要在哲学上。皮亚杰本人就明确说过："我把康德的知性范畴(kategorie)拿来重新考察了一番，于是形成了一门学科，发生认识论。"①

图 2-1　伊曼努尔·康德(Immanuel Kant，1724—1804)

康德是 18 世纪德国著名哲学家，一般认为他是文艺复兴之后对后世影响最大的理性主义哲学心理学家。代表康德哲学思想的是其三大名著：《纯粹理性批判》(1781，修订版 1787，关于认识论)、《实践理性批判》(1788，关于伦理学)及《判断力批判》(1790，关于美学等问题)。

一、康德主义对皮亚杰的影响

至于康德主义对皮亚杰的影响，可谓举足轻重。皮亚杰承认，对于"康德主义的精神"，"我认为，我是像许多接受辩证法的人一样接近于它的"②。皮亚杰确信，如果他能证明逻辑和数学产生于"自然思维"，在主体的活动中有其根源，那么他将实现经验主义和理性主义的融合。他自己认为这种融合在本质上是康德主义的。他强调，"结构"的来源是作用于外部世界的主体本身，他把这比作康德关于"范畴"的来源是心智自身的观点。"如果我们着眼于康德论点的精神实质而不是其字面上的意思，就他主张知觉从一开始就被组织，构成知性范畴基础的同样的主体源泉也是知觉组织的基础而言，康德无疑是正确的。"③皮亚杰认为，只是在解释这种"主体源泉"或心智怎样发生方面，他比康德更进一步。

首先，就皮亚杰坚持认为某些概念或范畴对于我们获得知识(特别是科学知识)是"必要的"而言，皮亚杰的确是一个康德主义者。他认为康德看到了实质性的问题："纯粹一般的预成论是康德的先验论：主体具备许多范畴或各种'形式'(因果关系、空间等)，它们作为预先确立的条件对经验施加影响。即使主体仅仅通过经验发现或意识到它们(这是允许个体发生发展不断变化的过程)，它也不能从它们当中抽取出经验，而只能凭借预先有效的

---

① 李其维著：《破解"智慧胚胎学"之谜》，湖北教育出版社 1999 年版，第 54 页。

② Piaget, J. (1971). *Insights and illusions of philosophy*. New York: Meridian Books, pp. 57～58.

③ Piaget, J. (1969). *The mechanism of perception*. New York: Basic Books, pp. 361～362.

某些结构组织经验。康德提出的证据认为，这种结构是‘必然的’，而经验事实只是被给予的，以‘表明什么东西’（用一个著名的短语），它根本就不是必然的。”[①]但皮亚杰与康德至少有如下两点实质性的区别：

第一，皮亚杰反对康德范畴的终极性和固定性，坚持认为这些康德的范畴在科学过程中是进化和发展的。他认为康德把范畴看做固定的，看做以确定的形式一劳永逸地对心智和事物施加影响。这一假设在心理学上是错误的。应该根据范畴在思维历史上的发生和它们在科学史上演进的用法来定义范畴。

第二，皮亚杰只接受康德某些意义上的“先天”和“先验”概念。他首先是接受康德作为“普遍的和必然的”意义上的逻辑的先验。他说：“人可能确实没有笛卡尔（R. Descartes）所说的‘天赋观念’，但是可能具有康德意义上的先验范畴，即先于经验而存在的条件。”[②]“如果先验仅仅是一种机能或机能作用，那就不可能在任何结构意义上谈论‘天赋’观念。”[③]“如果我们希望得到一个真正的先验理论，我们就必得逐渐缩减最初结构的‘内涵’，直到作为先行的必然性而保留下来的东西被缩减成一个简单的机能作用为止。这些结构化就是从这种简单的机能作用开始的：这是在拉马克（J. B. Lamark）的机能创造器官这个意义上讲的，这个意义在表现型的水平上依然是符合事实的。那么很清楚，这个机能上的先验论绝不是排斥而是支持新机构的连续建构的理论的。”[④]其次，皮亚杰接受康德的主体对知识做出贡献的先验即主体的运算建构。“如果我在这里使用先验的这一术语（我不常使用它），它只是简单地指在知识中并非来自客体而是来自主体所建构的结构的那种东西。”[⑤]先验的即指由主体所建构的结构。但是，皮亚杰反对康德“完全独立于所有经验”的时间的或水平的“先天”。在皮亚杰看来，由于认识主体从事建构活动，这种建构仅仅是作为他在世界中经验的结果，因此在“独立于所有经验”的先天这个词的意义上，似乎没有任何先天的知识。

总之，正如基奇纳（R. Kitchener）所说的那样，“皮亚杰的发生认识论紧紧地追随康德的认识论。……他的哲学框架仍然是（在最一般的意义上）康

① 皮亚杰著，尚新建等译：《生物学与认识》，生活·读书·新知三联书店 1989 年版，第 113 页。

② 皮亚杰著，尚新建等译：《生物学与认识》，生活·读书·新知三联书店 1989 年版，第 51 页。

③ 皮亚杰著，尚新建等译：《生物学与认识》，生活·读书·新知三联书店 1989 年版，第 113 页，第 262 页。

④ 皮亚杰著，王宪钿等译：《发生认识论原理》，商务印书馆 1981 年版，第 104 页。

⑤ 赵壁如主编：《现代心理学发展中的几个基本理论问题》，中国社会科学出版社 1982 年版，第 3 页。

德主义的——虽然它是一种经验主义的康德主义。……皮亚杰独特的建构主义认识论和他对认知摹本论的反驳坚定地根源于康德的批判哲学,即使皮亚杰不同意康德的有力的先验转换”①。

二、“历史批判分析”对康德“纯粹理性批判”的取代

皮亚杰在整个 20 世纪 20 年代所思考的主要问题是,怎样为建立一门新的认识论找到合适的研究方法。正是在这里,康德的影响便初现端倪。皮亚杰在《观念的使命》和《探索》中所探讨的科学(逻辑)与信仰(道德)的关系这一康德问题,在 20 年代初的作品中理论上更加成熟。

1. “动作”与“实践理性”的分野

康德所谓的“纯粹理性”,在一般意义上是指体现于认识领域、思辨领域中的认识能力。而所谓“纯粹理性批判”,就是理性的自我批判,是理性在其最纯粹的先天知识上自觉地对自己进行批判或考察。皮亚杰在青年时代就敏锐地认识到,康德的纯粹理性批判是不彻底的。因为康德的“批判”在我们的认识能力之外留下了一块地盘——“实践理性”(即纯粹用于实践上的理性)。在康德看来,“自由”和“道德律”作为实践理性的对象,是属于超越“现象”的“物自体”的领域;我们不可能得到有关它们的任何经验知识,而只能得到一些“实践的”理性法则(或纯粹信仰)。皮亚杰在 1921 年的一篇文章中,就区分了他自己的“理性信仰”与康德的“信仰”。皮亚杰指出,日内瓦的弗卢诺埃的“心理学传统”所具有的特征,可概括为“经验的康德主义”的两个特性。一个特性是这样的信念,“信仰价值”的基础可以在宗教现象的具体机制中经验地得到发现;另一个特性是系统性地怀疑在科学材料之外能认识任何东西的可能性。至于“逻辑”的传统,对于皮亚杰来说,则通过他的老师雷蒙德描述出来了。皮亚杰采纳了雷蒙德论证“新教”的客观特征的关键思想,他当做是他自己的“道德的和理智的教义问答集”的一种论证。他宣称,人类的精神史是这样的一个客观化过程:个体思维本身受制于能超越于它的一种逻辑的和道德的同时化形式,对于逻辑学家来说,这种形式是宗教经验的真正对象。皮亚杰在经验心理学内寻求着能继续“瑞士—法国传统”,并提供一种在信仰与科学之间的平衡,这将会取代整体上分离的经验领域的旧系统。他建议用“不断地与这个世界即与理性及其骨骼形成同一的上帝”中的“理性信仰”,来取代他描述为“康德的超验领域的存在”中的

① R·基奇纳著,熊哲宏译:《皮亚杰与康德主义》,《哲学译丛》,1993 年第 4 期,第 32～33 页。

"信仰"。所有价值(包括上帝)是作为内在于心灵中的东西而出现的;对皮亚杰来说,理性的"规范"同时是逻辑的和道德的。①

皮亚杰的这一早期思想对于他后来的动作理论具有特别重要的意义。皮亚杰在《心理学是什么》(1978)的著名论文中,对他的"动作"(action)、"行动"(conduct)和"行为"(behavior)概念作了这样的注解:行动指行为,但行为包括觉知我们所做的动作。皮亚杰强调,行动并不必然具有任何道德的涵义。也许正是在这个意义上,弗内歇认为,对于皮亚杰来说,"行为是动作。这样,动作是逻辑的;逻辑是动作的德性,德性是动作的逻辑。由克拉帕瑞德和皮亚杰在这些特别词语中所表达的这一概念,就解释了皮亚杰思想中这样一个奇异的方面:动作在具体运算水平上突然获得与动作附加在一起的真的价值。这一观点对于动作和逻辑都是不同寻常的;逻辑更经常地与话语、论证活动或者与一般的语言相联系。对皮亚杰来说,价值包括道德价值,在动作中找到其来源。这样,皮亚杰对实践问题没有特别的兴趣,他设想为纯粹是执行象征性机能。在皮亚杰的体系中动作不是实践(praxis)"②。

弗内歇这里所说的"实践"、"实践问题",正是康德意义上的"实践理性"。皮亚杰显然超出了康德的这个意义。皮亚杰的动作是理性的、逻辑的动作,这种动作的发展是"合理的"。这就正好是《探索》中所写下的"新实用主义的概略":思想与动作、生物适应相联系,但是不显示功利主义。"……实用主义仅仅是哲学的微光,像这样一个被欺骗的丈夫:只是想要对他有用的多数现实,害怕发现他的不幸。实用主义把价值当做一种瞬息的东西,而实证主义使得价值不可获得,柏格森主义使得价值富于生命但不可理解。"③皮亚杰《探索》中的这一思想恰好与他后期的观点完全一致:"心理发展的分析能够为精密科学的认识论提供的重要服务,恰好就是重建运算(逻辑数学运算和物理运算)与动作之间在发展上的连续性,对于这种连续性不能以实用主义和柏格森主义所夸大的功利主义方式去理解,而应该把动作理解为智慧活动本身的源泉。"④

---

① Vidal, F. (1994). *Piaget before Piaget*. Cambridge, MA: Harvard University Press, pp. 228~229.

② Vonèche, J. (1999). The origin of Piaget's ideas about genesis and development. In: E. K. Scholnick et al. (Eds.). *Conceptual development: Piaget's legacy*. New Jersey: Lawrence Erlbaum. p. 251.

③ Gruber, H., Vonèche, J. (Eds.) (1977). *The essential Piaget*. New York: Basic Books, p. 45.

④ 皮亚杰著,袁晖、郑卫民译:《心理学与认识论》,求实出版社 1988 年版,第 92 页。

2．“康德的批判相形见绌”

从认识论的观点看，皮亚杰理论的方法可概括为“逻辑分析方法”和“历史分析或发展分析方法”二者的统一。他总是认为，认知发展的研究必然迟早会达到一种“历史批判”的高度和广度。皮亚杰这种“批判的”反思意识无疑受惠于康德。他认为，从科学与哲学的关系史来看，正是由康德所完成的“哥白尼式的革命”已经恢复了这种“批判反思”的地位，科学家才总是从哲学家的批判的反思中受益。但皮亚杰在青年时代就清醒地认识到，必须对康德的“批判”加以改造。

1925年，29岁的皮亚杰接替了他的老师雷蒙德在纳沙特尔大学的“心理学和科学史”课程。在其讲演《心理学与认识论批判》中，他对康德的“批判”方法进行了细致的分析批判。他在继承雷蒙德执教时的历史批判传统和纳沙特尔大学的心理学传统的基础上，运用他那时所理解的较新的“历史批判的方法”——他称之为“今天真正的哲学方法”，对康德的“纯粹理性批判”的方法进行了全面的清算。他指出，在新的历史批判方法面前，康德的“批判”，即对一个特定时代的科学(即牛顿的科学)的直接“反思分析”，已经“相形见绌”。如今人们已经一致认为，单凭科学史就能够解决认识论问题了。而皮亚杰却要探索心理学对于科学认识论——不同于传统的“哲学认识论”的可能的贡献。正如他后期反复论证过的那样，在这里他要确定在“发生心理学”与历史批判分析之间有一种不断增长着的亲缘关系。而康德却把发生心理学与认识论完全分开。对于康德来说，发生心理学的任务仅在于，确定概念(或“范畴”)出现的次序以及这些概念被意识到的偶然情况，而发生心理学本身却无法从事“批判”工作。但皮亚杰认为，一旦人们在对精神结构的批判研究中，而不是把这种结构看做是“先天”形成的，那么心理学家的任务就在于，深入到“理性”概念本身的本质中去。因为认识论由于其历史的发展似乎已经置身于心理学领域。皮亚杰运用希腊科学史和“原始思维”研究中的例子，阐明历史批判研究与心理发生研究之间可能的接触点。他致力于严格限定的细节问题，期望通过解决这些细节问题而阐明目前认识论中最重要的问题：理性的“范畴”究竟是始终不变的，还是可塑的？具体来说，理性在其自身的结构中是能够发展的呢，还是有一个独一无二的人类“精神”，这种精神尽管有着社会环境、年龄和科学发展诸方面的差异，却服从于永恒的规律？这是一个事实问题。它不属于哲学反思分析的领域，而属于历史和社会学领域。因此，求助于发生心理学就显得极为重要，因为发生心理学有可能根据直接观察和直接经验所得到的概念对历史提出问题。皮亚杰当然也意识到，他诉诸于心理学，并不等于回复到由洛克(J.

Locke)从发生心理学中得出的经验主义认识论。相反,对于经验主义心理学家借助于"事实"来证明理性的可塑性,皮亚杰作了批评。因为理性结构中的任何变化都表明,一方面理性是能动的,而不是消极地忍受事实的冲击;另一方面,也许不存在任何始终不变的"所与"(the given,皮亚杰后来喜欢用"可观察物"一词),因为在某个特定阶段作为"所与"而显示出来的东西,在事后都可归结到心智的暂时建构中。

皮亚杰早期对康德"批判"的批判性转换使我们能够理解他的理论的终极目标:理性是怎样发展的。甚至皮亚杰对康德的提问方式也作了改变。不是问"先天综合判断是怎样可能的?"而是问"我们怎样用发展的方式解释理性,特别是理性的发展?"在皮亚杰看来,由于理性的机能是获得知识,那么这个问题就导致了如下的问题:我们怎样以发展的方式解释知识,特别是知识的发展。正是由于皮亚杰改造了康德式理性主义,他便赋予"逻辑"和"数学"在认识论中以特殊的重要性。他断言,甚至我们关于物理世界的知识,也要以先验的"逻辑数学结构",即知觉信息被同化进这种结构之中为前提。因而皮亚杰问题的另一方面是:我们怎样以发展的方式解释逻辑数学知识,特别是它的发展。由于逻辑数学知识的标志是它的必然性。由于这种必然性是从早期的非必然状态到后期的必然性阶段发展而来的,那么与此密切关联的问题是:我们怎样以发展的观点解释逻辑数学知识的必然性。由于这样一种时间上的过程涉及偶然性向必然性、时间性向非时间性、现实性向可能性等的转换或过渡,那么这种转换或过渡是怎样可能的。可以说,这些就是皮亚杰理论——由康德所引发的所要回答的全部问题。

3. 思维与宇宙的"前定和谐"让位于"被建构的和谐"

皮亚杰毕生都在试图解答康德提出的一个经典认识论问题:主体的观念与经验的客体之间的符合一致。用康德的话来说,就是从经验直观得来的经验与经验对象的概念之间的必然的一致是怎样可能的。皮亚杰经常把这一问题表述为:"思维和宇宙这一貌似荒谬的符合一致","数学演绎和经验之间惊人的符合一致","数学和物理学的惊人的一致","逻辑数学的建构和物理经验之间的符合",等等。我们将会看到,皮亚杰早期就已经找到了解答这一问题的钥匙。

1929 年,皮亚杰任日内瓦大学自然科学院教授,执教新的"自然科学史"课程。在其讲演《科学思想的两个方向》中,他首次探讨了"思维与宇宙的一致性是如何可能的"问题。他把这个问题称为自笛卡尔、莱布尼茨(G. W. Leibniz)和康德以来"西方思维"的中心问题,并认为这个问题只有在实证科学的领域内才能够得到有效的说明。

皮亚杰开篇指出，当今"科学精神"最明确的要求之一是科学要求对它自己的本质进行反思。科学把心理学中最有趣的现象称为精神对现实的适应过程，因为科学的精神格式从根本上依赖于心理—生理组织本身。所以他提出这样的问题：如果不向发生学方面推进，如果不首先描述科学思维的历史，那么"科学"这一客观事实问题将如何能够解决。实际上，研究科学的发生和发展，探讨作为科学基础的概念史和概念的心理学，指明人类精神的"形式"(或范畴)如何在与事实的接触中形成，这些便是每个希望理解人类精神的本质和功能的人所必须恪守的方法。由于科学概念只是缓慢而费力地从人类普遍的理智中产生出来，因此只要对智慧，即"原始的"和包括儿童智慧在内的智慧进行经验性研究，就能够使我们理解这种发生过程。

皮亚杰所说的"科学思想的两个方向"，首先是指向数学方向的发展。这一方向的发展趋势是将现实(实在)越来越多地归结为数学。尤其是自文艺复兴以来，与数学的发展相联系，也产生了把经验数学化的倾向。由于数学并不是建立在经验基础上，这就出现了这样一个问题：如何解释数学与物理现实之间仍然存在的一致性。甚至是如何解释这样一个悖论：常常能够预先把握到经验本身的数学或迟或早仍然要由经验来充实，并且经验完全适合于数学的格式。皮亚杰解释说，这是因为数学体现着一种形式化的创造，体现着由心智完成的、一种新的对现实的建构。数学的思维过程显现出建构性的、不依赖于观察和经验的演绎(其他科学的进步却需要观察和经验)，显现为真正富有创造性的思维。这种建构决不漂浮在现实之上，甚至也绝不是仅仅为现实提供联系，而是导致我们对万象世界的自身结构的重新建构，可以说是用一种由精神创造的"建筑术"来排挤感性世界。这样，数学产生于思维却又朝向现实，它必然与经验相一致并必然构成经验，最终成为对现实的解释以及对现实的理性加工(我们顺便指出，皮亚杰所谓"必然与经验相一致并必然构成经验"几乎完全与康德对"先验"概念的界定相同)。

人们也许会问"思维与宇宙的一致"，会不会不是一种历史的现象？数学也许与视觉或智慧不一样，不是对环境的适应？随着这个问题的提出，皮亚杰转向科学思想发展的第二个方向，即生物学的方向。他用这个方向与数学的方向互补。生物学以及属于它的实验心理学，致力于用生物学的以及物理实在组织的规律来解释包括数学在内的思维。生物学的任何一个进步都自然而然地导致对思维机制的阐明。对于生物学家来说，思维是一系列适应的产物，而这些适应是通过生物的形态发生、遗传和个体的顺化的规律而得以解释的。这样，数学演绎与物理经验的联系问题，从生物学的角度看，表明它是生物体与环境之间的关系这一重大问题的一个特例。

我们看到，皮亚杰早期思想就已经超越了康德解决思维与存在的一致性问题的“先验”性质，后来则进一步用基于动作的双重建构理论来解决这一问题。在皮亚杰看来，“对于先验论者不得不退而向其求援，并且直到希尔伯特(D. Hilbert)时代才得到承认的那种宇宙与思维之间的‘前定的’和谐，在我们思想上应该由‘被建构的’和谐取而代之，这种和谐事实上是由一个在机体水平上就已经起作用的过程所逐步建立起来的，并且是从机体水平上无限地向前扩展的一种和谐”①。

第二节　发生认识论的康德哲学框架

我们在考察皮亚杰理论的背景渊源、学科性质和基本特征时，不能不看到它与康德认识论(特别是康德“先天”范畴体系)的内在联系。这种内在联系可能比我们迄今所能想象到的还要深刻。下面致力于论证皮亚杰理论的整个体系框架是康德式的或康德主义的。通过把皮亚杰理论与康德的“先天”概念、“先验心理学”、“先验逻辑”相比较，说明它与这三者均有明显的相似性，同时又有实质性的区别。要从总体上正确地理解皮亚杰理论的学科性质，特别是它“比康德更进了一步”的范畴起源(发生)理论，我们必须弄清它的康德主义特征。

一、“先天建构论”与“发展的先验论”

皮亚杰本人从不否认发生认识论的“先验的”维度。他写道：“所有认识论，特别是发生认识论的基本问题是，由于思维的手段仅仅是服从于在时间上进化和建构自身的心理运算，那么问题是要理解，心智是怎样获得必然关系(似乎是‘独立于时间’)的建构的?”②这里，“必然关系”的建构正是类似于

① 皮亚杰著，王宪钿等译：《发生认识论原理》，商务印书馆1981年版，第70页。

② Kitchener, R. F. (1986). *Piaget's theory of knowledge*. New York: Yale University Press, p. 99.

康德的“先天建构论”。那么,在什么意义上是先天建构论的呢?

1. 主体的建构以先前已有的内部条件为前提

皮亚杰不是经验论者,但他承认他一开始就求助于从洛克、休谟(D. Hume)到斯宾塞(H. Spencer)这些古典经验论的创始人所创立的伟大传统。这是因为英国经验论取得了重要的“发生学转换”。由于这种经验论建立在认知的摹本理论基础上,因而它已被证明是不恰当的。对比而言,以笛卡尔、莱布尼茨为代表的理性主义否定认知的摹本论,从而有利于赋予认知论主体以能动的作用,但遗憾的是,理性主义所赋予的这种认知论主体的作用是贫乏的。皮亚杰写道:“在康德主义之前的这种选择,极少变化的预成论,它包含了天赋观念的假说。而建构主义初期仍然是无把握的和不完全的,其中包括经验的功能就是获得知识这样一种假设。所以,最自然的综合就在于至少在综合判断的形式下保留建构概念,以及至少在就经验而言的先天性形式下保留天赋观念。”①在皮亚杰看来,“建构”概念和“先天性”概念,正是值得保留下来的康德的“先天建构论”,智慧并不限于像白板一样接受印象,而是通过感性和知性的先天形式建构实在。这样,主体(观念)和客体的莱布尼茨式的“前定和谐”就让位于康德的“哥白尼式的革命”。皮亚杰似乎赞赏康德自称的哥白尼式的革命。康德通过揭示对象与心灵相符合——在认识中,不是心灵符合对象,而是对象符合心灵——而证明了心灵的先天原则如何适用于对象。这一革命保证了主体的观念和经验的客体之间的和谐,这是因为所有客体为了成为认识的对象就必须与我们的认识范畴和建构活动相一致。

故而皮亚杰这样响应康德的先天建构论:“看来在发生学上清楚的是,主体所完成的一切建构都以先前已有的内部条件为前提,而在这方面康德是正确的。”②康德对于认识论主体(“纯粹理性”)在构造、解释人的经验中所起的能动作用的强调,无疑完全被皮亚杰采纳。根据皮亚杰的观点,我们具有知识,仅仅是因为我们以某种方式构造实在或经验。他喜欢说,认识就是把实在同化于主体的“转换系统”。这就是说,认识就包括把“实在”或感觉材料同化于由格式、概念、意象和运算——所有这些都以某种方式排列顺序和彼此关联——组成的认知结构中。对于康德来说,这种同化能引起建构和综合(“主观演绎”)。皮亚杰也坚持同样的观点,即主体建构认识的对象。在这种建构中,经由某种运算和结构来综合输入的材料。应该说,这种观点

① Piaget, J. (1971). *Insights and illusions of philosophy*. New York: Meridian Books, p. 56.

② 皮亚杰著,王宪钿等译:《发生认识论原理》,商务印书馆 1981 年版,第 103~104 页。

本质上是康德主义的。因为它不仅坚持知识被主体所建构，而且坚持认识的对象和范畴本身也被主体所建构。皮亚杰欣赏康德把认知的一切都归结到主体源泉那里去。

这样，在皮亚杰看来，康德看到了实质性的观点：认识主体从事于知识、经验和实在的建构。仅仅在世界被同化于我们的认知结构的范围内，我们才认识世界。于是，某些概念和范畴对于我们获取知识就是必要的了。在康德那里，“必然的”就意味着“先天的”或“先验的”，先天知识就是具有普遍性和必然性的知识。既然某些概念和范畴对于我们的知识是必要的，那么在一定意义上可以说它们是先天的。

2. 可接受的“先天”概念

皮亚杰并不完全否定康德的“先天”概念，他甚至接受其中的一种或两种涵义。在他的纯哲学性著作《哲学的洞察与错觉》(1965)中，这一点非常明显。他认为康德的先天概念是过于包罗万象了：“因为它包含(正如它应该包含的那样)普遍性和必然性……而且(在它是必要条件的范围内)也包含与经验有关的先天性：逻辑的先天性，以及多少是按时间顺序的先天性(先天仅仅在经验的时刻显示自身，不是在经验之前，而且在所有情况下也不是在经验之后)，尤其是(在经验的主体已经具有决定他的活动的潜在结构这一范围内)水平的先天性。人们能感受到非常接近于康德主义的精神(我认为，我是像许多接受辩证法的人一样接近于它的)，把先天看做是与按时间顺序的先天性或水平的先天性概念相分离的。于是综合的必然性特征就成为逻辑上先天，不再是如上述情况下的时间上先天(这种先天仍然保持着过于接近前定和谐)。更精确地说，认识论主体的建构特征仍然是太贫乏的(然而在康德的观点中是丰富的)，因为它从一开始就完全是给定的。另一方面，辩证的建构，正如在科学史和由对心理发展的研究所揭示的实验事实中所看到的那样，似乎显示出活生生的现实性。它能使我们赋予认识论主体以更丰富的建构性，虽然它以同样的理性必然性特征和经验的建构过程而告终，正如康德寻求的用于捍卫他的先天概念的那种建构性。”①这里，皮亚杰认为康德的先天有(或至少有)两种不同的意义：时间上的先天性(以及水平的先天性)和逻辑上的先天性。

皮亚杰显然是首先接受逻辑上先天的概念，也就是康德作为“普遍的和必然的”意义上的先天。他指出，依照康德、胡塞尔(E. Husserl)那些哲学家

---

① Piaget, J. (1971). *Insights and illusions of philosophy*. New York: Meridian Books, pp. 57～58.

的观点，“先验的东西是指那些先于知识和经验之前就已存在的认知工具的情况，而他们的认知工具带有逻辑意味比时序意味更多，而前一意义的认知工具却是使经验可能产生的必要条件”①。皮亚杰相信：“人可能确实没有笛卡尔所说的‘天赋观念’，但是可能具有康德意义上的先验范畴，即先于经验而存在的条件。”②皮亚杰同意康德的看法：作为“先行条件”的范畴就意味着它们的普遍性和必然性（皮亚杰称之为“内在必然性和统一性”）。在这个意义上，皮亚杰认为自然科学也包含有它的“先验的”方面。他写道：“所有自然科学，包含有先验的方面。仅就上面所规定的作为构造化的必要工具的意义而言，这种先验的方面是研究工作本身所固有的。并且，它们处在不断的运动和构造之中，不能一下子具体实现出来或描写下来。在科学中实际存在一种反省的进展（这是与它们在外延上的扩展分不开的）。它（反省的进展）是由不断理解到的新条件的勾画[格式]所构成。这种勾画[格式]对以后的经验内容来说，就是先验的。比如，要从事物理学或生物学的研究，数学和逻辑学就是必要的。”③正是在相信某些概念和范畴对于我们获得知识是“必要的”（先前已有的内部条件或先行的必然性），没有它们就不能有知识的意义上，皮亚杰接受康德这一意义上的先天概念。

皮亚杰还接受康德先天概念的另一个含义，即主体运算建构意义上，认识主体对知识做出贡献的意义上的先天。在谈到心理学是一门自然科学，自然科学也涉及先验的方面时，他说：“如果我在这里使用‘先验的’一词（我并不经常使用它），它仅仅指的是在知识中那种不是来自客体而是来自于主体所构造的结构的那部分东西。”④在康德那里，“纯粹理性”是提供先天知识原理的能力，它包含有绝对先天的认识事物的各种原理。根据这些原理，一切纯粹的先天知识（数学、自然科学）就能被取得并现实地实现出来。也就是说，主体通过自身具有的各种先天条件（时空直观形式和范畴）去综合统一它由于物自体的刺激而获得的感性经验材料，从而产生关于现象的知识。皮亚杰把这统称为“先天建构论”。皮亚杰认为，这种先天建构论思想在康德的理论中是丰富的，这也是康德超越笛卡尔、莱布尼茨等理性主义者的地方。这种认识主体从事于知识、经验和实在的建构的先天建构论，无疑基本上是被皮亚杰所接受的。

然而，皮亚杰拒绝接受康德先天概念中的“时间上的先天性”这一方面。

① 左任侠、李其维主编：《皮亚杰发生认识论文选》，华东师范大学出版社 1991 年版，第 165 页。
② 皮亚杰著，尚新建等译：《生物学与认识》，生活·读书·新知三联书店 1989 年版，第 51 页。
③ 左任侠、李其维主编：《皮亚杰发生认识论文选》，华东师范大学出版社 1991 年版，第 167 页。
④ 左任侠、李其维主编：《皮亚杰发生认识论文选》，华东师范大学出版社 1991 年版，第 165 页。

皮亚杰认定，按照康德的说法，它是指“在先于开端或在开端时既已给定静态结构的意义上”①。在他看来，这一方面的含义仍然保持着过于接近“前定和谐”。他用“预成论”(preformism)或“天赋论”(innatism)表达康德先天概念中的这一含义。他写道：“按著名的生态学家洛伦茨(K. Z. Lorenz)的观点，认识的结构也同样是天赋的，但是这个天赋性是根据一个他希望其毫不含糊地属于康德主义的样式而概括出来的。认识的‘范畴’是作为一切经验的先行条件而生物学地预先形成了的，其方式一如马的蹄和鱼的翅那样是作为遗传程序设计的结果而在胚胎发生中发展起来的，并且远在个体(或者说表现型)能够使用它们之前很久就发展起来了。”②皮亚杰相信不存在笛卡尔意义上的天赋观念。“像因果关系这样的普遍必然范畴，绝不可能在预成的形式中发现，尤其是在最初的阶段上。因果关系有许多种类型，它们在规则的阶段中彼此相继。它们的共同之处不是形式，如果真是形式，那它必然十分虚弱，它们的共同之处是机能或解释的机能要求，它来源于将演绎用于规则性的时间序列。如果先验仅仅是一种机能或机能作用，那就不可能在任何结构意义上谈论‘天赋’观念。”③这里所说的“结构意义”，显然是指时间上预成的东西。在这个意义上，皮亚杰说：“我不相信先验因素是结构的。”④

康德时间上的先天性这一含义，皮亚杰又称之为“预成论的先验概念”⑤，这是他所拒斥的。由于认识主体从事建构，这种建构仅仅是作为他在世界中经验的结果，在先天一词这个意义上，似乎没有任何先天的知识。在皮亚杰看来，“如果我们希望得到一个真正的先验理论，我们就必得逐渐缩减最初结构的‘内涵’，直到作为先行的必然性而保留下来的东西被缩减成一个简单的机能作用为止。这些结构化就是从这种简单的机能作用开始的：这是在拉马克的机能创造器官这个意义上讲的——这个意义在表现型的水平上仍然是符合事实的。那么很清楚，这个机能的先验论绝不是排斥而是支持新结构的连续建构的理论的”⑥。在这个意义上，我们可以谈论“先验机能”，其意义在于，一切结构都是某种“活动”的结果，亦即主体连续建构的结果。这就把我们带到在先天概念问题上皮亚杰与康德的本质区别上来了。

---

① 皮亚杰著，尚新建等译：《生物学与认识》，生活·读书·新知三联书店1989年版，第318页。
② 皮亚杰著，王宪钿等译：《发生认识论原理》，商务印书馆1981年版，第63页。
③ 皮亚杰著，尚新建等译：《生物学与认识》，生活·读书·新知三联书店1989年版，第262页。
④ 皮亚杰著，尚新建等译：《生物学与认识》，生活·读书·新知三联书店1989年版，第305页。
⑤ 皮亚杰著，尚新建等译：《生物学与认识》，生活·读书·新知三联书店1989年版，第114页。
⑥ 皮亚杰著，王宪钿等译：《发生认识论原理》，商务印书馆1981年版，第104页。

3."先天的东西本身是一种发展"

在皮亚杰看来,康德对于唯理论和经验论"最自然的综合就在于至少在综合判断的形式下保留建构概念,以及至少在就经验而言的先天性形式下保留天赋观念"。但就其本质而言,这一综合的结果却是一套"僵化且绝对静止的框架"。这是因为康德"把范畴看做是固定的,看做以确定的形式一劳永逸地对心灵和事物施加影响。这一假设在心理学上是错误的。……勒努维耶(C. B. Renouvier)和科尔努(A. A. Cournot)使得范畴发生了转换,这种转换具有心理学特征并不是夸张。因为他们给自己提出的任务是根据范畴在思维历史上的发生和它们在科学史上演进的用法来定义范畴"[①]。这样,在皮亚杰看来,康德的范畴不是固定的和静止的,而是进化和发展的。

顺便有必要提到,皮亚杰关于范畴转换的思想受到他的先驱即所谓"历史批判的"科学哲学家们的影响。以布隆施维克(L. Brunschvicg)、拉兰德(A. Lalande)、雷蒙德等为代表的历史批判学派,都关心对科学和构成科学知识基础的基本概念进行"批判性分析"。这些思想家在某些方面受到康德构造"纯粹理性批判"的尝试的强烈影响。"事实上,他们中的一些人实际上构成了一种法国的新康德主义。"[②]

康德哲学的目的是确定人的理性和知识的本质和限度,这致使他对心灵的感性形式和知性的纯概念进行批判性考察。在19世纪末的法国,康德原初的12对"范畴"被当时影响较大的历史批判学派放弃,而代之以对科学来说是更基本的概念。这样,批判的方法就成为对作为科学之基础的那些特定概念,如数、因果性、机遇、位置、终极性等的本质和限度进行研究。然而与康德为他的特殊范畴提供一种"先验的演绎"(证明)不同,他们认为,我们不得不关注"理性"的历史发展,以便确定它的本质和功能。这尤其是意味着,对科学史(即科学理性)和这些基础概念在科学史中的作用给予密切的关注。他们认为,不可能有像康德那样的对思维范畴的先验的演绎,因为这些概念随时间的推移而发生了变化,而且还可以假定在未来将继续发生变化。那么,借用康德的术语在什么意义上可以说它们是"必然的"?既然这些范畴发生了变化和发展,那么任何必然性就不得不涉及到变化过程本身。于是,这些思想家们推进了一种与黑格尔(G. F. Hegel)相似的观点,

---

① Piaget, J. (1959). *Judgment and reasoning in the child*. Totowa, New Jersey: Littlefield, Adams, pp. 232～233.

② Kitchener, R. F. (1986). *Piaget's theory of knowledge*. New York: Yale University Press, p. 11.

即是说,对于这些范畴的真正发展来说,有一种合理性和"逻辑"——发展的逻辑和辩证法。像黑格尔一样,这些人率先赞同一种"历史主义"看法:我们仅仅能通过考察概念的起源并追踪它的发展而理解一个概念,因为概念的本质是在其发展过程中显露出来的。正如皮亚杰所说的那样:"历史批判主义的著作通过阐明各种科学思想之间有悬殊差异,已经显著地促进了这种演变。例如布隆施维克的著作就标志着把认识看做发展过程这一思想转变的一个重要转折点。"①这种思想也就是后来皮亚杰经常说的,如果认识了一个概念的心理学基础,这就意味着从认识论上理解了这个概念。

尽管皮亚杰坚持认为某些范畴对于知识、特别是科学知识是必要的这一康德主义观点,但他从一开始就不相信康德范畴的固定性和终极性。他认为康德的"先验论的形式是过于包罗万象了,例如,他相信欧几里德(Euclid)空间的普遍必然性,而非欧几里德几何学已把欧几里德几何学归结为一种特例了"②。这样,他不同意康德对空间的特殊解释是必要的,因为欧几里德空间的确不是必然的,它不是在任何时候对所有可能的经验都是有效的。于是,康德宣称这些特殊的概念是"必然的"似乎就有了问题。但如果特定的空间理论将发生变化,比如从欧几里德空间到非欧几里德空间,那么这种转换本身就不是偶然的,而是在某种意义上合乎理性的必然的。如果对于发展来说有一种逻辑,那么这些科学概念的历史发展就有一种潜在的发展必然性。皮亚杰总是坚持,科学是"开放的",有充分理由期待这些范畴在未来的过程中将继续进化,因为科学不是也绝不能是固定的。然而,它们的后继概念,无论它们可能是什么,将以合理的方式与它们相关联,因而,对于科学思想来说,后继者就将是必然的。例如,如果决定论在当代量子物理学中不再是必然的,那么它的后继者(如统计规律)将也是这样。因此,"在科学认识领域,某些推理在任何给定的水平上都具有逻辑的必然性,但是,结构范畴却不是必然的,因为因果关系、空间、时间等在历史过程中都要发生变化"③。皮亚杰不相信康德关于这些范畴在严格意义上是必然的先验主张,也不相信与"科学方法"相反,并优越于科学方法的知识的"先验方法"(即康德式的先验论证)。正如他总是宣称的那样,没有什么"哲学方法"优越于科学方法,如反省的、先验的、现象学的、辩证法的方法,因而也没有什么知识优越于科学知识。

---

① 皮亚杰著,袁晖、郑卫民译:《心理学与认识论》,求实出版社 1988 年版,第 5 页。
② 皮亚杰著,王宪钿等译:《发生认识论原理》,商务印书馆 1981 年版,第 104 页。
③ 皮亚杰著,尚新建等译:《生物学与认识》,生活·读书·新知三联书店 1989 年版,第 113 页。

另一方面，从发生学的角度（亦即“时间的”观点）来看，认识主体似乎也不是生来就具有充分的和完全发展了的格式和认知范畴的。这些格式和范畴经历了时间上的发展，它们构成了成人健全的“经验”的必要条件。如果认知范畴对于经验真是必要的，正如康德坚持认为的那样，如果不存在生来就如此充分发展了的范畴，那么，婴儿就不具有像我们成人那样的经验。如果范畴真是“先天”的，它们就不能理解为时间上先天的，否则婴儿将像成人那样感知世界。

皮亚杰在这里还有一个重要思想：范畴的发展观与逻辑意义上的“先天”是完全相容的。在他看来，即使范畴不是时间上先天的，而是发展和变化的，这与它们在具有普遍性和必然性的逻辑意义上的先天是完全相容的。因而可以把它们看做是逻辑上先天，这就是说它们具有普遍性和必然性，这种普遍性和必然性是发展的最终结果。所以皮亚杰说，不是“所有的先验论观点都应该拒绝。当然，先验论决不是以现成的天生机制的形式表现它自己的。先验论是强迫的因素，而必然的联结只有当进化在进行时才一点一点地赋予它的。心灵意识到内在于心灵的法则不是在认识的开始，而是在认识的结束”[①]。因此，遵循某种阶段顺序的范畴的辩证建构，普遍而必然地导致成人特征的认知结构的建构，并以大致同样的方式感知世界，这就是皮亚杰所谓“认识论主体”的内在涵义。

总之，皮亚杰对康德关于先验问题亦即普遍知识或“先天综合判断”是怎样可能的问题，进行了发生学的或发展的转换。在皮亚杰看来，发生认识论在根本上是要回答这样的问题：某些认识事实或特征从发展上看是怎样可能的？发生认识论要在发展的框架下探求康德意义上的“先验的”（怎样可能的）问题。有如我们上述所见的那样，这种“发展的先验主义”或“机能的先验主义”与康德的“纯先天的认识论”（皮亚杰术语）是有本质区别的。皮亚杰不是问“逻辑和数学是怎样可能的”，而是问“我们怎样从心理学的角度解释纯粹逻辑和数学的可能性”。假使某些逻辑和数学真理实际上被成人获得，假使人在出生时这种规范的真理并不是显而易见的，那么应该提出的问题是，个体从发展上获得这种真理是怎样可能的。从出生（发展的初始点）开始，此刻没有形式真理或必然性的概念而仅仅有经验的相关物，我们怎样解释必然真理的最终获得。就物理知识或外部因果性知识而言，问题是同样的：假设构成物理知识的某一标准（这得由当代科学或成人的常识所决定），由于儿童起初没有这种知识，那么这种知识的获得在心理学上是怎

① 皮亚杰著，傅统先、陆有铨译：《儿童的道德判断》，山东教育出版社1984年版，第482页。

样可能的。皮亚杰对发展的先验问题的回答，就是他的建构主义认识论。

二、“先验心理学”与“发生认识论”

既然皮亚杰接受康德某些意义上的先天概念，那么他创立的发生认识论与康德的“先验心理学”有明显的相似之处，就没有什么值得大惊小怪的了。这种相似性直接关系到我们对发生认识论的学科性质的理解。

1. 以“认识论主体”为对象的“实验哲学”

尽管康德本人没有使用“先验心理学”这一名称，但许多研究康德的学者把他的《纯粹理性批判》中的“主观演绎”部分称作先验心理学。这一观点最早是由《纯粹理性批判》的英译者史密斯(N. K. Smith)提出的。

康德所谓范畴或概念的“先验演绎”，是指对概念能够先天地与对象发生关系的方式加以解释，它分为客观演绎和主观演绎。“客观演绎”是从知性的最高统一性即“统觉的本源的综合统一性”出发，推演出范畴在运用于一切经验对象时的先天合法性或普遍必然性。它试图表明，某些源于心灵的先天概念适用于对象，从而具有客观的有效性。“主观演绎”则是从经验中寻找能使它统一并具有必然性关联的先天条件(这种先天条件即是“统觉的先验统一性”)。换言之，主观演绎是从知识发生的过程中去探索这个过程所需要的主观先天条件。皮亚杰把康德的主观演绎精辟地概括为“先天建构论”。意思是说，所谓主观演绎就是康德企图构造一种心灵怎么样从感觉材料中产生(“综合”)知识的心理学理论。具体地说，主观演绎牵涉到主体使得知识成为可能的那些过程，亦即牵涉到这一问题：为使经验从杂乱的感觉中产生必须有什么样的“发生”过程？这些过程随时间而进行，既能具有“发生”的特征，因为它们把感觉材料转换或综合成充实的经验；又能具有“建构”的特征，因为这种被经验的对象通过某种认知运算而从杂乱的感觉材料中被建构。康德宣称，有三种这样的建构即综合：“直观中把握的综合”、“想象中再生的综合”、“概念中认知的综合”。其大意是：感官向我们提供了各种各样处于空间和时间中的杂多感觉，为了使这些杂多感觉形成一个统一体，知性必须在想象力的协助下对它们加以综合。想象帮助我们把杂多感觉看成是空间里的杂多，想象还保证我们在记忆中也能将杂多看做是一段时间里的统一体，这就是把握的综合和再生的综合。而把杂多归属于一个“概念”并赋予它们一种统一的原则(因而我们才能把杂多看成是这样那样的东西)，这就是认知的综合。在康德看来，经验知识得以可能的先天条件正是这对直观杂多的三重“综合”，以及最高的综合对较低综合的综合。

从性质上看，康德明确地否认这样一种心理学是经验性的，它不是一种普通的经验心理学。经验心理学关注偶然的事实问题，以及康德所谓"经验的演绎"："表明通过经验和对经验的反省而获得概念的方式，所以不是关心概念的合法性，而仅仅是概念事实上的起源模式。"①康德举例说，洛克和休谟就提倡这种经验的演绎，并致力于一种追溯我们的概念怎样从经验中获得的经验心理学。

饶有趣味的是，皮亚杰的发生认识论似乎追求一种康德先验心理学维度的东西。很显然，皮亚杰的理论目标不是建立一种普通的经验心理学。皮亚杰不是一个普通的经验主义心理学家，他的理论也不是一种简单的经验主义理论——为儿童怎样"学习"提供可检验的预言。"发生认识论"这一名称本身就表明其学科性质不同于一般经验心理学。因为发生认识论的出发点是哲学上的。

第一，从皮亚杰提出问题的方式来看，正如格鲁伯和弗内歇指出的那样："与多数科学家从他们研究领域的内部问题那里提出问题不同，皮亚杰从一般哲学中提出问题，以至于他那特化的科学产品作为一般哲学先见的'副产品'出现了。结果，在他对知识的多方面贡献中，最使皮亚杰愉悦的贡献无疑是他自己的发生认识论，虽然与流行的观点相反，皮亚杰没有杜撰或发明'发生认识论'这一术语。"②

第二，从发生认识论研究的对象来看，它是"认识主体"或"认识论主体"，而不是"心理主体"或"个体主体"。发生认识论是关于一种抽象的、理想的个体即认识主体的理论。"认识主体"被定义为对于所有独立于个体差异、处于同一发展水平的主体都是共同的。在康德"先验自我意识"的意义上，皮亚杰的认识主体是一种先验的抽象。我们虽不能肯定皮亚杰的认识主体直接来源于康德的先验自我意识，但它们二者的相似性则是显而易见的。康德的先验自我意识，是指超越于各个不同的人的特殊的、经验性自我意识的逻辑先验性，是一切有思想有理性的人都同样具有的、最高普遍性的"共通机能"。皮亚杰的认识主体与此类似。认识主体不是个体的、主观的自我，而是解除了中心化的、理性的和客观的主体。因此，发生认识论是关于认识主体的发展，不是关于心理学主体的发展。皮亚杰认为，存在着一个

① Kant, I. (1964). *Critique of pure reason*. New York: St. Martin Press, p. 121.

② Gruber, H., Vonèche, J. (Eds.) (1977). *The essential Piaget*. New York: Basic Books, p. 753.

发展着的共同普遍的合理性——理想化地存在于所有人中的潜在的科学理性。他的任务就是要制订这种认识论主体发展的蓝图，以取代围绕特殊的人及其个体差异的研究。心理学家正是研究后者，但发生认识论却研究前者。这就是为什么皮亚杰不是一个普通心理学家而是一个发生认识论者的原因。

第三，从发生认识论的研究结果看，它要解答的是真正意义上的哲学问题，只是解答的方法和途径不同于传统哲学。皮亚杰可以说是一位"实验哲学家"，他的每一哲学结论或观点都是建立在严格经验的、实证的基础上的。正如许多学者达成共识的那样，发生认识论本质上乃是一种"实验哲学"，它企图通过研究儿童的发展从而去解答认识论上的问题。

2. 基于经验研究的实证科学

同时我们也可以看到，康德的先验心理学在严格意义上又不同于"先验哲学"（"思辨形而上学"）。尽管先验心理学关注先验的演绎，但这并不意味着它等同于传统的形而上学。"先验演绎"关注这样的问题："这些概念（即空间、时间和范畴）怎样能与不是从任何经验中获得的对象关联起来。对概念这样先天地与对象关联起来的方式进行解释，我称其为先验的演绎。"[①]而思辨形而上学只能导致"先验幻相"——即完全超出范畴的经验性使用，并以纯粹知性得到扩展的假象来蒙骗我们。先验幻相的不可避免性表明，传统形而上学（理性心理学、理性宇宙论和理性神学）作为知识是不可能的。

在最一般的意义上，康德的先验心理学系指使得人的经验成为可能的那些条件，那些对于经验是必要的条件的先天因素。史密斯在解释这一点时强调，对这样一种心理学使用"先验的"这一术语是完全合理的。"当然，产生经验的综合过程在严格意义上不是先验的。因为它们不是以范畴的方式先天的。然而，它们通过同样的先验方法是可以发现的，即是说对于经验的可能性来说是作为（像范畴一样）不可缺少的必要的东西。"[②]史密斯认为，康德的先验方法，在被正确理解的情况下，本质上并非不同于自然科学的假设方法。这两种方法都探索为了解释和说明已公认的假设而必须假定什么条件。康德的假设方法同时既涉及"原则"又涉及"事实"：原则通过相关联的事实被估价，事实仅仅是与这些原则相关的事实。

---

① 康德著，韦卓民原译，曹方久、唐有伯整理：《纯粹理性批判》，华中师范大学出版社 1991 年版，第 119 页。

② Smith, N. K. (1962). *A commentary to Kant's "critique of pure reason"*. New York: Humanities Press, p. 238.

康德先验心理学这种非“形而上学”特征在皮亚杰发生认识论中鲜明地体现出来。发生认识论虽不是普通经验心理学，但它也不是传统意义上的哲学或形而上学，按皮亚杰的理解，是指那些以先验的方式洞悉世界的“本质”的哲学。发生认识论首先是一门科学并具有“跨学科的”特征。皮亚杰的这一毕生目标在他的第一本书《儿童的语言与思维》(1923)中就已开始实施。他的老师克拉帕瑞德在该书的“序言”中就提出了这一点。他说皮亚杰能够在心理学和哲学之间十分明显地划清一道界限，而坚定地站在心理学一边。他的研究纯粹是“科学的”。

当然，我们也要看到，尽管皮亚杰经常讽刺哲学家，甚至否认作为职业的哲学，并宣称科学家能够和必须创造他们自己的哲学，但他并不否认哲学和哲学家的作用。他在某些场合或在某种程度上贬低“哲学”，无非是想从根本上改变传统哲学——作为一种思辨的、先验的、“超科学的”哲学——的面貌。格鲁伯和弗内歇说得好：“他选择认识论的中间立场，围绕这个中间物他组织了如此多的研究，给了他这样的标准，从这个标准出发，他可以用心理学的工具去探索广泛的哲学上相关的问题。哲学家们总是提供心理学的预先假定——常常是隐含着的。皮亚杰的工作则尽力通过展示它们在儿童中的发生而把它们公开化。确乎可能悖论的是，他对哲学的主要贡献将证明是他把心理学的证据有力地注入哲学的讨论中。”[1]这样，发生认识论就不再是传统意义上的哲学认识论，而是基于实证科学之上的、经验性的科学认识论，亦可称“发展的认识论”。

3. “发生认识论”：先验的与经验的统一

基于上述，我们就可以把康德先验心理学和发生认识论的学科性质做出结论性的描述了。显然，先验心理学应归属于先验哲学和经验心理学之间，是某种中介性的东西。一方面，由于它是经验性的，因而它不完全是纯先天的、纯概念的或纯逻辑的，这样就不同于先验哲学或思辨形而上学；另一方面，由于它是“必然的”，并不处理个别的偶然事件和特殊细节，因而又不是后验的或偶然的，这就不同于经验心理学。的确，在康德那里，先验心理学既是先天的、必然的，又是后天的、经验的。具体地说，先验心理学试图解释把杂乱的感觉材料转换成连贯的经验的产生机制，它使用的方法常常像科学的假设演绎法。这就是说，它假定某些“假设的”机制和阶段的存在，并通过这种机制和阶段来解释这种转换。对于康德来说，先验心理学的问

① Gruber, H., Vonèche, J. (Eds.) (1977). *The essential Piaget*. New York: Basic Books, p. 743.

题是:已知杂乱的感觉材料,为了解释这一结果即通常的“经验”,我们必须假定什么样的机制?

皮亚杰发生认识论也是归属于哲学(或形而上学)和经验心理学之间的某种中介性的东西。一方面,由于它立足于经验的实证科学(在自然状态或实验室观察儿童认知概念的自发的发展),因而它不完全是思辨的、超科学的或先验的东西,这就不同于一般意义上的哲学或形而上学;另一方面,由于它是必然的(建构的必然性或发展的必然性),研究的是广义的主体即“认识主体”发展的一般规律,因而又不是纯经验性的或纯实证的,这就不同于一般的普通经验心理学或普通发展心理学。确实,发生认识论,正如此名称所表明的既是先验的(在皮亚杰所采纳的康德先天的涵义上)、必然的,又是经验的、实证的。

若从皮亚杰的立场看康德先验心理学,他必定会主张,既然认知结构或格式对于我们认识的发展来说是必要的,那么康德的“主观演绎”的先天建构论就是过于“共时性的”了。相反,皮亚杰采取一种“历时性的”观点,可以说,康德认为的杂乱的感觉材料阶段大致是婴儿期的(一种“现象主义”),连贯经验的阶段大致上是成人期的。那么发生认识论的问题是,把婴儿期的认识阶段转换成成人期的认识阶段的产生机制是什么?为了说明成人经验来自婴儿期,这种发展的机制必须是什么?初期的认识阶段被转换成后期的认识阶段是怎样可能的?显然,皮亚杰的方法像康德的假设演绎法一样,包含着预先假定的一套发生机制(如反省抽象和平衡化)和阶段(从感知运动到形式运算),以此来解释这种可能性。

三、“先验逻辑”与“运算逻辑”

在发生认识论体系中,“心理逻辑学”或“运算逻辑”是其重要组成部分,而心理逻辑学与康德的先验逻辑有着明显的相似之处。从理论继承的关系上说,心理逻辑学是皮亚杰对康德先验逻辑加以改造,尽管不是直接的或皮亚杰公开声称的结果。

1. 以主体动作或运算为内容的意义逻辑

我们知道,康德“先验逻辑”是对传统形式逻辑加以改造的产物。在康德看来,虽然传统形式逻辑是一切正确思维方法不可缺少的基础,因为它不仅提供了真理的普遍形式的标准,而且确立了知性思维之分析性使用的法规,但形式逻辑(他称“普遍的逻辑”)的最大缺陷就是撇开内容、只谈形式。具体地说,形式逻辑抽掉了知识的一切内容,也就抽掉了知识与对象的一切关系，而只留下思维的“纯形式”。这种逻辑不足以揭露内容上的错误，形式上符合法规（如不自相矛盾）的知识仍有可能与其对象、内容相矛盾而不成为其真理。再说，思维的功能也不仅在于分析性的使用，而更在于综合，亦即获取新的知识。由于形式逻辑的这些缺陷，就有必要建立一门新型逻辑。因此，新型逻辑与传统形式逻辑的实质性区别有两方面：一方面，它是关于对象的纯思维的逻辑，专门考察纯思维（纯知识）与对象的先天一致是如何可能的。换言之，完全先天地与对象相关的纯粹知性和纯粹理性的知识，就是这门新型逻辑的研究对象。这样一种逻辑，“将决定这种知识的起源、范围和客观有效性，将不得不称为先验逻辑，因为不像普遍逻辑（不得不处理经验和纯推理知识两个方面），它本身仅仅在知性和理性先天地与对象相关联的范围内关注知性和理性的法则”①。另一方面，既然先验逻辑是与对象、内容相关的，它就必须研究我们关于对象的先天知识是从何而来的问题（尽管这样的先天知识不是来自对象、经验）。康德自信，他的先验逻辑与形式逻辑抽去知识对象而抽象地研究思维的规律和形式，有着根本的区别。

皮亚杰敏锐地抓住了康德先验逻辑由传统的形式主义转换到认识论的基础上来的革命性意义。他首先极为欣赏先验逻辑要成为“真理的逻辑”的主张。从他对传统逻辑（他称为“古典逻辑”）的批评中可以清楚地看出这一点。他指出，“逻辑关心的真和伪唯一地在构成一种形式的真理和一种形式的虚伪。因此，人们应当区别实在的真理（或命题与经验间的符合）和形式的真理（或命题间的符合）。实在的真理属于实验科学的方法论的问题，形式的真理则是‘形式逻辑’这一学科的研究对象。”②这里，“实在的真理”即命题与经验的符合恰恰是康德先验逻辑所研究的东西。这显示出先验逻辑的认识论维度，因为在皮亚杰看来，认识论揭示出主体与客体的生动活泼的关系。但“逻辑则相反，仅仅从方法论的给出中汲取那些与逐渐形式化知识——从纯事实的陈述开始一直到建立一种连贯的理论知识——有关的元素。这样它就不能把本身置于历史的、发生的角度，而仅停留在形式化地位上踏步不前了”③。于是逻辑只对纯形式结构感兴趣，而毫不关心客体本身，后者则受到实验科学和认识论的关注。

问题是，逻辑的“形式”是由什么组成的，也就是说，逻辑形式是什么东西的形式？对此通常有两种解答。一种是以龚赛思（F. Gonseth）为代表的

① Kant, I. (1964). *Critique of pure reason*. New York: St. Martin Press, pp. 96～97.

② 左任侠、李其维主编：《皮亚杰发生认识论文选》，华东师范大学出版社 1991 年版，第 332 页。

③ 左任侠、李其维主编：《皮亚杰发生认识论文选》，华东师范大学出版社 1991 年版，第 333 页。

"唯物论派逻辑"。认为逻辑的特征就是关于任何客体的物理学,逻辑就是我们对客体的认识的形式化。在这里,逻辑的抽象是从客体的形式或客体间的关系开始的,不以条件为转移,从而不以客体某种量的特性或物理特性为转移。皮亚杰认为,这种解答是行不通的。因为物理客体是存在于时间之中,并且总是在变化着的。当龚赛思谈到客体的同一性(A=A)、无矛盾性(它不能在同一时间内既是A又不是A)、排中律(要就是A,要就是非A)时,这就已经不是物理客体的问题,而是对任何客体采取的"行动"问题。这表明,逻辑也是与人的行动、思维运算有关系的。第二种解答来自著名的逻辑经验主义,把逻辑看做是一种语言,纯粹使用"句法"来解释逻辑。皮亚杰认为,在这种情况下,逻辑就不是这个词的本来意义下所指的认识的一种形式,而是认识的"纯粹形式",这种纯粹形式的公理化只是与分析的性质或同语反复的性质有关。实际上,逻辑总是与"意义"有关,"尽管把逻辑形式归结为一些纯粹的符号,可是每一符号仍带有一种意义,而且形式作用本身虽然独立于其所指的内容之外,仍然是一种带有清晰意义的系统,因为它具有真和伪(或肯定和否定)的价值。那么,除非对于它的内容完全是冗余的,一种形式的组合系统至少可生成同个别组合一样多的意义,并且运转某些符号,于是,就等于在运转意义,也就是说,在结合智慧的运算"①。皮亚杰的意思是说,逻辑是以抽象的形式,即类、关系和命题,表达出来的实际"运算",是把运算化为符号的形成。运算就是儿童内化了的实际动作。在感知运动水平上,儿童的实际动作构成一种"动作逻辑"。当儿童能在他的动作之间预期一种关系时,就表明有逻辑——原始的意义蕴涵——存在。因此,每一个逻辑关系事实上对应着实际的运算。

这样,皮亚杰的逻辑概念与康德先验逻辑在一个方面的一致性就体现出来了。先验逻辑是与对象、内容相关的,仅仅在知性和理性先天地与对象相关联的范围内考察知性和理性的规律。皮亚杰也认为逻辑是与对象和内容有关的,但这个对象和内容决不是康德先验论意义上的。康德的"对象"是由我们先天的认识能力(直观形式和纯概念)构成的,是以"先验自我意识"("先验统觉")能动综合统一为前提的。而他指的"内容"不是经验知识的内容,而完全是纯粹理性本身具有的先天知识内容。皮亚杰的对象和内容则是现实主体的动作或运算。这既有别于把逻辑简单地看做处理物理客体的一般唯物论逻辑,又区别于康德过于先验论形式的逻辑。

① 左任侠、李其维主编:《皮亚杰发生认识论文选》,华东师范大学出版社1991年版,第334～335页。

2. 逻辑是关于“运算”的形式化理论

康德先验逻辑的另一个特点是，为了保证它的普遍性和必然性即先天性，先验逻辑既不是“特种逻辑”也不是“应用的”普遍逻辑。所谓“特种逻辑”，是指某门经验科学的工具论。它是为了知性的特殊对象而使用的，只能作为某一特定学科或对象的研究工具，而不具有先天的普遍性。显然，先验逻辑不是这种逻辑。可以说，先验逻辑是“纯粹理性”的工具论，即以纯粹理性本身为对象，并能产生纯粹理性体系的工具。所谓“应用的”普遍逻辑，实际上只涉及知性在现实活动中的一切经验的、心理学上的条件，如感官的影响、记忆、习惯和爱好等。它告诉人们在心理学的经验条件之下如何正确使用理性。“这就是说，在偶然的主观条件下(这些条件有碍于或有助于它的应用，全然在经验上给定)，它讨论注意(它的阻碍和结果)，讨论错误的来源，讨论怀疑、犹豫和信念的状态等。”①因此它既不是法规，也不是工具，而是日常知性的某种“润滑剂”(类似于古代的“修辞术”)。这种应用的普遍逻辑根本说不上什么先天的普遍必然性。

皮亚杰的心理逻辑就其反对逻辑学中的“心理主义”而言，也具有先验逻辑的这一特点。从逻辑发展史来看，人们往往把关于个别科学的特殊方法的研究叫做“应用逻辑”。皮亚杰不同意使用应用逻辑一词，他提出了三个理由：

第一，从历史的、发生的观点来说，所谓应用逻辑总是存在于形式逻辑之先。“人们总是首先向现实进行推理，并且只有当智慧的运转已经组织就绪，整体结构充分营造以后，人们才会向自己提出怎样推理的疑问。逻辑于是只能是一种人类反省的和回忆的形式化的产物，而非在应用以前业已制定的法规。当亚里士多德(Aristotle)企图制定(形式化)逻辑时，数学早就已经存在了，他自己也早在那里试图理解宇宙，并特别在那里对生物进行分类。”②这就是说，逻辑形式化的程序与“自然思维”(指主体有意识的思维，有其直觉性和不证自明的经验)的自发倾向是相反的，即一般的思维倾向于向前看，而形式化却是回顾过去，其目的在于确定所有断言的必要条件和充分条件，并使得所有中间步骤与结果都成为明显可见的。

第二，在逻辑已变成一种积极的实证科学，即拥有它自己的计算术(形式化技术)以后，它才能被应用于数理学科。但这些应用完全不同于各门科学自身的方法论。它们只在于把逻辑的公式整合到那些演绎科学的公理化

① Kant, I. (1964). *Critique of pure reason*. New York: St. Martin Press, p. 95.

② 左任侠、李其维主编：《皮亚杰发生认识论文选》，华东师范大学出版社 1991 年版，第 332 页。

的理论中，而且应用它们的时候也只限于那种一时尚不能用数量而只能用质量的词来表示的东西，或利用它们来构造各种模型。

第三，科学方法论不等于逻辑。方法论是各门科学专家们的事情，为了有成效地对待各种方法，最低限度的(如果不是完全的，但的确是必要的)条件是让它们经受实践与生活的检验。正是由于不肯承认这一自明之理，那些来源于培根(F. Bacon)的“归纳”逻辑，一直显得如此地不恰当，以致它的效果迄今仍赶不上古典的演绎法的成功。

正像康德不把逻辑理解为经验科学的工具论或依赖于心理学上的经验条件的应用普遍逻辑一样，皮亚杰也反对逻辑学中的“心理主义”。他说：“假定逻辑的方法就是公理化的方法，那么，我们就应该不要犯‘心理主义’的错误，即把事实跟规范混淆起来，心理主义是某些尚未形式化的逻辑体系的特点。”①皮亚杰首先批评古典逻辑的心理主义特征。他指出，若没有现代的符号算法或形式化技术，古典逻辑是不会从概念、判断和推理的一种心理学的描述——一种内省的、非发生的描述——中解脱出来的。尽管古典逻辑深信唯有借助“思想投射于事物中”这一方式来抵达宇宙本体，并把真理思想的描述同逻辑谬论的描述对立起来，但由于缺乏一种严格的公理论，它的真和伪的标准只能局限于主体自己认为真和伪的东西的内省而已。在表述真的“原则”(如同一原则、矛盾原则和排中原则)时，它也曾形式化了它们，但不是借助于从自主的形式构造出发的公理，而是借助于在个人的或集体的意识中观察到的一些“规范的事实”。因而它并未逾越心理学和社会学的框架，并且把逻辑现实描写为如同人们在社会学里描写某一社会内的先行规范一样。

至于维也纳学派的“逻辑原子论”也摆脱不了心理主义的命运。因为他们的一切工作都旨在把命题逻辑建立在最可能的原始表述之上，即从事实的表述出发朝向命题间的结构改造，而这些“事实”则又被理解为转译着主体和直接的感觉所与之间最简单的接触。皮亚杰指出，逻辑原子论的这一成见会导致他们的逻辑分析不由自主地受到某种心理学的影响。因为当人们决定从任何心理学中做出抽象，他们总会从常识性的心理学中吸取观念。这样，逻辑本身的形式化问题与有关心理学的前提或对应问题就仍然得不到解决。事实上，人们不可能接触到某些孤立的“事实”，意识到某一事实本质上也是建构或组织的结果。甚至最个别化的事实表述也总是联结于某些结构的整体里，这些结构超越个别化的事实。因此，逻辑原子论试图“描写”

① 皮亚杰著，王宪钿等译：《发生认识论原理》，商务印书馆 1981 年版，第 71 页。

或"表述"一个事实而又加以孤立化,实际上是不可能的。

那么,"心理逻辑学"把心理学本身看做与逻辑学相对应的经验科学,把逻辑学看做是思维运算的公理化,这是不是意味着逻辑学中的心理主义呢?皮亚杰断然否定这一点。他认为,在逻辑学与心理学这两个领域内存在着明显的平行关系或"自然的平行论",换言之,由逻辑学进行的公理化分析和由心理学进行的经验分析是统一的。我们说逻辑是思维运算的形式化(不是心理学本身的形式化),是因为运算在心理上只能以完整系统的形式组织起来,以具有"可逆的"构成为其特征。它开始于不可逆的动作,经由长期的演化过程,达到最终的平衡化。这种日益增长着的心理上的可逆性,最终必定建立起逻辑学意义上的可逆运算,其中每个原有的运算都对应于一个逆运算。显然,"心理学上的平衡化的结构同时也是逻辑上的可公式化的结构:分类、系列化和对应关系在具体运算领域中是这样,而演绎的系统在命题运算领域中也是如此"[①]。逻辑的形式化跟心理上发生学的建构具有类似性。

不仅如此,心理逻辑学还力图使自身形式化。为了阐明现实的思维机制(特别是它的可逆性),皮亚杰认为有必要借助"逻辑代数"这种精确的语言来描述运算结构特有的规律:"逻辑的代数不仅为逻辑构成了一种比古典的语言形式化更精确的言语——它以一种抽象构造的技术代替了简单的反省思维的方法,而且这种逻辑代数同时还扩大并改造了演绎运算的领域……数理逻辑一方面保证着抵达古典逻辑从未知道的或被忽视了的一系列运算,另一方面它还导致建立同命题演算这一中心机理成函数关系的系统以及它的整体结构。"[②]这样,逻辑就成为关于思维运算的形式的理论,也就是对运算构造的结构从事形式化,也可以说是关于运算结构的公理学科。"总而言之,把逻辑学看做是思维运算的公理系统,把心理学本身看做与逻辑学相对应的经验学科,并不意味着逻辑学中的'心理主义'或心理学中的'逻辑主义'。这实际上仅仅是表明了一种自然的平行论,这种自然的平行论不仅有助于当代发展心理学,也同样有助于类的逻辑和质的关系逻辑。"[③]

3. 形式和内容相统一的辩证逻辑

由上所述,可以看到皮亚杰的心理逻辑学与康德先验逻辑有其明显的

---

① 左任侠、李其维主编:《皮亚杰发生认识论文选》,华东师范大学出版社 1991 年版,第 341 页。

② 左任侠、李其维主编:《皮亚杰发生认识论文选》,华东师范大学出版社 1991 年版,第 349～350 页。

③ 皮亚杰著,袁晖、郑卫民译:《心理学与认识论》,求实出版社 1988 年版,第 99 页。

相似性。先验逻辑既不是与对象、内容无关的传统形式逻辑，也不是只涉及心理学的经验条件的应用逻辑，而是位于二者之间的某种新型逻辑。皮亚杰的逻辑观与此相似。在他看来，除了纯符号逻辑（或公理化逻辑）和推理的心理过程（或自然思维）之外，还有某种中介性的东西——心理逻辑。心理逻辑的中介性质表现在：心理逻辑（与逻辑和心理学都有关）类似于数学物理学（与数学和物理学有关）。物理学和心理学是纯经验科学，而数学和逻辑是纯形式科学。但是数学物理学和心理逻辑都牵涉到逻辑的和数学的系统，这种逻辑—数学系统将从事“解释”并按经验发现得到估价。或换一种说法：“对于利用符号演算建立起一门关于心理运算理论的学科来说，这门学科（逻辑心理学）与实验心理学的关系就可比喻为当前实验物理学与理论物理学之间的关系。逻辑心理学这门学科仍然是心理学的一个分支，正如理论物理学不是数学的分支而是物理学的分支一样。逻辑心理学应用符号逻辑、代数作为一种分析工具就如同现在理论物理运用数学技术与数学概念一样。”①可以说，皮亚杰所关心的绝不是纯形式逻辑，也不是所谓应用逻辑（正如那些关心逻辑测验中实际的行为表现的心理学家们所研究的那样），而正是像康德的先验逻辑那样的东西。

但是说皮亚杰心理逻辑与康德先验逻辑有明显的相似性，这只是从表面或外观上看问题。应该说，心理逻辑对先验逻辑进行了实质性改造。上文所述的一切，实际上已经涉及这一点。为了进一步明确二者的区别，我们拟作如下概括性论证：

第一，对康德逻辑的“先验”性质的改造。一般认为，康德先验逻辑的提出，即使在逻辑发展史上也是一个里程碑。首先是它彻底批判了传统形式逻辑的形式的抽象性这一缺陷。在康德看来，不能把形式逻辑的普遍性视为毫无限制的，它的普遍性也只是就知识的形式而言，而能与知识的内容或对象发生关系的逻辑只能是先验逻辑。这自然有其合理之处。但是，康德把逻辑规定为关于一切知识或知识对象得以形成的先天条件和构成法则，并且要在“纯概念”或纯知识与对象先天地相关联的范围内研究纯思维的规律和形式，这种过于包罗万象的先验论的形式是皮亚杰所不能接受的。在皮亚杰看来，逻辑的对象或内容总是与人的实际思维（即自然思维）有关，而实际思维不过是动作或运算。况且，“我们可以越过那些可观察到的东西来尝试着建构结构，并不是从主体有意识地说的或想的什么来建构结构，而是从当他解决对他来说是新的问题时，他依靠他的运演所‘做’的什么来建构

① 左任侠、李其维主编：《皮亚杰发生认识论文选》，华东师范大学出版社 1991 年版，第 227 页。

结构”。在这种情况下，我们就会发现像 INRC（同一、反演、互反、对射）四转换群那样的可以逻辑化的结构。这样，“如果我们从自然结构的特殊而有限度的意义上来理解自然‘思维’，我们就可以把逻辑看做是这些结构的形式化，以及随后的超越这些结构”①。于是，皮亚杰的逻辑就是主体现实的、活生生的“活动”逻辑，再也不必求助于康德的先验假定了。

第二，对康德逻辑的“形式主义”的改造。先验逻辑首次将主体的能动性以先验的方式融入了对逻辑的理解中，将逻辑看做为主体先天具有的联结、综合和统摄经验材料的一套形式规则，并且这套先天形式规则只有通过对感性材料的综合才有其效力（即逻辑上的先天），而决不能单独地构成什么超验的知识和超验的知识对象。就这套形式规则不能独立地起作用，而无非是整理直观材料使之形成对象的知识的法则而言，它已超出了传统形式逻辑不涉及内容、只管知识形式及其前后一致性的局限性，而体现出对逻辑本身的某种“辩证的”理解。但从皮亚杰的观点看，先验逻辑就其仍然不过是纯主观先天的一套形式规则，既不涉及外界事物的过程和规律也不涉及主体的实际活动而言，它的联结综合功能都仍然是在纯主观范围之内进行的，这实质上仍然是一种形式主义。

皮亚杰的“辩证逻辑”（dialectical logic）概念是他改造先验逻辑的形式主义的范例。在一定意义上，心理逻辑就是一种辩证逻辑。为什么我们需要一种辩证逻辑？皮亚杰指出，这是因为大量的、越来越多的现象似乎都是可以推演的，尤其是自从概率论使我们认识到可以计算一组随机现象以来，“机遇”本身变得既可以同化又可以推演（热力学和微观物理学证实了这一点）。然而，有一个重要领域仍然不能推演，而且它可能永远如此，这就是历史发展领域。一部真正的“历史”，诸如生物进化史，实际上是必然与偶然的混合，这显然是由于个别事件是不可预见的，最重要的是不能重复，因此它不可能为演绎提供任何基础。“不过，说历史不能演绎，并不意味着历史不能在事后划归为逻辑语言，相反，完全有理由希望，历史发展的这种特征可以转化为一种逻辑，一种特殊的逻辑，即辩证逻辑。诚然，迄今为止，还没有人成功地阐述辩证逻辑，以致对辩证逻辑这个概念仍然争论不休。但是，没有理由抛弃这一设想，因为开辟一条出路，以便计算结果（它们依赖于获取它们的途径）等工作，是十分有益的。”②有人认为，如果承认辩证逻辑，则这种逻辑是与形式逻辑相分离甚至与之相矛盾的。尤其是辩证逻辑违反“不

① 皮亚杰著，王宪钿等译：《发生认识论原理》，商务印书馆 1981 年版，第 75 页。

② 皮亚杰著，尚新建等译：《生物学与认识》，生活·读书·新知三联书店 1989 年版，第 330 页。

矛盾律”，且沉迷于“矛盾”。皮亚杰反对这种看法。正像人的思维之间的关系需要一种形式逻辑（即一种从所有内容中抽象出来的逻辑）一样，在概念或结构的领域也需要一种逻辑即辩证逻辑。辩证逻辑不仅涉及思维的形式关系（有别于概念的内容）而且涉及概念的整体，包括概念与它的对象之间的关系。这正是康德先验逻辑所追求的东西。

当然，说到辩证逻辑违反不矛盾律时，并不是意味着允许自相矛盾，或者认可命题之间的形式矛盾。而只是表明，存在着正在发生作用的“对立”倾向或力量，这些对立的倾向或力量往往在更大的整体或背景——该整体或背景维持这些力量之间的动力学的张力或平衡化——之内起作用。从辩证的观点看，在变化的过程中，“某物”不再是某物——它是什么以及正在生成某物——它还不是什么。当一个概念在一种语境中明确地被定义，然后应用于新的、非常不同的语境时，往往会出现“矛盾”，因为概念在扩展，具有“开放的特性”。当分析一个抽象概念的意义和适当性时，常常通过提出它相反的（或矛盾的）概念而打乱和表明其不适当性。此外，某些概念在它们的语义结构方面本质上是两极性的，不把它们置于两极对立就不能确定它们的意义（例如真理—错误、确定性—不确定性、怀疑—相信、错觉—真实等）。

进一步说，纯形式逻辑只涉及思维的形式、命题之间的逻辑关系或结构，而不涉及命题的意义（所指或内容），这就是为什么形式逻辑能利用符号（P、Q、R）代替它们的所指，处理这些符号之间的抽象关系（如果 $P \to Q$，$Q \to R$，则 $P \to R$）。而且，形式逻辑的观点本质上是静态的或共时性的，因为它牵涉到非时间的逻辑形式——从永远有效的因而是不变的观点来看的抽象形式。它涉及的是存在（being）而不是生成（becoming）。对比之下，辩证逻辑不仅涉及思维形式，而且涉及内容。在主体实际思维中，形式和内容是不可分离的。这样，辩证逻辑是一种“生成的”逻辑，它企图在主体发展过程中的实体的相继状态之间，即从动作到运算之间建立起逻辑关系。于是，这种心理逻辑或辩证逻辑就与康德那种静态僵死的“形式主义”框架有根本上的区别。

第三节 发生认识论的主要内容

发生认识论的研究任务就是要把知识的确定性与它的构造模式联系起来，也就是研究知识增长的心理机制。这个研究的实质就是把生物学的模型运用于认识论。

一、皮亚杰范畴体系的基本特征

皮亚杰的理论，不仅其整个体系框架是康德式的，而且它研究的主要内容也是康德意义上的概念或范畴的发生和发展。综观皮亚杰的整个学术生涯，他总是喜欢强调如下这一基本的康德式观点："我们发现某些不可能不使用的原则、概念或格式。这就是逻辑的形式规则、时间和空间的概念以及因果、量和分类的观念。这些概念（心智不能避免它们）正是（遵循康德）思维本身具有的、对经验施加影响的概念。"①康德提供的所谓知性的"纯概念"即"范畴"共有四类十二个："量"的范畴包括单一性、多数性、总体性；"质"的范畴包括实在性、否定性、限制性；"关系"范畴包括属性和自存性（实体和偶性）、原因性和依存性（原因和结果）、协同性（能动者与受动者间的相互作用）；"模态"的范畴包括可能性—不可能性、实有性—非实有性、必然性—偶然性。尽管皮亚杰承认康德的这些范畴对于我们的思维是必要的，但他认为在康德那里却只是一套"僵化且绝对静止的框架"，因而有必要对它们实现"发展的"或发生学的转换。如果我们在借用的意义上说皮亚杰也有一套范畴表的话，那么他的这个"表"与康德的"范畴表"有很大的不同。

（1）皮亚杰的范畴研究的领域及侧重点随着年代的推移略有变化。他早期主要研究了数、物理量、类和关系、时间、运动和速度、空间、几何以及机遇等，晚期则把重点放在了因果性、现实性、可能性和必然性等的研究上。而且皮亚杰最有特色的研究是在他所谓"逻辑数学范畴"（类、序列、对应、可

① Kitchener, R. F. (1986). *Piaget's theory of knowledge*. New York: Yale University Press, p. 76.

逆性等)上。正如皮亚杰本人总结的那样,“正是心理学使我们能理解数概念的形成(罗素[B. Russell]和怀特海[A. N. Whitehead]在《数学原理》中所提出的解决办法是如何地不稳当),代数的结构(儿童心理学指示我们布尔巴基的‘矩阵结构’是如何‘自然的’,而且是来源于人的智慧),几何结构(为什么拓扑结构先于欧几里德几何和投影构架),基本的动力概念(时间和速度及其他),一般逻辑结构等等。我花了 50 多年的时间从事的就是这类研究。”[①]皮亚杰这里所谓的“一般逻辑结构”是指像分类、序列、对应这样的作为纯粹的逻辑元素起作用的结构;而此处的“数概念”、“代数的结构”、“几何结构”和“动力概念”,则是在一般逻辑结构的基础上主体同化外界信息而建构的产物。

(2) 皮亚杰的范畴领域或范围如果仅就“范畴表”本身而论,则大大地超出了康德纯认知式的范畴。我们可以认为,在皮亚杰那里,除了“认知的”范畴之外,还有情感的(或情绪的)、道德的甚至社会的范畴。像可逆性(反演、互反)、传递性、数、客体、时间和空间、因果性、必然性和可能性等范畴是认知的范畴,而像动机、理想、审美等则属于情感的范畴。皮亚杰的道德范畴是极为丰富的,有他律、自律、责任、尊敬、权威、公正等,而社会的范畴(或社会认知范畴)则有自我中心、去自我中心、“我向思维”与“逻辑思维”、价值、态度、合理性等。当然,从研究者的观点看,情感、道德和社会的范畴的划分是相对的。根据皮亚杰的认知与情感发展的“平行论”或认知与情感的二元划分,似乎都可以归结为“情感”这一总体范畴。

(3) 皮亚杰创造性地提出并详尽研究了康德范畴表未曾涉及也不可能涉及的“逻辑数学”的范畴或概念,这是皮亚杰对人类认识史和发展心理学的最大贡献之一。这些逻辑数学范畴包括:类、序列、对应、可逆性(反演、互反)、传递性、函数、数、群(位移群、群集、INRC 群)和格。在皮亚杰那里,这些逻辑数学范畴要比康德的所有范畴都更基本,是人的所有认识活动得以构成的基础和前提。

(4) 皮亚杰在改造康德范畴表的基础上提出了自己独具特色的新认知范畴。除了康德范畴表上所涉及到的那些,如质、量、关系、模态、客体(实在)、时间和空间、因果性、可能性、现实性、必然性、偶然性之外,皮亚杰还独特地提出了永久性、同一性、守恒性、运动、速度、测量、比例、水平面、几何、机遇(概率)等范畴。这些范畴不仅为儿童认知发展心理学提供了新的研究内容,而且也为儿童认知发展和科学思维发展提供了新的解释依据。

---

① 左任侠、李其维主编:《皮亚杰发生认识论文选》,华东师范大学出版社 1991 年版,第 169 页。

二、发生认识论的生物学基础

“发生认识论的最重要的基石是生物学。”①皮亚杰认为，如果是在“发生学”的水平上而不是超验地解释认识的发生发展，“认识论问题都必须从生物学方面来加以考虑。从发生认识论的观点看来这是很重要的，因为心理发生只有在它的机体根源被揭露以后才能为人所理解”②。所以，研究发生认识论的生物学根源理论，对于准确地理解发生认识论是必不可少的。

在皮亚杰的理论中，认识的发生和发展的实质是在主体与客体的相互作用中认识结构不断地被建构，即认识结构在主体与客体的相互作用中发生和发展。对于认识结构的起源，他认为不仅“应该在主体的活动中去找”，而且“还要在主体的机体结构本身中去找”。这是因为，“在生物学的自动调节的适应理论、发展心理学和发生认识论之间存在着基本的联系，这种联系是如此地带有基本性质，如果它被忽视，则任何智慧发展的一般理论都不能建立起来”③。皮亚杰指出，在下列三种过程中，都可能找到同样的一些问题和同样的一些说明：

第一，在生长过程中，有机体对于环境的适应是同相互作用和自动调节连在一起的，从而表现出一种“衍生性的系统”特征（“衍生论”[epigenesis]在它的胚胎学的含义上总是由内部和外部双方决定的）。

第二，智慧的适应在其本身结构形成的过程中，既依靠不断的内部协调，同样也依靠通过经验所获得的信息。

第三，认识关系的建立，或更广泛地说，认识论关系的建立，既不是外物的一种简单的摹本，也不是主体内部预成结构的一种独自显现，而是主体和外部世界在连续不断的相互作用中逐渐构造起来的一些结构的集合。

皮亚杰之所以这样提出问题和认识问题，因为在他看来，在有机体自身的结构和机能与各种认识形式的结构和机能之间存在着同构关系。这种同构关系就是在“内因与环境间相互作用的生物学上的概念和主体与客体间必要的相互作用的认识论上的概念两者之间”存在着“一种直接的甚至十分密切的关系”。④ 所以，“为了证明发生认识论对主客体之间的关系所做出的

① 李其维：《发生认识论的理论框架》，《华东师范大学学报（哲学社会科学版）》，1986年第6期，第46页。

② 皮亚杰著，王宪钿等译：《发生认识论原理》，商务印书馆1981年版，第58页。

③ 左任侠、李其维主编：《皮亚杰发生认识论文选》，华东师范大学出版社1991年版，第7页。

④ 左任侠、李其维主编：《皮亚杰发生认识论文选》，华东师范大学出版社1991年版，第51页。

解释是正确的”,必须要提到“认识的生物学根源”。[①]

发生认识论的最重要的生物学理论基础,是当代理论生物学家瓦丁顿(C. H. Waddington)的衍生论(或称渐成论、后成论)。衍生论是一种强调基因型(genotype;在生物学上,基因型指个体的遗传物质或基因结构)与环境相互作用的关于胚胎发育的理论。它与生物学中的预成论(preformationalism)相对立,主张生物体的各种器官和组织,都是在个体发育过程中逐渐形成的。皮亚杰认为衍生论的胚胎发育理论与发生认识论的智慧和认识结构的发生发展理论之间具有惊人的相似之处,发生认识论“与生物学的关系是明显的,因为认识机能的发展是衍生论的一部分”[②]。“预成论还是衍生论的问题不是器官胚胎发生学的专门问题,每当我们讨论认知机能的个体发生时,它都以最尖锐的形式表现出来。”[③]

皮亚杰指出,长期以来,“所有关于行为在进化机制中的作用的论述,都倾向于两种极端解释之中的这一种或者那一种。”两种极端主张之一是拉马克的主张,“他把那种由环境以新‘习性’型的形式加之于行为的变化,看做是一切进化变异的根源,后来,通过获得性遗传,这些变异就成为固定的了”[④]。另一个极端是新达尔文主义(neo-Darwinism),“它没有明确提出行为在进化中的作用问题,但也暗含着对这一问题的回答,认为任何新基因型特性(因而也包括遗传行为上的任何变化)都是来自偶然变异,认为偶然变异的适应性是在自然选择之后形成的,认为后天获得的特性不起作用等”[⑤]。对于这两种极端的主张,皮亚杰认为拉马克认识到了行为对特殊器官的形态形成的作用,但他把行为完全归因于外源性起因,看成只是由环境决定的,忽视了一切行为都包含内源性因素的中介,拉马克获得性遗传是以经验主义的方式理解生物进化的。而新达尔文主义用偶然的突变也难以解释新行为形式的产生(进化),它把每一种内源的东西都说成是一种遗传程序设计所派生出来的,用新达尔文主义的方式来理解认识机能必然会导致天赋论。

在关于进化的学说中,皮亚杰特别推崇瓦丁顿的观点。瓦丁顿认为,有机体与环境之间的选择是相互的。一方面,有机体的活动指向符合它的需要的特定外部条件,放弃或拒绝不适宜的环境条件。另一方面,环境也对有

① 皮亚杰著,王宪钿等译:《发生认识论原理》,商务印书馆 1981 年版,第 19 页。

② 左任侠、李其维主编:《皮亚杰发生认识论文选》,华东师范大学出版社 1991 年版,第 46 页。

③ 皮亚杰著,尚新建等译:《生物学与认识》,生活·读书·新知三联书店 1989 年版,第 15 页。

④ 皮亚杰著,李文湉译:《行为,进化的原动力》,商务印书馆 1992 年版,第 4 页。

⑤ 皮亚杰著,李文湉译:《行为,进化的原动力》,商务印书馆 1992 年版,第 5 页。

机体的活动施加影响，促进它身上那些适合环境条件的变化，阻止那些不能顺化这些条件的变异。选择并不直接适用于基因，而是在表现型（phenotype；在生物学上，表现型指个体的可观察的外显特征）特性水平上起作用，这些特性仍然从属于“遗传控制”。表现型实际上是染色体组对于环境诱发的反应，表现型的每一特性对于基因型的指示来说仍然是从属的，因此，选择过程虽然只适用于表现型，但是，它是被基因型接收的。皮亚杰指出，瓦丁顿在肯定和说明环境对遗传基因改变的作用和影响时，“他并不是以拉马克的方式，即由环境直接影响产生的方式来设想这一点的，而是引进了内部选择和外部选择的机制来说明，他把这个机制称之为遗传同化。对于我们来说，这里重要的一点是，瓦丁顿并没有把这些选择过程作为有机体被动经历的某种东西来对待。在他看来，有机体实际上也在‘选择它的环境’；行为既是选择的结果，同样也是选择的决定因素”①。

瓦丁顿的衍生论对皮亚杰的发生认识论的形成和发展具有十分重要的意义。皮亚杰说：“现代生物学的这些成就，对一般结构主义来说是很珍贵的，尤其是因为这些成就，跟行为的比较理论即‘动物行为学’合并一起，为心理发生学的结构主义提供了不可缺少的基础。”②皮亚杰认为，作为智慧运算基础的衍生过程，完全可以与胚胎学的后成系统以及表现型的器官结构相比较。“目前关于表现型的看法表明，表现型是遗传因素与环境因素之间从胚胎发生阶段起就存在着的一种不可分离的相互作用的产物，这就使得要在天赋的东西与获得的东西之间找出一条固定的界限是不可能的，因为在这两者之间存在着发展所特有的自我调节区域：在认知性行为水平上，就更是这样。”③“如果我们要说明认识结构的生物根源，以及认知结构之成为必然这一事实，我们必须既不认为只有环境才对认识结构发生作用，也不认为认识结构是先天地预先形成了的，而应看做是在循环往复的通路中发生作用的，并且具有趋向于平衡化的内在倾向的自我调节的作用。”④

皮亚杰在他的晚年，为了更好地说明生物进化的机制，阐明内因与环境间相互作用的生物学上的概念和主体与客体间必要的相互作用的认识论上的概念两者之间的十分密切的关系，提出了“表型复制”（phenocopy）理论，并且把生物学的表型复制理论运用于说明认识的发生发展。

表型复制原本是一个生物学的概念，讲的是生物学过程中的“外源的表

① 皮亚杰著，李文湉译：《行为，进化的原动力》，商务印书馆 1992 年版，第 6～7 页。

② 皮亚杰著，倪连生、王琳译：《结构主义》，商务印书馆 1984 年版，第 35 页。

③ 皮亚杰著，王宪钿等译：《发生认识论原理》，商务印书馆 1981 年版，第 63 页。

④ 皮亚杰著，王宪钿等译：《发生认识论原理》，商务印书馆 1981 年版，第 67 页。

型既没有被内化，也没有被固定，而是随之以嗣后产生的同样形式的基因型所取代，但这种基因型已由纯粹内源的机制所重构"①。对此，皮亚杰又给它下了一个简明的定义："表型复制是初始表现型被表现同样明确特征的最后基因型所取代或置换。"②

为在表型复制和认识过程之间便于可能的比较，多年来，皮亚杰研究了两种明显的表型复制的实例。一个是关于瑞士的沼泽湖泊地带的塘螺(Limnaea stagnalis)，另一类是几种分布广泛的、称之为景天(Sedum)的多汁植物。拿塘螺来说，在静水的环境，它的体形是细长的。如果把它置于有强烈波浪冲击的环境中，它为了使自己能牢固地附着在卵石上，在生长过程中膨胀了它的吸口，这就导致螺口扩张、螺壳缩短、体形向圆球形变化。经过若干代以后，它在成长时养成的收缩的表现型与基因型结合起来就能遗传下去。至于景天，也能观察到各种形式的表型复制。在平原国家很普遍的白景天(Sedum album)，当它在海拔2000米的地方生长时，是以一种很小体积的表现型出现。当它被移植到海拔1000米或1600米的地方生长时，则立即恢复正常的体积。然而在塞诺(Sanoy)有两座山头，一座海拔1900米，另一座海拔2000米。在那里小体积的景天就演变成基因型。把它们移植到日内瓦境内，仍然代代保持着小体积的特征。

对于表型复制的过程和机制，皮亚杰的解释是：环境或新行为在生物身上引起的表现型变化，造成后成的创新和遗传程序之间的不平衡化。这种不平衡化会造成生物内部环境的变化。这个变化了的内部环境把自己作为一个框架，强加在那些作为最初不平衡化的结果而产生的基因变异上，"这就不可避免地引起新的基因形态和那些导致变化的表现型行为特征之间的辐合。……这样理解的表型复制决不是表现型的遗传'固定'，而是表现型由内源性的重建所取代。……虽然这个表型复制是由纯内源重建造成的(尽管是由后成环境选择的)，但它仍然极其详尽地反映着新环境，就像确实发生过直接影响那样"③。

表型复制理论是皮亚杰的心理生物学的最重要的观点。从生物学的角度来看，动物有机体的进化表现在本能行为的变革或复杂化上。所以，要说明进化就要说明种的本能行为的发生机制。表型复制就是皮亚杰对生物有机体的进化机制和过程的"推测"。皮亚杰把表型复制理论不仅用于说明生

① 左任侠、李其维主编：《皮亚杰发生认识论文选》，华东师范大学出版社1991年版，第150～151页。

② 左任侠、李其维主编：《皮亚杰发生认识论文选》，华东师范大学出版社1991年版，第158页。

③ 皮亚杰著，李文湉译：《行为，进化的原动力》，商务印书馆1992年版，第63～64页。

物进化的机制，而且把它推广到认识论领域，作为发生认识论的最重要的方法论依据，用它来解释“认知结构发展中的最一般的过程”。这个“最一般的过程”，皮亚杰把它概括为：“以内源性的重构来取代外源知识之说，这种内源重构就是指重构同样的形式但把它们纳入到系统之中，而系统的内部组织是重构的必要的先决条件。”①

对应于生物学上的外源性变异（表现型反应）和内源性变异（基因型反应），皮亚杰把人的知识也分为两种：一种是外源的知识，“我们称起源于可观察的事物，即建立在对外部客体的经验或主体动作的物质方面及其结果之基础上的知识为‘外源的’知识”。另一种是内源的知识，“当知识从主体的某些动作或运算的内部协调中引申而来，我们称之为‘内源的’知识”。②这里，外源的知识相当于皮亚杰平常所说的“经验的知识”或“物理知识”，内源的知识相当于“逻辑—数学知识”。

皮亚杰认为，类似于生物学上的表型复制，人的认识结构的发展，“在从儿童的认知发展开始，直到科学思想的全部历史过程中，我们能够观察到或多或少从外源知识向内源知识发展的连续过程”③。他指出，“从心理生活的初始就存在一些内源的‘形式’，在为它们自己获得独立性和机能运转之前，它们作为格式或同化手段来记录外源的知识。……在它的初级形式能记录外源事实之后，这些形式发展达于生成运算结构（如‘群’或‘格’结构），作为动作协调的延伸。这种内源结构不仅强化了主体的实验能力，而且倾向于以演绎模式的形式来重建实验的结果。”④这就是“内源重构对外源知识的取代”⑤。他特别指出，“这种由内源重构来取代外源知识的倾向不限于逻辑—数学领域，而且可在物理因果性的发展全过程中找到。”⑥所以，“任何因果解释（或用以解释现象的演绎模式），都在于把某些运算结构归因于客体和外部事件，而这些结构是数学的且又恰恰适合于主体的内源加工。……因果性本身存在于一种演绎的重构之中，并且在这种内源意义上，知识是由经验所提供，同样也由简单性法则或可观察材料中可重复的关系所提供。”⑦

皮亚杰指出，“现在我们可以看出，在器官水平上表型复制的过程，多么

① 左任侠、李其维主编：《皮亚杰发生认识论文选》，华东师范大学出版社 1991 年版，第 150 页。
② 左任侠、李其维主编：《皮亚杰发生认识论文选》，华东师范大学出版社 1991 年版，第 151 页。
③ 左任侠、李其维主编：《皮亚杰发生认识论文选》，华东师范大学出版社 1991 年版，第 151 页。
④ 左任侠、李其维主编：《皮亚杰发生认识论文选》，华东师范大学出版社 1991 年版，第 152 页。
⑤ 左任侠、李其维主编：《皮亚杰发生认识论文选》，华东师范大学出版社 1991 年版，第 153 页。
⑥ 左任侠、李其维主编：《皮亚杰发生认识论文选》，华东师范大学出版社 1991 年版，第 154 页。
⑦ 左任侠、李其维主编：《皮亚杰发生认识论文选》，华东师范大学出版社 1991 年版，第 155 页。

类似于前面描述的认知水平上的内源性取代外源性的情况。在这两种情况中,外源的获得修改了机体的或主体的内部平衡场,并在这两种情况下,存在一种导源于一种内源重构的新的、丰富的再平衡化,这种重构取代了外源的贡献,而再现它的形式,并把它们整合成一种整体的重构。这是不能用环境的压力来加以解释,而应以机体或主体作用于环境的主动的和内部的反应(校验,等等)来解释,因它修改着和利用着环境,而不让自身屈从于环境。"[①]就这样,皮亚杰认为,"内源重构对外源知识的取代"和"表型复制"之间的类同之处,"把联结知识的形成和发展的过程与生物机体所特有的自动调节的生物学机制两者的关系和机能连续性呈现出来"[②]。

皮亚杰的"内源重构取代外源知识"的观点,以一种鲜明的方式表达了发生认识论关于认识发展的基本立场:认识的发展就是在主客体的相互作用中,主体认识结构不断地建构。

生物学是皮亚杰在其一生的学术活动中始终深感兴趣的一个领域。皮亚杰是以一名生物学家开始他的学术生涯的。对生物学的浓厚兴趣,使皮亚杰在研究认识论时总是把生物学问题与认识论问题联系起来思考,一直在探索怎样架设从生物学通往认识论的桥梁。

生物学对于发生认识论的提出和建立具有特别重要的意义。这个重要意义表现在两个方面:一是生物学是发生认识论最重要的自然科学基础和理论背景。发生认识论最大的理论成就和特色是提出了认识来源于主体与客体之间相互作用的观点。这个观点不仅是在批评经验论、先验论和天赋论的基础上提出来的,而且也是在批评拉马克主义和新达尔文主义的基础上提出来的。在发生认识论的每个基本概念和基本理论背后,我们都能够找到它的生物学支点。二是生物学对发生认识论提出问题的思路和解决问题的方式有着直接的影响。发生认识论用同化和顺化说明主客体间的相互作用,用平衡化和自动调节解释发展,用内化和外化的双向建构说明认识的发生发展等等,都不是以传统的哲学和心理学的方式来展开思路和进行论述的,而是在改造生物学的概念和方法的基础上,把一些生物学的概念和方法运用于认识论和心理学,从而形成独具特色的发生认识论理论体系。因此,就生物学对于发生认识论的重要意义,我们可以毫不夸大地说,没有生物学就没有发生认识论。生物学对于发生认识论的重要性,犹如基础对于大厦之重要。不研究、不了解皮亚杰的认识的生物学根源理论,就不能真正理解和了解皮亚

① 左任侠、李其维主编:《皮亚杰发生认识论文选》,华东师范大学出版社 1991 年版,第 162 页。
② 左任侠、李其维主编:《皮亚杰发生认识论文选》,华东师范大学出版社 1991 年版,第 150 页。

杰的发生认识论，就不能对发生认识论做出正确的分析和评价。

三、发生认识论的方法论——结构主义

皮亚杰认为发生认识论的主要问题就是去解释在认识发展中新的认识结构是怎样建构起来的。对于认识的发生与发展，皮亚杰指出，“认识的获得必须用一个将结构主义（structurism）和建构主义（constructivism）紧密地连结起来的理论来说明，也就是说，每一个结构都是心理发生的结果，而心理发生就是从一个较初级的结构过渡到一个不那么初级的（或较复杂的）结构”①。

20 世纪 60 年代是法国思想界结构主义的黄金时代，皮亚杰也于 1968 年出版了他的《结构主义》一书。鉴于结构主义的形式五花八门，而且它们所说的“结构”的含义越来越不同，皮亚杰试图把当代各种科学中和越来越时髦的流行讨论中的结构主义所具有的不同含义加以比较，并进行“综合”。

“结构主义”就是皮亚杰从认识形成的心理结构方面来说明认识的发生和发展。要准确地把握皮亚杰的结构主义思想，需要先了解皮亚杰的“发生”、“结构”和“结构主义”这几个概念的含义。

关于“发生”的概念，皮亚杰是在生物学的发生学意义上使用的，指生物的机能和组织逐渐生长发育的过程。因而，皮亚杰所使用的发生又包含有发展的含义。正如皮亚杰指出的，“发生只是发展的一种形式”。

对于“结构”的概念，皮亚杰指出，“结构是一个系统，它体现出一个系统所具有的整体法则或属性。这种整体的法则不同于这个系统的各个组成因素的法则。……结构这个概念并不仅指任何种类的整体，也不是指一切事物与一切其他事物之间的联系。”②他提出，一个结构就是一个转换系统，这个转换系统具有系统性规律（相对于其要素的性质而言），它通过转换机制而自我保持和自我丰富，而不需转换越出系统的边界或求助于外部要素。“结构有三个要素：整体性、具有转换规律或法则、自身调整性；所以结构就是由具有整体性的若干转换规律组成的一个有自身调整性质的格式体系。……所谓结构，也叫做一个整体、一个系统、一个集合。”③

皮亚杰在当代结构主义中的地位和突出贡献，是他把真正的“结构主

① 皮亚杰著，王宪钿等译：《发生认识论原理》，商务印书馆 1981 年版，第 15 页。

② 皮亚杰著，傅统先译：《儿童的心理发展》，山东教育出版社 1982 年版，第 156 页。

③ 皮亚杰著，倪连生、王琳译：《结构主义》，商务印书馆 1984 年版，第 2 页。

义"当做是一种"方法论的"结构主义。他认为他的发生认识论在方法上是结构主义的。皮亚杰在对各种结构主义做了综合研究之后，指出结构主义有两个共同的特点：第一是认为一个研究领域里要找出能够不向外面寻求解释说明的规律，能够建立起自己说明自己的结构来；第二是实际找出来的结构要能够形式化，作为公式而作演绎法的应用。他认为，在谈到结构主义时，"不能把它作为一种学说或哲学看待，否则它早就被别的学说超越了。结构主义主要乃是一种方法，有为这个术语所包含的技术性、强制性、智慧上的诚实性以及在逐步的接近过程中取得进步的意思"①。

皮亚杰在论述结构和结构主义的概念时是在一般意义上进行的。但是，他在论述发生认识论时所说的结构，不是指抽象的一般结构，而是指心理结构即认识结构，也就是格式。当然，认识结构作为一种结构，它也具有结构的一般特点。

下面我们简要地阐明皮亚杰方法论的结构主义的主要含义。

首先，作为一种方法论，结构主义要回答："结构"来自何处？它是不是形而上学意义上的"实体"？皮亚杰认为，"当人们有把结构主义当成一种哲学的倾向时，威胁结构主义的永远存在着的危险是结构的实在论；只要人们一忘记在结构和成为结构的来源的各种运算之间的关系，就会到这种实在论里去找出路。"②结构不是与运算分离开来的抽象"实体"或"形式化本质"。因为在皮亚杰看来，纯粹逻辑数学的结构不过是儿童的自然思维的早期结构的更抽象和更一般的变体；在纯粹逻辑和数学的抽象结构与低级水平的具体运算的结构（它们又依次起源于感知运动阶段的动作系统）之间，存在着一种发生学上的关系。因此，"结构"只代表这些运算的组成规律或平衡化形式；结构并不是先于它们或高于它们的，为它们所依靠的实体。事实上，运算本身就是互相协调，组织成系统。正是这些系统通过它们的建构过程本身构成了种种结构，而并不是这些结构事先决定了动作（或运算）和种种建构过程，能先于动作和建构过程而存在。所以，"结构主义的关键，在于运算的第一性，以及这种第一性在数学或物理的科学认识论里，在智慧心理学里和在社会的实践与理论之间的关系里所包含有的一切意义"③。总之，只有把结构重新放进它们的来源中去时，我们才能重建结构与发生建构主义即历史建构主义之间、结构与主体各种活动之间不可分割的联系。

---

① 皮亚杰著，倪连生、王琳译：《结构主义》，商务印书馆 1984 年版，第 97 页。
② 皮亚杰著，倪连生、王琳译：《结构主义》，商务印书馆 1984 年版，第 103 页。
③ 皮亚杰著，倪连生、王琳译：《结构主义》，商务印书馆 1984 年版，第 103 页。

既然结构的根源是运算，那么必然的结论是"'结构'没有消灭人，也没有消灭主体的活动"[①]。重视主体及其活动在结构中的作用，是皮亚杰不同于其他结构主义者的一个显著特点。皮亚杰把福科(M. Foucault)的结构主义称为"没有结构的"结构主义。因为，"他从静态的结构主义中保留了所有消极的方面：对历史和发生的贬低，对功能的蔑视，而且迄今还无人可与之匹敌地也否定了主体本身，因为他认为人很快就要消失了。"[②]在皮亚杰看来，用结构牺牲主体，乃是一种"哲学错觉"："一切追求绝对的哲学家都诉诸某种超自然的主体，高于人的水平，更远远高于'自然'，所以，对这些哲学家来说，真理只能在超越时空和物理偶然性的地方发现，从超时间的角度看，自然变得可以理解了。然而问题在于，一个人是否真能跳出自己的影子，成为本然的'主体'，而不是像尼采(F. W. Nietzsche)说的那样，总是'人，还是人'。实际上，从柏拉图(Plato)到胡塞尔，整个麻烦在于这种超验主体一直在改变着他的外观，不过，总是随着科学的进步——现实原型的进步，而不是先验原型的进步。"[③]其实，作为方法论结构主义所理解的主体不是"超自然主体"或"超验主体"，而是"指的认识论的主体，即是在同一水平上的一切主体所共同的认知核心"[④]。这样理解主体并不意味着主体的消失而让位于非个体性和普遍性。相反，在皮亚杰看来，从认识的层次看，主体的活动要求把自己从自发的"自我中心"状态中解脱出来。这并不是要找出一个外在于主体的"普遍性"，而是说主体正是通过这种运算活动，才建构出各种不同的认识结构。

因此，这种通过主体的运算而建构结构的结构主义，又与没有发生的且只注重整体性的结构主义有本质区别。例如，胡塞尔主张有一种结构的直觉或有一种独立于发生之外的实质的直觉。格式塔理论也是一个不讲发生的结构主义的雏形，结构是永恒的而与事物的发生不相干。在列维—斯特劳斯、福科等结构主义者看来，"共时性"模式才是最重要的，最容易理解的。文化史似乎更像一系列认识论的结构，其中每一个结构都具有一种结构程度甚强的知识的一致性，但每个结构之间的过渡仍然是偶然的，因而大部分也是不可理解的。福科在《词与物》(1966)一书中研究了自文艺复兴时期以来彼此相继、并在无意识的、非反思的层次上支配着货币理论、记号理论和动物分类等亚系统的某些这类知识的组织情况。每一种知识因而就是一个

① 皮亚杰著，倪连生、王琳译：《结构主义》，商务印书馆 1984 年版，第 99 页。
② 皮亚杰著，倪连生、王琳译：《结构主义》，商务印书馆 1984 年版，第 95 页。
③ 皮亚杰著，尚新建等译：《生物学与认识》，生活·读书·新知三联书店 1989 年版，第 351 页。
④ 皮亚杰著，倪连生、王琳译：《结构主义》，商务印书馆 1984 年版，第 99 页。

支配着诸局部系统的大模式，而且这些模式的共时态可理解性，先于它们的历时态发展的可理解性。因而在每一个这类知识的组织结构中我们可以看到，不仅是经验主体的构成作用消失了，而且由素朴实在论称作"事物"或"实在"的概念所起的作用也消失了。皮亚杰认为，这种把共时态与历时态分割开来的观点是错误的，因为它看不到认识史中"守恒"与"转变"之间的辩证关系。他说，我们目前为之奋斗的结构主义与发生主义的综合，强调"守恒与转变两种要求之间的协调：整体上的结构守恒，它可以发生转换而不丧失其统一性，因为这些转换是再平衡化，而且，因为正在转变的结构可以（在理论上，有时在实际上）整合到来自它们并附加给它们的已转换的结构中"①。以数学认识论史为例，继古希腊静态的结构主义之后，笛卡尔有关"组织"观念（与天赋观念相反）的理论（源于某种自由的运算组合），或者，还有18世纪关于数学的经验起源的概念，都导向一种谨慎的发生主义，这种发生主义仍然竭力阻止整体结构主义。由加卢瓦（E. Galois）奠定，并在我们当代的结构系谱观念（布尔巴基）或"范畴"（麦克莱恩[S. Mclane]、艾森伯格[Eisenberg]）中达到顶点的伟大运动，从反面——尽管是在演绎和非时间的水平上——为我们提供了一个模式，这个模式根据智慧结构的发展，表明什么是"当今一切观点趋向的发生学结构主义"②。总之，作为方法论的结构主义，必须用一个将结构主义和建构主义紧密地连结起来的理论说明认识的获得。

最后，作为方法论的结构主义，它要求结构的研究不能是排他性的，特别是在人文科学和一般生命科学范围内，结构主义并不取消任何其他方面的研究。有些结构主义者（如列维—斯特劳斯、拉康[J. M. E. Lacan]等）认为结构主义方法是最好的方法，而以之排斥其他方法。结构主义思潮的反人道主义、反主体性、反历史主义、反辩证法、反意识分析等倾向，都是源于它对结构分析方法的过分强调与运用。皮亚杰正好相反，他主张"结构主义的研究趋向于把所有这些研究整合进来，而且整合的方式是和科学思维中任何整合的方式是一样的，即按互反和相互作用的方式进行整合"③。进而言之，方法论结构主义的这种整合趋向表明，对结构的探求只能在多学科之间的协调上取得出路。理由很简单：希望在人为限定的一个学科里谈论结构，我们很快就会不知道把结构的"存在"放置在什么地方才好，因为结构是

① 皮亚杰著，尚新建等译：《生物学与认识》，生活·读书·新知三联书店1989年版，第131页。
② 皮亚杰著，尚新建等译：《生物学与认识》，生活·读书·新知三联书店1989年版，第132页。
③ 皮亚杰著，倪连生、王琳译：《结构主义》，商务印书馆1984年版，第98页。

永远不能与"可观察的关系"混为一谈的。皮亚杰认为，在英美大凡谈到结构，涉及的总是可以观察到的关系和相互作用，这种倾向相当普遍。然而，"结构之为结构是观察不到的，结构所处的不同水平，必须通过抽象出形式的形式或第 n 次幂的体系才能达到的；这就要求做出特别的反省抽象的努力才行"①。显然，只有可观察的关系才是被明确限制在一个学科领域的。例如，列维—斯特劳斯就把他的结构定位在介于基础和实践(即有意识的意识形态)之间中途一个由若干"概念格式"组成的体系中，这是因为他认为"人类学首先就是一种心理学"。皮亚杰认为在这一点上他是很有道理的。因为"克拉帕瑞德法则"表明，个体主体的意识里一点也不包含形成个体主体的活动的那些机制，相反，行为却意味着有唯一说明活动的可理解性的各种"结构"。如果有人要问我们把这些结构放在什么地方，那就放在介于神经系统和有意识行为本身之间的中途，这是因为心理学首先就是一种生物学。如果继续追溯，由于各门科学乃是一个相互作用的整体，具有一种环状形式("科学之环")而不是一个线性系列，那么最终还是要回到人(主体)上来。只有各门科学密切合作和协调，对结构的探求才能获得实质性进展。

四、发生认识论的实质性内容——建构主义

"建构主义"是皮亚杰整个发生认识论的实质性内容，也是这门认识论的突出贡献和巨大成就，甚至把皮亚杰的整个认识论称为建构主义也不过分。因为建构主义代表一种完全不同于传统认识论——"哲学认识论"——的新认识论，是一门"科学认识论"，一门能在科学的基础上解决实在论与唯心论、唯理论与经验论等之间长期争论的认识论。正如皮亚杰所概括的，"这种认识论是自然主义的但又不是实证主义的；这种认识论引起我们对主体活动的注意但又不流于唯心论；这种认识论同样以客体作为自己的依据，把客体看做一个极限(因此客体是不依赖于我们而存在的，但我们永远也不能完全达到它)；这种认识论首先是把认识看做是一种继续不断的建构"②。

皮亚杰认为，"所有认识论特别是发生认识论的基本问题是，由于思维的手段仅仅是服从于在时间上进化和建构自身的心理运算，那么问题是要理解，心智是怎样获得必然关系(似乎是'独立于时间')的建构的?"③在皮亚

① 皮亚杰著，倪连生、王琳译：《结构主义》，商务印书馆 1984 年版，第 97 页。
② 皮亚杰著，王宪钿等译：《发生认识论原理》，商务印书馆 1981 年版，第 19～20 页。
③ R·基奇纳著，熊哲宏译：《皮亚杰与康德主义》，《哲学译丛》，1993 年第 4 期，第 29 页。

杰看来，发生认识论从根本上是要回答这样的问题：某些认识事实或特征从发展上看是怎样可能的？发生认识论要在发展的框架下探求康德意义上的“先验的”（怎样可能的）问题。但是这种“发展的先验主义”（皮亚杰有时称为“功能的先验主义”）与康德的先验认识论以及其他各种类型的哲学认识论不同，它坚定地植根于经验科学。皮亚杰对发展的先验问题的回答，集中体现在他的建构主义学说中。在这种建构主义框架中，必然关系或必然性归因于由主体所建构的特殊运算结构的出现。一个结构一旦被创造，它就拓开了某种新的可能性，实现其他可能性并创造必然性。而客观性以互反关系、协同运算即以各种观点之间的平衡化为前提。

在最一般的意义上，皮亚杰建构主义是这样一种理论观点：认识既不是形成于客体，也不是形成于主体，而是认识主体建构的结果。用皮亚杰的话说就是：“认识并不发端于主体（通过主体的认识或反省），也不发端于客体（因为知觉本身包含相当一部分组织结构），而是发端于主体与客体之间的相互作用，发端于最初由器官的自发活动和外部刺激所引起的其他相互作用。”①换一种表达方式说：“发生认识论者认为，知识产生于不断地建构，因为在每一个理解活动中都会有某种程度的发明：在发展中，一个阶段向另一个阶段的过渡，其特征总在于形成一些在外部世界或主体内心中原先并不存在的新结构。发生认识论的中心问题是探讨新结构的建构机制。”②所谓新结构的建构机制，皮亚杰有两个互相包含、互相联系的基本思想：同化与顺化的相互平衡化以及内化（interiorization）与外化（exteriorization）的双向建构。

皮亚杰提出：“认识既不来源于独立于某一主体之外的客体，也不来源于独立于客体之外的某一主体。它来源于主体与客体间不能分离的相互作用，或用更普通的话讲，来源于机体与环境之间的相互作用。”③皮亚杰认为，在认识发生和发展过程中的主体和客体的相互作用就是同化和顺化。通过同化和顺化这两种主体与客体的相互作用，主体的认识结构就从简单到复杂、从低级到高级地发生和发展起来了，主体就越来越适应环境了。皮亚杰后来进一步把认识结构的同化与顺化的相互平衡化理论发展为“能解释所有知识获得机制”的认识结构的内化与外化的双向建构的学说。

皮亚杰指出，在认识发生之初，“既不存在一个认识论意义上的主体，也

---

① 皮亚杰著，尚新建等译：《生物学与认识》，生活·读书·新知三联书店 1989 年版，第 27 页。

② 皮亚杰著，范祖珠译：《发生认识论》，商务印书馆 1990 年版，第 53 页。

③ 皮亚杰著，卢濬选译：《皮亚杰教育论著选》，人民教育出版社 1990 年版，第 16 页。

不存在作为客体而存在的客体”①，只存在尚未分化的未来的主体客体及其二者相互作用的中介物——活动。这时每一相互作用的活动各自组成一个把主体身体与客体直接联系起来的孤立整体，主体自身的各种活动尚未协调、联系成为一个有机整体，主体意识不到自己是各种动作的发出者，因而没有主体的意识。相应地，与主体活动有关的客体变化也没有被协调成为一个整体，主体意识不到客体是各种现象变化的基础，因而也没有客体的概念。随着活动的发展，原先主体客体不分的孤立的动作结构沿着内、外相反的方向分化。分别联合建立起把主体的活动彼此联系在一起的内部协调结构和客体之间相互作用的外部协调结构。主体活动内部协调的发展过程称为内化建构，客体之间外部协调的发展过程称为外化建构，二者合称为双向建构。

皮亚杰建构主义本质上是主张认识客体和认识结构被主体所建构。那么在什么意义上说，认识客体和必要的认识结构是一种“建构”呢？显然在皮亚杰看来，主体能动地从事着认识过程，这一过程包括作为意向的认识客体的构成；而且，由于潜在而必要的认知结构不是天赋于主体或预成于客体中，它们必须是发展的产物，而发展就必然是主体与环境相互作用的结果。皮亚杰总是强调，“我的核心思想始终是相互作用”②。从发生学的观点看，这种相互作用“发生在主体和客体之间的中途，因而同时既包含着主体又包含着客体，但这是由于主客体之间的完全没有分化，而不是由于不同种类事物之间的相互作用。另一方面，如果从一开始就既不存在一个认识论意义上的主体，也不存在作为客体而存在的客体，又不存在固定不变的中介物，那么，关于认识的头一个问题就将是关于这些中介物的建构问题：这些中介物从作为身体本身和外界事物之间的接触点开始，循着由外部和内部所给予的两个互相补充的方向发展，对主客体的任何妥当的详细说明正是依赖于中介物的这种双重的逐步建构”③。换句话说，“从这些最初的相互作用出发，无法区分内部因素与外部因素的作用（也包括主观上的融合），于是，认识沿着两个互补的方向建立起来，而且，仍然以活动和活动格式为基础，没有它们，认识既不能把握外部世界，也不能进行内部分析”④。所谓“双重的逐步建构”或“两个互补的方向”，一个是皮亚杰所说的外化建构或同化方向：它是对客体的征服或对环境材料的认识，它最终能使主体客观地理解外部世界。但是，征服客体（无论是知觉、摹本学习，还是智慧表象）决不就是

① 皮亚杰著，王宪钿等译：《发生认识论原理》，商务印书馆1981年版，第21～22页。

② 皮亚杰著，尚新建等译：《生物学与认识》，生活·读书·新知三联书店1989年版，第337页。

③ 皮亚杰著，王宪钿等译：《发生认识论原理》，商务印书馆1981年版，第21～22页。

④ 皮亚杰著，尚新建等译：《生物学与认识》，生活·读书·新知三联书店1989年版，第27页。

现实的简单摹写，这里必然要介入某些组织因素或调节因素，即以认识结构和平衡化为先决条件。也就是说，外化建构过程的外部协调是对客体变化进行的协调，它把主体的格式应用于客体，把客体在时空中组织起来，建立客体之间相互作用的运动结构和因果关系。另一个是内化建构或顺化方向：它“是人的智慧所独具的，它逐步地意识到这些协调的内部状态，这种发展通过‘反省’，最后达到逻辑—数学建构。儿童在获得任何系统化的物理认识之前，我们可以在他们身上看到逻辑—数学建构的初等形式”①。也就是说，内化建构过程的内部协调是对主体活动本身的协调，它把主体的动作或格式进行分解、归类、排列、组合，使它们彼此联系起来，建立新的格式，这种内部协调按照反省抽象的方式不断对自身进行再协调，从而不断从低水平向高水平过渡，这就是逻辑—数学知识的发展即概念化过程。

在皮亚杰看来，正是通过同化于结构（外化建构）和顺化于外部世界（内化建构）的“双重运动”，或者说，认识主体经由同化和顺化与其环境的相互作用，主体建构了知识以及知识所必要的认识结构和认识客体本身。在这种“建构的相互作用论”——其精神实质是：如果没有主客体之间一切复杂的相互作用，任何建构都根本不能实现；在主客体相互作用期间，客体的作用构成主体自我调节的机会（而不是原因）——的意义上可以说认识客体和认识结构被建构。

在这种特定的意义上，“建构”并没有从作为一种幻想或想象活动的虚无中而任意创造的含义。如果从作为一种幻想或想象活动的虚无中“创造”，就是一种没有任何顺化的完全同化——自我中心主义的同化，这根本不是建构。建构意味着以某种方式组合成分或因素而加以建造。但在这个过程中，所建造的材料必须来自某个地方，因为主体并不能任意创造它们。因此就必须有主体与外部环境之间的相互作用。在这里，环境必定起某种作用，如提供因素或材料（如一种意象等），甚至或许对可行的建构施加某些限制。显而易见，外部环境必定要为建构贡献某些东西，即便不过是“材料”。因此，当皮亚杰主张不存在没有认识主体的认识客体时，或当他说“对主体来说，客体只能是客体显示于主体的那个样子，而不能是别的什么”②时，这并不意味着他认为认识客体完全是主体的创造，他承认环境也起重要作用。

概括以上皮亚杰关于建构主义的思想，所谓建构主义就是认识是在主客体之间的同化与顺化的相互作用的活动中，沿着内化和外化两个方向的

① 皮亚杰著，尚新建等译：《生物学与认识》，生活·读书·新知三联书店1989年版，第27页。
② 皮亚杰著，王宪钿等译：《发生认识论原理》，商务印书馆1981年版，第95页。

结构化过程发生和发展的。这些结构化过程使主体自己的被结构化的同时赋予主体使对象结构化的能力。对动作的逻辑—数学抽象的内化建构形成主体的认识结构。把主体的认识结构应用于客体的外化建构导致经验知识和因果关系的建立。这样,随着主体活动的发展,被认识的对象越来越复杂,主体的认识水平也就越高级。

发生认识论体现了晚年皮亚杰心理学思想的精华,也是整个皮亚杰心理学思想再向哲学高度的提升。皮亚杰的发生认识论在认识论史上达到了前所未有的高度。在发生认识论看来,认识既不产生于客体,也不产生于主体,而是产生于主客体之间相互作用的建构之中。皮亚杰以结构主义与建构主义相结合的方式,使认识发生的哲学阐释达到了崭新的高度。

"皮亚杰的理论代表着一种具有丰富的事实、概念、解释和罕见的一致性的系统。这个理论虽然迄今还不断地在充实资料、矫正偏差,但它迄今仍然是忠实于作为出发点的真知灼见。"①可以说,当今没有一个关于认知发展的研究不是以其理论为基础或参考。皮亚杰及其学派创立的发生认识论突出地体现了多学科综合研究的现代认识论的特点。正是由于这种特点,使它对认识论的发展做出了重大的贡献。

皮亚杰以结构和功能分析为基本特征来研究认识的发生和发展的发生认识论,是广义的认知心理学的一个重要方面,它的发展不仅成为现代认知心理学的历史渊源之一,而且也为认知发展心理学派奠定了重要基础。皮亚杰的理论形成了现代思维心理学,乃至现代认识论研究中的崭新发展观——综合有机论的思想雏形。皮亚杰力图在完成生物发生学方法的哲学升华过程中,在其对认识萌芽、意识起源的论述中,都得到了相当明确的贯彻和表达,并在很大程度上影响了现代思维心理学的发展和现代认识论的研究。皮亚杰的发生认识论是跨学科的边缘科学,他依据多学科的基础,并将康德哲学中的种种认识论范畴变成了儿童心理发展实验研究的课题,从而它的研究超出了传统心理学的范围,这也使皮亚杰不仅是一位心理学家,而且是一个综合多种学科的、既有深度又有广度的科学家,这种开创性的工作,为心理学特别是儿童心理学的现代化和向纵深发展开辟了一条独特而广阔的道路。

---

① 左任侠、李其维主编:《皮亚杰发生认识论文选》,华东师范大学出版社1991年版,第551页。

第四节　皮亚杰的“新理论”

一、何谓皮亚杰的“新理论”

人们习惯于把皮亚杰晚年的理论称为“皮亚杰的新理论”，而李其维教授“更主张把它称为皮亚杰新的形式化理论。因为这一理论并未放弃皮亚杰在整个发生认识论中一以贯之的基本观点，而仅涉及如何把思维机制加以形式化这一特殊问题，即仅仅与发生认识论中的心理逻辑学这一具体领域有关，尽管它在发生认识论中占有极其重要的地位”①。

由李其维教授策划并主持翻译的皮亚杰晚年的五本重要著作（“皮亚杰发生认识论精华译丛”：《态射与范畴：比较与转换》、《走向一种意义的逻辑》、《可能性与必然性》、《关于矛盾的研究》和《心理发生和科学史》）已由华东师范大学出版社于 2005 年 9 月出版。这套丛书所涉及的是皮亚杰思想中最核心的部分：探寻儿童思维的心理发生和科学概念的历史发展之间的连续性。它的真正新颖之处在于皮亚杰所信奉的观点出现了新的转折。继皮亚杰在之前的发展阶段中提出的结构主义方法之后，提出了新的转换性的深入和扩展的方法，代表了皮亚杰最后一个阶段的创造。一方面，他所提出的态射（morphism）和范畴（categories），为他的心理发生学资料的形式化处理提供了逻辑—数学模型；另一方面，一种意义逻辑在安德森（A. R. Anderson）和贝尔纳普（N. D. Belnap）相干（relevance）逻辑的基础上得以发展并在某种意义上超越了它们。在这套丛书中皮亚杰又谈到了他所喜欢的主题：科学概念的历史发生和心理发生之间的关系。皮亚杰整个解释系统的精髓之所在：从平衡化理论开始，到随后通过同化和顺化这两个对立的两极而实现的适应，再到后来的由生命本身到知识的延续，这种延续是通过不同的方式来实现的。但是这套丛书又在皮亚杰原有研究的基础之上加进了一

① 李其维：《皮亚杰关于认知发展的形式化理论——〈态射与范畴：比较与转换〉导读》，见《态射与范畴：比较与转换》，华东师范大学出版社 2005 年版，第 18 页。

些新的、不同于以往的东西。从某种程度上说它是一种从具体内容到形式的转变。也就是说，它所关注的不再是生命和知识以及科学史和心理发展之间的共同机制，而是力图揭示皮亚杰早期所提出的所有结构和过程是包含于一个简单的同构性的形式结构之中，并且，它证明了皮亚杰的全部研究和平衡化的第二个原则是相吻合的：在事物之内，在事物之间，超越事物之上。这一套最新的丛书实际上是真正跨学科的、超解释性的。[①] 下面我们就从这套丛书来深入了解一下皮亚杰晚年的理论。

李其维教授认为，皮亚杰的发生认识论不满足于儿童知识形成（认知发展）的过程及其特点作一般的描述，而是试图对这些过程及机制作某种形式化（formalization）的处理，于是形成了所谓心理逻辑学这一发生认识论的特有分支。对于形式化的工具，皮亚杰求助于逻辑学和数学。心理逻辑学的形式化探索是皮亚杰终身未曾放弃的努力。可以说，皮亚杰的数学形式化工作的基本方向应该肯定，但对其具体的形式化工具的选择应持审慎评价的立场。皮亚杰的形式化工作可区分为两个阶段：早期的结构主义时期，晚年的后结构主义时期。前者被称为经典理论或标准理论阶段，后者则被从事皮亚杰研究的研究者们称为皮亚杰的新理论阶段。

李其维教授指出，经典皮亚杰的形式化工作有两个特点。第一个特点是：主体具有的结构都是研究者的事后归纳和概括，甚至是所有这一年龄阶段儿童解决此类问题时所使用的运算的概括。主体本身对之毫无意识，也无从意识。第二个特点是：它们都是运算（或其前身：动作）所形成的结构。它表明了经典皮亚杰的最根本的立场，同时也是发生认识论的核心观点，即一切知识（逻辑数学知识以及广义物理知识）都是与动作及其转换相联系的。但是这些经典皮亚杰的立场逐渐受到皮亚杰本人的自我修正。就数学模型而言，经典理论采用的是布尔巴基学派的结构概念，抽象代数中的“群”、“格”等代数结构尤其受到皮亚杰的青睐。于是有了感知运动阶段的位移群、形式运算阶段的INRC四元转换群和16种二元运算组合系统的格结构等著名的形式化结果。这些形式化的模型也许是经典皮亚杰时期最值得称道的研究成果，特别是INRC群，它既运用了“群”这一数学结构，又融合了现代数理逻辑中的命题演算的相关知识，尽管它并不是某种公理化的形式逻辑系统而只是对心理运算在实际问题解决过程中运行规律的概括。这种概括对各种命题之间的逻辑关系所作的解释与命题演算的公理系统一

① J·弗内歇：《总序》，见《皮亚杰发生认识论精华译丛》（五卷本），华东师范大学出版社2005年版，第1～4页。

样，都是基于外延逻辑。皮亚杰晚年的立场对此发生了重大的转变，即以注重意义蕴涵的内涵逻辑取代了传统的外延取向的外延逻辑。这一转变与以抽象代数中的“态射—范畴论”在一定程度上取代早年的群、格等代数系统作为思维运算的形式化工具的重大转变，共同构成了皮亚杰晚年新理论的两个核心内容。

李其维教授提出，皮亚杰新形式化理论的思想发端于对思维活动和任务解决过程中非转换成分所起作用的分析，具体说就是对应与比较究竟在认知发展中起何种作用的问题。皮亚杰的新形式化理论可以用一句话概括，即他基本上放弃了运算结构论而代之以态射—范畴论。皮亚杰从当代新的逻辑（注重内涵的相干与衍推逻辑[Relevance and Entailment Logic]）和新的抽象代数（态射与范畴论）中汲取营养，继续为个体的知识获得过程铸制更为适合的模型。①《态射与范畴：比较与转换》和《走向一种意义的逻辑》就是皮亚杰新的形式化理论诞生的标志性成果。《态射与范畴：比较与转换》以更具动态性和建构性的数学工具作为描述认知的过程、程序和机制的数学模型。《走向一种意义的逻辑》采用新的内涵逻辑取代外延真值表逻辑作为刻画儿童认知发展的工具。另外三本著作也与这一新理论具有密切的联系：《心理发生与科学史》探索儿童思维的心理发生和科学概念的历史演变之间的连续性和同构性，揭示新理论和新模型的普适性，皮亚杰与加西亚(R. Garcia)把“内态射”(intramorphismic)、“间态射”(intermorphismic)和“超态射”(transmorphismic)的三种态射水平创造性地应用到了科学知识的历史发生过程的分析中；《可能性和必然性》和《关于矛盾的研究》则是皮亚杰以新理论为视角，继续发生认识论关于可能性和必然性以及否定、矛盾等逻辑范畴的个体发生研究。同属于皮亚杰晚年新理论范围的著作还有《关于对应的研究》(1980)、《关于概括化的研究》(1978)、《反省抽象研究》(1977)和《认知结构的平衡化》(1975)等。②

下面就介绍一下《态射与范畴：比较与转换》和《走向一种意义的逻辑》的核心观点。

二、关于认知发展的形式化理论

《态射与范畴：比较与转换》一书所介绍的研究是1973年至1974年在

① 李其维：《皮亚杰关于认知发展的形式化理论——〈态射与范畴：比较与转换〉导读》，见《态射与范畴：比较与转换》，华东师范大学出版社2005年版，第11～19页。

② 李其维：《策划者后记》，见《走向一种意义的逻辑》，华东师范大学出版社2005年版，第162页。

日内瓦国际发生认识论中心完成的。该书由皮亚杰、亨里克(G. Henriques)和阿希尔(E. Ascher)于1975年写成,1980年出版。李其维教授在《态射与范畴:比较与转换》一书中译本(2005)序言中写了一篇题为《皮亚杰关于认知发展的形式化理论——〈态射与范畴:比较与转换〉导读》①的文章,系统地介绍了皮亚杰新的形式化理论,现择其要者介绍如下。

李其维教授认为,范畴论的最核心和最基本的概念是态射。态射也是映射,但它是映射的复合,而非单个的映射。对态射来说,重要的是使对象的原有结构保持不变。然后通过它,才会形成更高层次的结构。对数学来说,态射的方法论意义就在于它可以使我们从更高的整体上研究空间形式和数量关系的联系和转换,研究不同数学结构之间的联系和转换。它是一种分析结构之间的联系和转换的有力工具,分析这些联系与转换的过程,也就是更高水平的新的整体结构——范畴的产生过程。因此,所谓范畴就是从数学的各个领域中概括出来的一种高度抽象的数学系统。比如,集合论研究集合与映射,群论研究群与群同态,拓扑学研究拓扑空间与连续映射。如果把各个领域中的研究对象结合成一个总体,使这一总体成为一个数学系统,这就是范畴思想。其中的集合、群、拓扑空间等都是"对象",映射、群同态、连续映射则是"态射"。

我们知道,皮亚杰发生认识论的全部工作可概括为两大主题:一是揭示主体(儿童)的认知发展的过程,或曰知识的建构机制;二是对这一过程或机制进行形式化的处理。但是,到了20世纪60年代,皮亚杰已经开始对自己早年所进行的形式化工作有所反省。他开始怀疑,也许还存在群集概念所不能描述的一些东西,特别在认知运算的初始阶段。因此,群集概念并不是一个对这些所忽略的重要内容加以刻画的最适当的工具。李其维教授认为,这个被忽视的内容就是从动作向运算的过渡环节。如果要对认知发展过程加以形式化处理,那么选择适合的形式化工具,其唯一标准就是看它是否能对这一过渡过程提供更具体的细节刻画。范畴论就有可能充任这样的工具。在皮亚杰关于认知发展的范畴论思想中,他不仅把它作为一种认知过程的动态的、纵向的形式化工具,而且还把发生认识论理论框架中的一些其他重要概念,如对应、交换性、平衡化、反省抽象、概括化以及开放的可能性等有机地整合在一起,或换言之,也只有范畴论思想才有可能实现这一整合。某种意义上,范畴论扮演着整合和统率的角色。李其维教授认为,范畴

① 李其维:《皮亚杰关于认知发展的形式化理论——〈态射与范畴:比较与转换〉导读》,见《态射与范畴:比较与转换》,华东师范大学出版社2005年版,第11～37页。

论对整个发生认识论具有极其重要的意义。皮亚杰的范畴论，尤其是其核心成分——态射，为认知过程和认知结构的整合提供了合适的模型，并由此对皮亚杰一以贯之的建构论思想做出远比双向建构说更为具体的展示。皮亚杰对范畴论青睐有加，是由于范畴论在两个方面满足了皮亚杰的需要：首先，范畴论本质上是一种更高层次的结构在较低层次结构基础上生成的"途径"，它立足于结构之间的联系与转换。而知识的发展实质上就是不同水平的结构的递进发展，揭示这一发展的机制正是发生认识论的任务。这样，在范畴论与发生认识论之间就有了契合之处。我们可以运用范畴论的数学语言去组织相关的内容，分析认知发展各阶段的结构，厘清它们之间的内在联系，揭示不同水平认识结构之间的联系本质，从而进一步指明认知发展的方向。其次，由于范畴论的核心的成分是态射，而态射实质上是一种对应。态射在形成高层次代数系统中的作用正呼应了皮亚杰对转换在知识建构中的作用的反思。皮亚杰有关对应的反思集中于以下问题上：对应作为一种比较的手段在认知发展中的作用以及对应与转换的关系。概言之，皮亚杰改变了早年对转换系统在认识中起绝对作用的观点，不再把图像方面置于完全从属的地位。对转换与对应，他从"主次分明"的立场转变为"平等协同"的立场。他认为转换与对应是两个对认知发展都有重要作用的相互补充的系统。至于对应与转换的关系，皮亚杰认为存在三个阶段或三个层级：首先，对应为转换铺平道路；其次，在对应和转换之间存在相互作用；在第三水平上，即当对应由转换决定时，会产生一种新的对应，皮亚杰称之为必然的对应。

李其维教授通过分析得出如下结论：皮亚杰的经典理论是以群和群集的数学模型来形式化儿童的运算结构。但从 20 世纪 70 年代起，在稍早进行的有关对应研究的基础上，转向了数学上的范畴论和态射概念。这一研究取向对原来的只注重转换的运算理论至少在两方面做出了修正。首先，它降低了或相对弱化了皮亚杰以前对主体动作和运算的强调，而这种强调往往又是以忽视思维的图像方面为代价的。现在则重建了知识建构中内源过程（运算方面）和外源过程（图像方面）的平衡化，即新理论兼顾了运算和图像这两个方面。而且，主体的活动往往首先集中于周围外部的信息——动作的结果上（还未及注意到动作本身）。因此，开始的对应只是把外源的观察物联系起来，跟转换没有任何关系。其次，新理论提出了一种新的形式化方法，它尤其可以用来说明运算的产生，并对与以前的结构主义的运算理论不相吻合的实验事实加以整合，以避免其困难。只有态射概念才能使认知的图像方面及比较和对应的作用得以彰显。

可以说,皮亚杰采用态射—范畴论作为新的形式化的工具,堪称晚年最具创造性的观念转型,但他并没有丢失关于运算和转换的基本立场。运算和转换标志着认识的质变和心理逻辑水平的提升。运算与转换所构成的认知结构乃是主体的同化工具,其源泉仍是动作(运算)的内部协调及对协调产生的反省抽象。李其维教授指出,若丢弃这些基本观点,则发生认识论就不是皮亚杰的发生认识论了。皮亚杰新形式化的工作只不过恢复了认知的图像方面的应有地位,对以往排他性地推崇认知的运算方面做出某种校正。或换言之,使得认知的运算方面和图像方面两者之间获得了某种平衡化。如果把这两个方面理解为知识建构中的内源过程和外源过程,那么也可以说,新的形式化实现了内源过程和外源过程的平衡化,它们是知识建构的双轮。所谓外源过程,就是对事物状态的专注,但它并不去转换状态,而只是联系和比较状态。显然这就是对应。而对内源过程来说,指的是运算的建构,这是对一种状态向另一种状态的转换。说到底,认知发展意味着从对应向转换的过渡。新理论的特色在于不仅仅从动作的内部协调的角度阐述其机制,而且合理地指明了对应在这一过程中的作用。尤其值得指出的是,皮亚杰创造性地应用了范畴论中的态射概念,扩展了态射的应用范围,并在一定程度上改造了态射概念,丰富了它的内涵。这具体表现在他区分了态射概念在认知发展领域应用时的三种水平,即内态射水平、间态射水平和超态射水平;并以这三种水平取代了以前传统的阶段论。这是一次重大的范式变换。因为阶段论完全可以用新的态射—范畴论作新的阐述,但态射—范畴论的内容却无法为阶段论所包容,因为阶段论实质上是一种运算结构论,而仅从运算结构的角度是难以阐明对应、比较等图像活动和外源过程之作用的。态射的三水平说既然可以取代认知发展的阶段论,它自然就可以用来解释所有知识的发展过程,承担起原来运算阶段论不尽胜任的职责。于是,传统的前运算—具体运算—形式运算的发展系列变成了内态射—间态射—超态射的发展系列。以“包含”概念的发展为例,所谓内态射水平就是只能进行简单的和经验的对应。儿童只能进行两种对应中的一种:一种是从属类向上级类的性质的映射,儿童此时考虑它们的相似性;另一种对应是以相反方向的对应所进行的映射。当儿童处于内态射水平的时候,他们仍不能解决经典的分类任务。所谓间态射水平就是把前述两种对应予以协调,这样,某个确定的对象就可以同时被分派于其子类和类中。此时,儿童直接把类的子类联系起来以便比较它们的外延,于是问题获得了解决。但皮亚杰认为,间态射水平的问题解决仍是经验的解决,因为它与内态射水平的对应相比,并非派生于性质上不同的机制,并不伴随以新的建构模式。所谓超态射水平就是把态射与运算组合在一起，而运算又是通过对转换加以概括化而达到的，这些转换组成了此时使用之态射的内容。只有在这一水平，儿童才能转换态射而不是仅仅协调它们，这些运算使得对与态射相联系的状态的转换成为可能，因而也使对这些态射所允许的经验观察物(指特定状态的从属物)加以概括化成为可能。只有在超态射水平，儿童才能够转换外源的对应并构成一个由与态射相联系的所有系统所组成的总的系统。如果说间态射只涉及到一种状态下两种对应的协调，并不涉及转换，那么超态射则是指对状态的超越。超态射中所谓的“超”，其意即在于此。而为了对状态实现超越，就要对每一状态下的间态射进行“运算”(操作)，对间态射水平的对应加以彼此组合，从而实现对转换的概括化，把以前间态射水平观察到的对应从属于建立在转换基础上的运算的系统。达于超态射水平的知识理解是一种必然性的理解。由于超态射水平涉及转换，而转换是不能脱离动作的。于是，自然地，超态射水平中必然有反省抽象的作用，因为反省抽象的本质是对动作关系的抽象而非对客体(对象)本身的抽象。实际上，儿童(主体)是直接对转换操作的。因此，归根到底，逻辑必然性是反省抽象的结果，是反省抽象使主体对内态射水平和间态射水平的经验观察物得以在更高的水平加以协调。新模式降低了认知结构的重要性，但却更强化了反省抽象的重要性。因而它并没有偏离发生认识论的核心观点：动作(运算)在知识建构中的根本作用。或者换言之，新模式在图像方面和动作方面达到一种平衡化。

在《态射与范畴：比较与转换》中，皮亚杰研究的着眼点不再是阶段和结构，而是对过程、程序和机制进行了探讨。皮亚杰通过态射和范畴解决了长期以来一直困扰着他的一个问题：视为生物适应之两个阶段的生命和智力之间的延续性问题与日常知识和科学知识之间的延续性问题。[①]

使用态射—范畴论这一新的形式化方法作为晚年皮亚杰的“最后的工作”，应该说皮亚杰对之只做出了框架性的说明。经典皮亚杰的研究与新模式的研究仍未达到完全融合的程度。但如果我们对发生认识论所开创的形式化道路本身不持异议，那么在一定意义上我们应该感谢皮亚杰，因为他为后人留下了更大的发挥创造性的空间。

李其维教授通过分析，归纳总结出深入研究皮亚杰新形式化模式的八个重点：(1) 皮亚杰认为范畴不同于传统的代数结构，因为范畴论本质上具

---

① J·弗内歇：《总序》，见《皮亚杰发生认识论精华译丛》(五卷本)，华东师范大学出版社2005年版，第5～6页。

有认识论的而非数学的深刻内涵。应该超越"只把范畴论理解为是皮亚杰为了解决 2～6 岁儿童的认知发展的说明"这一狭窄视野。(2) 关于"建构性的对应"这一说法本身需要澄清。(3) 我们更多地看到的是皮亚杰对态射(对应)的描述,却不见反省抽象的明确表现。这仍是由于对对应本身中的动作因素或退而言之对影响对应的动作因素未能清晰说明所致。(4) 形式向内容的转变说明范畴具有一种更高级的概括力以及一种"打开新的可能性的潜在力量"。(5) 该书所有实验结果的分析都是以皮亚杰提出的态射的三个水平为线索进行的。因此,了解它们的真正涵义即是理解该书实验之必需,也是掌握皮亚杰范畴论思想之关键。(6) 态射的三个水平之说,是皮亚杰活学活用范畴论的创新处。但是,这里有一个重要的问题有待澄清:即态射的三个水平是指一次态射的三个水平,还是指每一任务的完成需要经历三个不同水平的态射?(7) 李其维教授从状态与状态的转换的角度提出一种稍稍有别于皮亚杰的对内、间、超态射的理解:略过间态射而径直从内态射到超态射。间态射或许是发展的某个水平,可用来说明某些认知现象,但却不是超态射必不可少的环节。一定意义上,这似乎也是对新、旧形式化理论的某种尝试性统一。(8) 内、间、超态射是皮亚杰提出的新概念,它被用来描述认知发展的三个阶段。李其维教授倾向于认为它们并不是同一态射的三种水平,而是三种水平的不同态射。一言以蔽之,即态射被用了三次。他提出,必须对传统的"协调"过程态射化和范畴化。因为显然除了"对应"之外,从中的确未能看出态射—范畴论的诸多要点如何在他所描述的三种态射中呈现出来的。李其维教授总结说,以上八个方面,既是皮亚杰新的形式化理论的要点,也是其难点,更是其可能的不足之处,或是后学者可以继续发挥才智和创造力的领域。

三、发生认识论与逻辑

《走向一种意义的逻辑》一书是皮亚杰及其发生认识论研究中心的同事在 1978 年至 1979 年间精心进行研究的总结性说明,由皮亚杰和加西亚写成,它是皮亚杰晚年所写的最后一本著作。"本书主要的目的是沿着一种意义逻辑的方向完善和修正我们的运算逻辑。"[①]该书的重要性在于它既呼应了当前心理学对意义和表征的关注,又呼应了现代逻辑学对于相干问题被重新唤起的兴趣;该书既是整个以往系列工作的终结,也是一项新的研究工

---

① 皮亚杰、加西亚著,李其维译:《走向一种意义的逻辑》,华东师范大学出版社 2005 年版,第 3 页。

作的开始，它试图通过以下两个方面重新阐述运算逻辑：构造一种意义逻辑，运算逻辑会自然地从这种意义逻辑中产生；对命题逻辑进行一种新的形式化，之前，这种形式化过于依赖于外延逻辑了。皮亚杰集中思考在自然逻辑中的一种意义理论，加西亚则以其关于当代逻辑理论的深厚知识使之更为丰富。该书分为两个部分。第一部分为皮亚杰所写。皮亚杰希望通过回到感知运动的动作之间的蕴涵来审视逻辑的最初根源。这样一种逻辑只能是一种意义的逻辑。推理的最初形式是动作的蕴涵，它是一种动作意义之间的蕴涵。皮亚杰由此开创了关于"前逻辑"(protologic)的研究。皮亚杰深化了他对于儿童理解样式的研究，这种理解使主体在能够说出它们之前，就已能很好地把它们作为认知的工具了。在该书的第二部分，加西亚重点阐述了皮亚杰对意义逻辑的独到贡献，这种贡献只有在发生认识论的框架内才能被充分理解。在"逻辑与发生认识论"一章中，加西亚强调指出：皮亚杰的目的主要并不是要对逻辑做出怎样的贡献，而是要发展一种进行认识论分析的方法。在"外延逻辑和内涵逻辑"一章中，加西亚介绍了安德森和贝尔纳普关于逻辑中的关联和必然性的研究成果，并阐明了运算逻辑和相干逻辑之间的相似和不同之处。他认为后者是前者必要的基础，他向我们首次表明显示该两种逻辑相结合的研究可以获得丰富的成果。在"总的结论"一章中，加西亚阐明了这个研究的意义，对该书中的全部新的发现做出了权威的解释。他强调了以下一种新的发现，它似乎与我们以前从皮亚杰的早期研究中做出的结论相矛盾。这一新的发现是：在动作的水平上和在意义的情景中存在运算的早期形式。尽管它们还不能整合成为成熟结构的整体，但它们是与命题逻辑的16种二元运算同型的。这些结构的片段(部件)是逐渐协调的，它们最后构成了群集，乃至形成了INRC群。这揭示了作为陈述逻辑的基础的一种意义的逻辑必定既是内涵的又是外延的。①

李其维教授在《走向一种意义的逻辑》一书中译本(2005)的序言中写了《发生认识论与逻辑——〈走向一种意义的逻辑〉导读》②一文，这可以帮助我们更深刻、更全面地把握皮亚杰的新理论，现将主要观点介绍如下。

李其维教授认为，从发生认识论的双向建构的立场来看，逻辑属于形式类知识，是组织经验材料和感性杂多的工具；从经验中产生的知识则属于内容类知识(广义物理知识)。两类知识同时并共同产生于主客体相互作用活

① 英海尔德：《序言》，见《走向一种意义的逻辑》，华东师范大学出版社2005年版，第29～31页。

② 李其维：《发生认识论与逻辑——〈走向一种意义的逻辑〉导读》，见《走向一种意义的逻辑》，华东师范大学出版社2005年版，第15～28页。

动的辩证过程。逻辑关系是在经验世界被组织的同时由主体建构起来的。涉及两种组织化,即两种建构:主体本身逻辑手段的组织化和经验材料的组织化。前者为内化建构,后者为外化建构。作为同化手段的逻辑的组织化在认识活动中处于主导的(先行的)地位,逻辑扮演着对经验材料的组织者的功能。所谓逻辑关系,反映的是主动动作之间的关系,逻辑关系的发展也就是动作关系的发展,动作之中有逻辑。主体(儿童)对问题和任务的解决,决定于他所具有的逻辑。逻辑的水平不同,问题和任务的解决方式和程度必然有所不同,这就是逻辑决定论的涵义。但逻辑不能决定阶段,因为逻辑会在不同阶段的主体中使用,不同阶段的主体也会使用不同的逻辑。

正如李其维教授所说,皮亚杰与加西亚在该书以及在《心理发生与科学史》中,采用了新的视角来重新诠释以前的经典阶段("前运算思维"、"具体运算"和"假设—演绎推理")。这种新的视角就是以"内运算"、"间运算"和"超运算"这三种逻辑—数学关系,来表示和说明阶段的"真正涵义"。运算内的逻辑—数学关系只是一种简单的同一关系和从重复、相似及中等中产生的对应关系。它不涉及到转换及其不变性。动作还没有成为运算,运算间的联系则是指运算形成之后,在运算之间表现出的逻辑—数学关系。它导致了所谓"第一批的逻辑—数学结构",如基于运算的类(集合)概念和序列化概念。从"内"向"间"的转变,实质是从动作向运算的转变。实现这一转变的关键,皮亚杰认为交换性的逐渐取得优势起到了中心作用。最初形成的运算可以建立起特有的"群集"水平的结构。超运算的联系简言之就是超越具体内容的逻辑—数学关系,即对运算再施以运算,是运算之上的运算。主体此时不仅"知道怎么做",还达到了对"知道怎么做"的结构本身的理解。超运算的联系也会形成逻辑—数学的结构,这些结构同样可以用代数形式(如群、比例、组合等)加以模式化。"内、间、超"的过渡表明逻辑—数学关系总是向着更紧密的结构方向发展。这就是说,运算一旦形成,它总是演化成为一种随后可以用某种代数形式加以模式化的结构。逻辑—数学关系不可能永远孤立存在,皮亚杰的新的阶段论不能用这些彼此孤立的逻辑—数学关系的独自发展加以解释,必须用这些关系的从"内"到"间"再到"超"的结构的形成和发展予以说明。反省抽象的对象就是逻辑—数学关系,说到底也就是动作之间或运算之间的某种关系。反省抽象的特点就是对低层次的关系在更高的新水平上重组并取得新的平衡化。

以上我们简要介绍了皮亚杰的逻辑认识论的主要立场,重点澄清了所谓"阶段神话"与皮亚杰"内、间、超"的新的阶段思想的界限。这也是加西亚所写的第十章的主要内容。李其维教授认为它们十分重要,它们似乎是进一步理解皮亚杰从传统的外延逻辑"走向一种意义逻辑"的立场转变的关键和出发点。

《走向一种意义的逻辑》一书的前九章是皮亚杰及其同事所从事的逻辑认识论的经验研究。它们均围绕一个主题,即逻辑—数学关系的心理发生根源。无论是动作的意义还是客体的意义,它们都是在主体与外部世界、主体与自己先前具有的逻辑—数学结构的内部世界的相互作用的活动的过程中产生的。客体和动作获得意义的过程也就有推理的参与。如果说知识总是包含某种推理的维度,那么这个推理就是意义之间的蕴涵。意义产生于把同化格式归属于客体的主体与客体以及与自己先前认知结构的相互作用的活动中。在格式的应用过程中(把它们归属于客体)所产生的各种意义之间,其最一般的关系就是蕴涵关系。蕴涵关系是意义之间的联系,属于主体方面,它们能够通过动作被预期。任何意义都要以某些蕴涵的运用为前提。逻辑的开端产生于认知格式归属于客体的应用过程之中,即产生于动作之中。最原始的动作蕴涵就已经在构造一种逻辑了。该书的全部实验都是围绕这一主题而展开的,即在成熟的、高级的、以命题形式出现的逻辑之前,早在动作水平,就已存在一种建立在动作之间的意义蕴涵基础上的意义逻辑。如果说,任何逻辑的基础都是推理性的,那么,对意义逻辑来说,它就是自然推理。意义蕴涵经历了不同水平的发展过程:从"局部的"蕴涵到"系统的"蕴涵,再到"结构的"蕴涵。同时,动作蕴涵还表现出三个不同方向的发展路线:前摄蕴涵导致结果的扩大,后摄蕴涵导致条件作用的强化,证明蕴涵导致理由的深化。意义蕴涵是意义逻辑的核心运算。该书的一个极其重要的研究成果就是揭示了在意义的背景下,儿童早期的动作与命题逻辑中的16种二元运算存在着同构性。皮亚杰在此书中还具体研究了诸如"合取"、"否定"等几个逻辑联结词的早期进展,其中不乏新颖独到的发现。

李其维教授将皮亚杰的逻辑观概括为以下几点:(1)任何知识的背后都有逻辑,它们属于形式类的知识。(2)逻辑的心理发生的根源在意义之中及在意义之间的蕴涵(意义蕴涵)之中。(3)客体的意义就是"它能被用来做什么",客体就是其"属性的集合"。(4)了解客体能被用来做什么,实际就是把客体同化到一个动作格式中去。(5)以上过程产生的逻辑就是意义逻辑,因此,所谓逻辑的心理发生指的就是意义逻辑的心理发生。(6)意义逻辑中最基本的逻辑—数学关系是意义蕴涵,其他的逻辑—数学关系,如合取、析取、不相容、互反蕴涵等可以在意义蕴涵的基础上,然后又在蕴涵和否定相结合的基础上被主体建构起来。(7)意义蕴涵在动作水平的表现就是动作蕴涵,动作蕴涵这一概念被皮亚杰自认为是"最具独创性的概念"。只有通过对动作蕴涵的分析，才能真正揭示逻辑的心理发生。(8) 皮亚杰通过该书中的经验研究，揭示了命题逻辑中的每一种二元运算都有早期的动作对应物，只不过这些对应物是在各自的意义蕴涵的背景中呈现的，尚不具有整体的结构。但它们是未来整体结构的“组件”。从组件到整体结构，这一过程不是简单的相加，而是一系列的自组织的重构。(9) 对这一重构的过程的再构，不能通过逻辑的分析而只能通过心理逻辑学的实证研究予以揭示。

李其维教授通过以上分析发现，《走向一种意义的逻辑》一书自始至终贯穿着作者的另一重要思想，即作者在坦承书中的研究受到当代逻辑学科向意义回归的趋势的影响的同时，作者仍坚持认为，发生认识论的逻辑研究属于逻辑认识论的经验研究范围，它并不承担构筑公理化演绎系统(不管是传统的外延逻辑，还是相干与衍推逻辑)的任务。逻辑认识论的经验研究是发生认识论的主题，它属于心理逻辑学研究而非逻辑学研究。而心理逻辑学实质上是思维心理学的研究。所谓“走向一种意义的逻辑”，并不是走向一种形式化(甚至公理化)的意义逻辑——如安德森和贝尔纳普等人在其“相干与衍推逻辑”中所做的工作，而是从以往注重外延的立场向注重内涵(意义蕴涵)的立场转变。它不是把这些意义蕴涵从相干和衍推的角度予以公理化，而是探索它们的心理发生与发展，回答的是认识论问题而非逻辑形式化的问题。至于这一发生、发展过程本身的形式化，这是心理逻辑学的形式化，而根本不是逻辑学的形式化。李其维教授的观点是：对生动活泼的实际思维过程是难以形式化的，因为思维情景的无限多样性是难以穷尽的。但一定程度上并不排除对这一丰富多彩的实际思维过程做出某种概括，如皮亚杰以前从外延逻辑的角度，对所谓具体运算提出群集结构以及对形式运算提出群结构予以形式化的处理。原则上说，对运算从内涵(意义联系)的角度也可做同样的工作，进行新的形式化处理，但皮亚杰并没有完成这一任务。尽管逻辑认识论研究(即发生认识论的心理学研究)与逻辑学研究(以建立公理化的演绎推理系统为己任)的目标不同，但我们并不否认两者之间有着紧密的联系。根据加西亚的分析，安德森和贝尔纳普的相干逻辑与皮亚杰的运算逻辑之间的关系，是一种“聚合而非重合”的关系。“聚合”者，当指两者有某些共同的立场；“非重合”当然是更本质的方面，因为两者属于逻辑研究的不同层次和不同领域。说到“聚合”，可以从以下几个方面理解。首先，两者都重视“意义”在逻辑建构中的作用。其次，两者建构自己理论的方式都鲜明地反对罗素的逻辑经验论，都对所谓“逻辑理论的‘建筑砖块’就是基本的命题及通过简单‘联结词’而构成的命题组合”这一说法表示怀疑。再次，安德森和贝尔纳普的相干逻辑的许多实质内容有待于从心理层面上予以证实或两者相互印证。皮亚杰的运算逻辑对相干逻辑的贡献之一是,它使衍推的规则获得了清楚明晰的类解释意义。

当然,两者的最终目标还是不同的:皮亚杰的运算逻辑是从逻辑认识论的立场出发的,它旨在通过心理学的经验研究探寻逻辑的心理根源,从动作蕴涵中发现了推理的最原始形式——早在幼儿能预期动作之间存在某种关系之际,逻辑就已开始,这时的逻辑不可能是所谓“纯”外延逻辑。而安德森和贝尔纳普的相干逻辑则是完全从构造一个纯形式逻辑系统的需要而离开语言结构转向推理过程的。

皮亚杰一生都在从相邻学科中汲取营养,不断修正和完善他的理论,体现出一代大师的持续创新性。然而,李其维教授不无遗憾地指出,皮亚杰的新理论并未受到人们的足够重视。这种状况并不正常。我们不能把这一现象仅归咎于是皮亚杰新理论的“曲高和寡”之故,它也可能与当前学界只勤于所谓实证研究的数据积累而疏于理论的概括和提升有一定关联。皮亚杰所主张并身体力行的发生认识论的跨学科合作的研究特色应予继承。①

① 李其维:《策划者后记》,见《走向一种意义的逻辑》,华东师范大学出版社 2005 年版,第 161～162 页。

第三章

皮亚杰心理学研究的方法——临床法

皮亚杰及其同事英海尔德、辛克莱、伦堡希、泽明斯卡等组成的以他为代表的“皮亚杰学派”，几十年来孜孜不倦地从事儿童认知发展的研究，积累了大量的科学资料，创立了一整套独特的儿童心理发展的理论。在有关儿童心理发展的研究领域中，皮亚杰学派的研究方法常被认为是独树一帜、别有风格的。皮亚杰学派所采用的研究方法被称为临床法（clinical method）或临床叙述的技术。本章主要探究临床法的渊源、特点及应用，并对临床法进行评价。

第一节　临床法的渊源

皮亚杰关于临床法的最完整的论述，可见于他早期的一本书，即《儿童的世界概念》（1926）。皮亚杰提出：“我们的看法是，在儿童心理学中，就像在病理心理学中一样，初学者在通过必不可少的摸索阶段之前，至少需要一年的日常练习。在向一位儿童提问时，特别是作为学校老师，不想多说一些都是很困难的。不想带有启发性是如此困难！毕竟，想要在由预想观念带来的系统化和因缺乏任何指向性假设而导致的不连贯之间找到中间过程，是如此困难。事实上，好的实验者必须将两种常常相互冲突的品质统一起来，他必须知道如何观察，也就是说让儿童自由谈话，而从不制止或转变儿童的话语；同时他必须时时警觉于某些确定的事情，在任何时刻他必须具有某种工作假设，具有某种他致力于检查其对或错的理论。欲认识临床法的真正困难,你最好教授过这种方法。学生一开始时,他们或者向儿童提示了所有他们希望发现的内容;或者他们根本没有给予任何提示,因为他们对任何事情均不加留意,在这些情况下他们将发现不了任何东西。"[①]临床法本来是弗洛伊德学派所用的一种精神分析方法。这一方法主要是通过谈话、观察来探测精神病人内心的潜意识活动的奥秘,以便进行分析治疗。这种方法的主要特点是要求全面、深入并且富有灵活性。皮亚杰把这种方法引用到儿童智慧活动的研究上,着重探索儿童智慧活动的内部奥秘,从而开辟了儿童智慧研究的新天地。

一、临床法不同于传统的心理学方法

临床法的核心在于从皮亚杰的结构整体理论出发,从整体上研究观察儿童,在实验中强调实验的自然性质。他喜欢在家庭、课堂和游戏场所等儿童能自然活动的情况下,观察儿童的各种行为。根据研究需要,他有意布置一些实验情境,当着儿童的面做一些小实验,在实验过程中,让儿童自由谈话,叙述活动的过程,也向儿童提出询问和回答问题,也让儿童摆弄实物或操作实物。所以,他的这种方法是综合了自然主义的观察、精神分析学派的临床谈话、有意布置的实验情境和操作实物的活动而创造出来的。

皮亚杰认为,过去有关儿童研究所利用的测验法和单纯的自然观察法无疑都可以为心理学积累一定的事实材料,但对当前的问题,即研究高级过程的本质时,却有着很大的缺点。

皮亚杰放弃了传统的测验法。他认为测验法有两个主要的缺点:第一,不可能对结果作充分的分析。他认为传统的测验法也太死板,对研究不同年龄儿童的智慧的个别差异是有用处的,但对研究儿童想什么和怎样想的思维活动是不适宜的。在测验中,儿童的第一个回答也就是最后的回答,只从儿童的第一个回答中很难确定儿童的真正意思。如,问儿童:"2 加 2 等于几?"儿童答:"等于 4。"儿童的这一回答可能是算出的,也可能是猜到的,究竟如何得来,是无法确定的。通过测验,只能测出思维过程的结果,而不能测出思维过程的本身。测验所获得的结果一般都是粗略的,但这一点可以由更详细、设计得更好的办法来挽救。第二,测验法的致命弱点,破坏被试

① S·A·米勒著,郭力平等译:《发展的研究方法》(第二版),华东师范大学出版社 2004 年版,第 277 页。

的自然倾向性。例如，要了解儿童关于日月移动的概念，在测验问卷中问："是什么使太阳动的？"儿童的回答可能是："是上帝叫它动的"或是"是大风吹它动的"，等等。像这类结果当然不能忽视，因为它表明了儿童在困惑不解时一种浪漫式的倾向。但无论如何，这样的测验对了解问题的实质是不会带来好处的，因为儿童在生活中自己不会这样提问，也不会遇到这样的问题。儿童可能是这样想的：太阳自己是个生物，自己在动。因此，这个问题就假定了一个外力，并由于问题的暗示引向迷信观念。和儿童谈话，应当是研究他们的思想，而不是限制、引导他们的思想。皮亚杰认为正是比纳本人比任何人更了解通过测量而知晓智慧的真正机制的难处，因此，他和西蒙一起采取了大量测验统计的办法，这样，他们所测定的只能说是"成就"，而不是所要测的智力本身。另一方面，斯皮尔曼(C. E. Spearman)运用精确的统计方法，从各种测验的相关中求出所谓的"G"因素。但这正如斯皮尔曼自己所说的，G因素只能代表"一般智力"，这与"人的神经心理活动有助于人们的智力工作"的说法一样，实际价值是不大的。所以，皮亚杰认为一般测验方法对了解智慧的本质是无能为力的，他在研究儿童的思维内容时就放弃了测验法。

对于单纯的观察方法，皮亚杰认为，观察总是研究儿童思维的出发点。在观察中收集儿童自发的语言，经常是研究中最重要的材料。例如，儿童的"是谁造太阳的"这句问话就表明他们的思想中有某种造物者，而太阳正是它造出来的。因此，皮亚杰在自己的研究中确立了一条原则：向儿童提出的问题，应是同年龄或年龄较小儿童的自发的问题。有些研究，例如儿童的泛灵思想的研究，只有通过对儿童自己提出的问题进行分析，才能作正确的判断，因为问题本身即有暗示作用(如"太阳在看什么？"即有泛灵的意思)。不过，单纯的观察不能保证实验的结果，因为它不可能获得大量的材料。此外，还有两个缺点：第一，由于儿童的自我中心倾向，使不提问题单纯观察的条件下难以正确了解儿童。儿童间的对话又经常只限于游戏和当前的情境，与研究的主题(如关于世界的概念)无关。当儿童与成人交往时，由于怕羞、怕错，很少自发地去说明问题。第二，有些儿童的话很难判断是他的信念呢，还是他一时的戏语？例如，有一个儿童以为周围没有人，便对他面前的一架压路机说："你把那些大石头都压扁了吧！"只靠这一句话，就很难判断他是开玩笑，还是有拟人化的思想。所以，皮亚杰反对单纯的观察法。他认为要从单纯观察法前进一步，吸取测验法的优点，免去它的缺点，只有用临床法。

皮亚杰抛弃了传统的实验法，他认为传统的实验太死板。皮亚杰很强调实验研究的自然性，不在严格控制条件的实验室中引起或改变儿童的行为，不用精密的实验仪器收集资料，不用烦琐的统计方法整理数据。他十分重视研究者的敏锐观察能力，主张通过自然主义的观察，可以收集更多的资料，也可以取得大量的第一手资料。

二、临床法扬弃了传统的心理学方法

在实验对象方面，皮亚杰早期的研究主要以自己的三个孩子作为被试。由于取样过少，缺乏代表性而受人指责。此后他增加了被试数量，在 1955 年出版的《从儿童到青年逻辑思维的发展》一书中，被试达 1500 人。1961 年出版的《知觉的机制》一书运用了大量的实验取样和统计资料。他用数理逻辑为工具，引进了数理逻辑概念，着重对儿童认知发展作质的分析，企图从儿童认识的结构和发展中来揭露认识过程的智慧机制。

皮亚杰的临床法，显然不是实验心理学家那种精确和标准的客观主义方法。正如李其维教授指出的那样："皮亚杰的临床法正是在单纯观察法的基础上，扬弃测验法的优缺点，汲取实验法的长处而创造出的对儿童智慧进行研究的方法。"①

临床法是从医学上借用来的一个名词。在医学上，临床法是通过医生和病人面对面的接触、谈话来了解病人的病史、病状等发病情况，使医生能对疾病做出正确的诊断。而在儿童心理研究中，临床法则是一种研究技术，它通过提问的方式为儿童创造一种特别设计的实验环境来灵活地测定儿童的思维倾向。它不同于测验法，测验法是用同一种标准化的问题问所有被试，连提问的形式也不准作稍许变动。它也不同于自由交谈，自由交谈是一种随意、即兴的、没有固定主题的谈话。在应用临床法时，事先要确定一个谈话的主题，让儿童自由叙述对某一问题的思想观点。为了防止儿童的谈话偏离主题，主试要作必要的提问，并可根据实际情况，灵活地改变问题的提法，以探查被试的真实想法以及形成这一想法背后的观点信念，主试要把谈话的内容完整地记录下来，以便分析和判断。

皮亚杰认为临床法在一定意义上是一种实验方法，因为主试有他事前准备的主题，有各种假设，并适于情况地实验每种假设。但临床法又是一种直接观察法，有经验的研究者可以有控制地考虑被试的整个精神面貌，免去一般实验法可能引起的"系统错误"。皮亚杰认为如果在儿童心理和病理心

① 李其维著：《破解"智慧胚胎学"之谜》，湖北教育出版社 1999 年版，第 122 页。

理的研究中不应用临床法将是一个极大的错误。他建议这方面的每个工作者，在完成其最初的“瞎干”阶段前，应当有一年使用临床法的实际经验，因为掌握临床法是不容易的。临床法要求通过谈话抓住隐藏在表面后的本质的东西，要求对所收集的材料作英明的判断、选择和分析。皮亚杰认为，临床法中好的实验者必须统一两种经常对立的品质，即必须让儿童自由地谈话，不打断他们的话，但同时又不忘记自己的主题和有关的假定，并试图验证它们。记录下的材料经常只有少数是有用的，初步掌握临床法的人，不是认为儿童所谈的有很大价值，就是认为这些材料是毫无价值。皮亚杰认为前一种倾向危险性更大，但两者都始源于同一错误，即认为儿童在 1 刻钟到 3 刻钟里的全部谈话内容，都出自同一种心理水平。

所以，具体来讲，所谓的临床法就是给单个儿童某些材料和用具让他进行摆弄操作，结合儿童的反应，以轻松的临床式态度，使用一些适合儿童特点的简单明了的提问询问儿童做了什么。既重视儿童说他或认为他做了什么，同时又重视儿童实际做了什么，如何处理问题以及出现了什么错误。主试根据儿童反应的情况，再进一步提出探究性的问题或作业任务，要求儿童进一步做出反应。研究反复进行下去，直至主试对结果感到满意为止。通常让儿童做的事情都是适合儿童特点的，如让他们把一些长短不等的小棍按长短次序进行排列，或以新的方式玩一些弹球等。为儿童设置的作业一般是为了揭示儿童对某些重要的认识论问题（如因果性、必然性、时间或空间关系等）的推理结构。

第二节　临床法的特点

皮亚杰的临床法有一个不断改进的过程。最初只是口头交谈；随后是以口头交谈为主，辅之以摆弄或操作实物；最后修订了的临床法则是以摆弄实物为主，辅之以口头提问，把摆弄实物、谈话和直接观察结合起来。皮亚杰修订后的临床法，具有如下四个特点。

一、丰富多彩的小实验

临床法中的摆弄实物，实际上是一种实验法。研究者采用了丰富多彩、各式各样的物理和化学小实验，当面做给被试看或要求被试自己动手、实际操作、揭示原理，以此来研究儿童的智慧水平。这些实验通常被称为“皮亚杰作业”。常见的皮亚杰作业的测验项目有数量、几何、守恒、系统、辨别等十三种。他的“液体守恒”、“体积守恒”、“三山”、“钟摆”等实验，都是一些既简单又巧妙，富有探索性的经典性测验项目，世界上各国心理学家做了不少重复和验证研究。

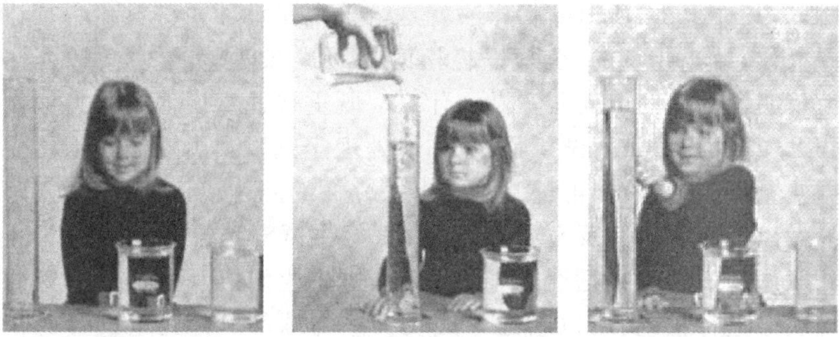

图 3-1　皮亚杰的液体守恒实验

二、合理灵活的谈话

在 1927 年的《儿童的物理因果概念》一书中，皮亚杰轮流运用了三种谈话方法：一是纯语言的。例如，询问儿童物体是否有重量，若有，为什么。二是半语言半实际的。例如，给儿童列举出河流、机器等的运动，询问儿童运动是怎么一回事。三是通过实验操作，然后询问儿童每一个现象的原理。这里，尽管谈话中受主试语言影响的程度并不一样，但实验研究都要通过主试与被试的交谈才能完成。

皮亚杰的谈话十分灵活，被试也愿意积极配合。在题目基本相同的条件下，主试可以根据不同儿童回答的具体特点而进行不同的提问。主试提出问题后，让被试主动谈话，并根据被试的回答情况来决定提问的过程。谈话过程要因人而异，没有严格规定的指导语，不拘泥于标准化的程序，主试可以围绕谈话的主题而自由发挥或追问。谈话中不打乱儿童的思路，不给其任何暗示，不将成人的观点强加给儿童，采取不同的提问方式弄清儿童的真实思想。在交谈中，主试要运用儿童能领会的语言，且用适当的问题来探索隐藏在表面背后的本质东西。正如克拉帕瑞德所说："临床法……是一种艺术，是一种提问的艺术，它不仅限于观察表面，而要寻索隐藏在事物表面现象背后的东西。它的分析一直深入到年幼受试者最简单的一句话里面的最后组成因素。当儿童做出令人不解的或自相矛盾的答案时，这种方法也不放弃努力，只是更紧密地追索这种不断退缩的思想，从头追赶它，寻索它，追踪它，一直到最后抓住它，解剖它，揭露它的组成秘密。"①这就是说，临床法不能停留在现象的表面，满足于一些量的分析，而是要巧妙地探索出儿童智慧的结构或本质特点。

三、自然性质的观察

皮亚杰认为，要了解儿童的智慧机制，必须从结构整体的理论出发，从整体去研究儿童，像病理心理学研究精神病人一样。因此，他特别强调实验的自然性质。皮亚杰喜欢在家庭、学校或游戏场所等儿童自然活动的情况下观察研究儿童，他重视研究者的敏锐的观察能力。他的临床法，抛弃了传统实验的刻板的客观主义，他认为自然性质的观察更有利于获得客观的研究成果。所以，皮亚杰的研究方法曾被西方一些心理学教材当做自然观察的典型。正如克拉帕瑞德所言："事实上，它是一种观察法：让儿童说话，注意儿童思想开展的方式。其新颖之处不在于仅仅满足于把儿童对问题的答案记录下来，而要让儿童主动地谈话。'如果我要追踪儿童的每一个答案，我让他带头，诱导他越来越自由地讲话，我们将逐渐在智慧的每一个部门创立一种临床分析法，类似精神病医生作为诊断手段所采用的那种方法。'"②

四、新颖严密的分析工具

皮亚杰对于量的分析的具体意见，可以从他在一次讨论会中的发言中看到。他认为，作为一个生物学者，他是热心于生物统计的，他对统计并没有成见。可是，他当前的研究是尝试了解解决思维任务的智慧机制，是试图决定理解的机制。为了这，用没有经过标准化的方法，是一种临床法，是一种与儿童自己交谈的方法。这样可以鼓励孩子，从而获得更可靠的结果。

① 皮亚杰著，傅统先译：《儿童的语言与思维》，文化教育出版社 1980 年版，第 6 页。
② 皮亚杰著，傅统先译：《儿童的语言与思维》，文化教育出版社 1980 年版，第 5 页。

另一方面，从皮亚杰对数理逻辑的引用上看，他是力图对智慧加以质量上的科学的描述的。皮亚杰把数理逻辑引进到心理学的研究工作中来，用数理逻辑作为分析儿童智慧水平的工具。这是皮亚杰研究方法的一个独特之处。皮亚杰认为，比起其他自然科学来，心理学的概念显得含混不清。这里原因固然有很多，但一个重要的缘由是缺乏严密的分析工具。在运用临床法研究儿童思维的同时，皮亚杰深入地研究逻辑学。他发现抽象逻辑与儿童的思维之间存在着许多相关的因素。他把逻辑称作思维的一面镜子。他试图用形式语言，特别是数理逻辑的语言来描述儿童心理活动的结构。1942 年皮亚杰的《类、关系和数》一书，专门研究了形式逻辑与智慧运算之间的一致性，用逻辑描述了 7 至 11 岁具体运算阶段的儿童的智慧运算。50 年代之后，皮亚杰用数理逻辑来构成表现儿童各运算阶段结构的模式。在《从儿童到青年逻辑思维的发展》一书中，皮亚杰与英海尔德用数理逻辑术语来比较儿童与青少年思维水平的差异。他们用 16 个二元命题和 INRC（同一、反演、互反、对射）四转换群来表达青少年形式运算的模式。将数理逻辑作为研究儿童思维的分析工具，是皮亚杰的一个创造，也是他的儿童心理学的一个有特色的思想。

第三节　临床法的应用

关于临床法的应用问题，皮亚杰在《儿童的世界概念》（1926）一书中作了较为详尽的叙述。这本书与其同时期的其他著作，如《儿童的判断和推理》（1924）、《儿童的物理因果概念》（1927）及《儿童的道德判断》（1932）等，就是运用临床法收集到的实验资料写成的。在皮亚杰较为后期的研究中（如研究儿童的数、空间、时间、运动、速度、几何等概念）进一步发展了他的临床法。

皮亚杰虽热衷于临床法，但在应用上并不是一成不变，而是十分灵活的。由于研究目的、研究主题不同，所采用的方法、被试的数目、结果的分析方法都随之改变。例如，谈话是皮亚杰常用的基本方法。在他的第一本著作《儿童的语言与思维》中，为了研究儿童的思维与语言，他曾记录（而不是谈话)了两个孩子在一个月内的自发语言,记录了孩子们之间的谈话(而不是与成人的谈话),让孩子们彼此讲故事,记录了一个孩子在10个月内自发提出的问题。在他的第二本著作《儿童的判断和推理》中,他运用了上一本著作中的材料进行分析,还要求儿童用"因为"造句。同时,又利用了比纳—西蒙测验中的问题去测验儿童的关系判断,并用谈话法加以验证。关于观念的相对性问题,他拟定了12个问题,再和儿童谈(并不是一成不变地自由谈话)。当他研究道德概念(《儿童的道德判断》)时,他充分考虑到有关道德的谈话与有关智慧的谈话的不同。因此,他先从分析儿童游戏的规律入手。在这本书的前言中,他说:"至于我们所用的方法,有它的优点,也有它的缺点,这一点我们比谁都明白。在道德问题上特别存在着一个大的危险,那就是人们会使儿童说他们所想要他讲的话。对于这一点,没有一个万无一失的补救方法;询问者的真诚和我们在别处强调过的那些预防错误的方法都不足以弥补这个缺点。唯一保险的办法是和别的研究者合作。……虽然有人曾经责备我们有某些夸大之处,而且这种夸大已成众所周知之事,但迄今为止,他们所取得的结果丝毫也没有使我们放弃我们所采用的这个方法。在我们看来,这个方法的优点在于它使我们明白:如果只有观察本身,它就只能进行预测。"①在有关物理因果概念的研究(《儿童的物理因果概念》)中,他引用了半谈话、半具体法以及直接作业法。前一方法如在研究儿童有关运动的说明时,给儿童列举动的东西(如云在动,水在流,机器在转等),问儿童为什么。后一方法是具体做一些实验给儿童看,再问他为什么。在此以后,研究数、空间、几何等概念以及儿童和青年的思维时,一般都采用谈话作业结合法,不过,在需要的时候,也用单纯观察法或观察实验法(例如研究0～2岁儿童的感知运动阶段)。从上述资料可见,皮亚杰在方法的选择上是灵活的。他并不追求大量被试者,虽然,在他的研究中有几百名被试的结果材料,但也有一两个儿童的材料。在结果的处理上,大多数是没有系统统计的,但在其初期的工作,结果的统计还是有的。

为了说明临床法的应用,先看下面的例子。皮亚杰在收集儿童的自发提问中发现,不少问题是询问有关各种运动现象的原因的,为了探究儿童对这一类问题的观点,皮亚杰反过来去问儿童,从而创设了一种适合儿童的测验情景。

下面是问一个5岁儿童关于"云为什么会动"的实验个案记录(括号内是实验者的问题):

---

① 皮亚杰著,傅统先、陆有铨译:《儿童的道德判断》,山东教育出版社1984年版,前言第2页。

(你看见云在走吗？为什么它会走?)“我们走的时候，它们也跟着走了。”(你能使它们走吗?)“每个人都可以，当人走的时候，它也走。”(当我走着，你站着不动，云也在走吗?)“是的。”(在晚上每个人都睡觉了，云还在走吗?)“是的。”(但是，刚才你对我说，当有人走路的时候云才走。)“它们总是在走的。当猫在走的时候，还有狗，它们使得云也跟着走。”

下面是一个9岁儿童回答的个案记录(括号内是实验者的问题)：

(为什么云有时走得快，有时走得慢?)“因为风，风吹它们走的。”(风从哪里来的呢?)“天空里来的。”(风是怎样造出来的呢?)“不知道。”(云能把风造出来吗?)“不能。”(云动的时候能造出风来吗?)“不能。”(当没风时，云还能自己动吗?)“不能。”

从以上的例子可以看出临床法运用的要点是它的灵活性。实验者对每个儿童所提的基本问题是相同的，但可以针对每个儿童各具特色的回答做出灵活的反应。实验者根据儿童的回答再提下一个问题，以便深入了解儿童回答的含义。实验者不能说太多的话，不能暗示或启发答案，而要善于观察，善于提出假设，推测隐藏在儿童答案后的思想观点、思维方式，分辨儿童答案的真伪，然后通过提问来证实或否定自己原先的设想。

应用临床法时，儿童可能做出下列五种不同类型的反应：

(1) 随机式的回答：也就是儿童不经过思考而胡乱地做出回答。

(2) 虚构的回答：儿童不仔细思考而发明出一个他自己也并不真正相信的答案，或在成人的压力下做出的回答。

(3) 受暗示的回答：与以上两种类型不同的是儿童对回答做出了努力，但这种努力不过是为了迎合实验者的心意，说出实验者希望的答案，或者是受到问题的暗示做出了回答。

(4) 释出的回答：问题对儿童来说是新的，没遇到过的，答案不是立即自动产生的，也不是受暗示做出来的，而是通过思考推理过程得出的结果。

(5) 自动的回答：问题对儿童来说不是新的，答案过去也曾经考虑过，因此当时儿童不需要更多的思考推理，有能力自动地做出回答。

在这5类答案中，随机的回答和受暗示的回答是最不可取的，在分析实验结果时，对这两类资料应拒绝接受。

为什么儿童会随机地胡乱作答呢？据皮亚杰分析可能有两种原因：一是对问题不感兴趣；二是可能问题太难，儿童不会回答。例如，问一个3岁的儿童：“3加3是多少?”他一会儿说“4”，一会儿又说“11”。儿童的特点是不愿意以沉默的态度来回答别人的问题，即使不会，也喜欢说出一个答案。

运用临床法时最容易犯的一个毛病就是儿童受到暗示而做出的答案。

这分几种情形：一是实验者很希望儿童说出自己期待的答案，因此有意无意地对儿童做出了某种暗示。须知儿童是好胜和敏感的，他渴望自己做出一个令成人满意的回答而博得成人的赞赏。他往往从成人提问的方式、语调及表情中寻求某种暗示，以了解自己的答案是否“正确”，并随时准备改变自己的回答以符合成人的心意。另一种情形是实验者并非有意，而是由于提问方式或用语的笨拙，向儿童暗示了回答的方向。例如，问儿童：“太阳是谁造的？”这就向儿童暗示了太阳是人或上帝创造的，正确的问题应该是：“太阳最初是从哪里来的？”还有一种情况是儿童对某一问题的回答受刚才回答过的另一问题的答案暗示，坚持作同一方向的回答。例如，刚刚回答过的一个或几个问题中儿童作了肯定判断，对当前的一个问题应该作否定回答的，儿童也不加细想作了肯定回答。因此，应用临床法研究一个新课题时，主试首先应该预先熟悉儿童，并就有关课题的问题与儿童交谈，以便获得有关的儿童词汇，并了解对于一些关键的词汇、用语，儿童跟成人的理解有何异同，实验者尽量使用儿童自己的语言来构成和提出问题。其次，在实验时要审慎地考虑自己的提问方式，在分析结果时应该把主试提的问题再仔细地审查一遍，看儿童的答案有没有受问题的暗示影响。

实验者也要小心上儿童虚构回答的当。儿童特别是7、8岁以下的儿童看上去是十分坦白和认真的，但有时仅仅是为了觉得好玩而“发明”一个回答，有时感到问题十分乏味而不愿再想它时，为了应付成人追问的压力就容易编造一个答案来搪塞，似乎是跟成人开了一个玩笑。虚构的答案如果说还有一点价值的话就是有时它也能提供一点儿童思维方向的线索(尽管主要是否定的)，但作解释时必须谨慎。

只有释出的回答或自动的回答才是可以接受的科学资料，因为前者反映了儿童真实的推理思维过程，后者反映了儿童的已有能力。

那么如何诊断儿童的答案是属于哪一类回答呢？

(1) 关于受暗示的回答。据皮亚杰分析，受暗示做出的答案本质上是暂时片刻的，所以过了一会儿以后，一个相反的暗示就容易使儿童取消原来的答案，后者跟儿童谈几分钟别的问题，再间接地回到原来的问题上去，看儿童是否坚持原来的答案，但有些儿童特别敏感，需要实验者的进一步考察。这种受暗示的答案往往较容易地与同一年龄儿童的其他类型的答案区别开来，因此，如果怀疑被试的答案是受暗示而做出的，就要尽可能采取各种形式提出问题以便鉴别。

(2) 鉴别随机式的答案是较为容易的。这类回答的特点是：儿童很快做出回答，看来没经过思考；儿童回答后又容易改变主意，甚至可以做出方向相反的回答；儿童经不起主试进一步提出的“为什么”的问题探查。

(3) 诊断虚构的回答有三种方法：

第一，如果同一年龄组的被试数量是足够大的，只有一两个或少量的被试的答案显得与众不同，实验者就容易判断这些答案可能是编造的。因为，一般来说，大多数被试不可能都编造出同一答案。当然也不排除这种可能性，即大多数儿童由于对问题完全不理解，也就为虚构出同一种答案提供了机会。因此，我们需要下面一种方法进一步诊断。

第二，当实验者用同样的问题问不同年龄的大量被试时，如果实验者怀疑大量被试的回答是编造的，而这一怀疑的答案竟然在年龄较大的儿童中完全消失，而让位于另一种完全不同的答案。在这种情况下，儿童的认知发展进程似乎只分为两个阶段，没有中间阶段，那么就可大致证实为虚构的答案。因为在通常的情况下，如果儿童的某一特定回答的确反映了儿童真实的认知发展水平，那么这一特定回答会逐渐被另一种更成熟的回答所代替，而不会一下子突然全部消失。也就是说有中间过渡阶段，这一过渡阶段可觉察出旧的回答痕迹，也能显示出更成熟的思想观点正在发生和成长。

第三，与上一方法相联系的是，如果从不同年龄儿童的回答中能区分出三个互相联系的发展阶段，其中有一个是中间阶段，而不仅在中间阶段，甚至在第三阶段开始时也能追踪出第一阶段的答案，那么在实践上就可以肯定儿童在第一阶段的回答就不是虚构的。例如，皮亚杰在探究儿童对自然事物起源的观念时，曾问他的被试“日内瓦湖是怎么来的”(这些被试就生活在日内瓦湖旁边)。第一阶段的儿童认为日内瓦湖是工人挖的，是工人把水装进去的(人造论[artificialism])；第二阶段的儿童仍认为湖是工人挖的，但水是从山上来的(开始摆脱人造论)；第三阶段的儿童则完全用自然观察本身的原因去说明日内瓦湖的形成，“是河流使它变空的，并且是河流使它充满水的”，皮亚杰认为这类回答是属于释出或自动的回答。

(4) 对释出的回答或自动的回答，实践上很难把它们区分开来。两者有5点是共同的：一是两者都能抵抗暗示和启发；二是两者都是通过儿童认真的思维推理活动而得出的答案；三是两者都代表了同年龄儿童对所探查问题的主要想法；四是两者都持续好几年，不成熟的观点逐渐被更成熟的观点所代替，而不是突然地放弃某一种观点；五是两者都能反映出儿童的思想倾向，能从更成熟的观点中追踪出原来的不成熟的观点，在某些阶段，不成熟与成熟的观点是互相交织的。

应用临床法的另一个关键问题是要善于对收集到的儿童的反应作分析。皮亚杰曾经告诫人们要防止两种偏差：一是作低估的解释，即对儿童的思维能力估计不足。这是由于实验者对临床法没熟练掌握，过于死板，没有把儿童的实际思维能力探查出来。另外由于胆怯和保守，也能造成低估的倾向；二是解释过了头，即高估了儿童的能力，甚至把受暗示的回答或儿童偶然产生的念头也当做规律性的思维活动。

为了防止解释上的错误，首先，在研究设计上就要仔细考虑。例如，皮亚杰向儿童提出的问题不是主观任意编定的，所提问题的内容、形式都是同年龄或更年幼的儿童在实际生活中自发地问过成人的。皮亚杰曾经系统地收集过儿童的自然提问，为了探究儿童对这些问题的想法，皮亚杰把这些问题归类整理，反过来又询问儿童。其次，在分析儿童的答案后，做出结论之前，与研究儿童自发提问所得到的材料互相对照，寻求证实，然后确定某种归于他们的观念是否与他们本身问过的问题及提问的形式相一致。

在对材料作分析时，最重要的是应该把儿童的回答看做是儿童思维的一种征候性表述，是一种儿童对客观现象的一般智慧倾向性。研究中向儿童提问的目的不在于探查儿童在想些什么，即具体的答案内容，而是探查引导他们做出这些答案的观点是什么，以及这些观点是如何产生和发展变化的，儿童思维的自发态度按什么方向引导他们做出这种回答的等等。例如，在对有关自然事物的起源的问题的回答中，每一个儿童的具体答案可能不同，但共同的人造论观点总是在引导着儿童做出这些回答，随着儿童的长大，才逐渐让位于自然界本身的因果规律的解释。

还有一个问题是儿童的回答究竟是被动地跟成人学舌、模仿成人呢，还是作为他心理结构的产物呢？皮亚杰提出了5条标准作鉴别，这就是：第一，同一平均年龄儿童的回答智慧倾向性是相同的，没有多少变化的。事实上，儿童在同一年龄大致上达到对某一现象认识的相同概念水平。第二，随年龄的增加，原来的观点也是逐渐进步的，这就证明了原先的答案是反映了儿童的心理发展水平的。第三，如果儿童确信某一观点真正是儿童心理的产物，它就不会突然地消失，而是会和逐渐代替它的新的信念达成某种妥协，组成各种结合物等。第四，如果儿童确信某种观点，那么这种信仰是与他已形成的心理结构密切相关的。它能抗拒任何暗示。第五，儿童确信的某一种观点会表现出大量的扩散，从而对相邻的概念也做出类似的反应。例如，与“人造论”相邻近的观点像“泛灵论”（animism）、“实在论”（realism）等都反映了前运算阶段儿童思维的前因果性倾向。它们都根源于儿童的自我中心主义，即从个人主观出发看问题，不能把主观的心理的东西跟客观事物区别开来，不能把自己的观点跟别人的观点区别开来，等等。

第四节 对临床法的评价

一、临床法的贡献

皮亚杰的临床法被克拉帕瑞德誉为“一个伟大的创造”①。就连维果茨基(L. S. Vygotsky)这位对皮亚杰理论颇怀异议的心理学家也曾给予很高的评价:“发掘新的事实,从中吸取其精华,这首先该归功于皮亚杰所采用的新方法——临床法。这一方法的力量和独特性质使他在心理研究方法学方面名列前茅。这个方法在研究发展变化中的复杂、完整的儿童思维形成物时成了不可替代的手段。同时这一方法在皮亚杰的一切实际研究中贯穿始终,将它们统一成连贯的,有充分生命价值的儿童思维的临床画册。”②皮亚杰学派独创的临床法是他们长期研究实践总结出来的一种科学方法,不能把这方法降低为仅是一种询问法。从以上的介绍可以看到应用这一方法包括研究主题及问题的搜集与设计,提问的技术(包括提问的方式和用语的选择,善于提出假设,通过提问验证假设等)以及对收集到的资料的诊断、分析、说明等环节。正是由于皮亚杰学派应用这一方法广泛地研究了儿童心理发展的各个方面,极大地丰富了这一领域的知识。可以说,皮亚杰及其学派坚持使用临床法,是对儿童心理学研究的一大贡献。

首先,用临床法研究儿童思维的发展,反映了思维发展心理学达到了一个新水平。一门科学的水平,总是在不断发展的。最初,只限于对现象的描述,以后,进而揭露事物的规律,对现象进行系统的说明。但这还不够,还要能进一步探明这一事物的内部机制或结构,从而才能实现对这一事物的控制。思维心理学真正从机制或结构上进行探索的,可以说是从皮亚杰的儿童思维研究开始的。皮亚杰之所以在儿童思维上取得突破性的成就,是与他在方法上的改进,即与运用临床法并引进数理逻辑作为分析工具是分不

① 皮亚杰著,傅统先译:《儿童的语言与思维》,文化教育出版社 1980 年版,第 5 页。
② 维果茨基著,余震球选译:《维果茨基教育论著选》,人民教育出版社 1994 年版,第 18 页。

开的。因此，有的心理学家将冯特引进实验方法、巴甫洛夫创造条件反射法和皮亚杰创建临床法与引进数理逻辑方法，称作是100多年心理学史上的三大突破。[①]

其次，临床法的应用是对传统测验法、观察法的一个革新。正如皮亚杰自己所指出的那样，测验和单纯的观察虽然也能搜集和积累一定事实的材料，但都有很大的局限性。因为测验所测定的只是一些"成就"或"结果"，而不是所要探索的智慧或思维本身。单纯的观察往往只能静观地收集某些零碎的、表面的事实，而不能对研究课题作深入的理解。临床法却使皮亚杰及其学派获得了丰硕的研究成果，不但积累了大量的第一手材料，而且提出了一套具有真知灼见的儿童发展心理的理论，创建了发生认识论。皮亚杰的理论对生物学、哲学、逻辑学、心理学及教育改革都有影响，这说明一种研究方法的改进或创新，对于整个科学乃至整个社会能带来非常大的影响。

二、临床法的局限

当然，临床法也有它的局限性。

首先，它对实验者提出了很高的要求。由于临床法允许灵活地采用不同的提问形式去探查儿童一般的智慧发展倾向性，这就要求实验人员有能力提出问题，有能力分析收集到的资料，从而得出准确的科学性结论。皮亚杰曾提出要成为一个合格的应用临床法的研究人员，必须接受至少一年每天应用这一方法的实验训练。

其次，方法的灵活性必然带来所获得实验结果的某种不确定性，加之由于研究人员的水平所限，对所得结果的解释有时会过头或不足或掺有其他的"水分"。因此，为了检验这种方法取得的资料的可靠性，往往需要通过许多持不同观点的研究者同时使用这一方法，然后看他们的结果能否互相得到证实。

第三，临床法的资料来源主要靠被试的口头报告，这就给被试(特别是年幼的被试)提出了额外的言语表达能力的要求。众所周知，儿童的言语能力是有限的，往往不能把自己的思想观点准确地表述出来，况且在口语中儿童应用某一概念往往跟成人的理解有很大差异，成人往往不自觉地用自己的理解来解释儿童的口头报告，这就导致错误。

国际心理学界对临床法(特别是修订前的临床法)的其他主要批评意见

① 陈元晖著:《论冯特》，上海人民出版社1979年版，第90页。

还有:主观性太强,使人难以重复;被试太少;缺乏统计处理;临床交谈不标准化。其实,如前所述,皮亚杰的临床法也有一个发展过程,在后期的研究工作中,一方面,注意方法的多样化和灵活运用,如更多地采用操作法,把要求儿童摆弄实物和谈话、观察等结合起来,就克服了主观性,增强了真实性,并导致国际心理学界的广泛重复和验证实验。另一方面,他也适当注意大量取样和统计处理以及实验设计的标准化。例如,在《从儿童到青年逻辑思维的发展》(1955)一书中,被试就达 1500 多人,而且更多地让儿童进行操作。在《儿童早期逻辑的发展》(1959)一书的“前言”中,也着重说明了他们注意取样数理较多和进行统计处理。至于实验设计的标准化问题,皮亚杰学派的看法是,既要注意标准化的程序,以增加研究的精密度,又要避免一般的实验法所可能引起的“系统错误”。从而强调把标准化和弹性适当结合起来,以期能真正发现儿童智慧的本质。他们确定的标准化的步骤是:按课题的各种类型的性质分类;用逻辑模型的术语进行分析;分析各年龄的答案与差距;用等级评定法作层级的分析。

三、皮亚杰的“悖论”及其解决

如上所说,皮亚杰的临床法有一个演变过程。但有人批评说:“皮亚杰的理论是悖论性的,因为它通过语言来评估思维。”具体说来,为了评估认知发展,皮亚杰极大地依赖临床法,并且诉诸言语技术。但正是在这里出现了悖论:在他对运算思维下理论性定义中并没有包括语言。因为,如果思维主要产生于动作的协调和逐渐内化,那么,使用语言来解释和推论认知与使用一种原因的结果来解释原因本身,实际上是一样的。

为了解决这一所谓“悖论”,一些作者表明,当研究者评估儿童的运算能力的时候,他们应该使用“非语言方法”,或者忽视儿童对他自己的动作和判断的证实。当要求儿童证实他们对皮亚杰任务的判断时,他们“真正的”运算能力并没有被揭示出来,因为该程序乞求于可能降低儿童运算能力的一种附加的语言能力。当言语证实被排除时,认知能力就以“更纯粹的”状态出现,因而研究者有可能更少低估儿童的认知能力。①

如果这一“悖论”确实存在的话,那么要解决这个悖论,我们认为要处理好如下两个问题:

① Lourenco, O., Machado, A. (1996). In defense of Piaget's theory: A reply to 10 common criticisms. *Psychological Review*, Vol. 103, No. 1, pp. 143～164.

(1) 如何进一步在临床法中贯穿“动作”原则。我们都相信皮亚杰主体和客体动力性相互作用是儿童心理发展的出发点，但在皮亚杰的传统实验范式中，正如以上表明的那样，也许并没有真正把动作原则贯彻到底。麦高尼哥(B. McGonigle)等的“后成类型范式”正是试图解决这个问题。他们的出发点是：“在我们的工作中，我们全心全意地采纳皮亚杰风格的后成分析来阐明复杂系统的认知结构化的动力学。然而，不是把行为映射到先天结构上，我们的目的是，通过建立基于实验室的微世界——被设计来评估主体与不断增加复杂性的任务环境之间的调节关系——来发现这些结构可能是什么。在缺乏像皮亚杰那样的前后结构——从最终状态观点来定义发展的过程——情况下，我们从所有行为排序活动的中心特征引入对主体的适应性压力，以及这些行为必然产生的组合性问题。”①

他们指出，正如在“语言产生”以及基于动作的其他形式的产生一样，在组合性激增出现在 4 个、5 个动作成分之外的情形中，可以看得见组织化的这种压力。在任何四成分序列中，24 种组合是可能的；随着简单单元的增加，这种可能性几何性地跳跃至 120 种。由于这种动作序列和组合是基本通用的生存手段，他们相信由皮亚杰提出的作为发生的动作问题，可以再次被陈述为“序列性约束”问题，即在简单动物的情况下进化工程通过一系列简单机制对付这个问题。这就说明有一种“通路限制策略”，在固定动作的情况下，序列以可塑性为代价避免了组合性问题。对更复杂的有机体来说，则通过自动调节来取得这种控制。这里，有机体必须为自己发现——通过经验地发现这一点的归纳策略——作为适应性的和省力保存的通路限制策略。为了获得这种程序出现的窗口，他们研究了灵长类那样的复杂有机体通过它们控制序列而获得这些约束的方式。

通过使用“接触屏幕装置”，新范式使他们能把认知任务转换成明显的序列任务。其一般要求是，被试以一种无遗漏的和非反复的次序接触一个集合内的每一个雕像。在(训练性的)系列化中，5 岁、7 岁儿童学习排列在屏幕上的一组大小雕像，这些雕像在数目上和序列特征上都是变化的。项目的数(如从 5 到 7 个项目)从组合的观点看是重要变量。儿童面临这种组合性激增问题，一种适应性的反应，会产生出能利用雕像大小中固有的约束作为一种特性的搜索结构。仅仅单调的系列(从最大的到最小的，反之亦然)有这样一种“省力—保持”特征，这致使被试能根据变化的一个方向进行

① Smith, L., Dockrell, J., Tomlinson, P. (Eds.) (1997). *Piaget, Vygotsky and beyond: Future issues for developmental psychology and education*. London: Routledge, p. 190.

搜索,并在低描述水平上对应地描述每一项目(如下一个最大的)。然而,定向的规则本身被向前的审视所调节以决定间隔差异的大小和(或其他方面的)规则。这样,儿童的这些认知计算就绝不是独立的。因为在遵守间隔或测量要求上的失败,将会影响反复的关系规则的应用。例如,当从最小到最大的搜索时"跳过"或忽视一个间隔或两个差异,将最终使被试留下剩余项目(这些剩余项目在没有往回追溯和修补的情况下就不能被搜索和整合)。于是,单调的搜索可以提供极为省力的保持和数据减少的控制手段。然而,这种数据减少可能性并不能扩展到其他可能的大小序列——可变换地出自同一组项目。与此对照,基于首先选择中等大小,然后第二个最小的,继后最大的非单调序列,将要求儿童有非常高水平的项目描述和低水平预测。在这些条件下,被试为了担保高水平预测,其唯一选择就是一遍又一遍地重复和复述这种序列。

尽管在麦高尼哥等的实验中,5 岁以后的所有被试对五个成分的单调序列在训练上要优越于非单调序列,但由这种序列所提供的被试对系列约束的探测,却是空间性的。对此的一个标志是,他们在单调序列的获得中,与他们用基于 5 个个别颜色的任意序列——它们本身缺乏任何固有的序列结构——所完全学会的速度和准确性,没有显示出显著差异。此外,5 岁儿童未能直接传递到单调序列的 7 项目变式,他们发现是更困难的,甚至某些人全然未能学会它。与此对照,7 岁儿童能快速获得单调的大小序列,显示出优越于基于颜色的任意序列,在没有任何明显"代价"情况下扩展到能解决 7 个项目的单调序列。然而,甚至这些被试也发现非单调序列是困难的,大多数未能获得 7 项目变式。

这些数据表明,正是具有最低计算要求的次序在发展中出现了。对此的一个涵义是,随着儿童长大,他们通过使得任务更容易而得到发展。第二个涵义是,在认知增长是自主的和自我调节的范围内,省力性为这种增长提供了一个基本原则。如果是这样,那么复杂的(自主的)有机体必定具有选择省力的程序的某种手段,而不是具有单独基于外显的环境任意性的手段。在这种情况下,是通过"反应反馈"的反应形式。

在麦高尼哥等看来,认知结构的发展能直接通过基于"行为"的范式加以探索。他们的工作表明,这些结构的发展不必依赖于言语媒介。就他们的新程序而言,允许被试操纵和再排列屏幕上的雕像,因而除了纯粹搜索在预先确定的空间放置内的项目外,还改变该排列的状态,现在有可能以更集中的方式来评估在认知结构的发生和建构中特殊动作的作用。因为对于人类主体可能是关键的进化优势的东西——熟练地操纵客体,现在将以自我产生的基于状态的反馈形式——在主体与客体之间不断增长的相互作用中适当构成一种具有强有力潜在作用的分别的能力层次——得到评估(不仅被评估为成功的标志,正如在系列化任务中项目的空间排列,而且被评估为成功的搜索程序的外化)。因而麦高尼哥等得出结论说:“对于未来科学发展来说,本世纪最大的未解决的问题之一,即在语言与认知结构之间的映射关系现在已经暴露了。在过去,凭借语言任务通达复杂的认知运算中所固有的混淆,使得从语言中离析出认知成为困难。现在,我们相信已知新范式和新技术对认知个人特征图提供明显的测量,更足以确立的是:何时语言上表达的知识会说得不够,或夸大了叙述,或者把某种不同的东西引进了基于行为的程序所独立评估的能力中。”①

在我们看来,为了避免临床法过于依赖语言的不足,除了上述“后成类型范式”之外,还应该引进一些新的实验范式。这样的范式应该进一步突出儿童动作的具体性、特殊性和情境性。例如,在当前关于儿童“心理理论”的实验研究中,一种被称为“行为再扮演程序”的新近发展的技术也探索儿童对心理的理解,但并不依赖于语言。行为再扮演程序集中于儿童再扮演或模仿他们所看见的行为,但以更抽象的方式来表现这一自然倾向。大量研究表明,儿童甚至更小的婴儿不是机械的模仿,他们不是直接模仿其所看到的事件,反而是对它们进行解释。这意味着,如果我们正确地安排一种情境,我们就能利用他们再扮演成人行为的自然倾向作为他们怎么样理解世界的一种“解读”。这种方法被广泛用于通达儿童语言结构的心理语言学文献中。这种工作表明,要求模仿成人语言的句子的儿童,往往用相似并常常是与将要被模仿的句子同义的句子做出反应,但符合儿童自己的语言规则。行为再扮演程序使用指向目标的动作的模仿来考察儿童在解释人的行为时所使用的心理结构。

另一种新技术关注的是儿童非常早地解读人的情绪表达的意义这一倾向,这构成了早期“社会参照”研究的基础。有证据表明,像幸福、悲哀和厌恶这样的基本情绪与早期婴儿的特殊面部表情相联系,并且是跨文化的普遍。在我们成人的心理理解中,情绪密切地和内在地与“意向”和“愿望”相联系。在日常成人框架中,我们假定,得到我们想要的东西或当我们意图时而行动,将导致幸福的情绪,而失败则导致消极的情绪。我们也假定,我们以将产生积极的而不是消极的情绪这样的方式进行行动。显然,这种新技

① Smith, L., Dockrell, J., Tomlinson, P. (Eds.) (1997). *Piaget, Vygotsky and beyond: Future issues for developmental psychology and education*. London: Routledge, p. 190.

术是利用解读情绪表达这一早期非言语能力作为探索儿童心理理解的方式。[①]

(2) 如何避免儿童对实验语言的误解。我们知道,凡用于测验儿童理解力的实验,几乎不可避免地要涉及儿童对实验者所用语言的某种理解。为了避免儿童可能造成的误解,在运用皮亚杰临床法时,实验者必须注意以下几点:第一,避免使用"重复询问"的方式。事实表明,实验者的重复询问往往会误导儿童给出前后不一致的反应。这是因为在这种情况下,"在实验者的意图(做出有关儿童知道些什么的确切判断)和儿童如何对待重复询问或其他特殊的询问方式中就出现了不和谐。儿童很可能误解这些询问,把这种重复询问当成是'换个问答'的暗示,或者当成'以恰当的方式反映你自己所感知到的'这样的暗示"[②]。因此,实验者的询问一定要遵循日常的交际规则,指导语一定要简洁、明晰。现有研究表明,只要实验者能仔细一些,避免语言学上的混淆,即使小如3岁的幼儿也能达到"守恒"。第二,不要使用词汇的"内隐含义"的询问方式。现已表明,儿童的失败也许只表明了在使用词汇方面,他们与成人有所不同。很难保证儿童和成人一样理解并应用诸如"多"、"少"和"同样"等词汇。由于儿童的交际经验有限,如果在与成人的交际中,对某一个词语,他们采用了一个成人并未采用的含义时,则他们就不能展示他们真实的理解程度。比如,在守恒实验中,他们也许会把"哪一排更多"理解成"哪一排有更多的地方",而不是像实验者所认为的"哪一排有更多的数量,不要理解空间的多少"。因此,实验者在使用阐明有关问题的词汇时,不要试图要求儿童理解实验者所用词汇的"内隐含义",从而尽可能减少儿童对实验语言的误解。第三,要让儿童尽可能熟悉实验情境。有研究表明,在皮亚杰的婴儿实验中,婴儿缺乏客体永久性(object permanence)部分地可归因于婴儿不熟悉实验情境。在皮亚杰的实验情境中,婴儿只有借助于注意其母亲的位置才能给出反应。例如,有研究者设计了一个"空间位置程序":将30个9个月大的婴儿置于其中。在这个程序中,让婴儿对一些人和动物的图片进行反应。实验发现,婴儿能利用母亲作为指导自己反应的参照物;当母亲的位置是固定的,并且不提供"重复先前反应"

---

① Meltzoff, A., Gopnik, A., Repacholi, B. M. (1999). Toddler's understanding of intention, desires and emotions: Explorations of the dark ages. In: P. D. Zelazo et al. (Eds.). *Developing theories of intention*. New Jersey: Lawrence Erlbaum. pp. 17~41.

② 迈克尔·西戈著,张新立译:《儿童认知发展研究——一种新皮亚杰学派观》,四川教育出版社1999年版,第5页。

的线索时，婴儿们也能够自己发现图画的正确位置。①

总之，临床法本身是在不断完善和发展的。现在人们更多地把它跟实验演示、儿童的预测、判断及实际操作等方法结合起来运用，它已发展为将观察、谈话、实验等方法相结合的一套研究技术，通过不同途径获得的行为指标的互相印证，以便能对儿童的有关认知发展过程做出客观、真实的说明。临床法的应用是对传统测验法、观察法的一种革新，它使皮亚杰学派产生了丰硕的成果，积累了大量的第一手资料，而且提出了一套具有真知灼见的儿童心理发展的理论，创建了发生认识论。这种研究方法既注意研究的整体性，又注意深入把握本质；既注意研究的精密性，又注意灵活多样性；既注意高度的科学性，又注意高度的艺术性。

① 迈克尔·西戈著，张新立译：《儿童认知发展研究——一种新皮亚杰学派观》，四川教育出版社1999年版，第53页。

第四章

皮亚杰的发展心理学思想

图 4-1　皮亚杰与儿童

正如李其维教授所说："尽管皮亚杰曾半戏谑地说过：'儿童心理学不过是他从事反省思维在方法论上的一个插曲和他的事业的副产品'，但这毕竟改变不了这一事实：发生认识论的核心部分仍是儿童认知发展心理学。"①发生认识论的基石是生物学，发生认识论所指的"知识"又是康德意义上的逻辑的范畴，因此，寻找生物学与逻辑学之间的联系就不是理论家的高谈阔论，而是发展心理学的责任。发生认识论不是皮亚杰从心理学出发，然后向生物学或认识论领域深入的产物，而是相反，他以认识论的目标作为思考起点，然后通过生物学的方法论的类比，把传统认识论问题变为发生认识论的特有问题，从而在对这些问题的研究基础上，事实上诞生了一种新的心理学。可见，在一定意义上，皮亚杰把心理学视作"插曲"和"副产品"是对的。心理学研究是皮亚杰实现认识论研究目标的手段。

实际上，认识论问题如果不满足于停留在抽象的思辨领域，只要稍稍涉及到"发生和发展"，那就必然要踏入心理学的领地。"皮亚杰认为其贯穿着衍生论的基本思想、奠基于主客体相互作用的活动之上的发展心理学，是能够打开认知发展科学之门的钥匙。"②本章主要探讨儿童心理发展的机制、影响因素、皮亚杰的阶段论思想及其儿童智慧发展的各个阶段，同时考察皮亚杰的儿童社会认知发展观。

① 李其维著：《破解"智慧胚胎学"之谜》，湖北教育出版社 1999 年版，第 129 页。

② 李其维：《发生认识论的理论框架》，《华东师范大学学报》（哲学社会科学版），1986 年第 6 期，第 51 页。

第一节　儿童心理发展的机制

皮亚杰曾说过，如果不去认真分析他的理论赖以产生的生物学的前提和他的理论最后得出的认识论的结论，就不可能理解他的发展理论，尤其是他有关认知机能发展的理论。根据皮亚杰的观点，心理的发展是主客体相互作用的结果。主体对环境中刺激的反应不是由环境唯一地决定的。相反，何种信息终究能成为对该主体来说必然的“刺激”，这需由主体具有的“结构”所决定。因此，主客体之间的关系成为双向的关系：S ⇌ O，即在客体作用于主体的同时，主体也作用于客体。通过这种相互作用，主体实现了对客体的适应（adaptation）。智慧的本质就是适应。皮亚杰认为，儿童心理既不是起源于先天的成熟，也不是起源于后天的经验，而是起源于主体的动作，这种动作的本质是主体对客体的适应。皮亚杰从生物学的观点出发，对适应作了具体的分析。他认为，个体的每一个心理的反应，不管指向于外部的动作，还是内化了的思维动作，都是一种适应。适应的本质在于取得机体与环境的平衡化。

一、同化与顺化

根据生物学的观点，皮亚杰认为适应是通过两种形式实现的：一个是同化，另一个是顺化。

同化和顺化是皮亚杰发生认识论说明主体与客体的相互作用的一对基本概念，是皮亚杰把它们首先从生物学移植到心理学和认识论研究中的。它们的最早提出，见于 1936 年出版的皮亚杰的《儿童智力的起源》一书。在这部著作里，皮亚杰在对智慧和适应的解说中提出了同化与顺化的概念：“机体是一种物理—化学和动态过程的循环，这种循环同环境保持着稳定的关系，双方相互作用，产生新的循环。设 A、B、C 等为有机体的元素，X、Y、Z 等为对应的周围环境的元素。这样构成的组织格式为：(1) a+x→b；(2) b+y→c；(3) c+z→a；……把有机体的元素 a、b、c 等同环境的元素 x、y、z 等结合在一起的关系，就是同化关系，如果我们称环境施加压力的结果（b变成b′）为顺化，我们就可以因此说适应是同化与顺化之间的平衡化。”皮亚杰指出：“这个定义也适用于智慧本身。实际上，智慧是它在把它的全部经验材料纳入自身范围内的同化。……智慧适应中蕴含着一种同化因素，即一种通过同化外部现实来把外部现实纳入到由主体活动创造出来的某些形式之中。”“心理活动也是对周围环境的顺化。……智慧适应同其他的适应一样，是在同化机制与补偿顺化之间实现的一种渐进的平衡化。”①

在皮亚杰的学术生涯中，他的许多观点在后期比之早期有重要的变化和发展。然而，对于同化和顺化，皮亚杰早期和后期的观点却是相当一致的。在他后期的重要文章《皮亚杰的理论》中，他以新的形式详细说明了同化与顺化的概念。皮亚杰说：“从生物学的观点来看，同化就是把外界元素整合于一个机体的正在形成中或已完全形成的结构内。”②可以用公式表达为：$(T+I)\rightarrow AT+E$。在此公式中，T是一种结构，I是被整合的物质或能量，E是被排除的物质或能量，A是大于1的系数，它意味着这种结构的强化是借物质的增加或运算效率的增加的形式表达的。皮亚杰指出：“生物的同化如果没有它的对立面——顺化，自身从来不会单独存在。……我们把同化性的格式或结构受到它所同化的元素的影响而发生的改变称之为顺化。”③

皮亚杰认为，同化与顺化的一般概念，不仅适用于生物学，而且也适用于心理学和认识论。根据皮亚杰的观点，在认识过程中同化是把环境因素纳入主体已有的格式之中，以丰富和加强主体的动作，引起格式的量的变化。顺化则是主体的格式不能同化客体，必须建立新格式或调整原有格式，引起格式的质的变化，使主体适应环境。所以，皮亚杰对同化和顺化所下的定义是：“刺激输入的过滤或改变叫做同化；内部格式的改变，以适应现实，叫做顺化。”④

同化与顺化的作用可以用食物消化过程作比喻。人吃食物，通过消化作用，把食物转化成人体可以吸收的物质，这就是同化作用。在把食物转化为可吸收的物质时，人体有关的器官如胃、肠都要做出相应的变化，如胃壁收缩分泌胃液，这就是顺化作用。一个儿童在认识一样新事物时，往往倾向于用原来的知识结构来同化它，但是因为新知识不同于原来的结构，于是在

① 皮亚杰著，高如峰、陈丽霞译：《儿童智力的起源》，教育科学出版社1990年版，第5～7页。
② 左任侠、李其维主编：《皮亚杰发生认识论文选》，华东师范大学出版社1991年版，第8页。
③ 左任侠、李其维主编：《皮亚杰发生认识论文选》，华东师范大学出版社1991年版，第9页。
④ 皮亚杰、英海尔德著，吴福元译：《儿童心理学》，商务印书馆1980年版，第7页。

同化新知识的同时，必然要引起原有结构的变化，产生一种新的结构以顺化新的知识。正是这样，儿童在原有知识的基础上，不断学习新的知识，既丰富了认识，也改造了认知结构，发展了思维。

关于同化与顺化的关系，皮亚杰指出主要有以下一些：

第一，同化与顺化既相互对立，又相互依存。它们不是两个独立机能，而是适应的两种机能的极点，它们彼此对立。同化是客体对主体的适应，而客体同时丧失自己的特征。相反，顺化是主体过去已经形成的反应对客体的适应，并且向新的反应方式过渡。但是，作为适应的两种机能，它们又是不可分割的。“没有顺化就没有同化……没有同化，同时也就没有顺化。”①

第二，同化和顺化相互包含。“同化从来不可能是纯的，因为智慧在把某些新的因素纳入到先前的格式之中的同时，又不断地改变着这些后来形成的格式，以便调整它们，使之适应新的情况。但反过来讲，事物从来不是在自身的基础上被认识的，因为这种顺化活动只有依靠与同化过程相反的过程才能实现。”②

第三，同化与顺化之间不断发展的平衡化，构成了认识以及认识的发展。“虽然顺化和同化在所有活动中都出现，但它们之间的比率会经常改变，只有在它们之间存在着或多或少稳定的（即使经常是流动的）平衡化，才表现出一种完满的智慧动作的特征。”③“心理活动从知觉、习惯到象征性行为和记忆，以及到推理和形式思维的高级运算的整个发展，就是在这种逐渐增加时空距离的情况下相互作用的功能，也就是对离开动作本身越来越远的现实所进行的那种同化，和使动作对现实所进行的那种顺化之间平衡化的功能。”④

关于同化和顺化对于心理学和认识论的意义，皮亚杰指出主要有以下几个方面：

第一，认识的发生与发展是建立在同化与顺化基础之上的。任何认识都必然地包含着同化与顺化的因素，唯此，人们感知或设想的东西才有意义。

第二，同化与顺化的概念表明，“任何一种认识都与动作有关，认识一个客体或一个事件就是通过同化于动作格式来利用它”⑤。

---

① 左任侠、李其维主编：《皮亚杰发生认识论文选》，华东师范大学出版社 1991 年版，第 10 页。

② 皮亚杰著，高如峰、陈丽霞译：《儿童智力的起源》，教育科学出版社 1990 年版，第 7 页。

③ 左任侠、李其维主编：《皮亚杰发生认识论文选》，华东师范大学出版社 1991 年版，第 10 页。

④ 皮亚杰著，洪宝林译：《智慧心理学》，中国社会科学出版社 1992 年版，第 7 页。

⑤ 皮亚杰著，尚新建等译：《生物学与认识》，生活·读书·新知三联书店 1989 年版，第 5 页。

第三,“正是同化和顺化的组合阐述了格式的存在。”[①]“同化表现了动态的过程,而格式的组织则是这个动态过程的静态表现。”[②]

同化与顺化是主体与客体相互作用、相互依存的认识论的核心内容。通过同化与顺化,“主体的活动与客体的构成相关联,同样,客体的构成中需要有主体活动。这就是对经验与理性之间缺一不可的相互依存关系的肯定。生物学的相对论就这样延伸为主客体相互依存学说,即客体被主体同化,主体顺化于客体的学说”[③]。

值得指出的是,皮亚杰在解释和说明他的同化概念时,一再对行为主义心理学的观点进行了批评。皮亚杰指出,行为主义关于行为的“刺激—反应”(S→R)公式是不恰当的。一个刺激能够诱发一个反应,只有在有机体是第一次对这个刺激感受时才有可能。因为,主体及其机体必需有反应刺激的能力。所以,皮亚杰主张:“当我们说一个机体或一个主体对某一刺激感受到了,并能对之产生反应,我们系指它已具有让这个刺激被同化进去(按前述定义,也就是被体现或整合进去)的一种格式或结构。这一格式正好具有对之做出反应的胜任能力。因此,原有的刺激—反应组织不应该写成单向的S→R公式,而应写成如下的公式:S⇌R或S→(AT)→R。在这里,AT是同化刺激S于结构T。”[④]皮亚杰特别指出:“同化才是引起反应的根源。对S→R公式提出这种修改因此绝不只是出于单纯追求准确性,也不是为了理论的概念化;这个修改提出了依我们看来是认识发展的中心问题。”[⑤]皮亚杰认为,如果按照S→(AT)→R的观点,整个认识发展过程都必须看做是主体对外界材料的学习。而根据S→R的观点,认识的发展主要是主体对刺激做出反应的能力即认识能力的发展。而发生认识论的“真正的课题”就是要阐明这个能力的发展。

顺化导致发展(质的变化),同化导致增长(量的变化),两者的结合是智慧适应和智慧结构发展的原因。当同化与顺化两个过程取得均衡时,就能最有效地适应世界,即处于平衡化状态时,认识就提高了一步。所有合适的行为都包含某些同化和顺化的元素,但并不是在所有活动中,同化和顺化的比例都相当,有时同化占优势,有时顺化占优势。当同化占优势时,儿童就往往会出现自我中心主义,主观地歪曲现实。这在儿童假想性游戏中经常

① 皮亚杰著,高如峰、陈丽霞译:《儿童智力的起源》,教育科学出版社1990年版,第448页。
② 皮亚杰著,高如峰、陈丽霞译:《儿童智力的起源》,教育科学出版社1990年版,第470页。
③ 皮亚杰著,高如峰、陈丽霞译:《儿童智力的起源》,教育科学出版社1990年版,第16页。
④ 左任侠、李其维主编:《皮亚杰发生认识论文选》,华东师范大学出版社1991年版,第9页。
⑤ 皮亚杰著,王宪钿等译:《发生认识论原理》,商务印书馆1981年版,第61页。

可以看到，儿童往往根据自己的想象，任意改变客观事物。当顺化占优势时，儿童就完全按照事物外部特征来塑造自己的动作，如模仿性游戏。

二、平衡化

个体是通过同化和顺化这两种形式来达到机体与环境的平衡化。如果机体和环境失去平衡化，就需要改变行为以重建平衡化。这种不断的平衡化—不平衡化—平衡化的过程，就是适应的过程，也就是儿童心理发展的本质和原因。

皮亚杰认为："和生理的成长一样，心理的发展，实质上，就是趋向平衡化的活动。身体的进化是趋向比较稳定的水平，其特征是完成成长的过程和各种器官的成熟，同样，心理的演进也可以说是向着平衡化的最后形式发展，构成成人的心理。也可以说，发展是一个继续前进的平衡化过程，从较低的平衡化状态走向较高的平衡化水平。"①既然皮亚杰把心理、认识的发展看做是一个由低级向高级不断前进的平衡化，那么，怎样理解平衡化就成为特别重要的问题。皮亚杰很重视对平衡化概念的理解，对之作了特别认真的说明。皮亚杰指出："为了替平衡化下定义，我们提出平衡化所具有的三个特征。首先，稳定性是平衡化所具有的一个特征。但是我们必须注意，稳定性并不是说它是不变的，如你们所熟悉的，在物理学和化学中，有些平衡化状态是可以变动的，它的特点是朝着相反的方向转变，而这种转变在一种稳定的方式中得到了补偿。因此，变动性这个概念和稳定性这个概念是不矛盾的。平衡化既能是变动的，又能是稳定的。在智慧领域内，我们很需要这个变动的平衡化概念。……其次，每一个系统都是受到外界干扰的，而这种干扰往往会改变这个系统。我们认为，当这种外在的干扰通过主体的行动而得到补偿时，便产生了平衡化状态。我认为，补偿这个概念在心理学的平衡化的定义中是具有根本意义的。最后，我所要强调的平衡化的第三个特征是，我们的所谓平衡化并不是一个被动的过程，而实质上是一个主动的过程。平衡化越大，需要的主动性就越大。……平衡化与活动是同义语。在智慧的领域内，也是如此。当一个人足够主动，能用外在的补偿去对付一切干扰时，结构便处于平衡化状态。"②据此，皮亚杰提出了平衡化的定义："我们可以把认识结构的平衡化视为主体的活动对外在干扰所做出的补偿，

① 皮亚杰著，傅统先译：《儿童的心理发展》，山东教育出版社 1982 年版，第 20 页。
② 皮亚杰著，傅统先译：《儿童的心理发展》，山东教育出版社 1982 年版，第 164～165 页。

而这些活动就是对这些干扰的反应。"[1]皮亚杰提出，这种平衡化状态是一种开放系统，可以按照伯塔兰菲(L. V. Bertalanffy)的说法，把它说成是"在开放系统中的一种稳定的状态"。皮亚杰特别强调："我们必须坚持这样一个事实，外来的干扰只能用行动去加以补偿。最高的平衡化状态将不是一种静止的状态而是主体最高程度的活动，它既将对实际的干扰进行补偿，又将对实质的干扰进行补偿。"[2]

皮亚杰为什么要用平衡化概念来解释和说明认识能力的发展？他认为，在发展的理论上有一个根本的困难，就是人们不容易把发展的内在因素(成熟)和外在因素(环境)区别开来。关于发展的问题，人们一般认为有三个主要因素：成熟、物理环境和社会环境。但是，人们从来没有观察到完全可以归结为成熟的行为，也从未观察到完全可以归结为环境影响的行为，所看到的只是内在的因素和外在的因素相互作用，共同对发展起作用。如果我们考虑到内在因素与外在因素之间的这种相互作用，那么一切行为都是把现实同化于一些先在的格式(这些格式在不同程度上都是由于遗传而来的)，而且同时，一切行为也要使这些格式顺化于现实。结果，发展的理论就必然要求助于平衡化概念，因为一切行为都要在内在因素与外在因素之间保持平衡化，或者比较一般地讲，都要在同化与顺化之间达到平衡化。皮亚杰指出："我们应把平衡化视为第四个因素，同前三个因素(成熟、物理环境和社会环境)在一起出现。它之所以构成第四个因素，首先，因为它比前三个因素更加一般；其次，因为平衡化可以进行比较主动的分析。"[3]"在认识功能的发展问题中，平衡化概念具有中心的解释作用。"[4]

那么，皮亚杰怎样用平衡化来解释认识功能的发展问题呢？皮亚杰指出："发展学说的主要目的是说明整合的总体或整体(在数学上称为"集合")的运算结构的构成；我们相信只有递进性平衡化的假设能够说明这个道理。"[5]在皮亚杰看来，智慧结构"包含着运算，即包含着内化了的和可逆性的动作"[6]。然而，要说明认识的发展，关键的问题是"理解智慧的基本结构如何出现和怎样演化"[7]。皮亚杰认为："有很大可能是，结构的构造主要是平

---

① 皮亚杰著，傅统先译：《儿童的心理发展》，山东教育出版社 1982 年版，第 136～137 页。
② 皮亚杰著，傅统先译：《儿童的心理发展》，山东教育出版社 1982 年版，第 126 页。
③ 皮亚杰著，傅统先译：《儿童的心理发展》，山东教育出版社 1982 年版，第 128 页。
④ 皮亚杰著，傅统先译：《儿童的心理发展》，山东教育出版社 1982 年版，第 133 页。
⑤ 左任侠、李其维主编：《皮亚杰发生认识论文选》，华东师范大学出版社 1991 年版，第 34 页。
⑥ 左任侠、李其维主编：《皮亚杰发生认识论文选》，华东师范大学出版社 1991 年版，第 35 页。
⑦ 左任侠、李其维主编：《皮亚杰发生认识论文选》，华东师范大学出版社 1991 年版，第 36 页。

衡化的工作，它不是两种对立力量的均衡，而是一种自动调节的过程。这就是说，平衡化是主体对外界干扰所进行的一些积极反应的一个集合，这些积极反应在某种程度上可能是有效的，或预期的。这样，平衡化就与可逆性词义相同。”①皮亚杰举了一个实验作为例子来说明他的观点：在儿童面前把一个泥球捏成一根香肠的形状，起初儿童不认为在这种形状变化后泥土数量不变。但在进一步变化这个香肠的形状（如使之更细长）后，儿童注意到“细”与“长”之间的关系，开始意识到形状是可以转变的，进而理解转变是可能相互逆转的。这样，儿童就由对外在干扰的补偿而逐渐产生了泥土数量守恒的认识。

因而，皮亚杰提出：“在认识机能的水平上，存在着一种平衡化的基本形式，因为整合作为一种分化的机能会提出新的问题。这些新问题，使（主体）在以往活动的基础之上构造新的活动，或在以往运算的基础之上构成新的运算。这个在运算基础上的新的运算的构成，也许就是发展和由一个阶段向下个阶段转化的奥秘所在。”②

关于平衡化作用的心理学根据，皮亚杰作过一个说明，这个说明清楚地表明了他对于认识发展的实质的根本性理解。他说：“主体全部的运算结构与物理经验领域内所有的因果结构，这两方面需要创新和守恒的结合。任何时候都有某种创新——也就是某种转化过程——发生。同样，也总会有某种守恒，总会有一些在整个转化过程中的不变的东西。这两种过程是绝对不可分的。……守恒必须要有补偿，最终就是需要保持平衡化。如果一些东西变化了，就必须有另一些东西产生变化来补偿它，因而产生了守恒。……更明确地讲，如果没有创新也便没有守恒，而伴同守恒的创新又导致新的构造的不断的要求。当我说到平衡化，一点都不意味着认识机能能够达到一种固定的状态。获得平衡化是有限的和受约束的，并且有一个超过已获得的平衡化去达到更好平衡化的倾向。……平衡化总是在追求一种愈来愈佳的平衡化。”③皮亚杰之所以提出平衡化的概念，并用平衡化来解释认识机能的发展，把认识能力的发展看做是不断地由低级平衡化向高级平衡化前进的过程，基于的就是这种对认识能力发展的心理学和哲学的观点。

综上所述，在“同化于己”和“顺化于物”的主客体相互作用过程中，实际包含着“动作内化”和“格式外化”这两个分别向主体自身和向外物进行的两

① 左任侠、李其维主编：《皮亚杰发生认识论文选》，华东师范大学出版社 1991 年版，第 38 页。

② 左任侠、李其维主编：《皮亚杰发生认识论文选》，华东师范大学出版社 1991 年版，第 144 页。

③ 左任侠、李其维主编：《皮亚杰发生认识论文选》，华东师范大学出版社 1991 年版，第 144～145 页。

极转化。“所谓智慧，说到底，其实就是这双向建构的综合。发展水平的高低也就是指双向建构的深化程度的不同。”①

这里，我们可以看出，皮亚杰提出的相互作用论的发展观中有着丰富的辩证法因素，他还特别强调了以往一直被忽视的儿童在认识活动中的主动性和能动性的作用。但是他的理论是从生物学的理论演绎而来的，在研究智慧中过多地强调了生物学因素的作用，认为智慧或心理只是一种适应，这就抹杀了儿童的社会本质和能动性了。

第二节　影响儿童心理发展的因素

儿童智慧(心理)发展的速度和水平受哪些因素制约？皮亚杰认为，支配心理发展的因素有四个，它们是：成熟、物理环境、社会环境、平衡化。

一、成熟

成熟指机体的成长，特别是神经系统和内分泌系统的成熟。儿童某些行为模式的出现有赖于一定的躯体结构或神经通路发生的机能。皮亚杰认为，成熟在整个心理成长过程中起着一定作用。② 它是心理发展的必要条件，但不是充分条件(即决定条件)。因为单靠神经系统的成熟，并不能说明计算 2+2=4 的能力或演绎推理能力是如何形成的。必须通过机能的练习和习得的经验，才能增强成熟的作用。所以，成熟仅仅是所有因素之一，儿童年龄渐长，自然及社会环境影响的重要性将随之增加。③

① 李其维：《发生认识论的理论框架》，《华东师范大学学报》(哲学社会科学版)，1986 年第 6 期，第 52 页。

② 皮亚杰、英海尔德著，吴福元译：《儿童心理学》，商务印书馆 1980 年版，第 115 页。

③ 皮亚杰、英海尔德著，吴福元译：《儿童心理学》，商务印书馆 1980 年版，第 115～116 页。

二、物理环境

物理环境也就是“个体对物体做出动作中的练习和习得经验”[①]。它包括物理的经验和逻辑—数学的经验。前者是指个体作用于物体，抽象出物体的特性，如大小、重量、形状等；后者则是指个体作用于物体，旨在理解动作间相互协调的结果（例如，6、7岁儿童从经验中发现一组物体的总和与它们空间排列的位置无关，与它们被计数的次序也无关）。在逻辑—数学经验中，“知识来源于动作（动作起着组织或协调作用），而非来源于物体”[②]。在这种情况下的经验仅指日后将发展成为“运算”推理的实际上带有动作性质的方面，它的意义不同于由外界环境引起的动作所获得的经验，它是主体作用于外界物体而产生的构造性动作。皮亚杰指出，物理因素是重要的，它是一个主要的、必要的因素，但不是儿童心理发展的决定因素。

三、社会环境

社会环境指社会上的相互作用和社会传递，[③]包括社会生活、文化教育、语言等。皮亚杰指出，社会化就是一个结构化的过程，个体对社会化所做出的贡献正是他与从社会化中所得到的同样多，从那里便产生了“运算”(operation)和“协同运算”(cooperation)的相互依赖和同型性。皮亚杰认为，社会经验同样也是儿童心理发展的一些必要条件，但不是充分条件。不管儿童生活在什么样的社会环境中，甚至是没有语言的聋哑儿童，到了7岁年龄就会出现具体运算的逻辑思维。因此，环境、教育对儿童心理发展水平并不起决定作用，它只能促进或延缓儿童心理发展而已。皮亚杰把社会环境，如学校教育仅看做是儿童心理发展的被动因素，这引起国际心理学界不少学者的批评。

四、平衡化

皮亚杰指出：“发展的三个古典性因素：成熟、物理环境的经验和社会环

---

① 皮亚杰、英海尔德著，吴福元译：《儿童心理学》，商务印书馆1980年版，第116页。
② 皮亚杰、英海尔德著，吴福元译：《儿童心理学》，商务印书馆1980年版，第116页。
③ 皮亚杰、英海尔德著，吴福元译：《儿童心理学》，商务印书馆1980年版，第117页。

境的作用。后二个因素不能解说发展的连续的性质，第一个因素本身也不是发展的充分条件……因此，为了协调以上三个因素，我们将要增加第四因素，这就是平衡化或自动调节。”①皮亚杰认为，平衡化或自动调节是儿童心理发展中最重要的因素，即决定的因素。平衡化就是不断成熟的内部组织和外部环境的相互作用。平衡化可以调和成熟、个体对物体产生的经验以及社会经验三方面的作用。由于平衡化作用，感知运动结构从最初的节奏开始逐渐进展成调节作用，再从调节作用逐渐进展成可逆性(reversibility)的开端。调节作用直接依赖于平衡化因素，而所有日后的发展(无论是思维的发展，道德观念的发展，或是协同运算的发展)便是从调节作用引向可逆性和扩展可逆性的一个连续过程。可逆性是一个完善的，也就是说达到完全平衡化的补偿系统，其中每一变换通过逆向或互反两种可能性达到了平衡化，因此，平衡化“不同于机械学上力的简单平衡，也不同于热力学上熵的增加，而是具有自我调节的意义”②。通过这种动态的平衡化，实现儿童智慧结构或心理结构的不断变化和发展。

皮亚杰从这个观点出发，进一步论述了人类认识和道德情感的获得，也都是在主客体相互作用中通过平衡化或自动调节而不断构成的。所以，他认为，行为是一个整体，认识活动属于行为的结构方面，而情感活动则属于行为的动力状态。情感与认识既不可分割，也不能易位。

这里我们不难看出皮亚杰在论证儿童心理发展的四个因素中，强调的是平衡化的作用。我们并不反对这种平衡化和自我调节作用在儿童心理发展中的作用，但单纯地强调平衡化的作用，而没有把社会环境和教育条件放在应有的重要地位上，毕竟会影响他的理论的完整性。

第三节　皮亚杰的阶段论思想

皮亚杰认为，儿童从出生到成年，其智慧发展不是一个数量不断增加的简单累积过程，而是伴随同化性的认知结构的不断再构，因而可以按照认知

① 左任侠、李其维主编：《皮亚杰发生认识论文选》，华东师范大学出版社 1991 年版，第 29 页。

② 皮亚杰、英海尔德著，吴福元译：《儿童心理学》，商务印书馆 1980 年版，第 118 页。

结构的性质把整个智慧发展划分为几个按不变顺序相继出现的时期或阶段。每一阶段诞生了与上一阶段不同的智慧能力，这标志着儿童获得了适应环境的新的方式。

皮亚杰关于阶段论的思想，首次全面的概述是在1955年发表的《儿童和青少年的智慧发展阶段》一文中。这是长期实验研究的总结，可以概括为下列四个要点。

第一，儿童智慧发展的过程，是一个内在结构连续的组织再组织的过程，其过程的进行是连续的和经常的，但造成的结果是不连续的，因此，发展具有阶段性。在发展进程中，可以区分出几个不同水平的连续阶段。发展不仅具有阶段性，而且具有整体性，每一个阶段都是一个统一的整体，而不是一些孤立的行为模式的总和。每一个阶段都有它主要的行为模式，或者说都有它独特的结构，标志这一个阶段的行为特征。例如，7～12岁是具体运算阶段。各个不同水平的结构一旦确定了，就具有和其他阶段之间的差异，不是量的差异，而是质的差异。

第二，阶段出现的先后次序是恒定不变的。儿童智慧发展的阶段，按照固定的连续的顺序，一个跟一个出现。每一个阶段和特定年龄相联系，每一个阶段出现的年龄，不是固定不变的，阶段只和年龄有关，不是由年龄决定的。各个阶段的实足年龄可能有变化，而各阶段的先后次序却是不变的，既不能跨越某个阶段，也不能颠倒阶段的次序。并且所有的儿童都遵循这样的发展顺序。各个阶段的出现，从低级到高级是有一定次序，不能逾越，不能互换。前一个阶段是后一个阶段形成的基础，因此，前一个阶段的行为模式总是整合（或融合）到下一个阶段，每一个行为模式渊源于前一个阶段的结构，由前一个阶段的结构引出后一个阶段的结构。既然每一个阶段都是形成下一个阶段的必要条件，前一个阶段的结构是形成下一个阶段的结构的基础，那么，一个结构相对复杂的阶段不能在一个结构较简单的阶段之前出现（如守恒结构不能在感觉运动阶段之前出现），一个结构相对简单的阶段必定在一个结构较复杂的阶段之前出现（如数量守恒出现在重量守恒之前，而重量守恒又出现在体积守恒之前）。

第三，一个阶段的结构是在前一个阶段的结构基础上形成的，形成的结果又为下一个阶段的结构提供条件。例如，儿童先有对物体不变性或恒久性的认识结构，才能具有守恒的概念；有了守恒的概念和可逆运算，才能进行形式运算或命题运算。可见，阶段的发展是递进性的。发展的阶段是连续发生的、紧密衔接在一起的，每一个阶段都是前一个阶段的延伸或延续，是在新的水平上对前一个阶段进行改组，并以不断增长的程度超越前一个阶段。前一个阶段为后一个阶段的出现作准备，前一个阶段也为后一个阶段的出现所取代。各个阶段是连接的，是相继的。各个阶段既是有一定的界限的，又是有一定的交叉的，也是有一定的重叠的。

第四，认知结构的发展是一个完整的系统，结构的发展不但具有连续性，而且具有整体性，发展的阶段是一个连续的整体，不能以儿童的个别行为来决定年龄阶段，也不能以个别儿童的情况来否定某一年龄阶段。儿童智慧发展的先后次序是固定不变的，但是，由于各种因素的差异，如社会、环境、教育、文化以及主体的动机等的差异，某一个阶段的出现时期可以提前，也可以推后。换句话说，就是有些人可能早一些，而有些人则可能晚一些。因此，每一个阶段出现的年龄不是绝对的。

第四节　儿童智慧发展的各个阶段

图 4-2　儿童的智慧发展

皮亚杰认为逻辑思维是智慧的最高表现，他从逻辑学中引进“运算”概念作为划分智慧发展阶段的依据。但是，皮亚杰所说的运算实质上并不是形式逻辑中的逻辑演算，而是指心理运算。心理运算所形成的逻辑学是心理逻辑学，而不是形式逻辑学。所谓心理运算，是指一种能在心理上进行的、内化了的、可逆的动作。心理运算具有如下四个重要特征：心理运算是一种能在心理上进行的、内化了的动作；心理运算是一种可逆的内化动作；运算具有守恒性；心理运算不是孤立存在的，它总是集合成系统，形成一种整合的整体结构。

皮亚杰通过多年的观察和实验，提出了儿童智慧发展阶段的理论。尽管皮亚杰在不同时期的不同著作中，对各阶段的表述不完全相同，曾把儿童智慧的发展分为三、四、五或六个大阶段。但不同的划分方法并不意味着皮亚杰对智慧发展的见解有什么根本的改变，划分的实质是相同的。例如，他在《智慧心理学》(1947)一书中，把儿童智慧的发展分为四个阶段：感知运动阶段、前运算阶段、具体运算阶段、形式运算阶段。他在《儿童心理学》

(1966)一书中分为三个阶段:感知运动阶段、具体运算阶段、形式运算阶段。他在《发生认识论原理》(1970)一书中,又分为六个阶段:感知运动阶段、前运算思维阶段的第一水平、前运算思维阶段的第二水平、具体运算阶段的第一水平、具体运算阶段的第二水平、形式运算思维阶段。如果我们以"运算"作为标志,则可以把整个发展首先划分为前运算时期和运算时期;继之,再可对前者作感知运动阶段和前运算阶段(表象阶段)的划分,对后者再作具体运算和形式运算的划分。目前,一般多采用上述四个阶段的划分法。

下面,分别论述这四个阶段的特点。

一、感知运动阶段

感知运动阶段(sensorimotor stage)(0～2 岁)被认为是"儿童思维的萌芽"阶段。儿童的智慧发展主要是感觉和动作的分化,只能协调感知觉和动作活动,初生的婴儿只有一系列笼统的反射,在接触外界事物时能利用或形成某些低级行为格式。这一阶段的儿童只有动作的智慧而没有表象的和运算的智慧,是言语出现以前的时期。随后的发展便是组织自己的感觉与动作以应付环境中的刺激,他们仅靠感知动作的手段来适应外部环境,了解事物的最简单的关系。到这一阶段的后期,感觉与动作才渐渐分化而有调适作用的表现,思维也开始萌芽。

皮亚杰把这个阶段智慧的发展又划分为六个分阶段。

1. 反射练习时期(0～1 个月)

儿童出生后以先天的无条件反射(如吸吮反射和抓握反射等)适应外界环境,并且通过反射练习使先天的反射结构更加巩固(如吸吮奶头的动作变得更有把握),还扩展了原先的反射(如从本能的吸吮扩展到吸吮拇指、玩具,在东西未接触到嘴时就作吸吮动作等)。

2. 习惯动作时期(1～4、4.5 个月)

这一时期,儿童形成了一些简单的习惯,如吸吮手指、移动头部等等,这些简单的习惯并不是反射性的,而是适应性的,是儿童主动做出的。儿童在先天反射基础上,通过机体的整合作用,把个别的动作联结起来,形成了一些新的习惯。习惯的获得是通过两种器官(如视和听)的活动间的联系实现的,如寻找声源,用眼睛追随运动的物体。

3. 有目的的动作逐步形成时期(4.5～9 个月)

4 个月后,儿童在视觉与抓握动作之间形成了协调,以后儿童经常用手触摸、摆弄周围的客体，这样一来，儿童的活动便不再囿于主体自身，而开始涉及对物体的影响。物体受到影响后又反过来进一步引起主体对它的动作，这样就通过动作和动作结果造成的影响使主体和客体发生了循环联系，最后渐渐使动作（手段）与动作结果（目的）产生分化，出现了为达到某一目的而行使的动作，智慧动作开始萌芽。有目的的动作始于儿童开始领悟到对象与对象之间的关系，并能利用这种关系达到自己的目的。例如，这一时期的儿童可以抓住挂在铃铛上的一根线，拉动这根线使铃铛发出响声，这说明这个时期的儿童具有了简单的有目的的动作的能力，不过这种目的还只是初步的、笼统的。

4. 手段与目的分化并协调时期（9～11、12 **个月**）

目的与手段已经分化，智慧动作出现。一些动作格式被当做目的，另一些动作格式则被当做手段使用。这一时期的儿童开始显示出明显的有目的行为，他能运用已有的格式实现不能直接达到的目的，表现出把格式联系运用的特点。此时的智慧活动不再是利用单个格式去应付问题，而是通过格式的组合和协调实现预定的目的。例如，儿童拉成人的手，把手移向他自己够不着的玩具方向，或者要成人揭开盖着物体的布。这表明儿童在做出这些动作之前已有取得物体的意向。另外，儿童的各动作格式之间的关系更加灵活，更加概括化。能运用不同的动作格式来对付新遇到的事物，就像以后能运用概念来了解事物一样，用抓、推、敲、打等多种动作来认识事物。不过，这个阶段的儿童只会运用在同化格式中已有的行动格式，还不会创造或发现新的动作顺化世界。客体永久性的观念在此阶段开始出现。当正在玩耍的玩具被拿开以后，儿童知道去寻找。因果律的观念也始于这一时期，例如，当父母摆动玩具的手停下来后，儿童会拉动父母的手，要求父母继续下去，这说明儿童已理解了父母的手（原因）和玩具的摆动（结果）之间的关系。

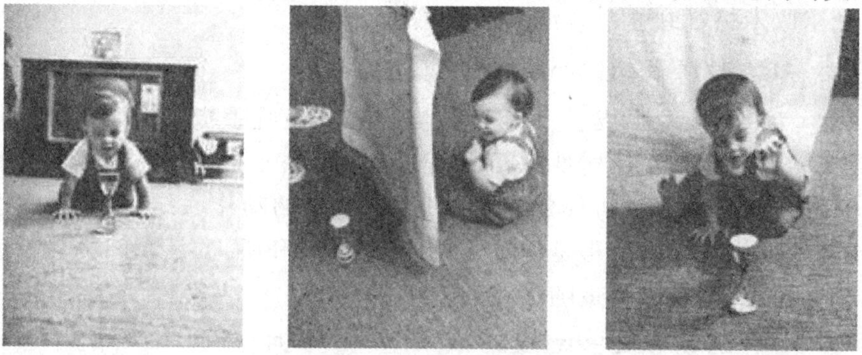

图 4-3　客体永久性实验

5. **新的手段形成时期**(11、12 **个月**～1.5 **岁**)

当儿童偶然发现某个感兴趣的动作结果时,不只是重复以往的动作,而是在重复中做出一些改变,通过尝试错误,第一次有目的地通过调节来解决新问题。也就是说,儿童已不满足于把已有格式联系起来解决问题,而要积极地尝试可能的结果,去发现解决问题的新方法。例如,一个娃娃放在毯子上,婴儿拿不到娃娃,用手东抓西抓,偶然间拉动了毯子一角,儿童看到了毯子运动与娃娃间的关系,于是拉过毯子,取得了娃娃。儿童用新发现的拉毯子的动作,达到了目的,这是智慧动作发展中的一大进步。这一通过尝试而发现解决问题新方法的智慧活动是思维出现之前最高级的智慧活动形式,是智慧发展中重要的一环。但儿童这时还没有形成沿着一定的方向目的去构成新方法的能力,新方法的发现纯属尝试中的偶然。

6. **感知运动智慧的综合时期**(1.5～2 **岁**)

这是感知运动结束、前运算阶段开始的时期,这一时期儿童的智慧活动开始摆脱感知运动的模式而向着表象智慧模式迈进。此时期的显著特征是除了用身体和外部动作来寻找新方法之外,开始在头脑里用"内部联合"方式解决新问题。儿童的智慧活动对具体的事物和具体的动作的依赖逐渐减少,而对表象的利用逐渐增加,他无需通过实际的尝试,而只要利用关于事物的表象就可建立解决问题的新格式。例如,有一只微微开口的小盒子,内装一条看得见的链条,儿童先是把盒子翻来覆去地看,或用小手指伸进缝道去拿但拿不到。后来完全停止了动作,眼睛看着盒子,嘴巴一张一合,做了好几次这样的动作后,突然用手拉开盒子口,取得了项链。这种一张一合的嘴的动作实际上是儿童在头脑里用内化了的动作模仿盒子的张开的情形,只是当时他的表象能力还很差,仍需借助外部动作表示。运用表象模仿别人做过的行为来解决眼前的问题,这标志着感知运动阶段的结束,新阶段的开始。

二、前运算阶段

前运算阶段(pre-operational stage)(2～7 岁)被认为是"表象或形象思维"阶段。在感知运动发展的基础上,儿童的各种感知运动格式开始内化为象征性的格式或表象性格式。随着语言的出现和发展,儿童开始用语言和表象来描述外部世界和不在眼前的事物,儿童也用语言与他人交际,以表象再现交际活动。但在这一时期,儿童的语词或其他符号还不能代表抽象的概念，思维仍受具体直觉表象的束缚，难以从知觉中解放出来。他还没有所谓的“守恒”和“可逆性”，只能从自我的方面考虑问题，不能从多方面来考虑问题，这就限制了他掌握逻辑概念的能力。

图 4-4　前运算阶段儿童的守恒实验

皮亚杰又将前运算阶段分为两个分阶段。

1. **前概念或象征思维阶段**（2～4 岁）

这一分阶段的产生标志是儿童开始运用象征符号。象征机能的产生，使得儿童能够凭着意义所借对意义所指的客观事物加以象征化。皮亚杰认为，意义所借与意义所指的分化就是思维的发生，同时意味着儿童的符号系统开始形成了。语言实质上也是在一种社会生活中产生并约定的象征的符号。儿童的象征思维很多都表现在模仿游戏中。这些游戏的出现表明象征思维格式开始形成。儿童此时的活动已不是出于实际情境的要求，而是凭借象征格式来进行的。延迟的模仿构成意象的起源。

儿童象征思维的发展依赖于象征符号的创造以及语言符号的掌握。一般说来，儿童这时还不胜任用语言来表达他所注意到和感兴趣的事物，他们虽然也使用语词（但它们还不是概念），语词只是语言符号附加上一些形象而已，还不代表一类事物。由于缺少一般性的概念，因而他们常把某种个别现象硬套到另一种现象之上。儿童既不能认识同一类客体中的不同个体，也不能认识不同个体变化中的同一性。例如，儿童看到别人有一顶与他同样的帽子，他会认为“这帽子是我的”。

2. **直觉思维**（4～7 岁）

儿童此时已开始从前概念思维向运算思维过渡，但他的判断仍受直觉调节的限制，还不能真正认识事物本身。直觉思维的活动不是像运算思维那样通过在可逆性基础上营造的群集水平认知结构来调节的，它所依赖的调节仍然是直觉水平（集中于某一维度或离中于某一维度）的调节。这种调节尽管仍属知觉活动的范畴，但毕竟已开始从单维集中向连续两维集中过渡，而这一过渡正预示着运算思维的到来：当连续两维的集中得到可逆性的支持，知觉的图像从属于运转之际，也就实现了运算的调节。由于直觉思维没有运算可逆性，所以这时儿童的类、系列、空间、时间等观念都处于缺乏守恒性的原始状态。

在前运算阶段，儿童的思维有如下主要特点：

(1) 具体形象性。

儿童是凭借表象来进行思维的，依靠这种思维，他们可以进行各种象征性活动或游戏(如用小石头做假吃的游戏)、延缓性模仿(模仿自己想起来的过去的事情)以及绘画活动等。正是由于表象和语言的出现以及行走能力的发展,才大大扩展了儿童的时间和空间的范围,他可以理解童话故事中关于过去的事情(如“从前有个老公公……”)和远方的事情(如“在很远很远的地方……”)。

(2) 不可逆性。

在皮亚杰的理论中,可逆性意指思维反向进行的过程。前运算阶段的儿童不能这样思维。例如,问一名 4 岁儿童:“你有兄弟吗?”他回答:“有。”“兄弟叫什么名字?”他回答:“吉姆。”但反过来问:“吉姆有兄弟吗?”他回答:“没有。”皮亚杰认为,由于缺乏可逆性,这阶段的儿童还不能形成“守恒”的概念,思维还只能从单一的方向进行。

(3) 自我中心化。

进入前运算阶段后,儿童能区别自己和其他物体,但此时儿童还无法从他人的角度考虑问题。他只能以自我为中心,从自己的角度观察和描述事物。因此,他深信他人的想法与自己相同,不愿采纳同自己观点不一致的意见。他也深信自己的观点是正确的,即使遇到同自己观点相矛盾的事实,他也会毫不犹豫地宣称事实是错误的。例如,在“三山实验”中,皮亚杰请儿童坐在一座山的模型的一边,将玩具娃娃置于另一边,要儿童描述玩具娃娃看到的景色,结果儿童描述的景色和自己看到的相同。

图 4-5 “三山实验”的平面示意图

(4) 刻板性。

当注意集中在问题的某一方面时,就不能同时把注意力转移到另一方面,如儿童只能辨别自己的左右,而不能同时正确地辨别对面人的左右。

三、具体运算阶段

具体运算阶段(concrete operational stage)(7～12 岁)被认为是“初步的逻辑思维”阶段。儿童开始出现“守恒”,开始能独立组织各种方法进行正确的逻辑运算(如分类等),但还离不开具体事物或形象的帮助。这时的儿童离开具体事物而进行纯形式的逻辑推理就会感到困难。例如,在一种纯形式的传递关系问题中:“A 比 B 大,B 比 C 大,问谁最大?”不少儿童回答起来感到很困难。这时所形成的一些运算还很零散,不能组成一个完整的系统或有结构的整体。这一时期的运算，主要属于群集运算阶段（即分类和序列）。

这一阶段的主要特点是出现了具体运算格式，其主要特点是：

1. **守恒性**

所谓守恒就是指内化的、可逆的动作。皮亚杰认为，在前运算阶段的反应是以知觉或表象为中心，而在运算阶段的反应则以恒等性或可逆性（逆向或互反）为基础。在前运算阶段，儿童的感知运动格式已内化为表象格式，但未达到守恒，因为这一时期儿童的直观思维有很大的局限性，没有逆向性和互反性，就不能保证整体的守恒性。守恒性是通过两种可逆性来实现。即逆向可逆性和互反可逆性来实现。例如，＋A 是－A 的逆向；B＞A 是 A＞B 的互反。只有当儿童的动作，既是内化的又是可逆的，才算是达到了守恒。换句话说，就是在头脑中，从一个概念的各种具体变化中抓着实质的或本质的东西，才算是达到了守恒。儿童守恒概念是通过逐渐递进而获得的，大约 6～7 岁时获得物体守恒、长度守恒、数量守恒、连续量守恒的概念，7～8 岁时获得面积守恒的概念，9～12 岁时获得重量守恒的概念，11～12 岁时获得体积守恒的概念。儿童通过同一性、补偿性、逆转性实现了思维的转化，取得了守恒。这种守恒的实现关键在于儿童已实现了思想离中化。他们不再像前运算阶段儿童那样只是集中于对象的某个特征或某种状态，集中于主体所持有的某一种观点，而能够以所有可能的迂回和回转去追随外界变化，依据客观的交互观点的系统去协调个别观点。当儿童在获得守恒概念时，也获得了可逆性的概念，于是动作上升为运算，儿童的思维深化了。

2. **群集运算**

皮亚杰认为："具体运算提供了从动作格式向一般的逻辑结构过渡，它包含一个组合系统和一个'群'结构，用以协调可逆性的两种可能形式（即指逆向和互反）。具体运算虽已协调成整体结构，但这些结构比较薄弱，只能进行逐步推理，还缺乏综合性的组合。这些结构包括分类、序列、对应（一对一或一个对几个）、矩阵（或称二因素分类表）等。上述这些结构的核心称为'群集'（groupings，或译'归组'），它构成包含各种运算组合在内的累进的逻辑序列。"[1]皮亚杰对感知运动阶段和前运算阶段的智慧发展是以自我调节来加以说明的，在具体运算阶段则是以群集加以说明。他认为具体运算阶段儿童达到的可逆性和整体结构的协调依赖于群集的变化加以实现。这时

① 皮亚杰、英海尔德著，吴福元译：《儿童心理学》，商务印书馆 1980 年版，第 75 页。

的群集运算有五个特点：

(1) 组合性(composition)。

组合是指在一个群集结构中，其两个元素或子类可以组合起来，产生同一结构中的新元素或新类。用公式表示为：

$A+A'=B$(鸟＋鸟以外的动物＝动物)，

$B+B'=C$(动物＋植物＝生物)。

(2) 逆向性(reversibility)。

逆向性是指相结合的两个类或两种关系可以被分开。用公式表示为：

如 $A+A'=B$，

则 $B-A'=A$(动物－鸟以外的动物＝鸟)。

(3) 结合性(associativity)。

结合性是指运算可以自由绕道迂回，通过不同的方式和途径获得相同的结果或达于相同的目标。用公式表示为：

$(A+A')+B=A+(A'+B)$[(动物＋植物)＋微生物＝动物＋(植物＋微生物)]。

(4) 同一性(identity)。

同一性是指能回到原出发点并发现原出发点不变，一个运算与其相反的运算相结合就抵消了。用公式表示为：

$+A-A=0$(鸟除去鸟＝零)。

(5) 冗余性(tautology)。

冗余性是指同一的运算乃不加任何东西于自身。用公式表示为：

$A+A=A$(鸟＋鸟＝鸟)，

$B+B=B$(动物＋动物＝动物)。

具体运算阶段的儿童开始对这些群集运算结构进行分析综合，从而正确地掌握逻辑概念。皮亚杰认为，具体运算阶段儿童的思维，能不固着在客体的特殊状态上，通过群集的各种变化能在头脑中进行迂回，使同化与顺化达到灵活的平衡化，这是运算思维中最基本的东西。

皮亚杰认为，具体运算阶段的儿童通过群集运算，出现了分类、序列、关系、传递、数量、空间、时间和速度等一系列逻辑概念。例如，对于传递的逻辑概念，儿童能做出如下的演绎：已知 $A=B$，$B=C$，就能推演出 $A=C$；已知 $A>B$，$B>C$，就能推演出 $A>C$。以分类为例，在 20 颗弹子中有红色弹子 16 颗和白色弹子 4 颗。问前运算阶段的儿童："红色弹子(A)多，还是白色弹子(A′)多？"他们能正确回答。如果问："红色弹子(A)多，还是弹子(B)多？"他们往往回答："红色弹子(A)多。"(即 $A>B$)。皮亚杰认为，这是因为这个时期儿童的思维在同一时间内，只能集中于部分，或只能集中于整体，不能同时既集中于整体又集中于部分。一旦要注意到A(部分)时，则B(整体)就会被破坏。对于前运算时期的儿童，只能用部分与部分(A与A′)进行比较，不能用部分(A或A′)与整体(B)进行比较，否则，就会得出上述的错误回答(A>B)。但是，到了具体运算阶段的儿童，能认识到白色弹子(A′)包含于更大的类(B)中，即B=A+A′，因而，能做出正确回答，即B>A。

四、形式运算阶段

形式运算阶段(formal operational stage)(12～15岁)被认为是“抽象逻辑思维”阶段。这时儿童根据假设对各种命题进行逻辑推理的能力在不断发展。儿童的具体运算思维经过不断的同化、顺化、平衡化，就在旧的具体运算结构的基础上逐步出现新的运算结构，开始接近成人的思维水平，达到成熟的形式运算思维。所谓形式运算思维，就是可以在头脑里把形式和内容分开，使思维从具体内容中解放出来，而表现出能进行抽象的形式思维。也就是说，可以离开具体事物，使思维超出了感知的具体事物或事物的具体内容，朝着非直接感知的或未来事物的方向发展，根据假设来进行逻辑推理，进而解决面临的逻辑课题。正如皮亚杰所说：“形式运算的主要特征是它们有能力处理假设而不只是单纯地处理客体：这是研究这个问题的所有作者都注意到的儿童在11岁左右出现的那个基本创新。但是这个特点还牵涉到另一个同等重要的特点。儿童提出的假设并不是客体，而是命题，假设的内容则是类、关系等能够直接予以证实的命题内运算；从假设推导出来的推论也是这样。”①

皮亚杰引用数理逻辑中的“四转换群”和“格”(lattic)来刻画儿童的形式运算格式，这集中地体现在他的《心理学与逻辑学》(1953)一书中。四转换群和格的结构不同于群集结构，这是一个逻辑结构的整体或系统，儿童此时已能根据假设和条件进行复杂而完整的推理活动。

1. INRC四转换群

构成命题组合系统的运算除了形成总的系统特征以外，它们彼此之间通过可逆性的联系，还构成了一种能够互相转换的结构。运算逻辑的中心问题就是说明运算整体(即组合系统)及其内部转换规律。皮亚杰认为，从整体性逻辑的角度来看，重要的是那些如实存在的转换以及它们为自身构

① 皮亚杰著，王宪钿等译：《发生认识论原理》，商务印书馆1981年版，第52页。

成的那个系统。转换的心理依据是可逆性，它是命题间运算的基本机制。根据参与转换的可逆性的性质，可以把全部转换区别为三种类型：反演性转换（N：Inverse transformation）、互反性转换（R：Reciprocal transformation）和对射性转换（C：Correlative transformation），加之另一种并不涉及可逆性的转换，即同一性转换（I：Identical transformation），这四种转换构成了一个转换的整体结构——“INRC 四转换群”。以它来描述实际思维的心理运算的转换规律，是皮亚杰的杰出创造。

关于形式运算格式，皮亚杰以 12～15 岁的儿童解决问题的方法为例。譬如说一个儿童要理解两种现象的关系，他可以不必用尝试错误，而用命题运算加以推论。假如这两种现象：一种现象是“某一物体的运动和停止”，另一种现象是“电灯的开亮和熄灭”。[①] 皮亚杰用数理逻辑的符号 $p \supset q$ 表示“蕴涵”，即灯亮（p）包含运动停止（q），灯亮是运动停止的原因，这是儿童的假设。要判断这一假设，唯一途径就是观察灯亮时，有没有运动不停止的情况，用符号表示就是 $p \cdot \bar{q}$，所以，$p \cdot \bar{q}$ 是 $p \supset q$ 的反演（逆向、否定）。

但是，儿童也可怀疑“运动停止”是“灯亮”的原因，即 $q \supset p$。为了证明 $q \supset p$，就要观察运动停止时，灯泡有没有不发亮，即考查 $q \cdot \bar{p}$ 的情况。$q \cdot \bar{p}$ 是 $q \supset p$ 的反演，且是 $p \supset q$ 的对射。

就 $p \supset q$ 和“蕴涵”（如上例，p 代表灯亮，q 代表运动停止，灯亮是运动停止的原因，这是儿童的假设）的情况而言，可以有下列四种转换：

$I = p \supset q$（因灯亮而物体运动），这是同一性转换；

$N = p \cdot \bar{q}$（因灯亮而物体不动），这是反演性转换；

$R = q \supset p$（因物体运动而引起灯亮），这是互反性转换；

$C = \bar{p} \cdot q$（灯不亮物体也动），这是对射性转换。

这样，INRC 群就把可逆性中的反演性和互反性组成一个完整的系统，从局部性的逻辑结构达到整体性的逻辑结构。

INRC 群对形成运算格式具有主要意义，但应该强调指出，这种四转换群及在其基础上形成的形式运算格式不是思维的逻辑结构，即保证推理正确的思维形式，而是生动的实际思维的心理结构。四转换群中的反演性、互反性和对射性转换体现了思维的分析、综合特点；可逆性是它的心理依据。运算的可逆转换可以说是智慧的核心，一切智慧行为究其最一般的形式而言，其实都是一系列的具有某种规律性的连续转换而已。

---

① 皮亚杰、英海尔德著，吴福元译：《儿童心理学》，商务印书馆 1980 年版，第 104～105 页。

2. **格**

但是，INRC 四转换群体现的是单一命题的蕴涵特征，而可以列出二元命题或多元命题运算的组合系统就是皮亚杰所称的“格”。“布尔代数可以看做是一种叫做‘格’的抽象数学系统的一个特例。一个‘格’具有一定的限制条件——‘并’和‘交’。设有任意两类 X 和 Y，‘并’就是同时包含 X 和 Y 两类的最小的类。‘交’就是同时能被 X 和 Y 包括的最大的类。”①

以二元命题（如 $p\cdot q$）为例，由于每个命题都有真假值，这样就可以有四个结合，即 $(p\cdot q)\vee(p\cdot\bar{q})\vee(\bar{p}\cdot q)\vee(\bar{p}\cdot\bar{q})$。这四个结合，如果再按一个一个、两个两个、三个三个、四个四个的不同关系组合起来（用 a、b、c、d 字母代表），就可以组成 16 个二元命题运算。见表 4－1。

表 4－1　皮亚杰的 16 种二元命题运算的组合系统

编号及组合	组合元素	皮亚杰的编号及命名	皮亚杰使用的符号
(1) o		(2) 完全否定	o
(2) a	$p\cdot q$	(3) 合取	$p\cdot q$
(3) b	$p\cdot\bar{q}$	(8) 非蕴涵	$p\cdot\bar{q}$
(4) c	$\bar{p}\cdot q$	(10) 非反蕴涵	$\bar{p}\cdot q$
(5) d	$\bar{p}\cdot\bar{q}$	(6) 合取否定	$\bar{p}\cdot\bar{q}$
(6) a+b	$(p\cdot q)\vee(p\cdot\bar{q})$	(13) p 的肯定	$p[q]$
(7) a+c	$(p\cdot q)\vee(\bar{p}\cdot q)$	(15) q 的肯定	$q[p]$
(8) a+d	$(p\cdot q)\vee(\bar{p}\cdot\bar{q})$	(11) 等价	$p\equiv q$
(9) b+c	$(p\cdot\bar{q})\vee(\bar{p}\cdot q)$	(12) 互反排斥	pWq
(10) b+d	$(p\cdot\bar{q})\vee(\bar{p}\cdot\bar{q})$	(16) q 的否定	$\bar{q}[p]$
(11) c+d	$(\bar{p}\cdot q)\vee(\bar{p}\cdot\bar{q})$	(14) p 的否定	$\bar{p}[q]$
(12) a+b+c	$(p\cdot q)\vee(p\cdot\bar{q})\vee(\bar{p}\cdot q)$	(5) 析取	$p\vee q$
(13) a+b+d	$(p\cdot q)\vee(p\cdot\bar{q})\vee(\bar{p}\cdot\bar{q})$	(9) 反蕴涵	$q\supset p$
(14) a+c+d	$(p\cdot q)\vee(\bar{p}\cdot q)\vee(\bar{q}\cdot\bar{q})$	(7) 蕴涵	$p\supset q$
(15) b+c+d	$(p\cdot q)\vee(\bar{p}\cdot q)\vee(\bar{p}\cdot\bar{q})$	(4) 不相容	$p\mid q$
(16) a+b+c+d	$(p\cdot q)\vee(p\cdot\bar{q})\vee(\bar{p}\cdot q)\vee(\bar{p}\cdot\bar{q})$	(1) 完全肯定	$p*q$

皮亚杰认为，这些二元命题运算的所有可能的组合之集合就构成了一个格，或者更确切地说，它可以用“格”这种抽象代数系统作为自己的数学模型。在这个格中，各个组合本身形成格的元素；“·”运算使任何一对元素有唯一一个最大的下界，即所谓组合之“交”；“∨”运算使之有唯一一个最小的上界，即所谓组合之“并”。应该指出，二元命题运算本质上表示的是两个支

① 左任侠、李其维主编：《皮亚杰发生认识论文选》，华东师范大学出版社 1991 年版，第 576 页。

命题之间的关系。换言之,两个支命题之间可能存在的逻辑关系共有16种。

儿童到了12~15岁,尽管他还未意识到这些变换系统的存在,但他已经能运用这些形式运算结构来解决所面临的逻辑课题。例如,这个时期的主要运算模式,除蕴涵运算外,还有比例运算(如天平两端重量与臂之长度的关系),组合排列运算(如把盛有无色液体的A、B、C、D、E五只瓶子出示给15岁的儿童,每次取三只瓶子,要求通过可能的组合,产生褐色液体),因素分析(如钟摆实验),要求通过可能的组合产生概率运算(如从随机取样中,估计某种特殊事物出现的可能性)等。

皮亚杰还认为:"以整数的无穷级数、连续统的幂或由p、q这两个命题及其反命题的组合而产生的16种运算等作为例证的这个认知的可能性王国,与发生在时间上的物理位移相反,在本质上是超时间的。"①因而"运算就不再像具体运算那样限于一步一步地建构了"②,也无需具体事物作为中介了。

总之,形式运算阶段的逻辑运算,是通过各种组合的可能性,进行抽象的逻辑思维,从而解决现实中提出的新问题。儿童的思维能力,根据假设对各种命题进行逻辑推理的能力不断地发展,逐步地掌握各种科学概念和基本规律,从而逐步地能从观察中引出假设,根据假设命题进行推理,通过分析综合归纳出原则来。因为这个时期的思维,能超出事物的具体内容或感知的具体事实,朝着非直接感知的或未来事物的方向发展,从理论出发,不必从具体到理论。具体运算阶段的判断和论证的逻辑构成是同它的内容不可分的,至于形式运算阶段则不受具体事物内容的束缚,而是通过假设推理解答问题,或从前提出发做出应有的结论。这个时期思维的特点是把逻辑运算组合成各种系统,并根据可能的转换形式去解决脱离了当前具体事物内容的观察所提出的有关命题;或是根据已掌握的资料,进行因素分析,进行科学实验,从而发现规律。形式运算阶段的儿童已经达到了逻辑思维的高级阶段,即成人的逻辑思维水平。

毫无疑问,皮亚杰在儿童智慧发展领域的影响是划时代的。他用新的发展观取代了传统的发展观。他通过大量的实验和观察,第一次最为详尽地论述了儿童智慧发展的基本阶段和机制,为今后人们进一步深入研究儿童智慧的发展做出了宝贵的贡献。从目前的研究看,人们对皮亚杰发展阶段的连续性与阶段性仍有争论。由于皮亚杰在智慧发展研究中引进了大量

① 皮亚杰著,王宪钿等译:《发生认识论原理》,商务印书馆1981年版,第52页。

② 皮亚杰著,王宪钿等译:《发生认识论原理》,商务印书馆1981年版,第53页。

的生物学、数理逻辑的语言，整个理论体系十分庞大，文字又较晦涩难懂，常常造成对这个理论的误解。另外，皮亚杰认为儿童智慧发展的最高阶段是形式运算阶段，但一些心理学家认为在形式运算智慧之后还有新的智慧发展阶段出现。如里格尔(K. F. Riegel)把这个新阶段称为辩证运算(dialectical operation)，并认为个体可以在皮亚杰所称的四个阶段中任何一个阶段直接发展为与之相对应的辩证运算模式，达到成熟的阶段。① 此外，还有许多新的研究对皮亚杰的动作在学习中的作用、发展阶段的普遍性、发展变化的性质等结论都提出了新的看法。

第五节　皮亚杰的儿童社会认知发展观点

社会认知是指个体对他人、自我、社会关系、社会规则等社会性客体和社会现象及其关系的感知、理解的心理活动。皮亚杰对儿童如何描述自己或别人和如何推知别人的心理过程的研究，以及对儿童社会性游戏规则和在假设情景中道德判断的研究被认为是关于儿童社会认知的早期研究。

一、儿童的"自我中心化"与"去自我中心化"

关于儿童对个人的心理过程、心理特征的认知的研究始于皮亚杰。皮亚杰在他的早期研究中提出了"自我中心化"的概念，这一概念在社会认知发展的研究中占有重要的地位。皮亚杰把个体发展中自我与他人关系的变化描述为从自我中心主义向能洞察他人观点的方面转化，即"去自我中心化"。

对儿童心理的"自我中心化"(egocentric)或"自我中心主义"(egocentrism)现象的发现"是皮亚杰在儿童心理学上的第一个巨大成就。这使他作为一个学者而誉满全球"②。他研究初期的五本儿童心理学著作：《儿童的语

① 全国高校儿童心理学教学研究会编：《当前儿童心理学的进展》，北京师范大学出版社 1984 年版，第 23～25 页。

② 奥布霍娃著，史民德译：《皮亚杰的概念：赞成与反对》，商务印书馆 1988 年版，第 34 页。

言与思维》(1923)、《儿童的判断和推理》(1924)、《儿童的世界概念》(1926)、《儿童的物理因果概念》(1927)、《儿童的道德判断》(1932),主要展示了他于20世纪二三十年代在这一问题上所取得的理论和实验研究成果。50年代中期他又提出了"去自我中心化"(decentration)这一概念,并指出在个体心理的发展过程中存在着三个阶段的去自我中心化的过程。1962年,他更进一步提出,在个体心理发展过程中有四种水平的自我中心化并相应存在着四个阶段的去自我中心化进程。从目前总的趋势来看,这一心理发展规律的存在还是毋庸置疑的。

贯穿于皮亚杰早期著作的一个关键概念是"自我中心主义"。皮亚杰认为,年幼儿童和成人的思维之间存在着质的差别,幼儿不能区别自己和别人的观点,不知道除了自己的观点还存在着别人的观点;他只能从自己的观点看事物,以为事物就是他看到的样子,不可能再有其他的看法。这就是一般所说的"自我中心化"。皮亚杰在使用这个概念时含义还要广些,即幼儿对自己的这种主观性是意识不到的,否则自我中心也就不复存在了。然而,这种认识上的自我中心与利己主义毫无共同之处。皮亚杰认为,在日常言语中,自我中心的意义是指一切事物回复到它本身,回复到一个自觉的自我,而当我们使用"自我中心"一词时,我们是指不能区别一个人自己的观点和别人的观点,即不能区别一个人自己的活动和对象的变化。皮亚杰又认为,儿童不会停留在自我中心状态。在动作协调的基础上,儿童逐渐学会区分主体与客体,逐渐意识到自我,并尽可能找到自我在世界中的地位,因而能够在自我与世界、自我与他人之间建立相互联系。这就是去自我中心化的过程,实际上这也是意识客观化的过程。皮亚杰把这个过程叫做儿童心理发展中的"哥白尼式的革命"。通过这个革命,儿童在自己的认识中建构了一个客观的世界,并且认识到主体的心理活动与这个客观世界是相对立的。皮亚杰指出,儿童去自我中心化意味着他已能不以自我为中心,能够区分主体与客体;开始意识到自己内心的主观的东西,并能在一切可能的条件之下找到自己真正的地位,因而在人物和他自己之间便建立了一个共同的和相互的关系体系。所以自我中心状态是和客观性相反的,如果客观性是指物理水平上的相对性和社会水平上的交换性的话。

皮亚杰认为,在儿童与周围世界发生关系时有着两种重要的作用:同化作用和顺化作用。自我中心化和去自我中心化正是这两种作用的相互作用造成的。当同化作用超过顺化作用时,客体被纳入主体的原有格式之中,客体的特征没有受到重视。这时,儿童就处于自我中心化。这种情况最典型的形式就是象征性游戏。在这种游戏中,受儿童支配的客体只被用来代表他想象的东西。反之，当顺化作用超过同化作用时，就会产生模仿，儿童忠实地再现客体的形式和运动。但模仿还不能使儿童的意识去自我中心化，只有在同化作用与顺化作用相互平衡化时，同化服从于主体必须顺化的情景，而顺化又服从于必须被同化情景的现有结构。只有这时，才会产生与游戏、模仿相对立的认识活动，从而使儿童既意识到主体，又意识到客体。这种状态才是去自我中心化。去自我中心化实际上就是主体区分并协调自我内部之间、自我与外在环境之间关系的过程。

然而，像世界上所有的平衡化一样，同化作用与顺化作用的这种平衡化也是不稳定的、暂时的，随着新的认识结构的形成，又会出现新的自我中心化和去自我中心化的过程。皮亚杰认为，个体心理发展过程中的自我中心化及去自我中心化不是一次性的，而是反复进行、不断发展的。它们鲜明地体现了唯物辩证法所揭示的客观规律，即各思维发展规律阶段中，每一次的自我中心化现象都会带来其对立面即相应水平的去自我中心化过程。二者相互依赖、相互斗争，在对立统一中不断向前发展，最后去自我中心化战胜自我中心化。但是，随着新的发展阶段的来临，自我中心化又以更高的水平出现，新的去自我中心化进程也随之而来。于是，个体心理便在这种否定之否定的过程中螺旋上升、不断发展。

皮亚杰认为，同心理发展的四大阶段相对应，在个体心理发生、发展过程中存在着四种水平的自我中心化—去自我中心化进程。

(1) 感知运动阶段(0～2 岁)。感知运动阶段的发展是一种从极端的自我中心化的最初状态逐渐去自我中心化的过程。婴儿出生时物我不分，生活在没有永久性客体的宇宙里，没有自我意识。从 4～7 个月开始，婴儿逐步认识自己的行为和外部环境之间的关系，开始去自我中心化过程。直到第 18～24 个月时这一过程才得以完成，皮亚杰称之为一场“哥白尼式的革命”。它使得婴儿不再把一切事情都归功于自己，学会把自己看成是由许多永久性客体组成的世界中的一个客体；在情感方面，婴儿则从不能区分自我和外在环境，开始向着群体交往或情绪交流发展，从而通过人与人之间情感的交流来区分自我和别人，或是通过对事物的各种好奇心的驱使来区分自我和外界事物。第一次去自我中心化的实质就是自我和外在环境的分化和在实物动作水平上的协调。

(2) 前运算阶段(2～7 岁)。在前运算阶段，幼儿运用语言形成了表象，并与他人交际，出现了第二种形式的自我中心化。自我中心化第二次出现，却是在一个更高的水平上。虽然也表现为最初的对自己和他人观点之间的差异，以及对主体和客体之间的区别相对地缺乏认识，但这种缺乏却是在表象性上而不是在感知运动方面。皮亚杰认为,自我中心化是这一阶段的显著特点。在对世界的看法上,幼儿表现出几种原始思维模式:将自己的特性投射到外物上,认为风、河、云、太阳是有生命和意向的(泛灵论);看到父母制造的各种东西,就认为湖、山、树、月亮都是人造的(人造论);相信在他看来真实的东西必有客观实在性,认为梦来自屋外(实在论)。自我中心言语是学前期幼儿的重要特征,皮亚杰试图用自我中心言语同其他自发言语之比作为描述幼儿自我中心化程度的系数。前运算阶段的幼儿带有强烈主观色彩的自我中心化思维和那种不具有交流功能也不想让他人听懂的自我中心化言语,使得他人(老师、父母、同伴)很难与之对话、交流与合作,从而成为其社会化过程中的严重阻碍。当然,随着年龄的增长与社会交往(尤其是同伴间交往)的发展,儿童得以逐渐认清别人的观点或看法的存在,从而在"概念或概念化了的活动"上区分并协调自我和他人的关系,完成了第二次去自我中心化。具体表现为:从5～6岁开始,社会交往引起一个逐渐结构化或社会化的进程,自我中心化言语逐渐消失,象征性的游戏向着有组织的、有规则的游戏发展,儿童开始理解物体之间的客观关系,并且在人们之间建立合作的关系,在道德情感方面则向相互尊重和互惠的方向发展。

(3) 具体运算阶段(7～11、12岁)。具体运算阶段儿童的自我中心化表现为不能把感知事件和心理建构区分开来。他们不能单独运用自己的知觉进行思考,不能区分什么是知觉,什么是思维。一些与感知相悖的假设性说法(如,假设煤是白的)对他们来说是绝对不可能接受的。这种自我中心化现象一直到形式运算阶段初期,儿童能够对自己的思维进行"反省"时才得以消失。其间是一个漫长的去自我中心化过程。在这一阶段,儿童的去中心化的能力得到发展,儿童认识到他人的观点,能将自己的看法和他人的看法调和起来,但并不是都客观化了。事实上,有些成人的思维方式仍是自我中心化的。

(4) 形式运算阶段(青春期～)。当形式思维的认识结构形成以后,就产生了第四次的自我中心化。青年认为,自己思想具有无穷的力量,他自己是无所不能的,他完全有能力按照自己的计划来改造社会和改造世界,达到理想的境界。虽然这种认知的自我中心化不同于儿童的自我中心化,但它们都产生于同样的机制,都是主体用自己的认识结构同化世界的结果。皮亚杰认为,要去自我中心化就必须回到现实中去,回到现实中去是从青年通向真正成年的路。回到现实中去,首先就是回到社会中去,参加社会生活是去自我中心化的重要手段。然而,青年去自我中心化的关键在于进入职业的领域,或进行系统的职业训练。只要青年承担了一项现实的工作,他就变成一个成人了，他就从理想主义变为实际工作者，工作使思想离开形式主义的危险回到现实中来。

皮亚杰认为，任何一次去自我中心化，必须有两个条件：第一，意识到自我是主体，并把主体与客体区别开来；第二，把自己的观点与他人的观点协调起来，而不是把自己的观点当做绝对真理。①

后来的一些心理学家对皮亚杰的观点进行了总结和解释。例如，1981年山茨(C. U. Shantz)曾指出：第一，皮亚杰的自我中心主义并不是指儿童在社会判断中比成人犯更多的错误，而仅是指儿童易犯一种特定类型的错误，即把自己的知识、观点、情感等赋予他人。第二，把自我的特征加于他人并不一定是自我中心的属性。如果自我认识到了自我与他人之间潜在的差异，然后再分析与推论自我与他人之间的相似性，那么这种把自我的特征赋予他人的判断就不是自我中心的判断，因为一开始就对可能的差异有所认识。第三，并非所有正确的社会判断都是去自我中心化的结果。第四，并非所有错误的社会判断都是自我中心化的作用。第五，自我中心化与角色扮演并不是完全对立的两个方面。②

皮亚杰关于儿童自我中心化与去自我中心化的研究不仅在理论上，而且在实验和方法上都为后人有关观点采择(perspective taking)的研究提供了基础和借鉴。虽然以后的许多有关研究的结果与皮亚杰不尽相同，但皮亚杰的开创性研究是无法抹杀的。儿童心理的“自我中心化—去自我中心化”学说是皮亚杰对发展心理学界的一大贡献。③

二、儿童的“心理理解”

儿童的心理理解(children's understanding of the mind)已逐渐被认为是认知发展的基础领域之一。如今人们把儿童对心理的理解也称作心理理论(theory of mind)。心理理论就是指对自己和他人心理状态(如需要、信念、愿望、意图、感知、知识、情绪等)的认识，并由此对相应行为做出因果性的预测和解释。

就像社会认知研究起源于皮亚杰一样，作为社会认知一个组成部分的

① 王振宇编著：《儿童心理发展理论》，华东师范大学出版社 2000 年版，第 192 页。

② 申继亮、李虹、夏勇、刘立新：《当代儿童青少年心理学的进展》，浙江教育出版社 1993 年版，第 232 页。

③ 丁芳：《论观点采择与皮亚杰的去自我中心化》，《山东师范大学学报》(人文社会科学版)，2002 年第 6 期，第 111～113 页。

儿童心理理论的研究同样起源于皮亚杰。心理理论研究的基础就是皮亚杰最早考察的儿童对心理的理解时所做的工作，或者至少说皮亚杰研究了儿童对某些特定心理现象（如思想和梦）的理解，所以他的工作有着相当重要的意义。皮亚杰在其职业生涯的早期就开始了这项研究，在他 20 世纪 20 年代出版的书（《儿童的语言与思维》(1923)，《儿童的判断和推理》(1924)，《儿童的世界概念》(1926)，《儿童的物理因果概念》(1927)，《儿童期的游戏、梦和模仿》(1951)）中，我们可以看到他的一些研究结论。这些问题在过去近 20 年中已经成为儿童"心理理论"旗帜下的热门课题。下面简要介绍一下皮亚杰关于儿童心理理解发展的一些观点。

在皮亚杰的早期研究中，他应用了自己在精神病医疗诊所工作时学到的访问技术。询问儿童一些常见的事情，并观察他们的反应。在谈话一开始，他询问一些预先设定的问题，但随后他就依照儿童的回答而对问题作适当的调整。这些儿童只有 4～12 岁，皮亚杰询问他们一些问题，比如他们的梦与思想，他们对太阳、月亮与天气的想法，他们认为什么东西会感到疼痛，什么东西是活的，等等。儿童关于天文学和气象学的理解会告诉我们许多他们对心理的理解。在儿童对这些问题的回答中，可以看到儿童如何想他们自己，他们还不能像成人一样把人和物区分开来。他们认为月亮和风都是有思想的，或至少他们说到月亮知道什么，风想要怎么样，等等。这些都表明了儿童对于愿望、感知等心理活动的理解。

皮亚杰想要解释在不同发展阶段儿童思维的特征及其内在联系。根据儿童对不同问题的回答，以及观察儿童在日常生活中的谈话，分析他们自然而然提出的问题，皮亚杰由此推导出许多核心概念，用来分析儿童思维及其发展的特征。在他早期的著作中，有三个重要的核心概念：实在论、泛灵论和自我中心主义。把这些概念联系起来，我们就能描述皮亚杰关于儿童心理理解的观点。

皮亚杰认为，儿童在 6 岁以前对心理活动没有丝毫的判断力。儿童是心理现象的现实主义者，不能将梦等心理活动与物质世界的真实存在区分开来。对儿童而言，思想就像语言一样。儿童在回答问题时，常常给出实在论的答案。"梦是从哪里来的？"他们的回答是从夜晚、从台灯或是从天空来的。他们认为梦是在房间里，一些儿童甚至认为如果他人在房间里，也可以看到他的梦。这就是说，童年时代的实在论赋予心理存在以物质的特征，比如将各种想法与梦看成是一种物理空间或公共存在。儿童因此无法区分客观事物与主观想法。根据皮亚杰的说法，这个孩子不能将一座真正的房子与房子的概念、名称或心理形象区别开来。皮亚杰认为，年幼儿童以为树、岩石、太阳和月亮都是活的。比如，“你出去散步的时候月亮在干什么呢?”“它跟我们一起走。”“为什么?”“因为风让它跟我们走的。”这些回答说明了儿童心理发展的泛灵论现象。正如儿童往往赋予心理现象以物质世界的特征，所以他们也会赋予物质世界以生命，更重要的是，他们认为物质世界也是有心理生活的。事物被认为是有意识的，这并不是根据物质世界的自身规律，而是因为他们自己的想法与愿望。

皮亚杰一直试图解释儿童为什么用这样的方式看待这个世界；为什么那些孩子认为梦是从外面跑到他的房间；月亮一直跟他走而且知道他要去哪里；绳子能够感觉到被缠绕？皮亚杰认为，儿童之所以这么想是由于他们以自我为中心。皮亚杰最初把自我中心主义描述为这样一种状态，儿童这时是从自己角度出发看待整个世界的，他这种看问题的角度是绝对的，不过他没有意识到这一点，他没有想到可以从另一种角度来观察事物。皮亚杰最早使用自我中心主义这一概念是用来描述儿童语言的一些特征的。在幼儿期，儿童说话的目的并不是与他人交流，而是为他们自己。他们可能会重复讲一些他们刚刚听过的话，或仅仅是自言自语。即使在一小群儿童中，初看起来好像他们在一起讨论什么，但他们实际上是各谈各的，根本无意去理解或回应别人的讲话。皮亚杰将这样的谈话称为自我中心化或自我中心。但这个词并不是指自私，而是指自我。儿童无法“从听者的角度来考虑问题”，因为他们缺乏他人观点的概念。

皮亚杰的自我中心主义观点就是年幼儿童在某种情境下能理解自己的观点，但不能理解在相同的情境下他人的观点可能与自己不同(如，皮亚杰关于视觉观点采择的经典实验“三山实验”)。这类似于年幼儿童不能理解他人的错误信念，从而也就不具有心理理论的观点。然而这两个概念之间有一个重要的区别，那就是自我中心主义指的是对他人无知，而年幼儿童缺乏心理理论的观点意指他们根本不知道心理，其中包括他们自己的心理状态。

皮亚杰认为当一个人发展了自我意识的时候，个人经验的主观性就显示出来，因此也就能够更客观地看待这个世界。如果缺乏自我意识，儿童就会将自我与世界混淆。皮亚杰还认为，如果没有客观性，儿童就把他们自己的思想或梦看成是物质世界的一部分，从而导致实在论；如果没有主观性，儿童就会把物质世界等同于他们自身，客观物质被看成像人一样是有知识、有意图的，从而导致泛灵论。从皮亚杰的著作可以得出这样的结论：年幼儿童在6岁前是不能理解心理状态和过程的。

尽管后来的一些研究者对皮亚杰的某些研究结论提出了怀疑，如皮亚杰认为儿童在6岁以前是不能理解他人的心理状态的。然而现今大量的研究表明，儿童在4岁时已获得了心理理论，但这并不能抹杀皮亚杰作为儿童心理理解研究的先驱所做出的贡献。可以说，如果没有皮亚杰的开创性研究，也就没有现在心理理论研究的蓬勃发展。①

三、儿童的道德认知发展

儿童道德认知的发展是社会认知的一个主要研究领域。儿童的道德认知主要是指儿童对是非、善恶行为准则及其执行意义的认识。它包括道德概念的掌握、道德判断能力的发展以及道德信念形成三个方面。皮亚杰是第一个系统地追踪研究儿童道德认知，确切地说是研究儿童道德判断发展的心理学家。所谓道德判断，是指个人运用已有的道德概念和道德认识，对道德现象进行分析、鉴别、评价和选择的心理过程。皮亚杰在1932年出版的《儿童的道德判断》一书是研究儿童道德认知发展的里程碑。

皮亚杰的道德研究的对象仅是小样本的男性少年，主要是中产阶级背景。这些儿童的年龄在5岁到13岁之间。按照道德判断能力测验，皮亚杰的研究集中在：(1) 儿童怎样玩弹子游戏；(2) 儿童对访谈者提出的道德事件故事的回答和反应。

1. 皮亚杰研究儿童道德认知的方法

皮亚杰研究儿童道德判断的性质，采用的是"间接故事法"，是从儿童对特定的行为的评价中去分析其道德认识。皮亚杰认为，运用传统的实验室实验法，在严格控制条件的实验室中运用实验手段去研究儿童的道德判断和道德发展是不可能的，而运用直接询问法(如测验、调查、评价等)则结果未必可信，得到的结论也是不可靠的。他采用的"间接故事法"就是按研究目的编撰包含着道德价值内容的情境故事，向被试讲述故事后，实验者有目的地进行询问，与被试交谈，但实验者的真正意图又不让被试有所觉察，力求使被试的回答自然、真实、可信。皮亚杰及其同事用于研究的方法以"对偶"道德故事为主，这是一种封闭型的投射测量手段，按研究课题的要求严加控制故事情境中的各种因素。皮亚杰运用的这种方法不用进行大量的数据整理和统计分析，但是对研究者提出了更高的要求，要求具有对儿童敏锐的观察力，跟儿童交谈和询问的娴熟技巧，以及对实验材料进行深入分析的

① 丁芳：《儿童心理理解研究的先驱——皮亚杰的观点》，《济南教育学院学报》，2002年第6期，第42～44页。

能力。

皮亚杰的研究方法为广大研究者所采用，取得了大量丰富的资料，对儿童道德发展的研究做出了重大的贡献。

2. 儿童道德认知发展研究的主要内容

(1) 儿童对游戏规则的意识和执行的发展情况。

皮亚杰及其同事分别同大约20名4～12、13岁不同年龄的儿童一道玩弹子游戏，或观察两个儿童比赛打弹子游戏。他们研究在儿童游戏中，游戏规则对于儿童来说是如何被考虑的，是如何被遵守的。

图4-6　儿童在玩打弹子游戏

第一阶段："运动方面的规则"。规则还不是有遵守义务的运动规则。儿童常常把自己认定的规则与成人教给的社会规则混在一起。如果观察一下儿童的游戏(如玩玻璃球游戏)的规则就会发现，1、2岁的儿童，游戏完全是个人的，游戏的规则没有成为社会性事实，没有把规则看做是义务性的。因而，完全不受游戏规则的约束，而是任意行动。从2岁到5岁左右时，虽然好像把规则看成是外加的，但是在游戏中还没有发生真正积极性干涉。所谓并行的游戏不少，仍然是自己随便游戏。所以，不理解游戏的胜负，仅仅是对游戏本身抱有兴趣而已。

第二阶段："单方面的尊重和强制性的规则"。这是以片面的尊重为基础的强制性的规则。儿童认为规则是外加的、绝对不能变的东西。年幼的儿童与年长儿童一起玩时并不了解为什么要有规则，只是因为年长儿童要强迫他们遵守。儿童到6、7岁时稍微产生一些社会性的兴趣，开始迷恋于游戏的胜负，不过对规则的本质还只具有笼统的观念。这是因为在游戏中没有真正的社会生活，游戏只限于模仿成人和年长儿童，对游戏中包含的一个个规则还不能充分理解。在这一时期，认为规则是最神圣的、绝对不能侵犯的东西。可是实际上，由于儿童没有充分理解规则，所以屡次发生破坏规则的行为。这是因为，这时儿童所认识的规则完全是他律的规则，是由外界强制的，儿童不理解规则的真正意义，而是模仿性地执行强制的规则。虽然在这一时期对规则产生神圣化的态度，但是，这样的规则的神圣化，由于本来不是在互相的社会生活中规定的共同规则，实际上这种规则往往被破坏得很厉害。

第三阶段："相互尊重和理性的规则"。规则成为彼此同意的合理的规则。到了10岁以后,儿童充分理解规则的意义,不再把规则看做是神圣不可侵犯的,认识到规则是为了进行游戏互相协商制定的,在所谓共同的意义上来加以理解。只要在游戏中维持双方对等的原则,规则即使变更也无所谓。因为规则是作为共同的结果而给予的,规则是由儿童自己商定的,是可变的,而不是外界强制给予的,所以儿童并不把规则视为绝对的或神圣的东西。一旦确定了规则,参加游戏的人就有义务遵守它,决不破坏规则。在皮亚杰看来,义务的意识或义务感是儿童道德发展的一个重要标志。

(2) 儿童有关过失、偷窃和说谎的道德判断的发展。

皮亚杰及其同事采用了间接故事法对儿童道德判断的性质进行研究,他们设计了许多包含道德价值内容的对偶故事。

① 过失和偷窃。

皮亚杰试图让儿童比较两种类型过失行为的故事,一种类型完全是偶然的,甚或是出于好意的行为,但结果却造成了很大的物质破坏;另一种类型是出于恶意的行为,但所造成的破坏的后果却是微不足道的。比如,"打碎杯子的故事"。[①]

A. 一个叫约翰的小男孩在他的房间里,家里人叫他去吃饭,他走进餐厅。但在门背后有一把椅子,椅子上有一个放着15只杯子的托盘。约翰并不知道门背后有这些东西。他推门进去,门撞倒了托盘,结果15只杯子都撞碎了。

B. 从前有一个叫亨利的小男孩,一天,他母亲外出了,他想从碗橱里拿出一些果酱。他爬到一把椅子上,并伸手去拿。由于放果酱的地方太高,他的手臂够不着。在试图取果酱时,他碰倒了一只杯子,结果杯子倒下来打碎了。

皮亚杰对每一对故事都问了两个问题:这些孩子的过失是否相同?这两个孩子中,哪一个更坏些?为什么?其中的每一个问题都要根据儿童交谈时的反应来作或多或少的说明和解释。在对儿童进行询问之前,同样也要让他们先复述故事,儿童复述故事的方式便足以表明他们是否已经理解了故事。

下面是实验者与一个6岁儿童乔的对话。[②]

"你已经理解这些故事了吗?"

"是。"

① 皮亚杰著,傅统先、陆有铨译:《儿童的道德判断》,山东教育出版社1984年版,第138页。

② 皮亚杰著,傅统先、陆有铨译:《儿童的道德判断》,山东教育出版社1984年版,第141~142页。

"第一个小男孩干了些什么?"

"他打碎了15只杯子。"

"第二个小男孩呢?"

"他笨手笨脚地打碎了一只杯子。"

"第一个小男孩为什么打碎这些杯子?"

"因为门撞倒了这些杯子。"

"第二个小男孩呢?"

"他笨手笨脚。在他拿果酱的时候,杯子掉了下来。"

"是不是其中的一个孩子比另一个孩子更顽皮些?"

"第一个孩子比较顽皮些,因为他打翻了15只杯子。"

"如果你是爸爸,你对谁处罚得重些?"

"打碎15只杯子的孩子。"

"他为什么打碎这些杯子?"

"门关得太重,所以撞倒了它们。他不是有意这么做的。"

"那么,另一个孩子为什么打碎一只杯子?"

"他想拿果酱,而且他手伸得太远,杯子打碎了。"

"他为什么去拿果酱?"

"因为只有他一个人,因为他妈妈不在那儿。"

"你有兄弟吗?"

"没有,有一个妹妹。"

"好,如果在走进房间的时候打碎15只杯子的那个孩子是你,而在想办法拿果酱时打碎一只杯子的那个孩子是你妹妹,你们两个人中,谁应该受到严厉的处罚?"

"我,因为我比我妹妹打碎的杯子多。"

皮亚杰还研究了儿童对偷窃行为的判断,目的是为了查明儿童更注意动机还是更注意物质后果,所以他把问题局限于比较偷窃行为的自私自利的动机和意图好的动机。比如,"面包和缎带的故事"。①

A. 一天,阿尔弗雷德遇到了他的一个很穷的小朋友。这个朋友告诉阿尔弗雷德,他还没有吃饭,因为家里没有吃的东西。于是,阿尔弗雷德走进一家面包店。因为没有钱,在面包师不注意的时候他便偷了一个面包,然后他跑了出来,并把面包送给他的朋友。

B. 亨丽埃特走进一家店里去。她看到桌子上有一条漂亮的缎带,她心

① 皮亚杰著,傅统先、陆有铨译:《儿童的道德判断》,山东教育出版社1984年版,第139页。

里想，要是自己的衣服上有这条缎带就很好了。所以，在店里的女主人转过背去（即在店里的女主人没有看着）时，她偷了这条缎带，并马上跑了出去。

下面是实验者与一个9岁儿童科姆的对话。①

科姆正确地讲出了这两个故事。

“对于这两个故事，你是怎么想的？”

“那个小男孩不该去偷。他本来就不该偷面包，而应该花钱去买。至于另一个孩子，她也不该去偷缎带。”

“他们中谁比较顽皮些？”

“为自己偷缎带的那个小女孩。小男孩也拿了面包，但他把面包给了那没有吃饭的朋友。”

“如果你是学校的老师，你要对谁处罚得重些？”

“小女孩。”

皮亚杰通过研究得出结论：直到10岁，同时存在着两种类型的回答。一种反应的类型是根据物质的后果来进行评价，不考虑动机；另一种类型是只考虑动机。随着儿童年龄的增大，客观责任（后果）相应减少，主观责任（动机和意图）便逐渐居于支配的地位。儿童的回答表现为客观责任的平均年龄是7岁，而主观责任的平均年龄为9岁。因为6岁以下儿童的智慧发展水平在进行比较方面还存在着一些困难，无法对他们作任何有意义的探问，所以7岁的一般水平便代表了最年幼的儿童。

皮亚杰认为：“仅仅根据物质损坏的程度进行评价是成人的约束通过儿童所特有的尊重发生折射的结果，而远不是儿童思想的自发的表现。……如果成人发脾气的程度与物质破坏的程度成比例，儿童就会用这种方式来看待事物，并从字面的意义上来运用如此强加于他们的规则，即使这些规则并没有完全明确地规定下来，情况也是如此。”②“毫无疑问，客观责任观念的形成是成人施加约束的结果。……无论是责备还是惩罚，成人或某些成人，总是根据客观责任的规则来运用他们的制裁。一般家庭妇女（我们检查的大多数儿童来自非常贫困的地区）对于打碎15只杯子比打碎一只杯子更感到愤怒，乃至完全不考虑犯错误人的动机。于是，广义地看，人们可能会说，它不仅产生于儿童心灵以外的成人的命令，而且，它还是成人本身的榜样。另一方面，在说谎的事例中，我们将发现，几乎完全不管成人的意图如何，他都将客观责任本身强加到了儿童的心灵之上。……当成人本身根据物质后

① 皮亚杰著，傅统先、陆有铨译：《儿童的道德判断》，山东教育出版社1984年版，第153页。

② 皮亚杰著，傅统先、陆有铨译：《儿童的道德判断》，山东教育出版社1984年版，第150页。

果来评价笨手笨脚、小偷小摸的行为时，在多数人看来，他无疑是不公正的。另一方面，那些试图根据动机给儿童进行道德教育的家长在很早的时候便取得效果，在目前的观察以及我们在 6 岁或 7 岁儿童中所能看到的少数主观责任的事例中已经表明了这一点。”①

在皮亚杰看来，儿童最初的客观责任判断优势的起源“似乎只有一种可能的答案。不管成人是通过语言的方式(如不要偷东西，在拿易碎的东西时要小心等)，还是通过实质的方式(如发怒、惩罚)将规则强加于儿童，也不管儿童在他的思想适当地同化它们之前是否将它们付诸实践，对于儿童来说，这些规则都构成了绝对的责任，这样，它们便获得了仪式方面必要性的价值，被禁示的东西也就有了忌讳的意义。于是，道德实在论似乎是约束和早期单方面尊重形式的产物。这种结果是必然的呢，还是偶然的？这正是我们在有关说谎的研究中所要努力解决的问题”②。

② 说谎。

皮亚杰认为，在儿童的心目中，说谎话是远比过失、偷窃等行为还要严重和紧迫的问题，这是由于说谎的倾向是一个自然的倾向。“儿童中的说谎问题是自我中心态度对成人道德强制的抵触。”③

皮亚杰设计的每对说谎故事都包含两个谎话：一个谎话(或仅仅是一种错误)没有任何坏的意图，但明显地背离事实；另一个谎话的内容很可能是真的，但在说谎时带有明显的欺骗意图。比如，“狗的故事和好分数的故事”。④

A. 一个小女孩(或一个小男孩)在街上散步时遇到了一只大狗，这只狗把她吓了一跳。后来她回到家中，并告诉她母亲说，她看到了一只像牛一样大的狗。

B. 一个孩子从学校回家，并告诉她母亲说，老师给了她好分数，但这不是真的。不管是好，还是坏，老师根本就没有给她分数。于是她母亲很高兴，并奖赏了她。

下面是实验者与一个 6 岁儿童费耳的对话。⑤

费耳正确地复述了这两个故事。

“这两个孩子中，哪一个比较顽皮些？”

---

① 皮亚杰著，傅统先、陆有铨译：《儿童的道德判断》，山东教育出版社 1984 年版，第 154 页。
② 皮亚杰著，傅统先、陆有铨译：《儿童的道德判断》，山东教育出版社 1984 年版，第 155～156 页。
③ 皮亚杰著，傅统先、陆有铨译：《儿童的道德判断》，山东教育出版社 1984 年版，第 160 页。
④ 皮亚杰著，傅统先、陆有铨译：《儿童的道德判断》，山东教育出版社 1984 年版，第 172 页。
⑤ 皮亚杰著，傅统先、陆有铨译：《儿童的道德判断》，山东教育出版社 1984 年版，第 175 页。

“那个说看见像牛一样大的狗的小女孩。”

“为什么她比较顽皮些?”

“因为这不可能。”

“她母亲相信她的话吗?”

“不,因为绝不会有(像牛一样大的狗)。”

“她为什么要那么说?”

“为了夸大。”

“那么,另一个孩子为什么要说谎?”

“因为她想使别人相信她得到了好成绩。”

“她母亲相信吗?”

“相信。”

“如果你是母亲,你想对谁处罚得重些?”

“说狗的那个孩子,因为她说了很坏的谎话,她更顽皮。”

皮亚杰指出,儿童“回答的总的基本原则是清楚的,谎话说得越不像,谎话的内容与真实距离越远,谎话也就越坏。关于如同牛那么大的那个谎话特别恶劣,‘因为这绝不可能’,‘因为没有这种事’,因为‘从来没有看见像牛那么大的狗’,因为‘它是个比较大的谎话’。而且,要害之点首先在于,它之所以是谎话,是因为‘你不可能相信它’,母亲一眼就看出这是错误的,而且,这个谎话一下子就被全部揭穿。然而,在学校中得到好分数并不稀罕。得到好分数的事非常可能发生,而且,父母很容易相信。所以,这只不过是一个小谎话,因为母亲相信它,所以就无所谓。”①“从我们所引证的回答中可以非常清楚地看到,所有的被试儿童都理解了这些谎话的意图。他们根据客观责任的标准来评价谎话并不是由于缺乏心理的洞察力,而是因为他们没有用道德的观点来考虑意图。”②

皮亚杰研究发现,儿童从说谎的客观责任去作判断的平均年龄是7岁,而主观责任是10岁。“所以,广义地说,随着儿童年龄的增长,客观责任逐渐消失而让位于主观责任。”③“年幼儿童倾向于忽略意图而仅仅考虑行为的实际后果。相反,年长儿童却相当注意动机。”④

总之,8、9岁前的儿童大多是效果论的判断(从行为的效果来作判断),从10岁左右起则大多是动机论的判断(从行为的动机来作判断)。年幼儿

① 皮亚杰著,傅统先、陆有铨译:《儿童的道德判断》,山东教育出版社1984年版,第181～182页。

② 皮亚杰著,傅统先、陆有铨译:《儿童的道德判断》,山东教育出版社1984年版,第182页。

③ 皮亚杰著,傅统先、陆有铨译:《儿童的道德判断》,山东教育出版社1984年版,第183页。

④ 皮亚杰著,傅统先、陆有铨译:《儿童的道德判断》,山东教育出版社1984年版,第191页。

童这种效果论的道德判断，主要是来自儿童的实在论的思想，也就是来自认为主观的东西有客观性。在道德的判断上，也认为道德是绝对的，不能因观点而改变。道德是从外部强加给儿童的，其价值存在于外界。在善恶的价值判断上，因为很少考虑种种条件，所以，判断是以外在的、客观的效果为标准而进行的，并不探求其动机。这种道德实在论是造成效果论的道德判断的主要原因。可是，过了7、8岁接近9岁或10岁时，道德的实在论逐渐消失，认识到道德已经不是外在的东西，规则是由人们制定的，随着条件是可以变化的，理解到在道德的背后有更大的根本原则，那才是道德的标准。从这时开始，儿童判断行为的是非，与其说是看其表面的效果，不如说是根据其背后的动机来判断。到10岁前后，儿童认为善恶不是绝对的东西，已在人们的相互关系中发现伦理的价值。

(3) 关于儿童协作和公正观念的研究。

儿童的协作和公正观念是皮亚杰儿童道德发展研究中的一项主要课题。皮亚杰从教师和家长偏爱顺从他的学生或孩子的日常事例中设计了许多故事，讲给儿童听，要求他们对“偏爱行为好的孩子是否公平”这个问题做出判断。

在儿童公正观念的发展上，6岁乃至8岁的儿童认为违犯成人禁止的行为是坏的最多，随后把不平等看做是坏事；9岁乃至12岁的儿童，认为被大人禁止的行为是坏事的人激减，认为不平等是坏事的人激增，更进而出现把在成人社会中的坏事看做坏事的人。

从这种调查出发，皮亚杰把儿童的协作和公正观念的发展分为三个时期：

第一个时期，到7、8岁为止，这是公正从属于成人的权威的时期。这一时期的特征是，公正和不公正的观念同义务和不服从的观念混同起来。认为正确的行为，就是服从成人的命令、符合权威指示的行为。认为凡是成人单方下的命令都是正确的，因而，不遵守成人规定的规则的事，即做成人禁止的行为，都判断为不正当或坏行为。不过，有些儿童认为成人的某些处置是不正当的。例如，对没有犯错的人施加惩罚，过去允许的事而现在禁止，成人本身不遵守对孩子规定的规则等情况。可是，如果成人遵守其规则，则认为成人所确立的一切都是正确的。认为在报应的制裁的范围内，一切惩罚是完全正当的、必要的，而且构成为道德的原理。不论过失、偷窃还是谎言，如不加以惩罚是允许的。这一时期的儿童把惩罚的必要置于平等之上，在惩罚的选择上，儿童认为抵罪性惩罚胜于相互性惩罚。在内在性惩罚的领域内，有四分之三以上的儿童相信从自然和无生物中产生的自动性制裁。

儿童在服从和平等两方，拥护平等，权威经常胜过公正。通过这个单方的尊重比相互尊重处于优势的时期，公正的观念只有在协作本身开始不受强制影响的条件下才能发展。离开这一点，公正就是由成人强加的他律的东西。

第二个时期，从 8 岁到 11 岁。这一时期的特征是自律逐渐发展，平等对权威保持着优势。在报应性惩罚的领域内，抵罪性惩罚的观念不接受前一时期那种顺从，认为真正正当的只有一种惩罚，就是从相互性中产生的惩罚。在内在性惩罚上，对自动性惩罚的信仰减少。追求道德行为的动力是道德行为本身，而不受奖励或惩罚的影响。在公正方面，也是平等占优势。在儿童相互关系上，平等主义也逐渐和年龄一起发展。

第三个时期，在 11、12 岁以后，出现了公道感，而且这种公道感只不过是平等主义在其相对性方向上的发展。儿童不求在同一性中的平等，而求适应每个人的特殊情况的平等的权利。在惩罚公正的领域里，同样的惩罚不适用所有的人，应当考虑值得斟酌的情况。

皮亚杰通过对儿童的协作和公正观念的发展的研究，阐述了儿童真正自律的道德产生的过程，反复强调儿童真正的道德是从成人的束缚通过自律，在儿童间的共同社会生活的相互尊重当中产生出来。结果表明，是在相互尊重、共同关系中才产生出公正的平等观念。

3. 儿童道德判断发展的阶段

皮亚杰根据上述几个方面的考察与研究，概括了儿童道德认知发展的三个阶段。

(1) 前道德判断阶段(1.5～7 岁)。这个阶段有两个分阶段：一是集中于自我时期(1.5～2 岁)，与感知动作思维相对应，所有的感情都集中于身体和动作本身；二是集中于客体永久性时期(2～7 岁)，与前运算思维相对应，从集中儿童自身转向集中注意权威——父母或其他照料者，道德认知不守恒。例如，同样的行为准则，若是出自父母就愿意遵守，出自同伴就不遵守；认为对父母要说真话，对同伴可以说假话。分不清公正、义务和服从，他们的行为既不是道德的，也不是非道德的，随着年龄的增长才能对行为做出一定的判断。

(2) 他律道德或道德实在论阶段(5～10 岁)。这是比较低级的道德思维阶段，具有以下几个特点：① 认为规则是万能的、不变的，不理解这些规则是由人们自己创造的；② 在评定行为是非时，总是抱极端的态度，或者是好的，否则便是坏的，还以为别人也这样看；③ 判断行为的好坏是根据后果的大小，而不是根据主观动机；④ 儿童把惩罚看做是天意，赞成严厉的惩罚；⑤ 单方面尊重权威，有一种遵守成人标准和服从成人规则的义务感。

(3) 自律道德或道德主观主义阶段(9～11 岁以后)。这个阶段的道德具有以下几个特点:① 认为规则或法则是经过协商制定的,可以怀疑,可以改变;② 判断行为时,不只是考虑行为的后果,还考虑行为动机;③ 与权威和同伴处于相互尊重的关系,能较高地评价自己的观点和能力,并能较现实地判断别人;④ 能把自己置于别人的位置,判断不再绝对化,看到可能存在的几种观点;⑤ 惩罚较温和、贴切,带有补偿性,以帮助错误者认识和改正。

总的说来,皮亚杰认为儿童的道德认知是从他律道德向自律道德转化的过程。只有达到了自律水平的道德,儿童才算有了真正的道德。

4. 皮亚杰的道德教育观

尽管皮亚杰并没有直接把自己对儿童道德发展的研究结论引入教育实践,但在他的一些论著中,还是表达了对道德教育尤其是道德教育方法的见解。

(1) 针对儿童道德发展的不同年龄特点,提出了不同的道德教育方法。

皮亚杰指出,不同年龄的儿童必须采用不同的道德教育方法,否则就难以达到良好的教育效果。年幼儿童虽然在成人的道德要求下,能够按照成人的要求去做,但他们实际上并不明白为什么要去做。某些成人利用权威对儿童发号施令,随便对他们的行为加以强制和约束,这样丝毫不能促进儿童的智慧和道德的发展,对儿童智慧和道德的发展有百害而无一利。年长儿童能够根据自己的观念上的价值标准对道德问题做出判断,已能用公道不公道这一新的道德标准去判断是非。对这一阶段的儿童施以强制和约束是没有用处的,应该晓之以理,以理服人才会取得良好的效果。

(2) 集体活动和自治管理是最符合心理学研究成果的道德教育方法。

根据道德发展的心理研究,逻辑思维的发展是道德发展的必要条件,协作活动是自律道德发展的根本动力,采用集体活动和自治管理的方法既能促进学生思维的发展,又有利于协作活动的展开,从认知和社会关系两个方面促进儿童自律道德的发展。因此,在发现了儿童的道德发展规律,评判了杜克海姆等人的道德教育论之后,皮亚杰指出:"如果我们必须要在现有的全部教育制度中选择那些最符合我们心理学结果的制度,那么,我们就会把我们的方法转向所谓'小组工作'和'自我管理'。……这个方法准许儿童(或者是在组织好的'小队'里,或者只是根据他们自己自发的集合)共同去追求他们的目标。……协作的地位提高了,它成了发展智慧的一个必要的因素。无需说,这种革新如果说有价值,那也只能是在这个限度之内,即让儿童在实际的活动之中具有主动性。"①因为在他看来,"儿童之间的合作和成人行动的合作是同样的重要。……从道德的观点来看,这种合作能使儿童真正执行行为的原则而不仅是顺从于外在的约束。换言之,通过学生间的有效协作和集体的自觉纪律而引进教室的社交生活,就是我们曾经描述过的新学校所特有的那种活动理想:它是在行动中的道德,正如'活动的'工作乃是作为活动的智力一样。尤有甚者,合作有助于形成许多特殊的、相互关联的价值,如以平等为基础的公平和'有机的'互相依赖这类价值"②。

(3) 发挥成人尤其是教师在儿童道德发展中的最佳作用。

皮亚杰的研究表明,对儿童的道德教育不便采用权威的方法,也不便采用纯个人主义的方法。他明确指出:"想要给儿童一个充分完成的纪律制度而同时又要儿童们自己的社会生活足以发展到产生一种无限接近于成人道德的那种内在服从的纪律,这是荒谬的,乃至是非道德的。当他自己积极研究的兴趣和他想要协作的欲望足以保证一种常态的智慧发展时,那种试图从外部来转变儿童心灵的做法是无效的。所以,从道德的和理智的两个观点来看,成人应当是一个协作者而不是一个主人。"③但这并不是反对成人在恰当的情况下对儿童运用权威力量,"成人所施加的约束,如果是符合儿童心智中十分深刻的倾向的话,就会产生较大的效果"④。

虽然皮亚杰认为儿童是根据他们独自环境的经验来形成道德观念的,但并不否定教师的作用。儿童的道德不会自发地发展,儿童的道德观念也不会自发地形成。这就需要教师来引导、来教育,以便使他们达到更高的道德水平。儿童每个阶段的道德发展都离不开教师,离不开教师与儿童之间及儿童与儿童之间的社会交往与社会合作。教师的作用在于为儿童提供正当的社会性相互作用的机会,引起他们的认识冲突,打破道德认知平衡,重构自己的道德观念。

就如格鲁伯和弗内歇所分析的:"皮亚杰意识到了他的工作所产生的深层社会问题。尽管道德判断以某种正常的方式发展,但成人行为达到儿童能够达到的理想化的标准一点也不明显。有许多不同的可能途径可以理解这种不一致。譬如,假定在一种经常是非理性和腐化的社会压力下,可能成熟成人能够达到高水平的道德判断,但道德行为则不必然出现。或者,可能是生活在这样的社会里,最终会削弱道德判断的能力,甚至是削弱理性思维

① 皮亚杰著,傅统先、陆有铨译:《儿童的道德判断》,山东教育出版社 1984 年版,第 489 页。
② 皮亚杰著,傅统先译:《教育科学与儿童心理学》,文化教育出版社 1981 年版,第 184 页。
③ 皮亚杰著,傅统先、陆有铨译:《儿童的道德判断》,山东教育出版社 1984 年版,第 488 页。
④ 皮亚杰著,傅统先译:《教育科学与儿童心理学》,文化教育出版社 1981 年版,第 182 页。

的能力。”[①]

可以说，皮亚杰揭示的道德发展规律肯定了认知的发展和教育在儿童道德发展中的作用，他提出的儿童道德发展的阶段论、教育方法等为继续研究儿童的道德发展提供了一种方法和思路。但在他的理论与教育实践两者之间还是存在着很大的差距，这正如他本人所认识到的：“证明在儿童们的游戏和自发社会生活中的协作产生了一定的道德影响是一回事，而要证明协作可以作为一种教育方法而普遍加以应用这一事实却是另一回事。”[②]

四、儿童的游戏

皮亚杰的游戏理论是从他的智慧发展理论派生出来的，或者说，他关于儿童游戏的观点是他对儿童发展基本观点的扩展和具体化。在皮亚杰看来，游戏是学习新的物品和事物的方式，是形成和扩大知识与技能的方式，是把思维和行动结合起来的方式，是儿童智慧发展的重要手段。

图 4-7　儿童的民间游戏

儿童为什么需要进行游戏呢？儿童游戏的实质是什么？皮亚杰认为，这是因为游戏给儿童提供了巩固他们所获得新的认知结构以及发展他们情感的机会。他说：“儿童不得不经常使自己适应于一个不断地从外部影响他的由年长者的兴趣和习惯所组成的社会世界，同时又不得不经常使自己适应于一个对他来说理解得很肤浅的物质世界。但是通过这些适应，儿童不能像成年人那样有效地满足他个人情感上的甚至智慧上的需要。因此，为了达到必要的情感上和智慧上的平衡化，他具有一个可资利用的活动领域，在这领域中他的动机并非为了适应现实，恰恰相反，却使现实被他自己所同化。这里既没有强制也没有处分，这样一个活动领域便是游戏。”[③]也就是说，在游戏中，儿童能安全地检验新的行为模式。他能练习新的运动、社会性、智慧、情绪的行为方式，而不必受一定结果的妨碍。在真实生活中，他冒着犯错误、不一致、生气或混淆的危险，而在游戏中，因为游戏提供了儿童实验一个角色或活动的机会，使他可以根据自己的意愿修正、变化活动的方向，可以自己安排事

① 约翰·马丁·里奇、约瑟佛·L·戴维提斯著，姜飞月译：《道德发展的理论》，黑龙江人民出版社2003年版，第54页。

② 皮亚杰著，傅统先、陆有铨译：《儿童的道德判断》，山东教育出版社1984年版，第490页。

③ 皮亚杰、英海尔德著，吴福元译：《儿童心理学》，商务印书馆1980年版，第46页。

件，从而获得兴趣、需要以及情感上的满足。因此，皮亚杰认为，游戏是儿童心理发展的内在要求。同时，儿童在游戏中扩大认识，形成一些概念，思维变得更灵活，用实物、动作和语言来表现周围世界。游戏是儿童智慧活动中的重要方面，它对儿童的智慧发展以及整个心理建构的发展都具有重要意义。

皮亚杰的游戏理论认为，儿童的智慧发展阶段决定了他们不同的游戏方式。皮亚杰提出了三种类型的游戏：练习性游戏（exercise play）、象征性游戏（symbolic play）和有规则的游戏（games with rules），它们分别与智慧发展的感知运动阶段、前运算阶段和具体运算阶段相对应。

（1）练习性游戏是一种最初形式的游戏，是在感知运动水平上出现的唯一的一种游戏，而且日后仍部分地保留着。它不包含象征主义或任何特征的游戏方法，而是在适应过程中重复着所习得的活动，以取得欢乐。在婴儿期，练习性游戏的种种特定方式是随着初级、二级和三级循环反应的顺序发展而出现的。最初只是一种模仿性的行为，还不能称之为游戏。例如，儿童偶然发现了别人摇摆一个悬挂着的物体会发出音响，他最初重复这个动作是为了适应它并了解它，但这还不是游戏。在此以后，他就一再摇摆这物体，这样的行为就变成了游戏，他重复这种行为模式是为了单纯的“功能性快乐”。也就是说，这是一种习得的行为格式，它脱离了当初的适应性的摇摆动作，是为使产生音响的效果而引起欢乐这一目的而做出的重复练习。二级循环反应水平的实例，如儿童连续拉绳子以使一个玩具鹦鹉移动，看来儿童此时更注意拉绳子的动作，而不注意拉绳子的结果。在皮亚杰看来，三级循环反应水平的游戏则是不同行为的联合和重复。此时儿童也没有注意到这些行为的结合给他所处的情境会带来什么影响，反之，儿童的注意却集中在为结合而结合上，集中在故意制造复杂情况上，这种复杂情况对实现原有的目标乃是一种障碍，而这个原有目标却是当初促使这种行为产生的原动力。按照皮亚杰的见解，练习性游戏所以能产生乐趣，在于儿童感觉到他能控制自身，控制环境。在感知运动发展阶段可以看到，儿童往往带着愉悦表演、练习新获得的运动技能，沉溺于自己的能力、信心都在增长的感觉之中。

（2）象征性游戏在2、3岁到5、6岁之间达到了发展的高峰。皮亚杰认为，3岁前儿童的游戏主要表现为自我模仿和模仿他人的简单动作。比如，在游戏中重视自己的动作，让玩具小狗当小孩（他自己），自己出声替小狗哭。用手指着报纸念念有词，假装读报，等等。3岁以后，儿童的游戏明显地出现象征性的组合，不再是单个动作的零散的模仿，游戏有了情节。比如，玩“娃娃家”时，把家里的人物和有关的活动都联系起来。儿童游戏中的象征性活动是个体性的，儿童可以根据自己当时的意愿，任意确定“信号物”，这种活动正适合于儿童表征活动的特点。皮亚杰说，在这阶段的儿童开始“需要一种自我表达的工具，即是一个由他构成的并能服从于他意愿的信号物体系，这也就是作为象征性游戏特征的象征体系。这些象征虽把模仿作为一种工具，但并非用以正确地描绘外界现实。因此，象征性游戏不仅是现实对个体自己的一种同化作用，好比一般的游戏那样，而且通过象征性‘语言’，使同化作用成为可能（并得到强化），而这种象征性语言是由个体自己发展形成的，且能按自己的需要加以改变”①。也就是说，儿童可以脱离当前对实物的知觉，以表象代替实物作思维的支柱，进行想象，并学会用语言符合进行思维。因此，象征性游戏反映了符号机能的出现和发展，象征性功能表现为能够运用信号物，即以一物作为另一物的信号或代替物。例如，用一块积木当做“肥皂”洗手，也可以当做“汽车”驾驶，等等。儿童根据自己的意愿展开想象翅膀。儿童在游戏中以物代物是表征思维出现的标志之一。皮亚杰还认为，象征性游戏并非是一种“货真价实”的模仿性行为，儿童并不是真正在打斗，而是好玩地假装在打斗。所以，象征性游戏也称假装的游戏。

皮亚杰指出，象征性活动有两个特征：第一，象征性活动是从儿童习得、运用和练习这种活动的实际情境中分离出来的；第二，象征性活动虽然是与原来的情境分开了并且变得不同了，但儿童仍然认为它们属于原来的情境。此外，象征性游戏可帮助儿童解决情感上的冲突。例如，倘若儿童经历了一个吃饭的场面，一般在一两个小时以后儿童便会用玩具娃娃重现这种场面，并且会带来一个较为愉快的结局，如在游戏中接受了她在吃饭时所没有接受过的东西，把没有喝完的她不爱喝的汤，象征性地让玩具娃娃喝完了它。皮亚杰还认为，游戏也可以帮助儿童对未满足的要求得到补偿，实现角色的颠倒（如服从与权威的颠倒）和自我的解放与扩张，等等。因此，游戏象征不仅具有认知的意义，而且是一种儿童情感的投影。

(3) 有规则的游戏（如打弹子、独脚踢石块等）相互地从一个儿童传给另一个儿童，随着儿童社会生活的扩大，增加了它的重要性。随着儿童年龄的增长，有规则的游戏逐渐取代了象征性游戏。它以规则为游戏中心，摆脱了具体情节，用规则来组织游戏。真正的有规则游戏，如排球、田径赛等，到小学后才能进行。皮亚杰认为，进行这种类型的游戏，变得更能适应真实环境，服从真实世界的规则和顺序。因此，它表明儿童达到了能更好地将自己

① 皮亚杰、英海尔德著，吴福元译：《儿童心理学》，商务印书馆1980年版，第46页。

的思维顺化真实世界的阶段。

在皮亚杰看来，游戏的规则来自集体对娱乐活动的组织，从而带有一种社会责任感。同时，儿童不经过推理上的努力是不能制订并应用规则的，有规则的竞赛要求实际参加游戏的儿童具有相应的智慧水平。也就是说，如果儿童的智慧达不到一定的水平，他们就无法理解并遵守规则，更谈不上共同制订规则了。也许更重要的是，在有规则的游戏中体现出来的社会性行为的规范化，反映了儿童参与有规则的或由规则支配的社会关系的能力，同时，也为儿童积极的交往提供了良好的基础。毫无疑问，有规则的游戏对儿童社会性的发展有着极为重要的意义。

皮亚杰指出，当婴儿认识到环境既有别于自身又独立于自身时，游戏活动的可能性便出现了。最先出现的是练习性游戏，接着是象征性游戏，然后是有规则游戏。那么，这三种游戏之间有着什么样的关系呢？皮亚杰认为，正如一旦思维出现了，符号就取代了行动。一旦形成了社会关系，规则也就取代了符号，并且把行动统一了起来。

皮亚杰游戏理论非常强调儿童在游戏中自由自在的活动。根据皮亚杰的观点，游戏的主要副产品之一就是愉快或纯粹的乐趣，儿童经常长时间地用一个玩具游戏，或者带着深深的满足把石头扔到坑里。在游戏中，儿童并非为了追求游戏的结果，而是为了在游戏过程中使自己的认知、情感、动作等方面得到充分自由的发挥，而不受现实的、成人的约束，从而获得兴趣、需要以及情感上的满足。因此，皮亚杰认为教师的主要任务在于给儿童提供相应的游戏材料和设备，激发儿童的兴趣，使儿童在游戏活动领域中自由地探索事物，发现问题。这个过程就是利用儿童的好奇心，使儿童发挥自己的能力，允许他们根据自己的方式进行游戏活动，从而满足他们发展需要的过程。

总之，从皮亚杰的游戏理论可以看出，游戏是儿童巩固认知机能、解决情感冲突、补偿未满足需要的一种重要途径。

皮亚杰理论对儿童心理学的贡献是十分巨大的，他批判了各种形而上学的发展观，提出了儿童心理发展是在内外因相互作用中不断产生量和质的变化的心理发展观，提出了影响儿童心理发展的四个要素，即生物成熟、物理环境、社会环境和平衡化。这四个因素对儿童心理的发展各具有独特的作用，是其他因素所不能代替的，它们共同作用，推动儿童心理向前发展。皮亚杰提出的儿童心理发展的阶段论，指出心理发展的阶段具有连续性、交叉性、顺序不变等特点，对儿童心理学的研究有积极的意义。皮亚杰的研究极大地丰富和深化了儿童心理学的研究，成为儿童心理学史上的一座重要的里程碑。

皮亚杰的理论对认知心理学的发展有着重要的贡献，并成为当代广义认知心理学的重要组成部分。通过对儿童科学概念及心理运算的起源的实验分析，探索了智慧形成和认知机制的发生发展规律，为认知发展心理学的建立奠定了基础。

第五章

皮亚杰的儿童语言发展观

语言是儿童心理发展的一个很重要的方面。皮亚杰的儿童语言发展观主要体现在他的第一本心理学著作《儿童的语言与思维》(1923)之中。皮亚杰的语言思想对儿童语言发展研究产生了深远的影响。本章主要考察皮亚杰对儿童语言发展研究的贡献,他对语言与思维关系的论述,以及他和维果茨基关于儿童自我中心言语问题、与乔姆斯基(N. Chomsky)关于语言来源问题的争论。

第一节　皮亚杰对儿童语言发展研究的贡献

要评价皮亚杰对儿童语言发展研究的贡献,对研究者来说是一件困难且把握不大的事情。这是因为,一方面,语言问题特别是儿童语言发展问题,在皮亚杰的研究生涯中相对来说不是广泛研究的领域;另一方面,对皮亚杰关于语言方面的唯一的著作《儿童的语言与思维》(1923)却又是众说纷纭。我们试图以《儿童语言与思维》自发表以来的历史命运为线索,依据皮亚杰的语言思想对近期儿童语言发展研究所产生的实际影响,来评价皮亚杰对儿童语言发展研究的贡献。

一、《儿童的语言与思维》的历史命运及其影响

《儿童的语言与思维》是皮亚杰的处女作。他对瑞士卢梭学院“幼儿之

家”中的2～7岁儿童在自由活动时的具体细节以及他们的言语和谈话进行了观察、记录和整理，从而写就了这本书。此书1923年出版，1926年起被译成各种文字，从而为世人所关注。20世纪60年代又开始了此书的“复苏热”。我们这里感兴趣的是，一本普通的处女作，为何能如此不断地被人们所引用，以致长期兴盛不衰呢？这无疑有深刻的内在原因。这些原因值得仔细分析，从中我们可以看出皮亚杰对儿童语言发展研究的影响的精神实质所在。

首先，我们从皮亚杰处女作的意义开始分析。一般而言，一本处女作其本身并没有什么特殊的地位。但若该书是某一探究领域的首次有意义的论述，并具有开创性的价值，那么此书的确可以被设想具有特殊的地位。在《儿童的语言与思维》“第三版前言”中，皮亚杰谦逊地称这本书“只是一些初步研究的文集”①。但克拉帕瑞德在此书“序言”中显然认为该书远胜于此。他不断地提及皮亚杰的天才，他给予这本书以极高的评价：“这是一本卓越的书籍，其重要性值得加倍的强调，因为它的新颖之处不仅在于作者所获得的结果，而且也在于作者求得这些结果时所用的方法。”②“我感到我既有权利，也有责任对他的工作表示我真诚的钦佩。”③这样，皮亚杰的处女作的地位和意义就非同一般了。

对《儿童的语言与思维》呼声不断的第二个原因，可以解释为此书是皮亚杰最为人们所理解的著述之一。从某种程度上说，在皮亚杰开始热衷于从事“发生认识论”的研究以前的早期所有著述都是如此。正如克拉帕瑞德在“序言”中指出的那样，皮亚杰的第一批论著对于精神发展的心理学，无论是在事实方面还是在方法方面都做出了开创性的贡献。在皮亚杰之前，儿童的精神在心理学家们的印象中只是一片可怕的混乱。与这些心理学家相反，皮亚杰为儿童精神的研究提供了一个全新的、完整的了解。从现在的观点看，尽管《儿童的语言与思维》相对而言主题不十分明了，但它仍成为人们关注的热门话题，尤其是在皮亚杰关于“自我中心”一词究竟为何意或不为何意方面。

《儿童的语言与思维》能一直保持其吸引力的第三个原因是，它是皮亚杰在语言方面唯一的著作（当然这并不排除他在其他著作中关于语言的论述）。事实上，任何一位被皮亚杰理论所吸引并对语言有兴趣的人都想读他

① 皮亚杰著，傅统先译：《儿童的语言与思维》，文化教育出版社1980年版，第13页。
② 皮亚杰著，傅统先译：《儿童的语言与思维》，文化教育出版社1980年版，第1页。
③ 皮亚杰著，傅统先译：《儿童的语言与思维》，文化教育出版社1980年版，第8页。

在这方面的见解。特别是该书超出了一般语言发展研究的传统。这主要表现在两个方面：一是它根本未谈及“语言获得”方面；二是它也未大量论及传统意义上的语言与思维的关系。对这两个方面有兴趣的人应该进一步阅读皮亚杰的《儿童符号功能的形成》(1945)(英文版名为《儿童期的游戏、梦和模仿》,1951)。

那么,《儿童的语言与思维》到底讲些什么呢？其实,皮亚杰在书中第一句话就告诉了我们:“本书所要解答的问题可以叙述如下:当儿童讲话时,他要满足一些什么需要？严格讲来,这个问题既不是语言学方面的,也不是逻辑学方面的;这个问题属于机能心理学的范围,但是它应该用来作为研究儿童逻辑的一个合适的序曲。”①对此,克拉帕瑞德表示:“我是特别赞成这个见解的,所以我也许有资格强调这个观点。机能的问题丰富了结构的问题,而且比其他的方式更好地陈述了这个问题。唯有它给予了机制的细节以充分的重要意义,因为它是从整个机器的关系中看待这些细节的。皮亚杰先生之所以能进行如此充分的观察,做出如此丰富的结论,这也许因为他的研究工作是从下面这个问题开始的:‘语言的机能是什么？儿童为什么要讲话？’”②

皮亚杰的方法是一种会让被视为“结构主义者”的人感到吃惊的机能方法。克拉帕瑞德在“序言”中解释了这一看起来似乎“矛盾”的现象:皮亚杰能够描述结构,只是因为他首先给自己提出的问题都是机能问题。而这一“矛盾”处在《儿童的语言与思维》热又开始复苏的 20 世纪 60 年代的历史背景下则更为有趣。当时,人们追随乔姆斯基,各种研究语言的结构蓬勃兴起。感到语言基本的心理方面受到忽视的人便四处寻求描述语言本身的方法。由于斯金纳的理论已受到人们的怀疑,而皮亚杰描述了学前和低学龄儿童是如何使用语言的,因而除他这位“结构主义王子”本人之外,谁还能提出一个更好的方法呢？下面我们就来看看皮亚杰研究的具体方法。

二、“临床法”:语言发展研究的新方法

皮亚杰对儿童语言发展研究的第一个重大贡献,是他发明了研究儿童语言发展的新方法——“临床法”(我们已在第三章对此方法有详细的阐述)。尽管皮亚杰临床法有一个演变过程,但它的基本精神却是在《儿童的

① 皮亚杰著,傅统先译:《儿童的语言与思维》,文化教育出版社 1980 年版,第 15 页。

② 皮亚杰著,傅统先译:《儿童的语言与思维》,文化教育出版社 1980 年版,第 7 页。

语言与思维》中奠定的。作为研究儿童语言的方法，临床法既使用观察法也使用实验法。前者用于记录托儿所内儿童游戏时的“自发的”谈话或对话，后者用于检测儿童传递具体信息的能力。皮亚杰观察法表明，儿童中有大量的非社会言语，而实验法则证实了一个检测儿童间理解对方程度的技术。应该说，这两种方法至今仍很盛行。例如，有人沿袭传统的自然主义式的记录，再对所得资料进行语言分析。现代的“话语分析”程序加深了各种技术，而随后的研究又能使我们对皮亚杰首次离析了的现象做出不同的解释。皮亚杰的实验法是现在称之为“参照性交流”研究所用方法的先河。从儿童语言发展研究现状来看，当代各种方法在一定程度上忽略了皮亚杰方法的某些特色，而这些恰恰是其方法的独特之处。下面我们试作具体分析。

图 5-1　皮亚杰与儿童交流

我们知道，皮亚杰把儿童的语言机能分为自我中心言语和社会化言语。这两类语言机能均来自仔细记录下来的儿童自发谈话。但皮亚杰认为，要想知道儿童对他们所听见的内容理解了什么，就有必要运用实验法。用此法时，人们对所要交流的信息有所控制，并能测出信息被同化的程度。皮亚杰的实验技术包括两种活动：一个涉及到叙述一个故事；另一项活动是借助图表解释一个简单的机械物体（如水龙头）的运转或操作。其步骤是：先由一成人向一儿童讲故事（或解释如何操作水龙头），然后再由该儿童将此故事告诉一位朋友，这位朋友（再述人）最后回过来将故事讲述给成人，两位儿童的讲述均被记录下来。

这种方法的优点在于，它使人们可以比较言语行为，并能确切指出故事或解释的哪些方面引起困难，即被省略或被曲解。人们也能比较这类性质的活动中成人和儿童作为“解释者”的语言行为。的确，这是皮亚杰给我们的一个范例。现在，人们常将此用于研究参照性交流——尽管大多数使用此方法的人忽略了皮亚杰的一个基本原则即“互反性”原则。这一原则的基本思想是：交流思想不仅是个社会现象，也是个互反现象，是一种需要互换的相互作用。参加谈话的人轮流做出言语交流，并对别人的响应有反应。如果没有互反性，我们只会得到自我中心言语而不是对话。在某些场合下，如会议或政治会议，会出现很长一段时间内只有一个人在说话，但若认为这种场合缺少相互交流而推断它们不具有社会化，则会误入歧途。甚至于最不敏感的演讲者也会注意到他们的听众，于是，在观众听了对他们的介绍后他们才开始讲话，而且要等到观众平静下来后才开始他们的演讲。如果演讲中有任何部分会引出笑声、掌声或带敌意的喧哗，演讲者会停下来，直到观众的“热烈”停止。因此，根据皮亚杰的原则，“交流”发生在社会环境中，是一种互反的或相互依赖的活动。其中，一方的交流决定着对方的交流，同时自己也被对方的交流所制约。也许这一原则的唯一例外是铅印文字和广播媒介，在这两种交流形式中，听众以一种非互反的方式进行活动，尽管有效地阅读和留神地听也是一种积极的、而非被动的活动。

皮亚杰这一互反性原则，永远消除了儿童是一块黏土、要靠社会力量来浇铸成形的观点。儿童在构造他的世界过程中起积极作用，这一点已经被布鲁纳(J. S. Bruner)称为“心理学上的陈词滥调”。于是，许多当代的实验研究的确是有悖于互反性原则的。例如，实验参加者之一可能被蒙住了双眼或在幕布后面或被要求保持安静，然而讨论实验结果时却似乎这些结果可以被推广到日常场合。此外，常常只是测量其中的一位参加者，或是讲话者或是听者，似乎语言行为丝毫不受对方的影响。

当然，在《儿童的语言与思维》中，皮亚杰本人似乎偶尔也忽略了这个作为他的理论基础的基本原则。有时他只注意到解释者所说的话，而不留心发生在两人之间的相互作用。否则他就不会得出这样的结论：“一方面，只有从7、8岁起，在儿童之间才可能有真正理解的谈话。在这时以前，言语表达(省略的表达方式，不明确的代词，等等)和理解本身的自我中心因素以及各种派生的因素(陈述的缺乏秩序，并列，等等)都太重要了，以致不容许儿童之间有真正的理解。在7岁与8岁之间，这些因素就变得不太活跃了，而且其中的某些因素(缺乏秩序)甚至已经消逝了。另一方面，在6、7岁的儿童和7、8岁的儿童之间，在倾向客观的努力方面却还存在着差别。两个独立的现象的这种会合肯定不是偶然的事情，而且这种会合使我们能够确定儿童在言语方面的理解开始于7岁和8岁之间。”[①]在皮亚杰看来，正是由于缺乏互反性交流，年幼儿童交流的效率极低。但他举的某些例子却使人感到可能并非如此。

例如，下面发生在汉斯(3岁8个月)和巴巴拉(4岁1个月)之间的对话：

巴巴拉：我要生火(走近火炉)。

汉斯：不，巴巴拉，你不必生火，因为我们已经有了暖气装置。

巴巴拉：是的，我要生火。

汉斯：不，不必生火，因为我们有了暖气装置，已经暖和了。

① 皮亚杰著，傅统先译：《儿童的语言与思维》，文化教育出版社1980年版，第147页。

另一个例子：

汉斯：昨天我只得单独喝茶。

巴巴拉：为什么单独？

汉斯：因为你，你不在那里。

巴巴拉：不，因为有客人。①

皮亚杰在谈到他称为“儿童间最高层次的对话”即“合作和辩论”时，对两种不同的情况作了区分：有“行动”的情况和有“言语”的情况。前者是伴有行动的，行动的合作或辩论伴有姿态和手的动作。“所以丝毫也不考虑谈话是否可以理解，因为谈话者已经亲眼看到了客体。”②皮亚杰的印象是，在有行动的对话中，5岁至6岁儿童能理解对方的意思，但在涉及到抽象的言语辩论中，理解只有在7岁和8岁儿童之间随着自我中心状态的减少才产生。因此，如何在正规实验活动场合进一步体现皮亚杰的互反性交流原则，并克服皮亚杰本人有时出现的疏忽，是儿童语言发展实验研究面临的一个重要课题。

三、“儿童间交流”的新开拓

在《儿童的语言与思维》中，皮亚杰关于自我中心特别是“自我中心言语”的理论的创立，对于今天广泛开展的儿童“社会认知”发展研究具有开拓性的意义。尤其是皮亚杰关于“儿童间交流”的研究，对于现今儿童“主体间性交流”研究具有直接的启发意义。皮亚杰从划分语言机能的区别入手来研究儿童间的交流。这些语言机能是他从自发言语的资料中分辨出来的，其主要区别在于自我中心言语和社会化言语。下面我们分别探讨它们各自的意义。

1. 儿童的“自我中心言语”

自我中心言语，按皮亚杰的界定，“他并不要知道他是在对谁说话，也并不在乎对方是否在听他说话。他或是对自己说话或是由于和一个偶然在他身边的人共同活动感到愉快而说话。这种说话是自我中心的，一部分因为他只是对他自己说话，但主要的是因为他并不要按照他的听者的观点说话。任何偶然在他身边的人都将被当做是他的听者。虽然他幻想着有人在听他讲话并懂得他讲的话（除非也许在完全独自一人的时候，但即使如此，他也

① 皮亚杰著，傅统先译：《儿童的语言与思维》，文化教育出版社1980年版，第277页。

② 皮亚杰著，傅统先译：《儿童的语言与思维》，文化教育出版社1980年版，第97页。

会幻想有人在听他讲话)，儿童只是追求明显的兴趣。他并不想影响他的听者，也不想告诉他什么东西……"[①]简单说来，就是指儿童不理睬他在对谁说话，也不关心别人是否在听他说的言语。

皮亚杰进一步将自我中心言语分为三个范畴：

(1) 重复(无意义字句的重复)。儿童为了感到说话的愉快而重复这些字句和音节，他并没有想到要和任何人说话，甚至当他讲一些有意义的字句时也是如此，这种重复不具有社交的性质。例如，"加克对艾茨说：'艾茨，看，你的短衬裤露出来了。'皮埃在房间的另一边立即就重复说：'看，我的短衬裤露出来了，我的衬衫也露出来了。'"[②]根据皮亚杰的看法，皮埃之所以这样说，只是为了欣赏重复这样一句话，即只是因为他使用这些字词而感到愉快，只是为了玩弄这些字句，而不是为了使自己参加这次交谈。皮亚杰在书中用的是 6 岁儿童，但他又提到了他所听见的年幼儿童对音节和声音的模仿。皮亚杰似乎对这两种情况内的现象并不太感兴趣。然而现今有证据表明，重复作为标志某一新的区分的格式，作为保存信息处理能力的策略起了极为重要的作用。有人观察到母亲和儿童在维持交流的渠道及补救出现的"卡壳"时所扮演的角色。儿童的自我重复是重要的一面，但它并非是皮亚杰所说的模仿言语，因为语调或扩展的微妙变化相当频繁，并且儿童也显然在使用能感染听者的行为。

(2) 独白。儿童对他自己说话，似乎他在大声进行思考，他并不是对任何人说话。例如，"李维独自坐在他的桌位上，说：'我想画那幅图画，……在那里……我想画点什么东西，我在画。我需要一张大纸绘图。'"[③]在皮亚杰看来，独白有两种形式：其一是作为一种刺激而非沟通思想的手段，用来加速或伴随行为；其二是用幻想的满足去代替行动，这往往在儿童孤独的情况下发生。

皮亚杰指出，对儿童来说，言语比对我们来说更加接近于动作和运动；言语和具体的意义是密切相连的，因而只要说出这些言语而不涉及有关的行动，这些言语就能被视为引起有关行动的因素。他还强调，当儿童行动的时候，即使当他一个人单独行动的时候，他都势必要说话。儿童讲话的唯一目的时常只是表明他的动作的节奏。例如，皮埃在计数架旁边，手拿着算术抄写簿，"他走到计数架旁，考虑他的数字应该挑选什么颜色，这个颜色应该

---

① 皮亚杰著，傅统先译：《儿童的语言与思维》，文化教育出版社 1980 年版，第 23 页。
② 皮亚杰著，傅统先译：《儿童的语言与思维》，文化教育出版社 1980 年版，第 27 页。
③ 皮亚杰著，傅统先译：《儿童的语言与思维》，文化教育出版社 1980 年版，第 29 页。

符合计数架上的第9行。‘粉红色的粉笔，它就代表9字。’(他唱着歌)”①。皮亚杰认为，这一场面的意义是：整个这一段独白都是伴随着动作进行的，而没有其他的目的。皮亚杰的这些观点似乎与“言语行为理论”非常接近，此理论在皮亚杰写下这些话大约50年后已成为研究交际能力发展的主要趋势。

皮亚杰认为儿童的言语，特别是在独白情况下是用来伴随、加强或补充动作的，他甚至说“言语的机能只是当做一种刺激而绝不是当做一种沟通思想的手段”②。他是否想暗示言语只是一种无害的附属物？是否想通过否认语言在这种情况下的交流作用而忽视言语力量是认知的组织因素？应该说，皮亚杰这里的观点与维果茨基是有很大距离的。在《社会中的心智》一书中，维果茨基写道：“智慧发展过程中最有意义的时刻是在言语与实际行动汇合的时候。”接着在回顾一些实验结果时他说：“儿童的言语和行动的作用对达到目标一样重要。儿童不仅仅说出他们手头正在做的事情，他们的言语和行动是同一个复合心理机能的一部分，目标都是解决现有的问题。”③我们应该承认，皮亚杰对自我中心言语的确有一些偏激的言论，而且在言语与动作的关系问题上，维果茨基讲的道理可能比皮亚杰更令人信服。

(3) 双人的或集体的独白。在这种现象中，总有一个局外人和当时的行为或思想联系在一起，但既不要他参与谈话，也不要求他懂得这种谈话。当儿童只是对他自己讲话而不管听者的观点，甚至不知道是否有人听他讲话，是否有人懂得他的话的时候，便发生了集体独白。儿童从不注意这个人的观点，这个人的出现仅起一种刺激作用。单一独白和集体独白的唯一区别在于，在集体独白中，总有一个局外人和当时的行动联系在一起。但在这两种独白中，既不要局外人参与谈话，也不要求他懂得这种谈话。但独白确实起着作用。例如，“李维说：‘我说，我得到一支枪把他杀掉。我说，我是骑在马上的首领。我说，我有一匹马，也有一支枪。’”④皮亚杰认为在许多集体独白的句子中，大多数都是从“我说，我”开始的，此时，儿童认为每个人都在听他说话，这是这种类型的话和纯粹的独白不同的地方。至于它的内容则完全和独白一样，儿童只是通过大声说话来思考他的行动，他不想告知任何人什么东西。

---

① 皮亚杰著，傅统先译：《儿童的语言与思维》，文化教育出版社1980年版，第30页。

② 皮亚杰著，傅统先译：《儿童的语言与思维》，文化教育出版社1980年版，第31页。

③ 熊哲宏、匡春英：《皮亚杰对儿童语言发展研究的贡献——兼论〈儿童的语言与思维〉的历史地位》，《河南教育学院学报》(哲学社会科学版)，2001年第2期，第114页。

④ 皮亚杰著，傅统先译：《儿童的语言与思维》，文化教育出版社1980年版，第34页。

据皮亚杰的统计分析，自我中心言语在儿童的言语交往中占有很高的比例。3 岁以前乃至 3 岁，自我中心的言语占全部言语的四分之三和一半；在 3 岁至 6 岁之间，这种自我中心的言语经过了一个半静止的阶段，就逐渐减少了，同时动摇于言语的一半和三分之一之间；7 岁以后，减少到全部自发言语的四分之一。

显然，皮亚杰对儿童自我中心言语的研究是置于其自我中心思维的架构之内的。也就是说，儿童自我中心言语只是儿童自我中心状态的一种体现。在皮亚杰看来，"儿童自我中心状态的特点不是在社会的或道德的领域内发现的，也不是在儿童对他自己的意识中发现的，而是在理智的领域内发现的。儿童的自我中心状态是他的认识活动的一个特点；我们甚至于可以说，是一种认识现象，如果我们能把儿童的智慧心理学称为比较认识论的话……那么理智的自我中心状态是什么呢？它是儿童心灵所具有的一切前批判性的，前客观性的认识态度的总和；至于这些态度是有关自然的，有关别人的，或有关他自己的，那都没有关系。因此，从根本上讲来，自我中心状态既不是一种自觉的现象（当自我中心状态变成自觉的时候，它就不再是自我中心的了），也不是一种社会行为的现象（行为只是自我中心状态的一种间接的体现而并不构成自我中心），而是一种系统的、不自觉的幻想，一种关于前景的幻想"①。在皮亚杰看来，自我中心言语出现于儿童尚未成熟的心灵，是他们自我中心意识（思维）的表现，也就是说，儿童之所以自我中心地自言自语，是因为他们难以想象出他人的想法，或站在对方的立场上去思考。因而他们的多数言语都是说给自己听的，几乎不具备任何实际的交际功能，而只起伴随、补偿或强化运动性活动的作用，或者具有一种非推论的性质。在这种情况下，一个儿童的言语表达起着促进另一个儿童言语表达的作用，但说话的儿童既没打算要对方去听，也没有想要其领会。皮亚杰认为，自我中心言语的数量会随着年龄的增长而有所减少，随着儿童开始具备真正的社会性，自我中心言语的现象会逐步消失。

2. 儿童的"社会化言语"

按皮亚杰的界定，社会化言语是直接与对方交流式的言语。它包括适应性的告知、批评与嘲笑、命令、请求与威胁、问题与回答。

（1）适应性的告知。是指儿童实际上是要促使别人听他讲话并且想方设法影响别人，即把某个事情告诉他。在这里，儿童真正和别人交流思想：他或者告诉他的听者一些他感兴趣并影响其行动的事情；或者通过彼此辩

① 皮亚杰著，傅统先译：《儿童的语言与思维》，文化教育出版社 1980 年版，第 300 页。

论或为了达到某一共同的目的而互相合作，实际上交换思想。当儿童能从听者的观点说话而这个听者也不是胡乱挑选的时候，便产生了适应性的告知。皮亚杰称："判断适应性告知的准则是，这种告知是成功的。"[①]某机能不再仅仅是刺激说话者的行动，而是把自己的思想传递给别人，以达到沟通理智过程的目的。对话就是从适应性的告知中产生的。例如："艾莰对皮埃说：'你将和我结婚。'皮埃说：'不，我不和你结婚。''啊！是的，你将和我结婚。''不。''是。'……等等。"[②]适应性的告知只能传递事实性质的信息，而不能进行因果解释；适应性告知中的辩论也只是两种不同的正面意见之间的冲突，而不能提出任何证明理由。因此，与自我中心言语及命令、批评、威胁这一类社会化言语比较起来，适应性告知发生的作用就十分渺小了。

适应性的告知占自发社会性言语的比重约30%，且皮亚杰认为适应性告知是最高级形式的对话。他写道："儿童的对话值得作一次专门而彻底的研究，因为如让内(P. Janet)与鲍德温所坚持的，我们最开始意识到逻辑的法则和各种演绎推理的形式，大概是通过人们之间的那种争论的习惯。"[③]皮亚杰还谈到那些"极少有的、我们能称得上是辩论的场合"："它属于我们所谓'原始辩论'之类。关于这种'原始辩论'的特征就是没有使用逻辑理由的这种动机。"[④]换言之，这种辩论只是两种不同的正面意见之间的冲突，而没有提出任何证明理由。即使皮亚杰这里指的是言语辩论而不是为拥有什么东西这类琐事争吵，但近来的研究表明，辩论绝非儿童谈话中的稀有现象。

(2) 批评与嘲笑。皮亚杰认为，它的机能不是传递思想，而是满足非理智的本能，如好斗、骄傲、竞争，等等。例如："(在桌子上有一个盘子)李维说：'你没有把它放在正当中。''那不公平。''呸！那样不好。''那个房子是我们做的，不是他们的。''那不像一只猫头鹰。''皮埃，你看，他干些什么。''嗯！我知道他不能做。''它比我们的画好看些。''我有一支铅笔，比你的大得多。''嗯！我依然是最强的一个。'"[⑤]它们都是对某一特定的人说话，企图影响别人，引起竞争、反驳及至吵架，同时又肯定自己的主观价值判断。

(3) 命令、请求与威胁。在所有这些言语中，儿童彼此之间有明确的相互作用。这类语言的主要作用是引起对方提出问题和采取行动，所以它们被视为"辅助行动"的语言。例如，"李维(在一个商店外边)说：'没有钱，就

① 皮亚杰著，傅统先译：《儿童的语言与思维》，文化教育出版社1980年版，第35页。
② 皮亚杰著，傅统先译：《儿童的语言与思维》，文化教育出版社1980年版，第40页。
③ 皮亚杰著，傅统先译：《儿童的语言与思维》，文化教育出版社1980年版，第35页。
④ 皮亚杰著，傅统先译：《儿童的语言与思维》，文化教育出版社1980年版，第40页。
⑤ 皮亚杰著，傅统先译：《儿童的语言与思维》，文化教育出版社1980年版，第43页。

不要进来。(如果你来的话),我就去告诉吉埃。'"①"皮埃说:'橡皮,老师,我想要橡皮。'"②

(4)问题与回答。在皮亚杰看来,问题和回答这两类社会化言语总是紧密联系的,在一个人听到和懂得一个问题以后,这个被问的人就要讲一些对应的字句,那就是"回答"。因此,在讨论社会化言语的功能时,有必要将它们放在一起。例如:"'那是什么颜色?'李维说:'棕黄色。'"③"问题与回答"的内容越丰富,作用也就更大,主要表现为沟通思想(理智)、提出疑问、解释原因、提出证明、寻求心理动机、进行推理,等等。"问题与回答"占儿童社会化言语的50%,皮亚杰的分析也十分有趣。但问题与回答——谈话的中心内容——被降到低于适应性告知的地位,因为在皮亚杰看来,我们之所以不把它归入适应性的告知而另外分为一类,这主要是因为回答不属于儿童的自发言语。就问题而言,有两个特别突出的特征:儿童中间没有从理智上交谈过因果关系这个题目,而且在他们的讨论中没有证据和逻辑上的理由。这说明,在小于7、8岁的儿童之间没有真正的社会生活。应该说,尽管我们知道皮亚杰这里指的是儿童没有能力区分个人生活和社会生活,但这种说法还是使人感到皮亚杰低估了儿童之间的社会性相互作用的能力。

最后指出,皮亚杰对"言语机能"的分类也是不完全的。近来,随着维果茨基的影响越来越大,人们希望在当代理论氛围条件下,将"社会化"等同于"思想的交互作用"。这个在维果茨基影响下的理论氛围就是以充分的理由视人为一出生就具备社会化的生物。总的来说,就社会化言语而言,尽管皮亚杰作了一些最能说明问题的观察和解释,但较之他对自我中心言语的研究要逊色得多。

在皮亚杰看来,与儿童认知发展相一致,社会化的言语是从自我中心的言语发展而来的。如果不管环境的影响,社会化言语和言语本身是同时产生的,并且其比率随年龄的增长而增加,从3岁到6、7岁是发展最迅速的时期,7、8岁以后社会化言语在儿童的全部言语中就占绝对优势了。皮亚杰认为,儿童言语社会化有两种显著的指标(特征):第一,言语者总想影响另一个人,其目的总是要去改变对方的行为或思想;第二,言语者能把自己的观点和别人的观点区分开来,并努力使之协调。

皮亚杰认为,儿童言语有两种完全不同的社会化过程。一种是在成人

① 皮亚杰著,傅统先译:《儿童的语言与思维》,文化教育出版社1980年版,第44页。
② 皮亚杰著,傅统先译:《儿童的语言与思维》,文化教育出版社1980年版,第45页。
③ 皮亚杰著,傅统先译:《儿童的语言与思维》,文化教育出版社1980年版,第46页。

的权威的支配作用下进行的，儿童言语表现以疑问和请求为主，并伴随着大量的自我中心言语。另一种是在和儿童自身相似的同伴相互作用中进行的。由于他们的水平相等，可以进行争辩，因此，这个儿童和他的同龄伙伴的言语与他和成年人的言语完全不同了，也就是言语社会化的方式、过程完全不同了。他摇摆于两端之间，一端是个人的或集体的独白，另一端是讨论或真正的思想交流。两种社会化过程相互补充，共同推进儿童言语和智慧社会化。当成人的优越性阻止着儿童和成人讨论与合作时，儿童的同伴则为他提供了这种社会活动的机会，以促使智慧的社会化。反之，当同伴之间的平等关系阻止着他的提问和疑问时，成人则为他提供回答。但皮亚杰认为，从思维的角度看，第二种比第一种重要得多。因为成人不再代表毫无疑问和不可怀疑的真理了，而疑问则导致讨论了。这时，从与同伴的取和与的交换中发展出来的一种对别人的社会化态度，便克服了理智上的顺从感，因而构成了一种对他个人十分重要、不断加以利用并终身为他服务的工具。

皮亚杰认为，儿童言语社会化依赖于两种情况：儿童活动的性质和已确立的社会关系类型。

关于儿童的活动，儿童在独自一人的无外因的环境里，或者在游戏和象征性游戏中，社会化言语的比例降低。相反，在有组织的活动（工作、按照规则的游戏等）中，社会化言语的比率升高。不过，儿童年龄越小，游戏和工作的分界越不清楚，社会化言语的比率越小。其原因是，在游戏或象征性游戏中，儿童思维总是把现实同化于自我，而不是心灵客观地适应于事物或别的观点，因此，其言语总是以自我为中心的。而在有组织的活动中，工作规程和游戏规则要求儿童将自我与客观区分开来，充分发挥自己的主动积极性适应外在物理世界和他人，他的言语就不能总是以自我为中心了，而必须与社会规则相适应，与他人观点相协调。

皮亚杰指出，儿童的社会环境对于社会化言语系数的变化是有重大影响的，而这里的“社会环境”主要是指儿童遇到的两种类型的社会关系。儿童和他的同伴的合作及成人对于儿童的干预都会促进社会化言语系数增加。同龄儿童的共同兴趣、共同从事一项探索而导致联合努力，就很自然地产生了社会化的言语并指导着心灵进行合作；成人的权威和干预会减少儿童的自我中心言语到一个满意的程度而发展了讨论，即改变了儿童的交谈而产生社会化的言语。从此还可以看出，儿童与同龄伙伴的社会互动而实现的言语社会化是一种主动积极的过程，而儿童在成年人的干预实现的言语社会化多少带有被动的性质。皮亚杰认为，这两种方式（过程）的质量是不能同日而语的，而且它也是“活动”教育与权威教育的差异所在。

皮亚杰强调指出，用知识的增加解释不了自我中心主义的减少和社会化的增加，而要用基本立场上的改变和变化来解释，言语的发展也不例外。那么是什么东西导致了基本立场上的改变和变化呢？皮亚杰认为，只有儿童智慧的质的发展，即日益发展的“自我”意识才是它的原因。为发展社会化言语，必须有两个条件：第一，意识到“自我”是个主体，并把主体与客体区别开来，在可能有的观点系统中给自己找到位置，此时才有可能出现告知、提问、批评等社会化言语；第二，把自己的观点与其他人的观点协调起来，在事物、个性和“自我”之间确定一般的和相互的关系，而不是把自己的观点看做独一无二的观点，因而不再沉湎于重复或独白（包括集体独白）之中。

四、语言起源的个体发生学探索

皮亚杰对儿童语言发展研究的第三个重大贡献是关于语言的起源问题，他是从个体发生学的角度探讨这个问题的。在逻辑或思维与语言的关系问题上，皮亚杰赞赏乔姆斯基把逻辑实证主义的主张颠倒过来。按乔姆斯基的主张，逻辑不是从语言中派生出来的，而语言是以理性的核心为基础。他甚至说，语言法则构造于其上面的那种理性的核心是天赋的，理性的核心不是通过婴儿的动作构造起来的，而是遗传的和天赋的。皮亚杰认为，这个假设是不必要的。显然，在感知运动智慧在一定程度上出现之前，儿童是不会有语言的。准确地说，感知运动格式的发展可为满足语言学结构基本单位的构造提供必要的和充分的条件。皮亚杰的研究结果表明：“语言的习得至少需要满足两个条件。第一，必须存在一般情况下的摹仿，以便可能进行人与人之间的沟通。第二，必须存在许多结构上的性状，以便构成乔姆斯基所谓的各种转换性语法中的独异群。为了满足第一个条件，那便意味着除了掌握模仿的运动技能之外（这并不容易），还要掌握感知运动阶段第（2）分阶段中对客体、空间、时间和因果关系的离中化。为了满足第二个条件，心理语言学家辛克莱最近指出，乔姆斯基的转换语法的结构要利用从前感知运动格式的运转来促成，而这些结构的来源既不存在于先天的神经生理的预定表内，也不存在于操作性的或其他条件性的学习过程中。”①

从近期心理语言学的发展来看，皮亚杰的影响至少间接地表现在以下

① 左任侠、李其维主编：《皮亚杰发生认识论文选》，华东师范大学出版社 1991 年版，第 15 页。

两个方面：

第一，皮亚杰关于语言反映已有的认知结构的鲜明立场直接导致现今心理语言学的所谓“认知假设”。认知假设主张，只有在认知结构存在时，儿童才能获得语言结构，认知结构是语言结构的基础。从心理语言学的发展史来看，当人们明确了描述语言发展不仅仅是记录下初学说话者的言语输出的语法规则时，便兴起了对语言的构成基础的研究。在皮亚杰的影响下，许多人同意，婴儿在开始获得语言之前就已经建构了“意义的世界”。因此假定语言系统映射到这些已存意义之上，似乎也是合理的。既然对儿童语言获得前的几个月内意义的发展已有现成的说明，因此毫不奇怪，当前的语言发展理论中就用到了皮亚杰的“感知运动智慧”。辛克莱是认知假设的倡导者，正是她第一次将人们的注意力引向感知运动智慧和语言结构之间的平行关系，这种平行研究有助于增强对儿童话语的语言学分析。在皮亚杰的启发下，对“语言来自何方”这一问题的一个相关解决途径，可从父母与尚不会说话的儿童间的“交流模式”寻找答案。例如，现在有人通过观察客体和手势在成人交往过程中的作用，详尽阐述了种种语言前兆，并将它们与感知运动时期的第5阶段联系起来。有人也注意到皮亚杰因果关系发展的论述与从“无意向的”交流到“有意向的”交流的转变，二者有着内在的联系。

第二，词的意义与话语规则的研究。近些年来，许多人对皮亚杰在其推理测验中过分依赖对儿童来说意义含糊或至少不确定的言语词汇持怀疑态度。从现今趋势看，对这一问题有两种解决办法：一是废弃言语指令而使用非言语方法；二是力图发现那些术语，即一些常出现在皮亚杰测验中的词汇，像“同样”、“较多”和“所有”等对于儿童所具有的意义。就前一种办法来说，新皮亚杰派学者麦高尼哥等人提出了所谓“衍生论类型范式”，这种范式“使用明显地激发认知调节的基于‘行为’的范式，可以暴露复杂的认知结构。这种范式在本质上具有非言语特征，这为以完全与经由动力性自我调节的认知衍生概念相一致的方式来测量认知发展，提供了真实可能性”①。他们设计一种叫做“接触屏幕装置”的实验情境，具体是让5岁和7岁儿童学习排列在屏幕上的一组大小雕像，其数目和序列特征都发生变化——来完成“序列化任务”。他们认为：“就我们的新程序而言——允许被试操纵和再排列屏幕上的雕像，因而除仅仅搜索在预先确定的空间放置内的项目

① 熊哲宏、匡春英：《皮亚杰对儿童语言发展研究的贡献——兼论〈儿童的语言与思维〉的历史地位》，《河南教育学院学报》（哲学社会科学版），2001年第2期，第115页。

外，还改变该排列的状态。现在以更集中的方式评估在认知结构的发生和建构中特殊动作的作用成为可能。因为对于人类主体可能是关键的进化优势的东西——熟练地操纵客体，现在将不仅被评估为成功的标志（正如在序列化任务中项目的空间排列那样），而且被评估为成功的搜索程序的外化。”①

就儿童对词的意义的理解来说，过去有人认为，重要的并非儿童是否理解所使用的语言，而是在于他们是否理解谈话主题内客体的特性和情境。但近期新皮亚杰学者的许多研究表明，儿童对“较多”和“较少”、“同样”和“不同”、“所有”和“一些”等词语的理解都是不稳定的。“儿童对词的理解，对语言的理解，更贴近于他们日常生活所体验到的。他们哪里知道某些词的科学定义或数学定义呢？比如，他们可能把‘同样’一词理解成在大小和维度上‘都是同样’；把‘数’理解成只是整数，那些分数、零，在他们的语言理解中，不算‘数’。或把文字应用题中的‘和’当成‘每个’。”②皮亚杰给我们的经验教训是：在儿童语言发展实验中，所用的材料及儿童对材料的熟悉、所要求的反应类型以及各种诸如“话语规则”的实用因素等一系列复杂的相互作用都会影响语言的理解。“早期研究曾指出，像全部、大小和数量等表特征词，可能会对句子的解释有极大的影响。近来，我们看到出现了一些高级组织原理，它们使我们跳过了理解每个实义词时非得确定特定的语境这一级。规范化可以算是这样一个原理，它是这样一个概念：世上出现的万事万物之间都有其通常的或规范的关系，违反这些常规就会在理解语言时出现错误。另一类原理包含在是控制意图还是确立主题与评论之区分这一话语规则内。”③

近些年来，随着对“生态有效性”(ecological validity)问题越来越多的关注，儿童语言发展方面的研究也稳步向前发展，使得研究面向语段(text)、叙述(narrative)和语篇(discourse)，而不再只是词、句子或（一串）话语。在这一发展趋向的研究中，我们相信，皮亚杰的《儿童的语言与思维》将仍是我们无穷无尽的灵感之源。

---

① 熊哲宏、匡春英：《皮亚杰对儿童语言发展研究的贡献——兼论〈儿童的语言与思维〉的历史地位》，《河南教育学院学报》（哲学社会科学版），2001年第2期，第116页。

② 张新立著：《儿童认知发展研究——一种新皮亚杰学派观》，四川教育出版社1999年版，第243页。

③ 熊哲宏、匡春英：《皮亚杰对儿童语言发展研究的贡献——兼论〈儿童的语言与思维〉的历史地位》，《河南教育学院学报》（哲学社会科学版），2001年第2期，第116页。

第二节　语言与思维的关系

语言与思维的关系是一种重要的关系。皮亚杰对于感知运动发展的系统阐述表明，智慧行为萌芽的发展先于语言的发展。“智慧实际上在语言之前就已经出现了，这就是说，在运用语言符号（即内在化了的语言）的内心思维之前就已经出现了。这种智慧是以操作客体为基础的一种完全实践性的智慧；它是运用那种组成‘动作格式’的感知与动作的，而不是运用字句和概念的。例如，抓住一根棍子去拉一个远处的客体就是一种智慧动作（而且这是一个相当晚的发展；大约在18个月左右）。在这里，一个作为达到目的的手段的工具和一个预定的目标相互协调起来了。为了要发现这个手段，主体必须首先懂得这根棍子和这个目标之间的关系。还有一个更加早熟的智慧动作就是，通过拉一个为这个目标所依附的支持物，把这个目标拉得更加接近自己。这种智慧动作发生于第一年的末尾。此外，还可以引述许多其他的事例。”①

皮亚杰坚定地认为，“语言能在广度和速度上增强思维的能力”②。他指出，由于语言的产生，在语言行为和感知运动行为之间存在着三种差异：(1) 语言模式通过叙述和回忆能很迅速地描述一连串动作，而感知运动模式则必须紧跟事物，不得逾越动作的速度。(2) 感知运动的适应局限于直接的空间和时间，而语言则能超越这范围，使思维扩展到广阔的时间和空间。(3) 第三个差异是以上两者所引出的结果。感知运动智慧是以连续的动作一步一步地进行，而思维特别是通过语言则能同时表达一个有组织的结构的所有因素。

思维之所以优越于感知运动格式，是由于信号性功能在现实中是作为一个整体。信号性功能把思维从动作中分离开来，同时信号性功能又是表象的根源。在这个形成过程中，语言显示出特别重要的作用。语言不同于表象和其他信号工具，因为表象和其他信号工具是根据个体的需要而产生

① 皮亚杰著，傅统先译：《儿童的心理发展》，山东教育出版社1982年版，第29页。

② 皮亚杰、英海尔德著，吴福元译：《儿童心理学》，商务印书馆1980年版，第65页。

的。语言则是在社会上经过人们精心制成，并包含着一个为思维服务的，标志认知工具（如关系、分类等）的完整体系在内。个体学习这体系，并从而进一步充实这体系。

这样，因为语言是表征客体和事件的一种形式，所以借助于语言的思维便从感知运动思维的直接动作中解脱出来。认知活动能够以空前的速度和广度快速地进行。

还有一个重要问题是，究竟是语言决定逻辑思维，还是思维决定语言。每一种语言都有一种逻辑结构，这种逻辑结构是社会为了沟通、分类等而精心制定出来的一个系统。语言是先于儿童的存在而存在的，这是否意味着语言的逻辑是儿童的一切逻辑的来源？还是意味着儿童发明和创造他自己的逻辑？1969 年，皮亚杰和英海尔德引证了两种研究成果来支持他们的如下观点：语言对于确保逻辑思维的发展，既不是必要的条件，也不是充分条件。对聋哑儿童的研究表明，他们的逻辑思维的发展经历了与普通儿童相同的若干顺序连接的阶段，但某些运算则要迟一至两年。这表明语言对于逻辑运算的发展并不是必要的，尽管它显然为后者提供了有利的条件。另一项关于盲童研究表明，尽管盲童的言语发展正常，但他们要比正常的儿童延迟四年才能完成同样的任务。盲童的感知运动格式的发展从呱呱坠地之日起就受到阻碍，其正常的言语所发挥的作用并不能使这种状况得到补偿。

皮亚杰认为，语言的发展是以先前的感知运动操作的发展为基础的。因此，感知运动的发展对于语言的发展是必要的，而不是反过来。只是在获得内在表征经验的能力以后，儿童才能够开始建构起口头语言。随着语言的发展，概念的能力也相应地发展起来（语言有助于促进这种能力的发展），语言的发展有助于认知的发展。这很可能是因为语言和表象使得概念的活动比感知运动的操作进行得更为迅速。

物理知识和逻辑—数理知识的发展依赖于儿童的活动，儿童的知识建构出自发的活动，语言在物理和逻辑—数理知识的建构中不起直接的作用。在社会约定的知识的建构中，口头语言基本上是起着为儿童与他人的交流提供一种有效的手段的作用，它有助于使社会的经验更易于为儿童所理解。

第三节 皮亚杰与维果茨基关于儿童自我中心言语的争论

一、争论的背景

图 5-2 列夫·西莫诺维奇·维果茨基(Lev Semenovich Vygotsky，1896—1934)

对儿童自我中心言语研究的另一条线路来自苏联社会文化历史学派的奠基人、天才的心理学家维果茨基及其同事和学生鲁利亚(A. R. Luria)。皮亚杰提出儿童自我中心言语这一问题的目的并不是为了揭示儿童语言发展的规律，而是为揭示儿童心理发展过程中存在一个儿童自我中心思维阶段的理论提供有力的证据。正是皮亚杰这种从语言和思维两者的关系出发去研究思维发展规律的独特视角使他的理论成为维果茨基心理学研究的重要参照之一。20 世纪 30 年代初，维果茨基在为皮亚杰《儿童的语言与思维》俄文版所写的序言《批判研究：皮亚杰学说中的言语与思维问题》中，针对皮亚杰关于儿童自我中心言语问题的解释从理论和实验上提出了异议。之后，对皮亚杰儿童语言和思维理论的批判构成维果茨基一系列心理学研究论文的重要内容(这些批判研究成果被收录在维果茨基逝世前不久准备出版的专著《思维与语言》之中，该书俄文第一版出版于 1934 年维果茨基逝世的数月之后)。从 30 年代初开始，皮亚杰就注意到了维果茨基对他的批判，并将他的发展理论与维果茨基的研究联系起来，只是那时皮亚杰还并不十分清楚维果茨基与他争论的主要思想。直到 1961 年，《思维与语言》英译本出版，他才对维果茨基关于儿童思维和语言的发展理论有了一个较为深入的了解。针对维果茨基的批评，皮亚杰专门写了一本小册子《关于维果茨基批判性述评的评论》(1962)作为应答。尽管由于维果茨基的英年早逝使他无法再对皮亚杰的评论给予回应，但这场没有结局的争论显然使皮亚杰吸取了维果茨基对他早期理论批判中有益的成分，这些进步都体现在他晚年发生认识论和结构主义思想成熟后所发表的著作当中。

二、维果茨基对皮亚杰的批评

维果茨基高度重视自我中心言语在儿童心理发展中的重要地位。他指出，作为一种独立的语言形式，自我中心言语在从有声言语过渡到内部言语的过程中是极其重要的发生环节，它是介于有声言语最终转变成内部言语的功能分化之间的中间阶段。正是自我中心言语的这种过渡作用，使它具有如此巨大的理论价值。维果茨基并不否定皮亚杰在儿童语言发展研究中的地位，但是他认为皮亚杰对自我中心言语的最重要特征——它与内部言语的发生学联结——却视而不见，从而使他对自我中心言语的功能和结构的解释产生了偏差。也就是说，儿童思维和智慧的发展并非像皮亚杰那样，最终由社会交往取代自我中心的自言自语，而是早期的社会交往不断促进自言自语的发展。

对儿童自我中心言语功能的争论由来已久且非常有趣。众所周知，皮亚杰认为学前儿童的自我中心言语是出于以自我为中心或对社会环境的不敏感，他还认为自我中心言语并不具备认知功能，语言是受思维所支配的，它并不能左右思维。这种观点受到了以维果茨基和鲁利亚为首的苏联心理学家们的一致批评。维果茨基描述了自我中心言语的社会起源，鲁利亚对此进行了补充。他们指出，儿童的行为大约在 1 岁半至 3 岁左右，受外部人们的言语指导，他人的言语有助于儿童调节，即开始和抑制自己的行为。3 岁到 4 岁左右的儿童，自身就会很明显地使用这些具有约束意义的对话形式来调节自己的行为。4 岁以上的儿童运用这些对话形式来调节自己的行为就会变得相对隐蔽些。在此基础上，他们提出了这样一种假设：儿童的自我中心言语其实是出声的思维。学前儿童大声的思维是因为他们还没有学会如何从内部控制自己的思维。儿童经常会受他人的言辞命令所引导，当儿童试图调节自身行为时，他们就会模仿他人一直用于帮助自己的那些有声的言辞。因此，自我中心言语应该是源自儿童与成人之间的对话，随着儿童的成长，自我中心言语就具有了一定的认知功能，儿童会使用成人的言论，以自我中心言语的形式来指导和约束自己的行为，这种现象一开始比较明显，既而较为隐蔽。维果茨基还提到，当儿童使用自我中心言语来指导自己的行为时，这些言辞在句法上往往会有所简化。维果茨基还根据一系列实验研究提出，自我中心言语除了纯表达功能和缓解功能外，除了单纯地伴随儿童的积极行动外，很容易成为名副其实的一种思维手段。

自我中心言语可以起着指导和调节儿童行为的作用，特别是在儿童遇到困难和障碍时，表现得更为明显。维果茨基按照与皮亚杰十分相同的方法组织了儿童的活动，但是他加上了一连串挫折和困难。比如，当一名儿童正在准备画图画时，他突然发现没有纸张，或者没有他所需要的彩笔。换句话说，维果茨基通过在儿童的自由活动中设置障碍来使儿童面对问题情境。他发现，在这些困难的情境中，自我中心言语的系数差不多增加了一倍。这是与皮亚杰实验中同年龄儿童的正常数字相比较而得出的，也是与维果茨基自己的实验中儿童没有面临这些问题时的数据相比较而得出的。儿童会设法控制这一情境，并采取补救办法。例如，儿童会这样对自己说："铅笔在哪里？现在我需要蓝铅笔；没关系，我用红铅笔来代替，浸浸水，颜色便会深了，就像蓝的了。"①与此同时，维果茨基还把自我中心言语看做是"言语由外部转化为内部的过渡形式"②。与皮亚杰认为随着儿童的发展，自我中心言语逐渐消失，维果茨基却认为有声的自我中心言语消失时，它并没有简单地消亡，而是"转入了地下"，即变成了内部言语。

据此，维果茨基提出了对儿童自我中心言语问题与皮亚杰不同的解释：(1) 儿童自出生起就是一个社会实体，语言作为儿童与成人进行社会交往的工具，从一开始就具有社会性，具有交际功能。(2) 儿童自我中心言语在组织儿童的活动，形成儿童的智慧行为中起着指导和调节的作用，因此它既有交际功能又有调节功能，是儿童特有的思维工具。(3) 自我中心言语是形式上的外部言语与功能上的内部言语的结合，是从社会化语言向个人的内部言语过渡的必要阶段和中间环节。随着儿童心理的成熟，它沿着上升而不是下降的曲线发展，自我中心言语最终并不是消失了，而是转化为内部言语。维果茨基十分重视研究儿童内部言语的发生，即言语如何转化为内在思维，他认为皮亚杰所说的儿童自我中心言语恰恰为研究内部言语提供了钥匙。③

与皮亚杰一致的地方是，维果茨基也是从儿童言语与思维的关系角度来看待自我中心言语的。与皮亚杰不同的是，他把皮亚杰的"思维是从自我中心到逐渐社会化"这一假设反过来了："总的格式应当是这样的：社会性言

---

① 维果茨基著，余震球选译：《维果茨基教育论著选》，人民教育出版社 1994 年版，第 41 页。

② 维果茨基著，余震球选译：《维果茨基教育论著选》，人民教育出版社 1994 年版，第 50 页。

③ 李颖：《维果茨基与皮亚杰关于儿童自我中心言语问题的比较研究》，《南京师大学报》(社会科学版)，1999 年第 5 期，第 77 页。

语——自我中心言语——内部言语。根据言语形成的循序性格式，这个格式，一方面与内部言语形成的传统理论相对立（传统理论的模式是：外部言语——低声细语——内部言语），另一方面，皮亚杰的格式在言语逻辑思维发展中基本因素的发展顺序是：言语外的我向思维——自我中心言语和自我中心思维——社会化言语和逻辑思维。”①他认为，从发展的角度看，儿童最初的言语基本上是社会性的。起初，它是混合的和多功能的；后来，它的功能开始分化。儿童的社会性言语十分明显地分成自我中心的言语和交流的言语，而这两种言语都是社会性的，尽管其功能有所区别，最后自我中心言语发展成内部言语。

总之，在维果茨基的理论架构中，自我中心言语起着自我调节、自我指导的作用。自我中心言语是儿童在活动中遇到障碍和认知难题时出现的言语形式，有助于儿童克服困难。随着学前期和小学阶段自我中心言语逐渐取得对与任务有关的行为的支配，可听到的自我指导的言语被压缩并内化为不出声的内部言语思维。在维果茨基英年早逝后，鲁利亚发展了他的思想。鲁利亚提出幼儿期对行为的言语调节有三个阶段：第一阶段，从1岁半到3岁，其他人的言语能够发动、促进儿童的动作活动，但不能阻止儿童的行为。例如，当成人说出“按”以后，儿童按压皮球，但当成人说“别再按”时，儿童却没有停下来，而是继续按压皮球。第二个阶段，从3岁到5岁，儿童的外部言语（由其他人引发或明显由他自己说出的）能够日益增长地发动和抑制儿童的行为，但只有当言语的自然特性与任务相匹配时才有可能。如儿童说“按，按”，他们按两下皮球；如果他们说“我要按两下”，然而，他只按压一次皮球。第三个阶段是5岁以后，言语在调节行为时变得越来越有效。② 从这三个阶段的发展可以看出，随着外部言语向内部言语的过渡，言语对行为的调节作用越来越重大，越来越具有本质的意义。

另外，维果茨基对皮亚杰的理论分析框架进行了批判，以否定作为“皮亚杰整个理论大厦的基石”的“自我中心思维”概念。③ 维果茨基认为，皮亚杰的思想也同样受到了当代心理学中的一切开创性工作所共有的二元性的影响。皮亚杰把儿童思维的自我中心主义描述成在遗传上、结构上和功能上处于我向思维和定向思维之间的中间位置，这种我向思维和定向思维的极性概念是从精神分析理论中借鉴来的。维果茨基指出，皮亚杰理论的基

① 维果茨基著，余震球选译：《维果茨基教育论著选》，人民教育出版社1994年版，第51页。

② 杨宁、王玉：《论幼儿自言自语的自我调节作用》，《华南师范大学学报》（社会科学版），2004年第2期，第106页。

③ 维果茨基著，李维译：《思维与语言》，浙江教育出版社1997年版，第14页。

本框架依赖于精神分析理论的"享乐原则"和"现实原则",他始终强调自我中心思维与我向思维的共同性,而不是那些把自我中心思维与我向思维区分开来的特征,这就会导致对思维的研究变成脱离了具体需要、兴趣和愿望的"纯思维"研究。因此,建立在上述二元分析框架基础上的儿童自我中心主义概念是不可取的。可以说,皮亚杰与维果茨基在这个问题上是尖锐对立的。

维果茨基和皮亚杰的语言和思维发展观之所以南辕北辙,就在于他们对"社会性"、"社会化"和"交际性"、"交流性"等概念的理解有所不同。

首先,他们对"社会性"和"社会化"等概念的理解是不同的。皮亚杰在区分儿童自我中心言语和社会化言语时指出,社会化言语具有下列特征:(1) 讲话者试图影响别人,改变别人的行为和思想;(2) 能够区分自己的观点和别人的观点;(3) 能够从别人的观点看待事物;(4) 言语的机能不再是刺激说话的行为,而是和别人交流思想,与别人合作,并且能够被人所理解。由此可见,皮亚杰讲的"社会性"就是可沟通性、可交流性或可交往性,他注重的是微观层次上的、建立在个体之间互动基础上的社会性。

维果茨基曾明确指出,他所讲的"社会性"概念与皮亚杰不同,他用"交流的"术语来代表皮亚杰称之为"社会化的"言语形式,因为他认为"儿童的社会性言语十分明显地分为自我中心的言语和交流的言语。……从我们的观点看,这两种形式,即交流的和自我中心的,都是社会性的,尽管它们的功能有所区别"①。此外,作为社会文化历史学派的创始人,维果茨基还强调"思维发展是由思维的语言工具和儿童的社会文化经历决定的","言语思维并不是天生的、自然的行为形式,而是由历史文化的过程决定的"。② 因此,维果茨基所理解的"社会性"既有微观层次的含义即交际性、交流性,同时也包含了宏观层次上的社会历史文化因素(他认为自我中心言语也具有社会性),维果茨基理解的"社会性"要比皮亚杰的理解宽泛得多。维果茨基十分强调思维和语言都是社会历史文化的产物,这是维果茨基不同于皮亚杰的一个显著特点,也是以维果茨基为代表的文化历史学派对儿童心理学的一大贡献。

其次,他们对"交际性"、"交流性"等概念的理解也存在差异。一般说来,交际或交流至少应包含三个层次:(1) 情感的相互感染和传递;(2) 信息的传递;(3) 建立在相互理解基础上的交往。维果茨基所说的"交流"和"交际"主要指的是前两个层次,它们可以无需主体间的相互理解,而仅仅通过

① 维果茨基著,李维译:《思维与语言》,浙江教育出版社 1997 年版,第 21 页。
② 维果茨基著,李维译:《思维与语言》,浙江教育出版社 1997 年版,第 57 页。

本能的发声反应或动作交流感情和传递信息，如儿童最初的非智慧的言语、蜜蜂的八字舞等，在维果茨基看来都具有社交功能。尽管维果茨基曾提到借助“概念”进行的人类交往的高级形式，但仍没有涉及主体间的相互理解。显然，要达到理解意义上的交往，仅有概念和词是不够的，因为每个人对同一概念的理解可能不同，这种理解上的差异可能导致交往的障碍；而且更重要的是，要达到理解基础上的交往，还必须具备与他人合作和互动的意识，其前提条件是交往双方必须能够在理智上区别自己的思想和别人的思想，并且能够站在别人的角度看待人和物。

从皮亚杰对 7 岁前儿童的社会化言语的分类上可以看出，他并不排除交际和交流的前两种情况，如“批评与嘲笑”、“命令、请求与威胁”，它们也是为了传递信息或激起情感。但是，皮亚杰最关注的还是建立在理解基础上的交际或交流，他在这个意义上所讲的“交际功能”并不是原始言语和原始思维中本来就有的，而是儿童在心理上出现主客体分化和协调运算机制后才能够具备的。皮亚杰说儿童自我中心状态所缺乏的“社交性质”正是在此意义上的“社会性”。

三、简评

近十几年来，有关儿童自我中心言语的大量研究倾向于支持维果茨基的理论假设。各种横向和纵向研究都表明，在问题解决情境中，自我中心言语一贯遵循从可听见的外部言语向较为内化的、不出声的言语转化这样一个发展顺序。而且，自我中心言语的自我调节功能得到了两组证据的支持。首先，在任务难度太大和要求较高的情况下，儿童的自我中心言语会有所增加，特别是在儿童解决问题过程的某些步骤上出现困难或失败时，最有可能出现自我中心言语；其次，儿童对自我中心言语的运用可以预测自我控制的行为以及任务最终是否成功完成。

综上所述，心理学界两位大师围绕“儿童自我中心言语”的争论，其背后隐含着的是二者思维发展观上的差异，而这种差异归根到底又是一个发展心理学上个体与社会关系的问题。首先，个体心理发展规律能否脱离特定的社会历史文化前提独立地发挥作用？能否仅仅将个体认知能力的发展看做个体社会化过程的决定因素？个体的社会交往活动和社会文化环境是否反过来又决定了个体认知能力的发展？从这个角度说，维果茨基的观点包含着更多的合理性。维果茨基自始至终强调社会历史文化环境是思维和语言发展的前提，他认为思维和语言一开始就具有社会性，这是他的一个贡献。此外,他强调个体的思维和语言发展始终受到社会历史文化因素的制约,而皮亚杰尽管也在一定意义上认识到了环境和教育等社会因素对思维和语言发展的影响,但是他始终把儿童认知能力的发展看做是社会化过程的决定性因素。毫无疑问,个体认知能力的发展是个体社会化的必要前提,但个体的社会实践和整个社会历史文化环境反过来又决定了个体认知能力的发展。人们的社会实践不仅决定了他们的思维内容,而且也同时决定了人的思维形式和结构的发展。

其次,儿童心理发展的社会化与个体化是完全对立的吗?思维发展的个体化过程是否同时伴随着一个社会化的过程?忽略了理解基础上的交往能力的发展,能否真正理解心理发展过程中的“社会性”和“社会化”问题?从这个意义上说,皮亚杰的观点包含了更多的合理因素。皮亚杰认为,思维个体化与思维的社会化是一致的。正如他反复强调儿童理智上的去自我中心与社会上的去自我中心是一致的那样,他认为认识的客观性和运算协调能力的发展同时就是一个逐步社会化的过程。所以他说:成人“个人化的程度较高,同时其社会化的程度也较高。……儿童既没有个人化,……也没有社会化”①。维果茨基把社会化与个体化割裂开来并对立起来是片面的。此外,维果茨基强调思维发展的社会历史文化前提,却没有看到这种作为个体心理发展的社会环境而起作用的“社会性”并不能取代个体逐步获得社会交往能力的过程。正如儿童的思维能力需要有一个逐步发展过程一样,儿童的社交能力也需要有一个逐步发展过程,二者应当是同步的。

再次,由于维果茨基仅仅在情感交流和信息交换的意义上理解“交际性”概念,他当然也就难以理解皮亚杰所说的儿童发展的社会化过程。维果茨基在这一意义上所理解的“交际性”是人与动物共有的,它可以不依赖思维的发展而存在;但人类特有的在相互理解基础上的社会交往能力却必须以思维和语言能力的发展为前提。皮亚杰认为,在语言和思维的社会化发展过程中,要特别注意这种建立在相互理解基础上的交往性的发展,这是皮亚杰对发展心理学的一个贡献。

由于维果茨基英年早逝,皮亚杰和维果茨基在儿童言语等一系列相关问题上没有机会进行深入讨论,他们在一些关键概念(如社会性)的理解上还存在分歧。因此,对两位大师关于个体与社会的关系问题的认识简单地做出非此即彼的评价有过于武断之嫌;而且,由于儿童自我中心言语问题涉及到儿童言语、自我调节机制以及认知诸方面的发展,因而它必然也要引起

① 皮亚杰著,傅统先译:《儿童的语言与思维》,文化教育出版社1980年版,第59页。

发展心理学家和幼儿教育理论研究者的高度重视。此外,在探讨儿童自我中心言语的本质,了解他们如何自发运用自我中心言语来解决问题和调节自己的行为,以及如何给发展出现偏差的儿童提供自我中心言语的训练等方面,还有大量的应用性的研究工作需要大家来做。总之,在思维和语言发展过程中个体与社会的关系问题上,我们既要看到历史文化因素和社会实践活动对个体的思维和语言发展的制约作用,又要看到个体的思维和语言发展对个体社会交往能力发展的制约作用,儿童心理就是在社会与个体交互作用过程中发展的。这里需要将维果茨基和皮亚杰双方合理的因素辩证地综合起来,因为维果茨基说对的只是这一结论的前一半,而皮亚杰强调的则是后一半。

第四节　皮亚杰与乔姆斯基关于语言来源问题的争论

一、乔姆斯基的先天语言能力说

乔姆斯基是美国当代最重要的语言学家之一。他认为,决定人类幼儿能够说话的因素不是经验和学习,而是先天遗传的语言能力,这里的"语言能力"指的是语言知识,即普遍的语法知识。乔姆斯基驳斥经验和学习理论的根据如下:

图 5-3　诺姆・乔姆斯基(Noam Chomsky, 1928—)

(1) 儿童获得语言的过程在 4 岁内就能完成。在如此有限的时间内掌握本族语的基本语法现象,不可能是归纳过程的结果。因为属于一个语言集体的每一个幼儿都获得同一种语言,而且各族儿童获得语言的顺序都基本相同,即单词语→双词语→简单句→复杂句。这证明不是每个儿童自己进行归纳的结果。

(2) 语言是一个有高度组织性的抽象规则系统。这是人类先天具有的普遍语法能力,亦即先天的普遍语法知识。知识不是经验的结果,而是经验的前提。这些普遍规则并非一定存在于所有语言之中,也不能直接生成任何语言的句子。但是每一种语言似乎都会从这些规则的可能的组合中做出自己的选择。它可以规定和描写人类个别语言的语法,能够规定各种人类语言的句子应该如何构造,如何理解。正因为如此,不同种族、不同语言环境的儿童都能按基本上相同的方式和顺序掌握本族语言。

(3) 语言获得过程就是由普遍语法向个别语法转化的过程,这个转化是由语言获得装置(LAD)实现的。语言获得装置是以生来就有的普遍语法作根据,对具体的少数语言素材——输入的本族语言素材,提出一些初步的语法假设,然后再将这些假设逐个和具体素材的结构加以匹配和检验,接受彼此符合的假设,修改不符合的假设或重新建立新的假设,最后建成一套个别语法系统。这个过程是儿童自己完成的,并非周围使用语言的人所强加的。但儿童对此过程并不能意识到。所以乔姆斯基认为儿童生来就是语言学家,获得语言的过程就是由普遍语法向个别语法的发展获得的。此过程即LAD过程。

(4) 儿童获得的是一套支配语言行为的特定的规则系统,而不是像行为主义所假设的那样是一大堆的具体句子,即不是句子的表层结构,而是这些句子的实质,即深层结构。因而能产生和理解无限多的新句子,表现出很大的创造性。

先天语言能力说于20世纪60年代提出后,在学术界引起了强烈的反响,展开了热烈的争论。最大的贡献是掀起了研究儿童语言获得的热潮,根本改变了儿童被动模仿的看法,注意了儿童本身的特点。

二、皮亚杰与乔姆斯基的争论

皮亚杰认为:“有名的语言学家乔姆斯基明确地批判了斯金纳对学习的解释,并证明不可能存在像行为主义者和联想主义者的模型那样的语言学习,他以此对心理学做出了一大贡献。但他得出一个结论说,他的‘生成语法’的转换规则最终将揭示出一种固定内核,这种内核包含有诸如主语与谓语的关系之类的某些必要结构。如果从生物学观点来看,这里就牵涉到一个问题,也就是要去说明使获得语言成为可能的大脑中枢的形成问题。如果我们试图说明这个大脑中枢预先就具有言语和理性思维的基本形式,那么,任务就会变得更加困难。从心理学观点来看,上述这个假说是没有用的：如果乔姆斯基认为智慧是语言的基础而非语言是智慧的基础这种看法是对的，那么我们所需要做的一切就是提请大家注意感知运动性智慧，这种智慧在言语出现之前的结构化，确实是以神经的成熟为先决条件的，甚至更为有意义的是，是以从逐步协调与自我调节开始而先后相继出现的平衡化状态为先决条件的。"①他还认为，语言的复杂结构既不是先天的，也不是学习得来的，它是儿童当前认知机能与当前语言和非语言环境相互作用的结果，它具有发生性。这种观点也称为"认知相互作用论"。

在感知运动阶段（出生至 1 岁半或 2 岁），儿童通过自己的动作，通过动作与感知觉之间的协调，开始区分自我与他人、动作与客体，并逐渐得知动作与动作结果之间的因果关系和客体之间的运动关系。正是由于儿童通过同化和顺化过程，区分了动因、动作和客体的心理范畴，才为将来区分主语、动词短语、名词短语等语法范畴铺平了道路。在感知运动阶段末期和前运算阶段早期（约 2 岁），儿童开始使用象征符号。它是认知发展的一种成熟状态，能在心理中保持并处理不在眼前的事物。符号功能的出现预示了真正语言的到来。

乔姆斯基主张人类生来就有抽象的语言核心知识，这种知识由基因决定。核心知识在环境中"成长"为具体的语言知识。语言核心由进化而来。这种进化的过程至今尚无解释，但却不是"不可解释"。生物学至今不能解释人体器官的进化。如果认为这些是"不可解释"的话，无非认为现有的理论或是将来可能发现的规律，都不足以解释进化现象，最终等于说进化是不可解释的。

乔姆斯基也认为，用"感知运动智慧"无法解释语言核心。他举了几个例子来说明语言核心远比"感知运动智慧"复杂。可惜多数例子涉及的现象过于抽象，推导又太复杂，但有一个例子较为简单，懂英语的人大概不难理解。

我们知道，英语中构成疑问句需要将陈述句的主语和助动词的位序作调整。如果仅仅是位序调整，比如说将助动词放到句子的首位，或许用感知运动智慧就可以说明，因为那不需要儿童具有句子的抽象知识，一次简单的助动词"移位"就可以了。然而，如果一个疑问句有"嵌套"，即大句子里套入一个小句（比如，句子"你认为他会不会来"中，"他会不会来"就是套入的小句。乔姆斯基的例句是"Is the man who tall will leave?"），这小句就不需要作位序调整，虽然疑问的部分实际在小句上（上句实际问的并不是"你认为不认为"，而是"他会不会来"）。这就不是感知运动智慧所能解决的了。同

① 皮亚杰著，王宪钿等译：《发生认识论原理》，商务印书馆 1981 年版，第 62 页。

样是疑问,为什么儿童懂得在什么情况下需要位序调整,什么情况下不要?这就需要有关于嵌套疑问句结构的抽象知识。按照皮亚杰的理论,儿童在感知运动发展阶段仅仅有动作的逻辑,还不可能有这种抽象结构。从另一方面来说,如果语言是感知运动智慧的必然结果,如果儿童的感知运动器官受到伤害,照说他的语言发育会出现障碍。然而事实并非如此,医学研究尚未发现感知运动器官受伤害的儿童语言发育有异于常人。

1975 年 10 月,皮亚杰与乔姆斯基在法国的若约芒(Royaumont)曾经进行了一场面对面的辩论。辩论的主题是:从人的语言机制和语言获得的角度来讨论人类知识的来源,以回答"人何以为人"这一问题。"西方学术界对这一人和自然的关系问题,喜欢称之为'自然—使然'(nature-nurture)问题。'自然'指人的天性,'使然'指后天由环境造成的性格、知识等等。"①"皮亚杰主张'使然论'。由于他认为人的知识是主体和环境相互作用,逐步形成的,所以又称为'建构论'。"②

在这场辩论中,皮亚杰未论异,先求同。他认为,他的理论和乔姆斯基的生成语法有三点共同之处:双方都同意语言是心智、理性的产物,而不是像行为主义心理学所主张的那样,是个体对外界刺激的反应;人类语言有一个共同的核心;他也赞同乔姆斯基语法的某些部分。他看不出他的心理学理论与乔姆斯基的理论有什么根本冲突。分歧在于,那普遍的语言"核心",究竟是先天的,还是后天"建构"而来的。皮亚杰说,就人的知识而言,什么是先天存在的,什么是后天获得的,两者之间界限不清,也无绝对的对立。真正要解决的,是先天的部分,最终是自然发育成熟的,还是通过更为复杂的过程,如生物学上的"表型复制"(phenocopy)而成熟的。

皮亚杰主张表型复制说。他认为,发生认识理论中"同化—适应"就是生物学上所说的表型模拟,即生物体对外界环境中某种结构的模拟、复制。表型复制将导致遗传上的重构,最终形成新结构。

然而,皮亚杰对"表型复制"的解释却引起生物学家的异议。他们认为,皮亚杰对"表型复制"误解了。生物学上的表型复制指环境造成的生物体的改变,而这种改变只能在"基因复制",即生物体基因复制允许的范围内才会出现。"适应"只能在某种结构上发生,而不能由适应而产生结构。

建构论者(皮亚杰学派)竭力想寻找与唯理论(以乔姆斯基为代表,包括福多[J. Fodor]等)的共同点,但乔姆斯基却拒绝调和。乔姆斯基后来总结

---

① 吴道平:《自然?使然?——皮亚杰与乔姆斯基的一场辩论》,《读书》,1995 年第 12 期,第 88 页。
② 吴道平:《自然?使然?——皮亚杰与乔姆斯基的一场辩论》,《读书》,1995 年第 12 期,第 89 页。

了他与皮亚杰的分歧，撰文予以批判。他把皮亚杰对自己理论的异议归结为两点："(1) 假设只有人才有关于语言的先天结构，意味着人类的进化有一种突变，这种突变在生物学上是无法解释的；(2) 凡是先天结构能解释的语言现象，也能用智慧的感官运动的建构结果来合理解释。"①

对第一个问题，乔姆斯基的回答比较简单。有机体的物理器官的进化发展在生物学上也还不能解释，因为我们只能说出这种进化可能怎样发生，但还不能提供一种理论来预测最终发生的是哪一种变异。所以我们尽管不知道人类怎样通过变异获得了先天的语言结构，但是我们同样不知道人的眼睛和大脑皮层是怎样突变而来的，我们却不说人的眼睛、大脑结构是通过与环境的相互作用决定的(尽管需要这些相互作用使遗传变为现实，相互作用也会改变器官的某些特征)。所以，如果坚持语言的先天结构在生物学上不能解释这点异议，那就必须承认人的其他生物特征在生物学上也是不能解释的。这当然是一个荒谬的结论。

乔姆斯基花了较大的篇幅来回答第二个问题。第一，他认为提出生物遗传的语言才能并不是诡辩。语言的先天结构是一个能够经受科学检验的假说，未来的研究会逐步证实和修正这一假说，当然也可能最终证伪它。皮亚杰的"智慧的感官运动建构"概念，在理论上没有什么特别的优越性。

第二，乔姆斯基很奇怪为什么科学家研究智慧的认知结构完全不同于对人体物质结构的研究。他认为一个中立的科学家应该抛弃教条，像研究眼睛、心脏一样研究人类语言，寻找它在个体中的特点，它的一般性质，它在这类结构中的地位，在个体中成长的源泉，这种成长发育的遗传学依据，导致这种智慧器官进化的因素。我们不会用皮亚杰的概念来解释人的眼睛和心脏，所以我们也没有必要非得用皮亚杰的建构理论来解释人类的智慧器官——语言。

第三，乔姆斯基对皮亚杰的学习理论也很怀疑。乔姆斯基认为语言的获得过程是从遗传的初始状态 S_0 开始，然后经过一系列的 S_1，S_2，……最终达到一个成熟的阶段 Ss。达到这一阶段的时间相对比较固定，大约在青春期或更早一些。在这一过程中，有关语言的经验当然是必不可少的。皮亚杰的学习理论，我们不妨称之为"人类在语言领域的学习理论"。那么对应的其他认知领域，如"辨认面孔"，我们也能构造出相应的学习理论——"人类在辨认面孔领域的学习理论"。如果进一步推广到有机体 O 和领域 D，如鸟类学习飞行等，那么还能构造出"有机体 O 在 D 领域的学习理论"。用这

① Chomsky, N. (1992). On cognitive structure and their development. In: B. Beakley, P. Ludlow (Eds.). *The philosophy of mind*. Mass: MIT Press, p. 393.

样的学习理论来解释语言习得，还不如干脆承认人类的语言能力和鸟类的飞行能力一样是先天的。

三、简评

这次辩论，正如美国著名心理学家加德纳（H. Gardner）教授后来所说的，是一次探索而不是作一个结论。其实，对这样一个艰深的题目，谁也没有去追求得出结论，或者“昏”到企图用自己的理论去“压倒”对方。在会上，辩论的双方都表示对对方的理论感兴趣。乔姆斯基得到了生物学家的支持，因为生物学家们认为皮亚杰的理论与分子生物学时代的进化论不符，而皮亚杰本人，一直对达尔文主义有所保留。皮亚杰学说则较受心理学家和人工智能专家的赞同。乔姆斯基和福多显得无意调和，而皮亚杰则数度有意接受调和，有意修改他自己的理论。一方面，对进化论本身，生物学界至今仍有争议；另一方面，乔姆斯基本人的学说虽然认为语言核心结构是进化而来的，却不同意这种进化过程中有选择过程，而自然选择却是进化论的核心。

由于皮亚杰不同意存在先天的知识，他常常被误认为是个经验主义者。他在会上提出，他多年反对经验主义不遗余力，而他和乔姆斯基有许多共同点，其中最重要的就是反对经验主义。

总之，皮亚杰与乔姆斯基在批判行为主义心理学的态度上是一致的，他们也都承认语言具有一定的普遍结构。他们的不同在于皮亚杰认为语言普遍性是认知普遍性的一个子集，认知获得是逐步构造过程的结果，始于生物学胚胎遗传的演化，终于现代的科学观念，因此皮亚杰反对任何严格意义上的预成概念。而乔姆斯基认为语言的普遍性是单独存在的，而且他相信这种普遍性可以最终归结为人类所独有的生理结构。可以说，乔姆斯基观点的威力不在于他所肯定的东西，而在于他否定了什么东西。乔姆斯基只是一个问题的提出者，他在语言学方面的研究促使我们更多地关注人类先天的生理结构，对认识的来源问题进行反思。然而，他关于语言普遍性的探索并不能因此说明人类的认识来源于人类先天的生理结构。人类语言的普遍性归根结底是由人类经验的普遍性决定。人类的认识是外部客观世界作用于人类大脑的产物，是对客观物质世界的反映。尽管人类的生理结构在其中起了很重要的作用，但不能因此否认人类认识的来源，最终仍然是客观物质世界。

皮亚杰和乔姆斯基的这场辩论已经是30多年前的事了。辩论后没几年，皮亚杰谢世。皮亚杰学派、乔姆斯基、福多等人还在孜孜不倦地寻求语言来源问题的解答。不过,谁也没有指望这个问题会很快得到解答。乔姆斯基和皮亚杰的争论深化了我们对经验论、唯理论和建构论的理解,激发了人们探求人类认识来源的兴趣。

第六章

皮亚杰的教育科学发展观及对教育的影响

显然，皮亚杰领导的对儿童的智慧发展问题所进行的研究，已经对心理学和教育理论产生了深远的影响。正是由于皮亚杰所进行的持之有据的研究，我们才对儿童心理的发展，对儿童如何学习、如何思维、如何推理等问题有了更多的了解。

图 6-1　教师在给儿童上课

皮亚杰并没有为我们提供一种教育理论或为教学提供一门课程。他真正的贡献是根据自己的研究而提出的一套观点，这种观点揭示了儿童如何获得和形成知识。皮亚杰的理论并不是为把教育搞得更好而开列的处方，它只是这样一种知识和概念的体系，即如果教育者要运用它，就得把它整合（同化和顺化）进其现有的知识之中。要做到这一点，首先应该牢固掌握皮亚杰的认知发展理论，然后就应该用这种理论的观点去总结教育方法，开设有关课程，理解把握儿童。皮亚杰的理论为我们提供了一种观念，根据这种观念，我们可以对自己作为一名教育者（不管是作为一名从事教学的教师，还是从事管理的教师）的所作所为是否合格和称职做出评价。

一些教育学家得出这样的结论：由于皮亚杰的理论认为儿童是根据他们得自环境的经验来建构发展知识的，因此，这种理论忽视了教师的作用。这个结论是完全错误的。实际上，如果教师能以一种与皮亚杰理论相一致的方法进行教学，那么他们就能在向学生授课时，在通过语言使学生掌握知识时，花费比较少的时间。在这种教学中，教师仍占据中心位置。教师能够基本上决定学校环境将会给学生提供什么样的经验。此外，在确定哪些儿童已足以接受何种经验方面，教师也处在最佳位置上。我们可以通过多种途径了解儿童认知发展水平，了解他们已“准备”学习什么。其中一条途径显然就是运用皮亚杰式的程序去进行测试。第二条途径是对儿童在课堂中的推理进行仔细的观察。还有一条途径就是去注意儿童的“自发兴趣”。儿童表现出来的强烈兴趣往往是在暗示我们：他们已“准备”（受到强烈的推动）学习和发现某种特定东西。

皮亚杰的理论的确为了解儿童和许多教育实践提供了一种系统的、首尾一贯的、并得到实际经验证明的方法。它验证了许多我们可以直接感受但又苦于得不到验证的观念，而这些观念又与儿童和学校教育有关。皮亚杰的工作可以帮助我们了解儿童，了解他们是如何发展的。理解儿童是推动课程教学改进的最好途径。大多数想改进课程的人，都缺少一种发展的方法，他们一直在艰难地摸索着，试图寻找新的方法和理论。他们不懂得，了解儿童的发展是改进课程内容的最好途径。皮亚杰为我们描述了一幅儿童心理发展规律的图景，如果我们理解了这幅图景，我们就能够减少一些“艰难的摸索”。本章主要探究皮亚杰的教育科学发展观、活动教学观及其对教育的影响。

第一节　皮亚杰的教育科学发展观

皮亚杰在《教育科学与儿童心理学》（1969）、《发生认识论原理》（1970）、《心理学与认识论》（1970）、《心理学与教育学》（1935）等著作中，深刻地揭示和阐述了教育、教学工作的许多新原理和新方法，被欧美当做进行学校教育和教学工作改革的重要理论根据。

一、教育科学发展令人惊讶的落后

1965 年，皮亚杰在《一九三五年以来的教育与教学》文章里，指出了“教育科学发展令人惊讶的落后”这一深刻的问题。他追溯了从 1935 年以来，世界教育与教学的发展状况，并对此期间的学校教育和教学作了系统的评价，指出“作为一门指导学科的整个教育学方面都还没有任何根本的革新”，

“这种十分不相称的现象并未减少，一直到今天仍然存在”，[①]这是“我们应该反躬自问”[②]的。

皮亚杰在这里所指的是，在这几十年的时间里，教育学作为一门科学，与儿童心理学和社会学等科学的迅猛发展相比较，与实际教育事业的发展、教学工作的改进和教育在适应政治经济的变化方面所作的改革相比较，是大大落后了，令人感到十分惊讶。皮亚杰接着指出，教育科学落后的状况集中表现在教育学领域内，那就是绝大部分教育革新家不是教育专业训练出来的职业教育学家。例如，在教育史上，夸美纽斯(J. A. Comenius)所受的训练是神学和哲学；卢梭从未受过正规教育，也从未教育过自己的孩子；福禄培尔(F. Fröebel)是一位化学家和哲学家；赫尔巴特(J. F. Herbart)是心理学家和哲学家；杜威是一位哲学家；裴斯泰洛齐(J. H. Pestalozzi)虽是教育工作者，但在方法或在研究方面都没有多少创新；等等。可见，非教育专业的人对于教育都有过较大的贡献，而教育学家对教育学的贡献却远不及他们。那么如何分析和解释这些现象，从中能看出教育科学发展上的什么问题？皮亚杰认为，这与教育和教育科学发展本身的复杂性密切相关。

首先，教育本身从属于一定的社会政治生活。皮亚杰说：“教育既是这种社会生活的反映，也是适应这种社会生活的工具。”[③]就以教育目的为例，教育目的是教育和教育科学的一个带根本性的问题，但是，“为下一代规定教育目的是社会的职责，而且社会总是明显地、十分强有力地确定教育目的”[④]。每一种社会都要这样做：一方面，社会自发地借助于通过语言、习俗、舆论、家庭、经济必需品等强加于人民的种种限制而规定了教育目的；另一方面，社会通过政府机器或私人机关，按照他们所期望的教育类型，有意识地来确定教育目的。所以，教育总是随着社会环境所包含的各种复杂因素的变化而变化，在理论上规定一种永恒不变的教育目的模式是不可能的。

其次，教育学确实是一门较难研究的应用科学。皮亚杰认为，教育学不是一门纯粹的理论科学，而是一门不同于一般的应用科学。它在应用心理学和其他学科的实验材料时，不仅会遇到目的问题，而且会遇到方法问题。同时，这些科学本身也未曾达到足够的进展，因而，也就直接影响着教育学所要构成的、特有的知识体系。这就是说，教育科学的发展受到其他科学的限制。因此，皮亚杰认为教育学与其他科学相比较，“由于它所包括的各种

① 皮亚杰著，傅统先译：《教育科学与儿童心理学》，文化教育出版社 1981 年版，第 2 页。
② 皮亚杰著，傅统先译：《教育科学与儿童心理学》，文化教育出版社 1981 年版，第 3 页。
③ 皮亚杰著，傅统先译：《教育科学与儿童心理学》，文化教育出版社 1981 年版，第 2 页。
④ 皮亚杰著，傅统先译：《教育科学与儿童心理学》，文化教育出版社 1981 年版，第 18 页。

因素的复杂性，这门科学甚至是一门研究起来十分困难的科学”[1]。

再次，从现象上看，当今虽有庞大的教育工作者队伍，而教育学却不能较快地建设成一门生动的科学，这应当“归之于社会因素”。因为“科学如果没有社会环境的需要和刺激，是不可能得到发展的”[2]。而社会现实却明显地存在着以下问题：

(1) 教育工作者的职业地位问题。皮亚杰指出，当今引人注意且越来越严重的一个普遍性的问题，就是难以招聘教师这样一个隐含深层次的经济问题。如果能把教师的工资提高到与其他自由职业者所得的相当水平，教师应聘之数就一定会增加，整个教师队伍的社会生活地位问题是与教育科学研究工作的开展紧密联系的。

(2) 教育工作者的学术地位问题。皮亚杰清楚地看到，当代社会的一个真实情况是教育工作者没有在学术价值的等级上享受到应有的权利。一位律师，即使不是一个出色的律师，也被人认为具有一种受尊重且值得受尊重的学问；一位医师，即使并不总是治愈病人，也是代表着一门受尊重的科学；一位工程师，也是代表着一门科学和一种技术；一位大学教师也是代表着他所讲授的这门科学以及他对这门科学钻研的程度。而一位中小学教师就缺少这种可资比较的学术声誉。在一般人的心目中，学校教师无论从技术或科学的创造性上来说都不是一个专家，而只是一个知识的传递者，他们只需执行行政当局颁布的课程和方法。至于教育行政人员，他们更是忙于日常事务，根本没有时间专心从事教育科学的研究工作。他们总是习惯于遵从上级的旨意，不做必要的调查研究来决定教育的实施。整个教师和教育行政人员都没有应得的学术声誉，而直接影响到教育科学水平的提高。

(3) 教育工作者的科学动力问题。皮亚杰观察到一种社会现象，即任何专业团体，不管医学会、法学会、工程学会和建筑学会，它们的成员在共同研究一项设计或交流一项发明创造时，都生气勃勃，充满学术精神，具有充沛的“科学动力”。可是教育学家团体成员在讨论完全属于内部的协作问题的时候，却往往缺乏这种“科学动力”，学术研究精神显得比较贫乏。这正是由于“教师团体本身享有的学术自主权，和其他自由职业所享有的自主权相比较，仍是非常有限的”[3]缘故。当然也同教师缺乏教育学的训练有关。

(4) 教师训练和教育实际工作的专业要求问题。皮亚杰严肃地指出，教

① 皮亚杰著，傅统先译：《教育科学与儿童心理学》，文化教育出版社 1981 年版，第 13 页。
② 皮亚杰著，傅统先译：《教育科学与儿童心理学》，文化教育出版社 1981 年版，第 11 页。
③ 皮亚杰著，傅统先译：《教育科学与儿童心理学》，文化教育出版社 1981 年版，第 14 页。

师的教育学训练,“确切地讲来,或者是完全没有,或者仅有最少一点点”[①]。教师训练和教育实际工作完全没有联系,使得无论是现在的教师还是未来的教师都根本不知道有从事教育科学研究的必要,教育工作似乎可以同教育科学研究相脱离。这怎么能使教育科学得到发展呢?

皮亚杰十分重视幼儿园、小学教师的培养,因为学生年龄越小,对他们的教学越困难,该阶段的教育结果对未来影响也越大。因此在这个意义上,低幼年级的教师其责任更为重大。

幼儿园、小学、中学教师的文化程度是逐渐增加的,但事实上,要确定一个 7 岁至 9 岁儿童能掌握算术中的一个基本结构,是否真比使一个青少年同化一个更复杂结构容易呢?从同化上的困难情况和概念客观重要性的双重观点来看,最初阶段所同化的结构制约着学生以后的整个学习生活,而在较高的阶段上,则已有可能按照学生水平,用其他恰当结构来代替或进行自动纠正。而且年龄越小的儿童的认知结构与成人越不相同,成人要以儿童能够理解的方式教学显然更加困难。

所以,健康有效的教育是离不开教师的积极参与的,关键在于应发挥教师的主导作用,以便通过教师的努力让学生的主体作用充分展开,培养其创造力与批判精神。教育者应首先受教育。要培养教师掌握足够先进的教育科学知识,如皮亚杰的思维发展阶段理论;要让教师重视参加科学的、实用的活动;要通过多学科的渠道培养教师,使他们具有广泛的科学知识与创造精神。如此,学生才能从教师的教学中真正受惠。

图 6-2　儿童的教育

二、教育科学的发展必须由心理学来推动

皮亚杰从 1935 年开始,就注重考察教育学与心理学的关系。他在其《新方法:新方法的心理学基础》中指出,要成功地构成一门教育科学,不可缺少的就是建立一个为创造真正适应于心理发展法则的教育技术所必要的心理学体系。如果没有精心建立真正的儿童心理学或心理社会性就不可能真正产生新的方法,新的方法的存在无疑必须从建立这样一门科学之日算起。这正是教育学发展的历史事实。

① 皮亚杰著,傅统先译:《教育科学与儿童心理学》,文化教育出版社 1981 年版,第 14 页。

1. **教育科学产生于心理学**

皮亚杰系统分析了教育史上教育学家的教育理论和教育实践之后指出，心理学对教育的理论和实践有着重要的意义。在一定程度上说，教育科学的历史就是应用心理学于教育理论和教育实践的历史。

皮亚杰认为，西方心理学思想源远流长。古希腊、古罗马和中世纪的哲学家对心理现象作过许多解释，提出过许多不同的学说，这些解释和学说构成了这些哲学家的教育思想的重要部分或核心部分，其中反映着教育规律的部分都为后人不断继承和发展。

皮亚杰进一步指出，在教育心理学史上，最早具有一定的儿童心理学思想的夸美纽斯是发展心理学的发生论思想的先驱者之一。夸美纽斯把自然世界的形成秩序和儿童的个性形成秩序联系起来，把儿童看做是一个自发发展过程中的实体，存在于自发发展过程中，在自发发展过程中成长，并以此来说明教育过程、组织和方法，确实反映了某些心理规律，从而也反映了某些教育规律。皮亚杰十分推崇卢梭的儿童心理学思想。他说："卢梭看出了'每一年龄都有它自己的动力'，'儿童有他自己独特的观察、思维和情感的方法'"，并主张"教育就应该利用这个机制而不应该阻碍它的前进"。[①] 可是，卢梭所缺少的正是一种关于心理发展的心理学。尽管他坚信心理发展的法则，经常反复地强调儿童不同于成人，但他所提出的心理发展阶段往往处理得过分简单，在确定心理生活的一些主要机能或最重要的表现时，很难避免或多或少的武断成分，所以，卢梭决不能够成功地构建他的教育科学体系。至于裴斯泰洛齐对于学校教育，一方面，有惊人的成就，朝着当代活动学校的方向发展；另一方面，又保留着许多古老的特点，并系统地沾染着一定程度的形式主义，对于真正的心理发展很少考虑到具体的细节。福禄培尔也只不过是实践了卢梭的思想，关于心理发展本身却没有积极的见解，甚至用一种形式化了的手工劳动去代替与儿童生活真正需要相联系的具体探索，从而阻碍了儿童从事真正创造性的活动，以至歪曲了活动这个概念的本意。对于赫尔巴特创立以心理学为基础的教育学体系，皮亚杰认为他"企图以一种极其明确而又易于理解的方式使教育方法适应于心理学的法则，这无疑在教育思想史上还是第一次"[②]。但是，他提供的是"一个由一种非发生心理学所启示的教育学的坏模型"[③]，"不能把发展的生物观和对智慧这个不

① 皮亚杰著，傅统先译：《教育科学与儿童心理学》，文化教育出版社 1981 年版，第 141 页。

② 皮亚杰著，傅统先译：《教育科学与儿童心理学》，文化教育出版社 1981 年版，第 145 页。

③ 皮亚杰著，傅统先译：《教育科学与儿童心理学》，文化教育出版社 1981 年版，第 145 页。

断构造的过程的分析这两者调和起来建立一个关于活动的理论”①。

因此，皮亚杰得出结论说，教育科学产生于儿童心理学，新的教育方法只能在这种科学的气氛中诞生。也就是说，没有心理学就没有教育学，有什么样的心理学思想就有什么样的教育理论。

2. **教育科学的发展受心理研究方法的推动**

在某种意义上说，教育学就是教育方法学。皮亚杰提出，新方法无疑来源于现代发生心理学。但是，“现代教育科学并不是像工业技术的进步逐步地从精密科学的发现中发展出来那样从儿童心理学中演化出来的。毋宁说，是心理研究的一般精神，也是它所运用的观察方法，推动着教育科学从纯科学的领域走向学术实验领域的。”②接着，皮亚杰列举大量事例说明，一个教育学家的理论成就主要不是由于他的心理学成就本身，而主要是由于他的心理研究精神和方法的推动。例如，作为一个医生的蒙台梭利（M. Montessori）运用实验心理学的方法对异常儿童进行研究，创造了蒙台梭利教育法。可见，只有具备了对儿童心理学进行研究的精神和方法，才能推动教育学的改革，促进教育理论的创新。

3. **教育科学的发展是儿童心理研究运动所出现的一种不可避免的趋势**

皮亚杰认为，新的教育方法“并不是某一个孤立的工作者或某几位教育学家用纯粹的推理从某一特殊的研究演化出来的一种关于儿童心理发展的心理教育学。它们是在许多战线上同时出现的一种不可避免的趋势”③。例如，实用主义者的著作中揭示的动作在一切心理运算的构成中，特别在思维的结构中的作用，与在霍尔和鲍德温的著作中的心理发展的科学或发生心理学，在杜威的著作中找到了它们确切的交叉点，因为杜威在 1896 年就已经创立了一所实验学校，在这所实验学校里，学生们都按照每一年龄小组的特殊兴趣和需要集中进行他们的工作。

总之，皮亚杰的这些关于教育科学的发展与儿童心理的关系的论述，令人信服地认识到，教育学要成为一门科学只能从有了心理学作为它的理论基础时才开始，在此之前的许多教育学家的教育思想和教育观点也总是以一定的心理学思想和观点为基础提出来的，所以，现代教育科学应更加充分地运用心理学研究的精神、方法和成就。

① 皮亚杰著，傅统先译：《教育科学与儿童心理学》，文化教育出版社 1981 年版，第 146 页。
② 皮亚杰著，傅统先译：《教育科学与儿童心理学》，文化教育出版社 1981 年版，第 146 页。
③ 皮亚杰著，傅统先译：《教育科学与儿童心理学》，文化教育出版社 1981 年版，第 148 页。

三、教育科学的发展必须沿袭历史

皮亚杰早在1935年就对新教育方法产生的历史作了客观的评述。他认为教育新方法要求儿童进行真正的“活动”，使受教育的主体与其周围社会之间发生真正的“交互作用”。

从古希腊开始，苏格拉底(Socrates)的启发式的问答法就是以学生自己的积极性而不是以学生的驯服为根据的。后来，拉伯雷(F. Rabelais)和蒙泰涅(M. E. Montaigne)反对16世纪的口头说教和非人道的纪律的行动产生了某些心理学上的直觉：兴趣、观察、参与实际生活、亲身领会与死记硬背的区别(“背诵并不是认知”)，等等。到了卢梭，则可在他的著作中找到在今天看来仍然具有惊人价值的一整套见解。皮亚杰认为，我们甚至可以把卢梭的理论当做新教育方法的一个“光辉的先导”。在裴斯泰洛齐等人的教育实践中，更可以清楚地看到学生的自发活动，教师像年长的同伴而不像领导者。至于在福禄培尔的幼儿园里，“儿童的四周都是一些事物而不是书本，儿童是在动作之中，玩弄着物体，尤其是在一种无拘无束、没有丑恶的宁静气氛之中”①。不过，皮亚杰强调指出：“虽然活动的理想与新教育方法的原则在这些伟大的古典教育理论家的著作中是不难找到的，但是他们和我们却有一个本质的差别。尽管他们对于儿童时期具有直觉的或实际的知识，他们并没有建立一个为创造真正适应于心理发展法则的教育技术所必需的心理学体系。”②最后，皮亚杰又以赫尔巴特为典型进行分析，指出我们还可以从教育科学史的学习和研究中更清楚地认识到今天教育科学研究的任务。他在肯定赫尔巴特的教育创见的同时又指出，赫尔巴特把整个心灵生活看做一个“再现机制”，排除把智慧当做一种活动，似乎“教育的本质问题就是懂得如何运用他的教材以致容易为学生所吸收并保留在记忆之中：使得未知有可能变为已知的这种统觉过程为理解这个系统提供了一把钥匙”③。赫尔巴特的心理学“本质上是一种被动接受的心灵论，是一种守恒力量的理论”④。皮亚杰推崇卢梭是“教育界的哥白尼”，肯定卢梭确切地说明了儿童时期的“主动”特点所包含的内容。但他又指出，卢梭没有也不可能为心理发展与心理活动提供一种积极的解释。“为心理发展与心理活动提

① 皮亚杰著，傅统先译：《教育科学与儿童心理学》，文化教育出版社1981年版，第144页。
② 皮亚杰著，傅统先译：《教育科学与儿童心理学》，文化教育出版社1981年版，第144页。
③ 皮亚杰著，傅统先译：《教育科学与儿童心理学》，文化教育出版社1981年版，第145页。
④ 皮亚杰著，傅统先译：《教育科学与儿童心理学》，文化教育出版社1981年版，第146页。

供一种积极的解释则是留待本世纪的心理学以及从它产生的教育科学去完成的任务了。”①

皮亚杰强调，为了发展教育科学，教育工作者必须掌握有关的“知识体系”，包括有关某些重大教育问题和教育思想体系问题的知识，这就必须学习和研究教育科学发展史，使教育科学的发展沿袭历史前进。

综上所述，皮亚杰从 20 世纪 20 年代起就专心致志地从事儿童心理实验研究，创立了独特的发生认识论理论体系和研究方法，并将它应用于教育中，深刻地论述了教育、教学工作的原则和方法，显示出卢梭——杜威——皮亚杰思想的一脉相承，受到国际心理学界和教育学界的高度重视，对当代世界各国，尤其是对欧美国家的幼儿教育、中小学教育以及大学教育的改革已经产生并将继续产生着重大的影响。可以说，现代西方国家流行的活动教育、开放教育、视听教育以及重视个别课程制度和采用新的教育技术，都与皮亚杰的思想直接有关。

第二节　皮亚杰的活动教学观

皮亚杰的教学理论观点是建立在他的认知发生、发展理论之上的。皮亚杰在其认知建构过程及认知发展阶段论述中，十分强调主体与客体的相互作用，而这种作用是通过主体积极主动的活动产生的。皮亚杰对教学问题没有系统的直接论述，但从其有关教育的论著中，我们可以看出，贯穿始终的是其活动教学理论观点。

一、“活动”的涵义

皮亚杰十分重视活动在认知发展中的作用。他认为，人类的认知是其活动的结果，认知起源于活动。从个体的发展来说，认知的最初发生也是从动作开始的，活动使得儿童的认知得以发展。

① 皮亚杰著，傅统先译：《教育科学与儿童心理学》，文化教育出版社 1981 年版，第 146 页。

对皮亚杰的"活动"概念的理解，存在着十分激烈的争论。多数学者认为，皮亚杰的"活动"概念比"实践"概念在含义上要广，它包括了人的有意识的活动、人的本能活动、主体能动地改造客体的活动、客体对主体的强制所引起的活动。还有的学者认为，皮亚杰的"活动"概念，是一个从生物学、心理学、哲学三个角度综合研究的概念。

虽然皮亚杰没有对活动下过明确定义，但从其论述中可看出他对活动的理解。皮亚杰认为，认知结构是通过主客体的相互作用而逐步建构起来的，而活动是主客体的连接点。活动就是主客体之间的相互作用，相互作用的结果既让主体获得两种经验的增长和主体意识的增强，也使主体的认知格式获得变化和发展。他把动作心理上的结构和组织称为格式，格式最初来源于先天的遗传反射。皮亚杰认为，儿童智慧发展就是认知格式的进化过程。由此可知，皮亚杰的"活动"概念应包括客体、主体和相互作用方式三大部分。既指有形的具体动作方式，也指抽象的内部心理活动；既包括主体的有意识的行为活动，也包括主体的无意识的内部建构活动；既有主体性和有意识性等特点，也有客体性和无意识性等特点。

二、活动教学的要旨

皮亚杰根据其认知发展的观点提出，知识不是外界客体的简单摹本，也不是主体内部预先形成的结构的展开，而是由主体与外部世界不断相互作用而逐步建构的结果，认识是一种主动积极和不断的建构活动。发展不是由内部成熟或外部教学支配的，而是一个积极的建构过程。儿童要通过自己的活动进行建构，形成他的智慧的基本概念和思维形式。皮亚杰指出，儿童是主动的学习者，真正的学习是出自儿童本身，而不是教师的传授，教师应让儿童自发地和主动地进行学习。

图 6-3　儿童在学习

皮亚杰的活动教学观是根据其活动建构论思想提出的，其基本原则是"理解即发明"。所谓发明是指儿童对概念的理解就是他们建构起这一概念的过程。其要旨是把活动原则实施于教学过程，让儿童主动探索外物，通过活动及其协调，逐步形成、发展、丰富自己的认知结构，重新创造发明和理解事物。建立在皮亚杰活动教学观基础上的"活动学校"，其最大特点就是强调学生获得的每个真理都是由学生自己重新发明或至少是重新建构的，其目的不在于怎样重复和保存现成的真理，而在于培养求知的学习者。

关于教师的作用。皮亚杰认为，教育不仅应重视学生的主体作用，也应充分发挥教师的主导作用。

显然，传统教育中的教师在很大程度上只是知识的传递者，随着“程序教学”的引入，教师这一职能曾经被严重淡化，因为程序教学不仅更加标准化，甚至可以循环反复，一步步进行。但对教育来说，教师的作用远不止“上上课”而已。教师在课堂中的作用不是一个传递信息的人，而是主客体相互作用的促进者。教师要尊重儿童的学习愿望，要帮助儿童通过他们的自发活动以及组织他们接触各种外物来发现知识。作为儿童与材料的相互作用的促进者，教师的任务是了解、组织、调整和创造材料，让儿童自由操作、摆弄、实验、观察和思考，自己认识事物，发现并解决问题，而不能只是被动地听老师讲演。皮亚杰要求教师在考虑那些似乎偏离活动主要方向的有趣的迂回过程时，留心那些意想不到的和灵活的东西，教师要允许儿童彼此交谈，并组织他们讨论，使参与共同活动的儿童能够交流他们的观点。皮亚杰主张要有一种智慧的自由，给予儿童出错的权力，可以将儿童“错误的”回答看成符合他们当时的发展水平。它们常常是部分正确的，这些部分将在以后的阶段加以重建与合并，就会成为一个更有条理的回答，同时，通过这些明显的错误，教师可以更多地了解儿童的思维情况。皮亚杰强调，教师应了解儿童，教育教学工作不能成人化，要重视儿童的特点，要适合儿童的认知发展水平，教师应该懂得儿童心理学。他们还应是儿童认知水平的诊断者、教育的指导者。同时，教师要精通自己所教的学科。在实验活动中，教师作为组织者，必须创造情境，向儿童提出有用的问题，提供正反例证。新数学和现代宏观物理学是花了几个世纪才建立起来的，如果希望儿童能够在十几年里自己发明重建它们，而没有教师的指导，显然是不可能的。否则，我们就不用提倡什么活动法与活动学校，让儿童在“完全自然环境”下活动就可以了。显然这种做法是近乎荒诞的，其结果是不言而喻的。

皮亚杰的活动教学观有以下基本特点：①

1. 学生是教学的主体

皮亚杰十分重视学生主体在认识中的作用，把儿童看成是一个“独立的变量”，反对传统上把儿童看成是一个“依赖的变量”。在其提出的“相互作用论”和“建构论”思想中，皮亚杰把儿童放在认识发展的主体中心位置。他认为学习从属于儿童的发展，教育从属于受教育者的发展水平，儿童的发展水平决定着教育的步调。根据其发展的阶段论思想，皮亚杰认为儿童的学

① 梁文涛：《论皮亚杰的活动教学观与素质教育》，《教育理论与实践》，2000 年第 8 期，第 48 页。

习必须和他们的发展相配合，教材的结构、顺序以及课程的设置要符合儿童认知发展的先后顺序。正因为如此，皮亚杰提出教师的一切活动都要为学生主体的活动服务，教师只是儿童学习的促进者，这一观点充分体现出学生在教学中的主体性地位，同时也是其认知发展理论在教学中具体运用的表现。

2. 注重学生学习主动性的培养

在皮亚杰看来，儿童认知的发展主要在于儿童自身的积极建构活动。因此，他提出真正的学习不是由教师传授给儿童，而是出自儿童本身。皮亚杰所说的主动过程有两个含义：一是儿童直接作用于他的环境；二是儿童在心理上是主动的。由此可以看出，皮亚杰很重视学习中非智力因素的影响，重视情感的激发作用，重视学习中内在动机的作用。皮亚杰认为引起儿童认知上的冲突，引起最佳或最大限度的不平衡化，能激发儿童的求知欲和好奇心，这充分反映出皮亚杰的学习中学生主动性为先的思想。

3. 培养目标的创造性

皮亚杰主张教育的首要目标在于造就能够创新、能有所创造、发明和发现的人，而不是简单重复前人已做过的事情的人。创造性是智慧充分发挥的表现，是一切发明创造和社会进步的力量源泉，培养具有创造才能和首创精神的人才是教育的终点行为。在皮亚杰的活动教学观中，处处体现出“为创造性而教”的思想。他认为知识的获得在于儿童主动的积极探索和重新创造发明。教师的作用是间接的，教师不是直接把现成的知识转交给儿童，而是介绍问题和对策，帮助儿童重新建构真理，培养具有求知欲望和创新精神的学生，并且认为教师要为学生的创造活动提供心理上的安全感和广阔的心理翱翔的自由空间。这一切都为培养具有创造性的学生提供了有力的保证。

4. 学习过程的合作性

皮亚杰在早期研究儿童的语言与思维的发展和儿童的道德发展时，很重视社会交往在儿童心理发展中的作用。他认为，与他人交往和对客体施加动作，对儿童认知的发展同样重要。儿童智慧的发展需要与他人相互刺激，这种交往不仅指儿童之间的交往，也存在于师生之间。皮亚杰所重视的交往是从“合作”意义上讲的，他认为学习中交往的重点应放在儿童之间的合作上，而不是竞争上。由于皮亚杰重视学习过程中的合作，因而，他要求教师要允许儿童彼此交谈，并组织儿童讨论。我们知道，与别人的交流是创造性得以产生的重要条件之一，讨论是创造的助产婆，讨论可以激励思考，有助于创造性的思维活动，讨论还是揭露和批判谬误的好办法。由此可知，皮亚杰非常重视创造性的培养，皮亚杰的主张充分体现出他的民主教学风格与启发性教学思想，充分反映出他的建构论思想。

5. **教师的组织、激发作用**

围绕着他的建构论思想和“为创造性而教”的思想，皮亚杰认为教师在教学中不应该是活动的主体，学生才是活动的主体，因而教师要为帮助学生积极主动地建构知识而组织活动，提供活动的材料，组织学生间的交流和讨论，并且在活动前和活动中，积极地激发学生活动的好奇心和内在动机以及积极的情感，从而引发儿童积极的活动与认知上的冲突，并通过学生积极而正确的建构来获得冲突的解决，推动儿童的认知发展。

三、活动教学与直观教学的区别

皮亚杰指出，活动教学在理论上已为人们所接受，但在教育实践上，人们往往把它与直观教学混为一谈。甚至有很多教育学家自认为直观教学与活动教学是等同的，或者至少已具有了活动教学的主要优点。这种混淆主要表现为以下两点：第一，把主体或儿童所有的“活动”都视为是具体的操作动作。这一观点在初级学习阶段是正确的，但在儿童认知发展到一定水平之后就不再是这样了。这时，学生在个人重新发现要获得的知识理论时，主要依靠的是抽象思维活动，这种活动是内在的，并不表现为外部的操作。第二，认为处理具体物体的活动只是一种用形象表现的过程。亦即只是在知觉中或心理意象中产生的和有关物体一样的摹本。而我们知道，首先对事物的认知和内心对现实做出的一个形象的摹本是不同的，认知是在动作上或思想中转变现实的操作过程，以便掌握这种转变的机制，并把事件与物体同化于转变的结构之中。其次，由物体所产生的经验可以有两种形式，其中一种是逻辑数学经验，它不是从物体本身获得的知识，而是从改变物体的动作本身获得的知识。再者，在人们的物理经验中，知识是从物体本身抽取出来的，又要作用于物体以便转变他们，分离和变化由此所产生的因素，而不是简单地抽取物体的一种形象的摹本。

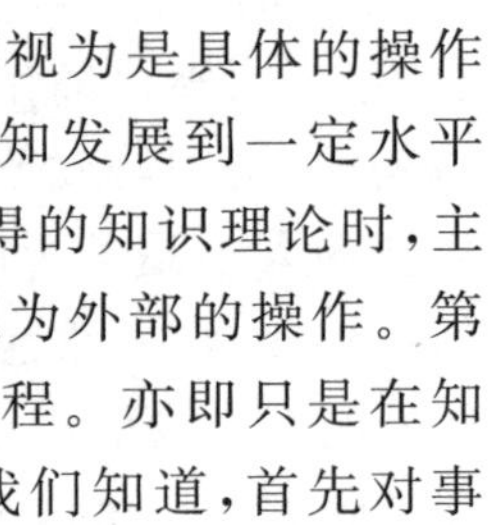

图 6-4　直观教学法

由于人们对直观教学与活动教学的以上混淆，人们错误地把思维的形象方面等同于思维的运算方面。直观教学就简单成为给学生提供关于事物本身的或有关可能运算结果的视听表象过程，而实际上这种可能的运算是不会实现的。儿童的运算活动不能通过这种直观教学得到发展。对于直观教学与活动教学的本质上的不同，皮亚杰曾用奎申纳尔小棒(Cuisenaire rods)

题目加以说明。皮亚杰指出,如果让儿童自发地摆弄小棒,自己亲自发现各种不同的运算,这种方法是真正的运算性质的,但如果仅限于从外边进行演示或仅限于对现成外形的讲解,这类方法主要就是直观的或形象的。

皮亚杰认为,直观教学相对于注入式教学来说是一大进步,但由于直观教学往往拘泥于形象的情况,难以和注重自发活动与对真理的亲身或自动探索活动教学相媲美。

活动教学还有别于手工劳动。手工劳动中往往没有学生本人的自发探索,只有教师的指导,因而它不具有充分的主动性。机械的重复操作不能帮助学生重建结构。

活动教学不是口头教学,也不是课后练习。语言不足以传达逻辑,只有借助于逻辑的同化工具才能理解语言,而这种逻辑的同化工具又依赖于动作或运算的一般协调。课后练习往往是配合巩固教学内容进行的,虽然要学生动手练习,但只是课堂所授公式的照搬,并不需要学生真正的探索活动,因此,它也不符合活动教学的要义。

四、活动教学的教育实践

活动教学是一种为人们所公认的优于传统注入式教学、直观教学的教学方法,但在教育实践方面却难以为人们所采用。皮亚杰认为,除了常把它混同于直观教学以外,还因为和注入式教学法相比,活动教学法做起来有更多的困难。一方面,它要求教师多做许多更为不同的而又需要集中注意的工作,而注入式上课却相对省力得多,而且一般说来,它更符合成人的惯常倾向,特别是比较符合成年教师的惯常倾向。另一方面,尤其重要的是,活动教学以受过比较高级的培训为条件,没有足够的儿童心理学知识,教师就不能正确地认识学生的自发活动,因此也就不能利用在他看来是不重要的以及浪费时间的反应。

虽然活动教学由于种种原因没有得到很好的推广,但皮亚杰对它仍充满信心。在他的著作中,他曾列举了几位从事活动教学尝试实验的并富有成效的教育工作者。例如,佛伦纳特(C. Freinet)曾利用恰如其分的手段,在没有政府机构支持的情况下,试图把学校变成一个经常与周围社会集体活动联系在一起的活动中心。他把印刷术引进学校,让儿童自己印刷一些小课文。通过这种活动,儿童就能学会阅读、写作和拼法。这种学习方式和那些一点也不知道他们所使用的印刷品是怎样制做出来的学生的学习方法完全不同。皮亚杰对佛伦纳特这一教学举措给予了高度评价,认为它体现了认知心理学中的最重要的真理:智慧的发展起源于实际活动,因为逻辑首先是动作的一般协调的表现,而这种动作的一般协调必然包括一个社会的方面。皮亚杰的活动教学观点还引起了人们广泛的实验研究。比如,在美国伊利诺大学芝加哥分校的日托托儿所,卡米(C. Kamii)花了10年时间进行着一种将皮亚杰活动教学理论应用于教学实践的实验。卡米主张,知识乃是主体对客体活动的结果,教育工作的重点不能只限于读和写,还要给儿童提供活动的物质环境,让儿童通过活动进行学习。魏卡尔特(D. P. Weikart)1962年在易普西兰堤为智能不足的儿童进行过两年的学前教育实验,强调儿童的直接经验与行动是进行学习的主要途径。英国肯特郡的托儿所把教室设计成"数学实验室",室内设有纽扣、珠子、绳子、平秤、测量工具之类的东西,让儿童自由操作探索,通过自己的活动发现或提取其中蕴含的认知结构。这些实验的效果良好。

皮亚杰的活动教学观曾引起了人们广泛的重视。如美国曾开展过一个对初级数学和物理学教学采用"活动"教学的运动。国际公共教育会议在1959年的会议上通过了一个向教育部门提出的(第49号)建议,建议指出:"为了增进小学阶段小学生对于科学与技术研究的兴趣,采取这种为培养实验精神而设计的活动法是可取的。"[①]这是对皮亚杰活动教学观的充分肯定。

从以上分析可看出,皮亚杰的活动教学观是与他的认知发展理论相联系的,他把活动教学的思想建立在科学的基石之上,虽然他的认知发展理论和活动教学思想在实践和研究中受到了许多挑战,但同时也得到了许多证实和支持,它对当前的新课程改革及活动教学的探讨具有巨大的启发意义和借鉴价值。

第三节　皮亚杰理论对教育的影响

"皮亚杰不是一位教育实践家"[②],但皮亚杰仍对教育提出了自己的独特看法。他对教育的本质、教育的根本任务有深刻的阐述。"教育应该成为一

① 皮亚杰著,傅统先译:《教育科学与儿童心理学》,文化教育出版社1981年版,第72页。
② 李其维著:《破解"智慧胚胎学"之谜》,湖北教育出版社1999年版,第18页。

门科学”，这是皮亚杰教育思想的核心，而儿童心理学则应成为它的科学基础。因此，教师这一职业并不只是一种谋生手段，而应担负起科学研究的重任。所谓教育，就是按照科学的方法去开发、培养学生的智慧。皮亚杰所谈的教育功能主要侧重于“知”的方面，这与塑造心灵（德、智、体、美、劳诸方面的全面发展）的教育总目标并不完全一致。也许我们不必在这一点上苛求皮亚杰。当然，皮亚杰的主张又是十分自然的，因为他是从发生认识论的基本立场出发的。他是仅在认知（知识）的范围之内来谈论教育的。

皮亚杰在《教育科学与儿童心理学》中批评说：“我们的学校系统由那些保守主义者所构成。他们更多地考虑让儿童迎合传统的学习模式，而很少考虑如何去诱导发明和批判的心灵。”①皮亚杰认为，传统师范教育的弊端之一，就是把自己局限于教育本身，未能让教育真正奠定于某种科学的儿童心理学的基础之上，并把教育本身的规律与儿童心理学的规律有机地结合。这样，其结果就只是创造了一个封闭的、由教育行政官僚们占据主导的社会实体，严重脱离儿童的实际。因此学校系统充斥保守主义者就不足为奇了。皮亚杰对此开出药方：教育必须与儿童心理学的研究结合起来，儿童心理学应该成为教师培训的主课；而要真正学好儿童心理学，必须有机会亲自从事儿童心理学的研究。皮亚杰尽管不是实际教育工作者，但他始终关注教育的科学基础，因而也关心其研究成果能为世人所接受，并付诸于教育实践。皮亚杰所在的日内瓦大学卢梭学院实质上就是一所培训师资的学校，它的特色就是特别着重儿童发展理论的研究，接受教师职能培训的过程同时也是进行儿童心理研究的过程。无疑，它体现了皮亚杰的以“学生如何学”、发挥学生主体作用的基本教育思想。

如果把教学过程的侧重点置于学生如何学的方面，那么随之而来必须解决教学环节中的一系列具体问题。皮亚杰对此也有许多卓越的论述。从皮亚杰理论的基本事实中，可以引导出如下一些教育原则应用于教学实践。

一、关于学习的顺序

在皮亚杰的理论中，学习顺序的问题是指学习的心理准备性问题，即向一定年龄的儿童讲授的材料存在着固有的限制。有关这一问题有两种对立的观点。一种观点是完全无视这种准备性，以布鲁纳、加涅（R. M. Gagné）、

① Piaget, J. (1970). *Science of education and the psychology of the child*. New York: Orion Press, p. 124.

斯金纳(B. F. Skinner)等人为代表，认为只要采用智慧上诚实的方法，就可以教会给任何年龄儿童任何我们想要教给他的东西。他们强调学习环境和学习的外部条件的作用。另一种观点，以皮亚杰为代表的则强调儿童学习的预先准备性，主张不能使儿童进行心理上还没有准备的学习。

皮亚杰认为，在教学实践中具体贯彻准备性原则应注意以下几个要点：

首先，不应教给儿童那些明显超出其认知发展阶段的材料。比如，算术教学中的数概念和加减运算等，这些几乎占到小学低年级学习内容的一半。根据皮亚杰的理论，它们都是具体运算智慧的成就。因此，只有向那些处于具体运算或向具体运算过渡的儿童，即处于“准备状态”下的儿童讲述这些内容，他们才能理解。而前运算的儿童因为还不具备同化这些信息的必要的认知结构，因此，他们不能从这类教学中受益。他们从事这类学习只能是死记硬背的机械学习。

其次，教师应努力避免试图从外部人为地加速儿童对某种问题的认识过程。不能把学习速度视作学生学习好坏的唯一指标。皮亚杰告诫我们，对内容的彻底掌握比速度快慢更为重要。如果我们企图使习得具有持久和牢固的特性，就必须让儿童经历一个“错误的”和“缓慢的”阶段，而不应期望他像成人那样进行逻辑的规律。因此，对皮亚杰式的课程来说，教师一定要有耐心。皮亚杰曾把“我们怎样才能加速发展”这个问题称为“美国人的问题”。皮亚杰访问过许多国家，他认为美国的心理学家和教育学家似乎对“运用什么技术才能加速儿童各个阶段的发展”这一问题最感兴趣。皮亚杰认为，与其过早地让儿童接受教学，还不如不教，因为这很容易导致对成人规则的肤浅接受，而不能达到真正的认知理解。他认为，盲目地试图加速所有5岁儿童的发展，使他们全都先于正常发展两年即达到具体运算阶段，这蕴含着一种隐患。这种加速努力或许还不如一事不做，就是说还不如让其按自然的发展过程去发展为好。皮亚杰指出，人类同动物相比，其早期发展缓慢有着重要意义。为使人类的智能逐渐完善，人类有必要逐渐地发展。皮亚杰更加关心一种自然的整体性发展，儿童在长时期内取得丰富多样的经验可以推动这种发展。这里，对守恒、分类、排序等问题的理解将不是作为对孤立的作业的具体答案，而是作为一个协调的观念系统的一部分发展的。其他来自生活和经验的观念都交织在这个伸缩自如的观念系统中。

第三，向儿童教授新概念应尽可能地按其在自发的认识过程中的顺序进行。这样的教学才可称作是建立在发展基础上的教学。皮亚杰学派进行的大量的实验研究为我们提供了关于概念的自发发展次序的知识。教育者可以据此来设计课程和教学。例如，关于儿童空间概念的发展，这直接与几何教学有关。根据皮亚杰的研究，儿童几何概念的心理发展的次序更加接近于现代几何的演绎结构或公理结构的次序，而并不接近于几何学本身发展的历史次序。因此应根据这一发展顺序为儿童选择适当的几何活动。

对学习顺序和学习准备性的强调，必然随之引起两个密切相关的技术性问题：一是关于儿童的准备性如何诊断；二是如何进行个别化的教学以适合各人不同的准备性。对儿童准备状态的鉴别，传统测验是无济于事的。因为笼统的测验分数或更笼统的智商不能告知我们关于某种概念发展的细节。教师不能由此获得关于儿童已有认知水平的具体信息，从而就无法正确估价儿童学习该项教材的准备性。显然，对儿童发展阶段即发展顺序的确切了解是有效教学的关键。由于教学的课程与策略均依赖于这种了解，因此，对教师来说，首要的任务就是把儿童表面水平的认知与真正的理解区别开来，确定儿童真实的认知机能的发展水平。这一诊断工作是整个教学过程中不可缺少的环节。英海尔德指出："一个好的对认知机能的诊断，应关注到儿童的运算的潜能性，而不仅限于目前的成就。"[①]现在有不少人正在从事构造一种建立在皮亚杰理论基础上的标准化测验，他们用序列分析的方法，制定了某种有层次的"心理发展的量表"，这些量表所包含的测题虽较少，但每一测题均经精心设计以便于确切刻画儿童的思维品质。

儿童的准备性不同就表明儿童有个别差异。皮亚杰理论尽管从方法到目的，侧重于智慧和认知的共性方面，但它并不完全忽视差异，只不过它总是把这种差别性理解为共性的变式而已。皮亚杰曾指出，在为具体运算作准备并形成具体运算的漫长阶段中，存在着一个时间相当长的"整合过程"。在这个过程中，各个儿童在某一时刻的认知结构的各个子结构（子系统）或各种格式可能处在不同的水平上，"分类"的子结构的水平可能不同于"关系"的子结构的水平，也可能"分类"或"关系"的水平又不同于"空间"子结构的发展水平，等等。也就是说，同一个发展阶段中儿童的各个子结构之间发展水平方面的差异可能是各不相同的。因此，个别化的教学就很有必要了。从理论上讲，应针对每个儿童准备性的特点来制定适合每个人的个别化教学程序，而且在教学过程中，应随时诊断学习的效果，及时地修改程序。有人认为，以皮亚杰理论为指导的课程，本质上就是一种个别化的教学，甚至应该一个教师教一个学生。这种观点也许过于偏颇，不过，在有条件的情况下，尽可能使学生与教师人数之比保持较低值，这是使皮亚杰式课程获得较好效果的前提之一。

---

① 左任侠：《略论皮亚杰理论对教育的影响》，《心理科学通讯》，1983年第1期，第3页。

二、课程的内容

课程的内容也是皮亚杰理论对教育影响的一个重要方面。小学低年级的课程主要为两个方面:基本语言训练和基本算术训练。皮亚杰本人除早期发表过一本《儿童的语言与思维》(1923)外,基本上没有对语言的发展进行过专门的研究,因此,从皮亚杰的著作中一般很少发现有关语言教学的建议。但关于数学建议的内容却比比皆是。实际上,皮亚杰经典实验中的许多内容基本上均属于一种广义的"数学"。例如,关于序列、传递推理、基数、乘法分类和类包含以及空间概念等等,这些内容中的每一方面差不多都与某种算术技术和几何教学相联系。现在,西方已有越来越多的小学把它们编入课程之中了。

把皮亚杰的经典实验引进初中、小学课程(主要是小学),特别是围绕守恒性或不变性(它的基础是可逆性)进行逻辑训练,这对儿童思维水平的提高和学习能力的发展,意义极为重大。因为各种最基本的推理形式——逻辑的、算术的、几何的以及物理的推理,全都是建立在运算守恒性原理之上的。

对课程内容的编制,按照皮亚杰的理论,不仅要考虑到知识内容本身的系统化和条理化,而且还要考虑到智慧组织即动作和运算结构之间彼此的亲属性和相互联系。课程结构论应建筑在智慧结构论的基础之上。这方面的工作,在感知运动阶段、前运算阶段和具体运算阶段已做了不少研究,形式运算水平上的研究则相对较少,如龙约(F. Longeot)等人的研究。龙约等人在序列发展量表的基础上,把运算分析与因素分析方法结合起来,深入研究各种认知结构之间(特别是形式运算水平的组合系统与 INRC 四元群结构之间)的关系,目前已取得不少积极的成果。应当指出,这是目前皮亚杰研究中的一个值得注意的动向。就其方法论的特点而言,可能偏离了正统的临床法,但无疑这是定量化研究形式运算结构,详尽探讨它们之间内部复杂关系的一条颇具创造性的道路。这方面的研究成果,必将为课程内容的科学组织提供切实有效的信息。

在众多学科中,皮亚杰对数学与物理教学特别重视,他在这方面的许多观点是富于启发性的。皮亚杰的研究在数学课程领域内有很大影响。美国的"新数学"运动至少部分受他的研究成果的影响和启发。皮亚杰认为数学教学的中心问题是在智慧所固有的自发的运算结构与所教的数学领域有关的教学大纲或教学方法之间要相互适应。按皮亚杰的看法,数学基本概念的形成过程是缓慢而复杂的。比如，6岁儿童对于基数具有直觉表象，他能很好地数数，但绝不意味着他此时已形成数的概念了。如果桌子上摆着两排同样多的筹码，其中一排摆得更长些，年幼儿童就会认为这排筹码要多。这是因为儿童还不能确定排列的长度和其中的元素密度之间的相互关系。要正确回答这一问题，必须形成作为数概念发展基础的"类"概念。显然，此时教这些儿童加法、乘法，即使他们做出结果，也只是机械学习。

关于物理教学，皮亚杰及其合作者曾系统收集了儿童和青少年几百项任务的操作资料。这些资料为我们理解儿童对物理材料的操作提供了信息——儿童如何发展对物理世界的理解，如何构造时间、空间、物体、运动等概念。例如，皮亚杰通过实验表明，7～8岁前的儿童用大量缺乏等级关系的个别因素来给概念下定义。他们给"力"下定义时说："力就是能带很多东西。"当问他"为什么风有力量呢？"儿童回答说："风能向前运动。"这个儿童关于水则说："小溪有力量，因为她（水）流动，因为她往下流。"过一会（如果投到水里的小石头沉下去了）他说："水没有力量，因为她什么也带不动。"再过一会他又说："湖泊有力量，因为湖上能载船。"[①]我们应针对儿童的这些理解来确定相应的物理教学内容，而不应让儿童学习他们所不能同化的材料。

三、教学方法

教学方法也许是皮亚杰理论对教育产生最大影响、内容也最为丰富的领域。至少可以总结出如下体现皮亚杰思想的方法原则：

1. 活动法

皮亚杰理论的核心思想是思维产生于动作。智慧自动作始，切断智慧与动作之间发生的联系，那么智慧的发端是不可能的。如果说感知运动水平的智慧与动作密不可分，那么较高水平的智慧同样与动作有着直接或间接的联系。心理运算只不过是动作的内化。皮亚杰认为，各种水平的智慧行为蕴涵着不同水平的逻辑，逻辑是思维的镜子；这些逻辑之间存在着内在的发生学的联系：形式运算的命题间的逻辑是在具体运算的命题内的逻辑基础上产生的；具体运算的类逻辑和关系逻辑又离不开感知运动时期和前运算时期的动作逻辑。因此，动作及其协调在皮亚杰的理论中占有举足轻重的地位。儿童学习的最根本的途径是他们自己的活动，这应当是从皮亚杰理论中所受到的最有益的方法论启示。

---

① 奥布霍娃著，史民德译：《皮亚杰的概念：赞成与反对》，商务印书馆1988年版，第24页。

皮亚杰强调儿童要“高度活动”，活动是连接主客体的桥梁，是认知发展的最直接的源泉。把活动原则实施于教学过程，就应放手让儿童去动手动脑探索外物，通过活动及其协调，逐步形成、发展、丰富自己的认知结构。这就像织网，活动越多，则经纬交错越缜密，认知结构同化外来信息的功能就越强。因此，对教育者来说，强调活动即意味着着眼于儿童认知结构的发展，而不过多地拘泥于一事一物的记忆。应该指出，皮亚杰学派讲述活动的作用多在感知运动水平上立意。

2. 自我发现法

根据皮亚杰的理论，儿童自我发现的东西才能积极地被同化从而产生深刻的理解。教育者企望儿童学习的东西，不能强授硬灌，只有通过儿童自身积极的活动才会被儿童“发现”并接受。积极的发现是在发展中产生的。因此，一种良好的学习方法就应鼓励儿童在与环境的相互作用中积极活动，形成发展的原动力，使他们获得认知的进步。自我发现法与传统的学习方法——向儿童呈现学习的材料，强化正确的答案——相比，其学习效果远优于后者。皮亚杰曾指出：“每次过早地教给儿童一些他自己日后能够发现的东西，这会使他不能有所创造，结果也不能对这种东西有真正的理解。”①

教师在实际运用发现法时，应注意不要将那种“发现那些教师希望已被发现的东西”的虚假的发现法与真正的发现法混淆起来。在儿童自我探索的过程中，教师不断提出诸如“你认为这是对的吗”、“你相信这一点吗”之类的问题，千方百计诱导儿童得出某种从一开始就在教师头脑中存在的答案，这就是虚假的发现法。

下面我们介绍皮亚杰学派中的英海尔德、辛克莱、布维特（M. Bovet）所做的运用发现法的一个实验。实验内容是对还未获得液体守恒概念的儿童进行训练。让儿童自己把原容器中的液体分别倒入另外六种宽度不同的杯子中。每次倒之前，要他们指出杯中液体的长度和宽度的变化。数次之后，问儿童：“在这个杯子里的水跟原来一样多吗？”但绝不告诉儿童他们的回答是否正确。由此实验可总结出发现法的三个基本特征：第一，儿童的学习是积极的，是儿童自己而非教师或实验者在进行实际操作；第二，教师或实验者并不强使儿童达到某种预先决定的目标，儿童可以得出他自己认为正确的答案；第三，教师或实验者不对儿童的各种回答做出肯定或否定的强化。

3. 冲突法

冲突法又叫新颖法，就是让儿童学习那些与自己已经具有的知识有所

---

① 左任侠、李其维主编：《皮亚杰发生认识论文选》，华东师范大学出版社 1991 年版，第 21 页。

不同的新事物。与发现法一样，当儿童面临与自己原有知识不一致的信息时，教师要避免做出任何暗示。冲突法的策略只是引导儿童去认识他自己观点的错误何在。

冲突法是以皮亚杰认知表型复制理论为基础提出的。该理论指出，认知发展是由外到内的表型复制过程，外源性的经验知识不经冲突以及冲突导致的平衡化的动力过程，就不能被内源性知识所取代。因此，表型复制的核心因素是平衡化的自动调节机制，内源重构过程是平衡化。对冲突法的理论解释需涉及皮亚杰关于认知发展的平衡化思想。任何真正好的皮亚杰式的教学应适合自发认知发展的本质规律，在这些规律中，平衡化规律是最根本的。平衡化是一种动态发展过程。处于某一发展阶段的儿童具有一定水平的认知结构，儿童运用这些结构去同化传入的信息，有些信息能够通过，有些则不能。于是，在能够同化与企图同化的两种信息之间就有了矛盾和不一致，产生了认知结构内部的不平衡化。这种内部的不平衡化接着又可能引起认知结构的变化：或是扩大范围，以便接受更多的信息；或是结构之间进一步分化，形成许多亚结构；或是结构之间进一步综合起来，增加相互依存性，这就是所谓互反的同化（意即结构之间的彼此同化）。通过这些变化，结构得到了发展。可见，只有通过认知冲突，才能很好地发展儿童的认知结构。

运用冲突法时，要注意冲突的适当性，即适度新颖的原则，这样才能激起儿童求知的欲望，增强学习的动机。从激发学生学习动机的角度来说，新旧知识的衔接、承启、组织是十分重要的。当学习的知识太新，学习者的认知结构对之完全不能同化时，就引不起冲突，无法引起有效的学习。知识太陈旧，不需要学习者进行创造活动，也引不起认知冲突。因此，关键在于要让学生产生认知冲突。比如斯麦德斯朗（J. Smedslund）曾按照皮亚杰冲突法研究了儿童如何在冲突情境中通过实践获得物质和重量守恒的过程。另外，欲望、动机、兴趣、意志也是认知活动不可忽视的动力方面。皮亚杰曾指出，行为的情感方面、社会性方面和认识方面三者之间事实上是不能截然分开的，它们形成了一个所谓“机能的统一体”。这就要求教师在进行教学时要将自己的目光转向认知以外的广阔视野。

4. 同伴影响法

皮亚杰一贯重视儿童之间的互教，他认为小伙伴之间的相互影响也是认知发展的重要源泉。皮亚杰早年在《儿童的语言与思维》一书中就对此有过详细的论述。他指出，对智慧发展来说，儿童之间的相互合作跟儿童与成人之间的合作同样重要。如果儿童不能了解彼此相对的观点，那么儿童将长久停留在本质上是自我中心的立场。儿童之间彼此看法的交流可使他们不断了解他人的观点。在同一认知水平上的其他儿童似乎比成人更能促使儿童从自我中心解脱。儿童之间的相互影响、交流和作用，是使自我中心言语向交际言语发展的重要因素。

有人做过这样的实验，清楚地显示同伴影响也是一种有效的学习方式。先预测108名儿童六种守恒的情况，然后把他们分为A、B两组。A组是没有守恒或只有很少守恒的儿童，B组则已掌握全部六种守恒。接着，再把全部儿童按A组3名、B组2名编成小组进行守恒训练，要求每组儿童必须讨论得出一致的答案，实验者不对这些答案作任何评价和暗示。实验结果显示，不守恒的儿童通过在小组内与小伙伴的观点相互影响（当然也有冲突的因素）而获得了守恒。

在欧美一些学校中曾流行过一种名曰"数学实验室"的数学教学程序。它基本上是个别化的教学，不过也不排斥同伴之间的相互影响。所谓"数学实验室"，就是在校内专辟一室或在教室布置一角，放着各种便于儿童操作的物体，如积木、计算器等，儿童可独自或结伴去那里自由活动，按照教师事先精心组织起来的问题进行实际操作，对答案进行讨论，教师并不干预他们的讨论。也有不少人主张，要打破传统课堂的呆板格式和严肃气氛，给予儿童以更多的活动与交流的自由。应该说，这种"把课堂作为儿童的实验室"或"把实验室搬到课堂中去"的设想与实践，是符合皮亚杰关于儿童学习和认知发展的基本思想的。

总之，皮亚杰理论对教育的影响是巨大深远的。然而即使皮亚杰的教育思想从理论上说无懈可击，但也有待于我们进一步在实践上去深化开拓它。我们认为对皮亚杰理论要持一分为二的态度，既要看到他确有贬低教育作用的观点，又要看到他的理论中有着比较丰富的教育和教学论的有价值的思想。我国中小学教育也可以从其理论的某些方面得到必要的借鉴和一定的启发。

第七章

皮亚杰理论与维果茨基和弗洛伊德思想的关系

皮亚杰理论并不是一种封闭的、排他性的绝对体系，它具有极强的相容性、开放性和灵活性。皮亚杰的理论曾受到一些心理学家思想的影响，如弗洛伊德，也曾与一些心理学家有过思想的碰撞，如维果茨基。下面我们就分别探讨一下皮亚杰理论与维果茨基思想和弗洛伊德思想的关系。

第一节　皮亚杰理论与维果茨基思想的关系

维果茨基和皮亚杰作为20世纪世界心理学，特别是发展心理学领域最富影响的伟大思想家，对他们的互补性的理论（其相似性和差异性）进行整合性研究，不仅有助于克服皮亚杰理论的不足，而且有可能产生一种将儿童的“文化发展”（维果茨基）与“个体发展”（皮亚杰）统一起来的全新发展理论。我们首先回顾一下维果茨基与皮亚杰两人相互关系的历史背景，然后就维果茨基与皮亚杰理论之间的共同点（相似性）与差异或对立进行比较说明，最后指出超越这两种理论各自的局限性并产生一种整合性发展心理学理论的可能的途径。

一、维果茨基与皮亚杰理论相互关系的历史背景

维果茨基与皮亚杰理论相互关系的历史背景大致划分为以下三个时期：

1. 从维果茨基开始心理学研究到他逝世的时期(1920—1934)

这一时期若从科学共同体的角度看,维果茨基与皮亚杰属同时代的人。因为他们有着"历史的和批判的"共同背景:20 年代西方正在经历着维果茨基所称的"心理学危机"。此时,维果茨基在精心建构他的文化历史理论,而皮亚杰的早期出版物已在苏联广泛传播,他的实验也被重复。可以肯定,维果茨基阅读过皮亚杰的著作并对之作过评论。应该说,在当时皮亚杰的著作是具有新颖性和独创性的,维果茨基在自己的研究和理论建构中无疑受到了皮亚杰的影响。

在当时,为什么皮亚杰会产生那么大的影响?弗内歇等解释说:"对皮亚杰的兴趣可以用两种主要意义予以解释:(1) 建构一个新社会和人类的新概念的特别过程促使共产主义思想家寻找对人性的替代观点;(2) 对一个革命国家来说,与资产阶级科学——在心理学中以联想主义的各种形式表现出来——进行斗争的必然性。于是,皮亚杰成为少数可能的选择之一。"①皮亚杰 1932 年在《儿童语言与思维》俄文版的"序言"中,曾谈到他与苏联心理学家的关系:"幸亏这一序言,我极为高兴地就苏联心理学家选择把我的著作译成俄文,特别是就他们当前进行的系列研究而公开表达我对他们的谢意。这些研究的目的是补充和校正在日内瓦已做的工作。我希望在这里用几句话表达对我来说这一合作的开始之巨大意义……就本书所描述的这一研究的特定结果来说,我应该更多地补充 1922 年所写的东西(在一个简短的序言中我不可能这样做)。我的确意识到,我的研究结果仅仅是片断性的和成问题的。但这并不使我沮丧,因为我知道其他人在继续这一研究。"②

弗内歇等回顾说:"可悲的现实似乎是,尽管有这一序言,但皮亚杰和维果茨基从未见过面。在莫斯科教育学大会上可能相遇过,对此只有某些推测,但没有证据——既没有在皮亚杰的信中,也没有在维果茨基的女儿的回忆中——表明在两人之间有过这样的相遇。似乎更有可能的是,1929 年在耶鲁大学心理学大会上皮亚杰遇见过鲁利亚(根据皮亚杰写给迈耶森[E. Meyerson]的一封信,这是一个证明了的事实),两人决定以三方面(鲁利亚、维果茨基和皮亚杰)的一种或他种形式进行合作。"③

---

① Tryphon, A, Vonèche, J. (Eds.) (1996). *Piaget-Vygotsky: The social genesis of thought*. Hove: Psychology Press, p. 2.

② Piaget, J. (1932). Preface to the Russian edition. In: J. Piaget. *Rietch I michlenie ribienka*. Moscow & Leningrad: Itchliedgiz, p. 55.

③ Tryphon, A, Vonèche, J. (Eds.) (1996). *Piaget-Vygotsky: The social genesis of thought*. Hove: Psychology Press, pp. 4~5.

2. 皮亚杰访问苏联及关注苏联心理学发展的时期(1947—1956)

维果茨基开创的许多工作由于他于 1934 年英年早逝而中断。但有一些证据表明,皮亚杰是知道维果茨基的著作的。例如,1947 年,在写给科斯特莱夫(N. Kostyleff)的《反射学的本质与心理结构》一书的《序言》中表明,皮亚杰不是没有意识到苏联心理学的各种趋向。他也相当经常地访问苏联,特别是 1955 年 4 月对苏联的访问,更是皮亚杰与苏联心理学相互关系中的重大事件。皮亚杰曾专门写了《访问苏联心理学家的一些印象》(1956)一文,文中说:“在蒙特利尔大会上与苏联心理学家,特别是与列昂节夫(A. N. Leontiev)和泰普洛夫(B. M. Teplov)有了极好的接触之后,四位巴黎心理学家(更准确说是在巴黎教学的四个人)被邀请访问他们的同事和在莫斯科的心理学研究所以及列宁格勒。这四个人是皮埃隆(H. Piéron)、弗瑞塞(P. Fraisse)、扎早(R. Zazzo)和我自己。除了我个人得到信息的愿望之外,我认为愉快地接受科学联络的每一场合是‘国际科学心理学联盟主席’的职责。在最后时刻,皮埃隆因健康原因未能成行,我们三人于 1955 年 4 月在莫斯科一起度过了约 10 天时间,其中两天是在列宁格勒(在那个国家大约驱车半小时就到的著名的巴甫洛夫研究所)。

用不着强调我们主人的非常热诚友好的欢迎(我们在主人家里被有趣地接待,而不仅仅是在上等的旅馆),我首先说一下不断使我们吃惊的三个一般印象。

第一个是在莫斯科由从事科学且独立于他们的党派立场的男女所享有的重要性。在这一接触中,在重要岗位和充分的科学活动中的一些同事给我们留下了非常深刻的印象;在我们去之前,我们不清楚他们目前的状况如何。

第二是对大量基本问题如心理学观的不同的个人意见。在我们临行前,我们都知道泰普洛夫与列昂节夫在这方面相对立的争论,但我们的意图是避免任何不小心地提到它。一天,当与我们称为‘五个大人物’(列昂节夫、泰普洛夫、鲁宾斯坦[S. L. Rubinstein]、鲁利亚、斯莫诺夫[A. A. Smirnov])讨论心理学的目的问题时,泰普洛夫带着笑容转向列昂节夫(后者也笑了)声称,他坚持他的立场。根据这一立场,意识的状态(意象、智慧运算、语言等——在有意识的范围内)构成这一目的的最重要的方面。当我们问他们,是否他们相信动物心理学时,所有五个人都放声大笑。回答说,对此他们拥有五种不同的观点!但仍然组成一个融洽的小组……

第三个一般的印象,则关系到我们的同事对我们所提出的讨论问题的客观性和直率性。在我们访问结束时,我们坦率地讨论了某些我们仍然记得的问题，特别是关于心理学中反映论解释的真实含义：我们不仅发现他们对我们的问题有充分理解，而且还发现了要比我们从关于这些基本问题之主题的某些出版物中所了解的更有细微差别的批评立场。”①

3. **皮亚杰反思维果茨基理论的时期**（1962—1980）

1962 年，维果茨基的遗著《思维与语言》英文版出版。应布鲁纳的请求，皮亚杰写了《关于维果茨基批判性述评的评论》，刊载于该书。同时还有布鲁纳的《英文版序言》。布鲁纳指出：“皮亚杰从本世纪 30 年代初开始便将他的发展理论与维果茨基的研究联系起来，对于后者的工作，直到向他提供了这本译作以后才开始具体地熟悉起来。”②应该说，皮亚杰对维果茨基理论的反思主要是通过这一“评论”而著名。皮亚杰写道：“不无悲哀的是，在此书出版 25 年后，一个作者发现了在那期间已经去世的一个同事的著作。这部著作对这个作者来说包含如此多的间接价值的观点，应该私下详细地讨论这些观点。”③皮亚杰在评论中表明，在总体上他与维果茨基是一致的，但他也指出了某些差异。例如，关于自我中心主义和自我中心语言的作用；关于自发概念与科学概念的关系；关于个体内运算与个体间运算之间的关系等。值得注意的是，这一评论与他 1932 年的《俄文版序言》有一个很大的差别，就是初看起来他那时关心社会因素对发展的影响比他后来要多。例如，他在 20 世纪 30 年代认为个体思维的特定结构依赖于社会环境，但在 60 年代后则主张个体内运算与个体间运算之间不存在差别。

总之，以上简短的历史考察表明，早在维果茨基逝世前，由于维果茨基思想中重要的两个维度——历史—社会的和以语言为基础的维度——已经出现在皮亚杰的著作中，显然，这两个人已经准备好了“对话”。维果茨基逝世以后，皮亚杰也一直关注维果茨基理论在苏联的发展。因此，仅从他们二人历史的内在联系来看，对他们进行比较的进而整合性的研究，就是十分必要和可能的了。

二、维果茨基与皮亚杰理论之间的相同点或相似性

作为整合研究的第一步，就是要弄清维果茨基与皮亚杰理论之间的内

① Tryphon, A, Vonèche, J. (Eds.) (1996). *Piaget-Vygotsky: The social genesis of thought*. Hove: Psychology Press, pp. 201～202.

② 维果茨基著，李维译：《思维与语言》，浙江教育出版社 1997 年版，第 3 页。

③ Piaget, J. (1962). Comments. In: L. Vygotsky, *Thought and language*. Cambridge, MA: MIT Press. p. 1.

在联系与差别(或对立),而他们两人明显的共同点或相似性,则为整合研究提供了丰实的理论基石。由于维果茨基与皮亚杰有着共同的认识论和方法论原则,因此他们的理论中具有共同性就顺理成章了。择其要者,可概括为如下几个大的方面:

1. 理论来源上的共同背景

皮亚杰与维果茨基除了哲学上的背景有较大的差异外,在心理学背景上则有许多共同性,他们都偏爱机能主义。皮亚杰毕生坚持智慧的本质就是"适应",并认为科学思想也是生物适应的高级形式,这无疑体现出他的机能主义背景。维果茨基更是把他的理论的研究对象规定为"高级心理机能的发展过程"。正如布鲁纳所说的那样:"维果茨基的观点从表面上可以称作机能主义或工具主义,或者有点类似于意动心理学。根据马克思(K. Marx)主义的思想观点,他因为认识到人类的意识和智力的历史决定作用而著名。看一下维果茨基在世界心理学中的地位,他实际上超越了杜威—詹姆斯的机能主义。"①另外,他们俩都共同偏爱格式塔心理学并寻找各自的超越途径。皮亚杰对格式塔心理学一向评价很高,誉之为"最引人注目的"、"很有启发性的",等等。他曾多次表示,如果他早一点遇到格式塔心理学,他可能会成为他们阵营中的一员。维果茨基把格式塔心理学归于"描述心理学"的范畴,认为它是"现代心理学极重要的派别",它强调整体的意义及其自身的特性,对于抵制心理学的原子论和还原论具有重大的意义。

2. 大视野的发展观

维果茨基与皮亚杰理论都以儿童为中心,这对心理学家来说是饶有趣味的。因为他们虽然以儿童为中心,但他们的理论却不仅仅是一种狭义的"儿童心理学"。之所以能做到这一点,是因为他们把发展的大视野纳入了心理学传统中。皮亚杰为了解决"传统认识论问题",即只顾到高级水平的认识或认识的某些最后结果而追溯认识本身的起源(认识在儿童心理学和生物学方面的开端),所以他的认识论是一种"发展的"认识论。维果茨基曾高度评价皮亚杰这一发生、发展的视野对于心理学的意义:"如同其他许多伟大的发现一样,皮亚杰的思想似乎是不言而喻的。这在卢梭的话里已经得到反映。对此,皮亚杰本人曾引证道,儿童不是成人的雏形,而且儿童的心理从一定程度上说也不是成人的心理。而且,在这一事实后面,还存在着另外一种简单的思想,那便是进化的思想,这种思想使皮亚杰的所有研究更

① 维果茨基著,李维译:《思维与语言》,浙江教育出版社 1997 年版,第 1 页。

显辉煌。”①发展的视野有助于从根本上改造传统心理学的观点。例如，早期行为主义认为，所有复杂行为不过是简单反应的一种增长或提高。但在皮亚杰的理论看来，如果儿童的行为在“质”上是不同的，那么从“简单反应”那里进行线性的外推就是误导的；在儿童那里寻求成人行为的小规模复制也是错误的。这样，所谓“普遍的思维过程”的传统心理学概念，就失去其意义了。弗内歇等在谈到这种发展的视野的方法论意义时说：“他们共同通过建构发展的观点以克服行为主义与意识心理学之间的二分法，这种发展的观点被用来超越这种对立，而用不着落入天赋论—经验论的旧的陷阱，这意味着用近期的错误取代大约200～300年前所发生的错误。”②

就发展概念本身而言，两位思想家有许多一致之处。他们都试图探讨儿童心理机能的构造；都相信发展过程中认知的质的变化；都希望解释成熟的理性知识和科学思维的发展；都采纳发展的辩证法（能动的有机体在发展中所创造的对立或矛盾，被建构的新结构所超越；新思维结构在后继的水平上出现）；发展是一个动力学过程（从较少的知识状态向更高的知识状态的过渡或转变）等。

3. “动作”概念的重要性

皮亚杰和维果茨基都把动作或活动作为儿童发展的出发点。根据皮亚杰的观点，为了认识客体，儿童必须对它们施加动作（如移动、连接、组合、拆散及再集拢它们），从而改变它们。知识总是与动作或运算联系在一起的，也就是与转变联系在一起的。皮亚杰还精细地分析了动作的构成，他把动作分为个别动作和协调动作（以及相应形成的物理经验和逻辑数学经验）两大类型，特别是揭示了协调的动作对于建构逻辑数学结构的意义。他进而把活动理解为外部物质动作和内部内化动作（运算）两种水平，从而勾画了一幅从动作到思维（或概念化）的清晰图景。维果茨基以相似的方式揭示了儿童高级心理机能“由外部向内部的转化，由社会机能向个体机能的转化”过程。这样，皮亚杰和维果茨基就从根本上颠倒了心理学中传统的“心灵主义”关于“思维优于动作”的假定。按照这一假定，是思维先于动作，而不是相反。个体首先是具有某种解决问题的“观念”，然后只是在一种选择的行动中实现它。换言之，动作仅仅被设想为一种实现了的思维。皮亚杰和维果茨基则表明，儿童的物质动作在发展过程中被内化和转换成内部认知运

---

① 维果茨基著，李维译：《思维与语言》，浙江教育出版社1997年版，第9页。

② Tryphon, A, Vonèche, J. (Eds.) (1996). *Piaget-Vygotsky: The social genesis of thought*. Hove: Psychology Press, p. 1.

算。这样就解决了认识起源的客观物质基础问题。

4．儿童思维的系统化组织

皮亚杰和维果茨基都反对这一传统企图，即把儿童的心灵描述为充满了离散的认知技能和片断的信息的一个袋子。他们都寻求对认知机能活动的系统性解释。在皮亚杰理论中，系统性解释以两个主要概念，即运算和阶段为基础。个别运算总是作为整体的因素而出现，它们的性质被这整个系统的性质所决定。经典的心灵主义心理学，像经典逻辑一样，把概念说成是思维的元素。然而在皮亚杰看来，任何概念都依赖于其他概念，即依赖于一个系统，而且这种依赖按运算得到表现。诸如“类”那样的概念就不能单独存在，它必然需要“分类”的概念，前者从后者中产生出来，因为只有分类的运算才能产生特殊的类。在与这样一种系统相孤立的情况下，“类”将仍然是一种直觉的集合，而不是这一概念的真正意义中的“类”。维果茨基也从“不同的心理机能中的关系”的观点，同样来探讨儿童思维的系统化组织问题。他指出，尽管像知觉、记忆或逻辑推理那样的心理机能本身，在儿童期可能变化非常小，但它们的关系却发生变化。例如，在幼儿中推理对记忆常常起一种附属作用，即儿童通过记住具体的实例或事件而作推理，而在青少年中这种关系常常被倒过来，即记住某个项目的任务被青少年转换成推理任务。青少年从逻辑上构造出最终致使他们回忆起该项目的事件的序列。只是在这后期阶段，记忆才以纯粹形式给予帮助。“业已表明并在实验上证明，心理发展并不符合分离的心理机能的发展，而是依赖于它们之间的变化着的关系。每一机能的发展依次依赖于相互机能系统的发展的进步。”①

5．研究方法上的趋同性

皮亚杰的“临床法”贯穿着研究者与儿童之间的会谈或谈话，因而这种方法也可以称之为“基于语言的测验”。正是在依赖于语言这一点上，我们可以找到皮亚杰与维果茨基的趋同点。按克拉帕瑞德对临床法的赞誉，它至少有三个特点：它是一种让儿童说话，注意儿童思想展开的方式的“观察法”；它是一种“提问”的艺术；它要求对收集的材料进行“精心的阐明”。而“最近发展区”，是维果茨基描述儿童从在成人帮助下能做一些事情到自己独立做事情的发展阶段，是指儿童独立解决问题的“现有发展水平”与在成人指导下或与其他儿童合作情况下解决问题的“潜在发展水平”之间的距离。作为一种研究方法，它旨在分析儿童目前的或现有的发展状况，并预测

① Vygotsky, L. S. (1962). *Thought and language*. MA: MIT Press, p. 167.

儿童可能达到的下一个或最近的发展水平。至少在两个方面与临床法是相似的:一是采取成人与儿童"对话解释"的形式。这种成人—儿童谈话形式对于早期儿童的意义协商,特别是关于"他人"的意义的协商来说,肯定是支配性的形式,它构成一种儿童理解他们的世界的探索区。二是正如皮亚杰的"格式"是不可测量的一样,最近发展区也不可能被测量到。它没有基线,因为它不是学习者的特征。已有人用"测验—训练—测验"的实验范式试图把最近发展区加以数量化,但未成功。也许像皮亚杰的临床法一样,最近发展区概念本身并未赋予数量化的测量。

三、维果茨基与皮亚杰理论之间的差别或对立

以上的比较分析表明,维果茨基与皮亚杰的理论具有极大的相似性,并由此而生成内在的相容性。当然,这种相似性和相容性并不排除它们之间的差别或对立。而正是这种差别或对立,为我们超越他们各自的缺陷从而在新的时代背景下产生新的发展心理学理论,提供了现实的可能性。

关于两位思想家的差别或对立,是近期国外比较研究中争论的一个焦点。弗内歇等曾指出过这一争议的主旨所在,即"为了庆祝 1996 年皮亚杰和维果茨基共同的百年诞辰纪念,'皮亚杰档案馆基金会'决定把第十四次高级课程班致力于皮亚杰—维果茨基理论的比较。该课程的目的根本上是要评价处于顶峰时期的两个学派的学术地位,并且探讨这两个体系之间的某些基本的对立。组织者想知道的是,是否这种对立并不是表面上的,想要测定在它们之间的裂隙——如果有的话——的深度和广度,并核查是否这种对立主要并不归咎于那些急于通过设置所谓'稻草人'的容易目标而抬高自己的过于正统和教条的追随者。换言之,我们的认识论问题是:我们在这里所面临的是两个极端不同的世界假设,还是皮亚杰和维果茨基是反对共同的敌人即旧的联想主义——对今天许多心理学家来说仍然是一个活生生的问题——的一个阵营的同志?"①

在我们看来,维果茨基和皮亚杰的理论从哲学方法论层面乃至具体的理论观点和结论,都有很大的差别甚至是对立。现在我们择其要者概述如下:

---

① Tryphon, A, Vonèche, J. (Eds.) (1996). *Piaget-Vygotsky: The social genesis of thought*. Hove: Psychology Press, p. 1.

1. 哲学背景的对比:康德"认识论"与狄尔泰"人文科学"文化历史方法

首先应该指出,维果茨基与皮亚杰在哲学背景上形成鲜明的对比。皮亚杰理论具有"康德主义"特征,即是说,皮亚杰的发生认识论不仅就其整个理论框架是康德式的,而且它研究的主要内容也是康德意义上的概念或"范畴"的发生和发展。按皮亚杰本人的说法,他是把康德的"知性"范畴拿来重新考察了一番,从而形成了他的发生认识论。这样,皮亚杰更多的是关心对于知识的有效性是普遍的过程——像客体、时间和空间、因果性、必然性等——的发展。此外,皮亚杰还受到实证主义哲学思潮的影响,强调科学的"因果解释",也强调心理学的自然科学性质。

维果茨基在哲学上除了受到斯宾诺莎的哲学、黑格尔的辩证法和马克思、恩格斯(F. Engels)的历史唯物主义的影响之外,特别是在对心理学学科性质的理解上,还受到狄尔泰(W. Dilthey)以历史和文化为基础的"人文科学"观念的影响。按照这一观念,心理学就像历史一样,必须被定位于以文化和历史为基础的人文科学观念的视野之内。心理学研究过程本身就是社会的和历史的事件,必须采纳一种文化取向的、以意义为中心的研究方案。维果茨基敏锐地抓住了以狄尔泰为代表的所谓"描述心理学"中的被他称为"宏大而又深刻的思想",即"历史主义"的思想。描述或"理解"的心理学把高级心理机能的发展问题提到了首要的位置,在科学史上第一次发展了心理学中的历史观点并在研究中贯彻这种观点,从而从历史的角度开展了心理学的研究。在维果茨基看来,尽管描述心理学具有用"精神王国"去解释历史、站在超越自然与文化的立场之上的倾向,并具有反社会的倾向(即不懂得历史发展乃是人类社会的发展),但它在探讨儿童高级心理机能发展问题时善于把自己提到最高度,其意义是无论如何也不能低估或轻视的。正是由于维果茨基的这一背景,他就与皮亚杰不同,更多的是致力于"心理—社会—历史"的发生及其解释,形成了他特有的关于心理的、文化历史的、符号学的和意义论的研究取向。

2. 两种发展观的对立:"从外到内"(outside-in)与"从内到外"(inside-out)

从不严格的意义上说,用"从外到内"这一术语表述或概括维果茨基的发展观是有根据的。维果茨基确实经常说到儿童高级心理机能的发展是"由外部向内部的转化,由社会机能向个性机能的转化"。并认为"在这里心理学第一次提出了一个极其重要的关于外部与内部心理机能的相互关系问题”。“一切高级心理机能必然经历过在其发展中的外部阶段，因为任何一种高级心理机能在起初都是社会的机能。这是内部行为与外部行为的全部问题的核心。……在我们看来谈到‘外部的’过程，就是说‘社会的’过程。”维果茨基甚至把这一从外到内的过程经典地概括为“文化发展的一般发生规律”：“儿童文化发展中的一切机能都是两次登台的，都表现在两个方面，即：起初是社会方面，后来才是心理方面；起初是人们之间的属于心际的范畴，后来才是儿童内部的属于心内的范畴。这一原理无论是对随意注意、逻辑记忆、概念的形成还是意志的发展都是同样适用的。我们有理由把这一原理看成是一条真正的规律。”①在这一“从外到内”的发展中，“符号”（或信号、记号）起着独特的作用。维果茨基甚至认为，符号的发展史使我们找到了“控制”人的行为发展的更普遍的规律。在最初，符号常常是社会联系的手段，对别人施加影响的手段，只有到了后来才成为影响自己的手段。“如果说记号在最初都是交往的手段，只有到后来才变成为个人的行为的手段是正确的话，那么便很清楚，文化发展是以使用记号为基础的并且将记号纳入到一般的行为系统之中，在最初都曾是以社会的外部的形式进行的。”②

为此，维果茨基公开把自己与皮亚杰的发展观对立起来：“与皮亚杰不同，我们认为：发展并不是朝社会化进行的，而是朝社会关系之转化为心理机能进行的。因此，集体在儿童发展的全部心理学中呈现出崭新的面貌。”③他几乎是不点名地针对皮亚杰提问：通常有人问这一或那一儿童在集体中的行为表现怎样，我们却要问集体是怎样为这一或那一儿童创造高级心理机能的。“机能”首先在集体中是作为儿童的关系而形成起来的，后来才变成为个人的心理机能。以前有人认为儿童有能力为某一论点做出判断，引经据典加以论证并寻找依据，争论就是从诸如此类的“思考的冲突”中产生的。但我们的研究表明，思考是从争论之中产生的。在维果茨基看来，如果仅从个体的角度去理解行为，试图把社会的东西从个体的行为之中引申出来，这样提出问题尽管合乎情理，却是难以成功的。

就皮亚杰来说，把他的发展观说成是“从内到外”建构，也是符合他的理论的实际的。关于“社会”或社会因素在儿童发展中的地位和作用，皮亚杰

---

① 维果茨基著，龚浩然等译：《维果茨基儿童心理与教育论著选》，杭州大学出版社 1999 年版，第 182 页。

② 维果茨基著，龚浩然等译：《维果茨基儿童心理与教育论著选》，杭州大学出版社 1999 年版，第 178 页。

③ 维果茨基著，龚浩然等译：《维果茨基儿童心理与教育论著选》，杭州大学出版社 1999 年版，第 184 页。

的思想有一个演变过程。弗内歇曾向我们提供了皮亚杰思想转变的历史背景。根据杜克海姆所谓认知和动作的社会发生的假设，在社会结构与心理结构之间存在着必然的对应。这种对应被认为经由像语言、艺术、宗教等那样的符号系统的结构作为中介。拒绝杜克海姆的这一假设“在皮亚杰一生中出现较晚。起初，在 20 世纪 20 年代他认为，社会压力是从自我中心主义过渡到社会的去中心化的来源。正是瓦龙(H. Wallon)——他在法国哲学社会学所 1928 年的一次讨论期间——通过表明没有神经系统就全然没有什么会发生而改变了皮亚杰的思想。当我采访皮亚杰有关鲍德温时，他记得 1979 年 5 月的那次讨论(那是 51 年后)。他忘记了瓦龙，但他记得这一点，因为神经系统不是社会的产物，杜克海姆的假设必须被拒绝。那么为什么？在社会水平上，对皮亚杰来说仍然留下的东西是协同运算在自我中心主义之上逐渐出现。因为协同运算可以被写成‘协同—运算’，因为运算是心理上的，这个问题被解决了！在这里，机能仍然是同样的，而社会关系却采取许多连续的形式：唯我论，自我中心主义，社会矛盾中的互反性，在与协同—主体进行逻辑运算的意义上的协同—运算”①。

注意到这样一个背景，皮亚杰的某些表述就可以得到澄清了。他在 1932 年俄文版序言中，还写到“个体思维的特定结构依赖于社会环境”。但后来在瓦龙的劝说下，他不再按社会因素来解释认知，而是按“认知心理的结构化”来解释社会化，从而他对发展的观点就被颠倒过来了。而且，皮亚杰把协同运算一词书写为“协同—运算”，就表明他的意愿是求助于“社会关系的结构化”的心理运算。它说明逻辑运算在儿童心理的去中心化过程中就像社会关系一样重要。例如，皮亚杰同意维果茨基关于“科学的和自发的概念从不同点出发，但最终相遇”的观点，并插入科学概念的社会发生与自发结构的心理发生之间的事实作为一个相遇点。皮亚杰在这里也不是要否认环境对心理发生的影响，但他提出了对发展中环境的作用进行重新评价的问题。

在我们看来，在发展观上两人的差别是非常明显的。对皮亚杰来说，发展是一个像阶段的生物进化过程，是一个连续的“事件”。而对维果茨基来说，发展是人的富有意义的概括化。皮亚杰不能接受这样一个概念作为发展的适当解释。对他来说，概括化纯粹是描述的而不是解释性的。他坚信

---

① Vonèche, J. (1999). The origin of Piaget's ideas about genesis and development. In: E. K. Scholnick et al. (Eds.). *Conceptual development*: *Piaget's legacy*. New Jersey: Lawrence Erlbaum. pp. 248～249.

发展是由变为可逆的、并把自身协调成结构模型的内化动作所组成的，这一发展过程必然是社会化的，因为每一逻辑运算在协同运算的形式下产生“交流”。社会化就是一个结构化的过程，个体对社会化所做出的贡献正如他从社会化所得到的同样多，从那里便产生了运算和协同运算的相互依赖和同构性。但对皮亚杰来说这并不意味着在个体内运算与个体间运算之间应该存在差别。恰恰相反，它们必然是同一的，以便成为真正的运算，因为它们都是“平衡化”这同一普遍的解释机制的结果。作为这一思维方式的必然推论，社会纯粹是一种个体的附加物。皮亚杰经常戏谑地说，要问是个体内运算产生个体间运算，还是相反，充其量不过是问先有鸡还是先有蛋。

3．认知起源上的分野：“自发动作”与“中介动作”

维果茨基与皮亚杰都把动作或活动作为儿童发展的出发点。但是，他们对动作的性质的理解大为不同。对于皮亚杰来说，动作似乎是发生在自然环境中的一种“自然事件”或自发性事件。把“自发活动”作为儿童发展的来源，是“日内瓦精神”的特有的方面之一。正如格鲁伯指出的那样：“皮亚杰研究和反思自发活动的性质的倾向，不是局限于他的那些特别指向儿童游戏和娱乐的著作。几乎日内瓦学派的每一实验都具有似游戏的方面——使用精巧的玩具和似玩具的材料引起儿童的智慧机能活动的水平。这就是房间风格，在发生认识论国际中心的‘星期一’会议上是非常明显的。当一个助手为新的研究带来材料时，它有可能是来自日内瓦玩具店的某种娱乐性的迷惑物体，或者是学生自己的同样风格的发明。”①皮亚杰经常津津乐道的一个数学家朋友儿时数鹅卵石而获得“逻辑数学经验”崇尚动作的自然性或自发性是最有代表性的例子。这个儿童从自发动作中发现一组物体的总和与它们空间排列的位置无关，与它们被计数的次序也无关。皮亚杰如此理解的“动作”亦被他称为儿童心理发展的“第二个基本因素”，即“个体对物体做出动作中的练习和习得经验（指不同于社会经验而言）的作用”。正因如此，有人把皮亚杰的儿童称作“独白式的单独学习者”。

维果茨基对动作性质的理解完全不同于皮亚杰。他的动作概念是由社会—文化—历史所构造的一种有意义的动作，他称之为“符号动作”、“中介性的社会活动”，或有时直接就称“中介活动”。维果茨基说，他的理论体系中有三个“基本概念”：“高级心理机能”、“行为的文化发展”和“掌握自身的行为过程”。这三个概念具有内在的联系，它们恰到好处地表明了“动作”的社会文化的、符号的和意义的维度。例如，他写道：“文化行为形式的基础是

① Gruber, H. (1982). Piaget's mission. *Social Research*, Vol. 49, No. 1, p. 247.

中介活动,就是用各种外部记号作为进一步发展行为的手段。"①在他看来,所有的人类活动都有其社会文化的根源。因为活动的"内化",即"行为向内部的转化"得到了符号系统(特别是语言)的支持。语言本身是社会文化的产物,是儿童心理活动的工具,言语对儿童行为起支配作用,儿童的言语机能发展与动作发展是同步的。

四、整合维果茨基与皮亚杰理论的合理的途径

在基本厘清了维果茨基与皮亚杰理论的内在联系与差别或对立之后,我们研究的下一步就是如何对二者加以整合了。我们整合研究的一个关键难题是:如何找到将维果茨基与皮亚杰理论相整合的可能的契合点。综观近些年国外比较研究的现状,我们感到尽管有人在寻找融合的途径上做出了很大的努力,但结果并不怎么成功,也不能令人满意。例如,1997 年,由著名新皮亚杰学者史密斯(L. Smith)等主编的专著《皮亚杰、维果茨基及其超越:发展心理学和教育的未来问题》②,就为皮亚杰和维果茨基理论的"融合"做出了一定的努力。该著作在全面总结维果茨基"文化—历史理论"成就的基础上,认真地探讨了与皮亚杰理论相融合的可能的契入点。基本达成共识的有:如果把维果茨基的框架带到认知发展的测量,就必须走向高级层次机能活动的评估,而离开孤立的技能的评估;维果茨基为我们理解认知过程的微观结构做出了贡献;维果茨基使我们认识到,研究者所使用的实验方法和测量是他们"理论"的整合部分,理论为某种目的而被构造;维果茨基在高层次和低层次心理机能之间的区分与当今教育改革有直接关联,等等。但该书的研究往往拘泥于具体细节的比较,而缺乏整合研究的大视野。以下我们提出几条整合的途径,以期实现整合研究的初步成功。

1. 心理学的"解释"与"理解"的统一

已如前述,由于各自的哲学背景不同,在心理学的理解与解释的关系问题上,维果茨基和皮亚杰是各有优势与不足。在一定意义上可以说,维果茨基是理解有余而解释不足,皮亚杰是解释有余但理解欠佳。这就为我们找到一个将二者整合起来的契合点提供了可能性。为了使这一契合点趋于合

① 维果茨基著,龚浩然等译:《维果茨基儿童心理与教育论著选》,杭州大学出版社 1999 年版,第 185 页。

② Smith, L., Dockrell, J., Tomlinson, P. (Eds.) (1997). *Piaget, Vygotsky and beyond: Future issues for developmental psychology and education*. London: Routledge.

理,我们拟从德国“释义学”传统中引入“视界”(perspectival)或“视界性”(perspectivity)这一概念,以便在超越维果茨基和皮亚杰的基础上将心理学理解与解释统一起来。

按我们的理解,“视界论”(perspectivalism)作为一种范式,是在狄尔泰文化—历史的“人文科学”和维果茨基意义取向的符号学思路基础上的一种拓展。首先,视界观具有哲学释义学的维度。按照这一维度,我们可以把关于人或人性的心理学研究,设想为是在理解的释义学之内的一种研究。就像历史的研究一样,这一研究不能从“解释”的过程及人际的意义协商(即“理解”)之外或独立于它们,而提出一种所谓中性的和纯客观的观点。这些过程本身是社会的和历史的事件。像所有人文科学一样,人性的心理学研究是通过释义学的描述和叙事而“形成意义”的一种方式。

其次,视界观具有符号学的维度。我们可以采纳维特根斯坦(L. Wittgenstein)的“作为规则支配的人的活动”以及“语言学取向的相互作用”的观点,把作为心智的“语言游戏”(或“生活形式”)设想为人们彼此相互理解的企图。这是因为,语言的用法总是预先假定一种解释和协商(理解)的文化系统。这是一种既是意向性的,又是理解他人意图的能力(及意愿)的交流网络。

再次,视界观具有意义论的维度。在实证主义心理学传统的解释观中,不能允许具有像自主性和道德义务那样的性质的“心智”概念。在意义论看来,像信念、愿望和意图那样的心理状态,其实质都是集中于“把握一种意义”。但是在经典认知科学的“信息处理”的范式内,却不存在人的形成意义和使用意义的过程(因为“信息处理”的隐喻取代了“意义”)。而视界观则把人的行为当做把握一种意义的过程,也即是人与他们的文化联系起来的一种特定活动。因而所有人的建构都是“意义的动作”,这种意义动作深深地固着于“文化”的共享符号系统中。

这样一来,在视界论的范式下,心理学的解释与理解、心理学的科学主义与人文主义、儿童的个体发展与文化发展等过去的简单二元对立,都有可能在新起点上重新统一起来。

2. “从外到内”建构与“从内到外”建构的统一

虽然在一定意义上可以用从外到内与从内到外来描述维果茨基与皮亚杰两种发展观的不同,但若是简单地强调二者的对立,就从根本上未能抓住两位大思想家的精神实质。应该说,无论是皮亚杰还是维果茨基,他们都为我们进一步发挥和拓展他们的发展观留下了广阔的余地。首先,皮亚杰的从内到外发展,也许可以说他本人没有更多地注意到发展的文化维度或符号维度甚至意义的维度(如他确实强调"图像方面"或符号方面要从属于"运算方面"),但他绝不是不重视发展的社会因素。他早期似乎对发展的社会方面谈得多些,但要注意,他一开始就超出了杜克海姆的所谓社会整体论或社会实在决定论。他总是强调发展心理学必须说明"儿童与社会环境之间的关系"。就是说,他所重视的是这种"关系"本身,而不是单纯强调社会环境的作用本身。这在他 1932 年俄文版序言中是再明显不过了:"在这里出版的著作中,占支配的观念(似乎在我看来)是,儿童的思维不能仅仅通过天赋的心理—生物因素加上物理环境的影响来得到定义。人们也必须并最有可能首先说明儿童与社会环境之间的关系。我不是说,儿童反映了他周围所表达的思想和观点;这是陈词滥调。无论何时人们单单以自我中心的方式独自思考(如此典型的是儿童期),人们就局限于自己的幻想、愿望和个人倾向等诸如此类。这种思维完全不同于理性思维。无论何时人们在一种决定性的社会环境(如儿童服从于成人权威)的系统影响下,他就会根据决定性的外部规则来思维。这些规则在人们思维中产生咬文嚼字和言语混合,或者在人们自己的道德判断中被称为墨守成规的东西。相反,个体与他人合作愈多,发展那一合作的规则并给他们的思维提供一种理论上和实践上形成理性的训练就愈多。自我中心主义、约束和合作是这样的三种倾向:儿童发展着的思维从中摇摆着,成人思维则不同地与之相联系——如果这种成人思维仍然是我向性的,或者它被整合成社会组织化的一种或其他类型。

这仅仅是一个概要。在真实生活中,社会影响与个体思维的器官能力倾向以最微妙的形式相互交织。在儿童心理学情况下,这里就必然出现一个重要的方法论问题。如果儿童的思维依赖于个体与社会环境之间的关系,那么我们怎么样能准确地确定是什么属于这两个因素的每一个?当人们在一个单一的社会环境内(诸如日内瓦儿童的环境)工作时——正如我不得不做的那样,这种决定是不可能的。人们不得不在一种完全不同的、非常多样的社会环境中研究儿童以便做出这种决定。"①

就维果茨基来说,他的从外到内发展也不是不重视"个体"的自主性和创造潜能。他的"掌握自身的行为过程"这一概念表明,儿童自己掌握着各种社会的行为方式,并把它们搬到自己身上来。他说分析高级心理机能的一个基本原理"就在于承认文化行为形式的自然基础。文化并不会创造任何东西。文化只是依照人的目的去改变天赋的材料"。他虽然强调对儿童

① Piaget, J. (1932). Preface to the Russian edition. In: J. Piaget. *Rietch I michlenie ribienka*. Moscow & Leningrad: Itchliedgiz, p. 56.

进行“文化工具”的传递的重要性，但他并不是简单地认为发展就是一个直接教学的问题。他的“内化”概念（包括“指令的内化”与“语言的内化”）也要求一种“建构”的要素。儿童必须为自己建构起成人的行动。“个性是通过他在别人面前的表现才变成自身现在的样子，这就是个性的形成过程。”①

总之，维果茨基与皮亚杰的理论中都内在地但并非显而易见地包含有超越从外到内与从内到外的简单二元对立的因素，问题只是需要我们在新的起点上进行辩证的整合。

3.“心理内机制”与“心理间机制”的统一

皮亚杰和维果茨基都重视儿童发展的心理机制的研究。对皮亚杰来说，发展心理学的“中心问题是关于新事物的构造的机制问题，而这种机制使我们需要有我们称为反省抽象和自动调节这类具有解释作用的因素”②。儿童发展的现实机制虽是“内在的”（不是心理学家外加的或附加的），但不是“预成的”。皮亚杰所揭示的发展机制主要有同化与顺化、反省抽象和平衡化。应该看到，皮亚杰的机制是一种心理内机制。也就是说，这种机制是内在于个体自身之中的。皮亚杰说，发展的“内部机制”实际上是一种“建构过程”：它具有自我调节的意义。即是说，个体以一系列主动补偿作用来反应外部的干扰，而且以一种既是逆向动作的（反馈）又是预见性的适应，来构成一个永久性的补偿系统。

维果茨基在把“平衡化”作为基本机制方面与皮亚杰是一致的。他强调，人适应自然的特殊形式与动物是根本不同的。“如果没有各种新的行为形式，如果没有有机体与环境保持平衡化的这一基本的机制，那么，作为人类全部历史生活的基础的新的适应形式是不可能产生的。”③维果茨基的心理机制概念虽然没有皮亚杰那么精细和微观化，但他实际上为我们提供了一种我们可称之为“心理间机制”的东西。根据维果茨基的中介（或称“中介活动”、“社会文化中介”）理论，心理机制本身有“文化历史的”和“个体的”两个方面的基础，但它首先出现在社会文化的相互作用中。这样，中介就由两个相对独立的因素所组成，即“同化”（正如列昂节夫所说，“个体的活动同化了人类的经验”）和个体经验史。当正式的和非正式的文化传递被个体所内化时，就可以激活个体内部的中介。但从内部去激活中介需要一种心理工

① 维果茨基著，龚浩然等译：《维果茨基儿童心理与教育论著选》，杭州大学出版社1999年版，第181页。

② 左任侠、李其维主编：《皮亚杰发生认识论文选》，华东师范大学出版社1991年版，第99页。

③ 维果茨基著，龚浩然等译：《维果茨基儿童心理与教育论著选》，杭州大学出版社1999年版，第45页。

具,即作为内部语言的符号系统。符号作为一种意义系统就成为个体的刺激与反应之间的“媒介”。这样,皮亚杰那里的心理内机制 S—(格式)—R,在维果茨基这里就成为心理间机制 S—(符号或意义)—R。

显然,维果茨基与皮亚杰的心理机制概念具有在新起点上统一起来的基础。一旦我们超越了心理内与心理间机制的简单对立,我们就会得到一种全新的心理机制理论。

4. “最近发展区”与“临床法”的统一

维果茨基与皮亚杰的研究方法虽有相似性,但差别及其各自的局限也是明显的,这里仍然需要整合。皮亚杰临床法的一个很大的问题是过于强调儿童活动的自然性、自发性,而且他那过于抽象的逻辑数学“结构”难以实施测量,这一问题刚好可由最近发展区的方法所补充。维果茨基使用最近发展区作为探索儿童发展的动力学之理论工具,其高于临床法的明显优势有:(1) 有助于在社会文化背景中研究认知发展的水平,同时有可能“诊断”儿童可能达到的转变范围。“最近发展区能帮助我们判明儿童的明天,判明儿童发展的动力状态,从而不仅注意到在发展中已经达到的东西,而且也注意到正处在成熟过程中的东西。”[①](2) 有助于看清传统静态的“IQ 测验”之局限,并导致对儿童“学习潜能”的评估,进而探查儿童“尚未出现”但现正形成着的心理机能。(3) 有助于弄清在与儿童合作活动的条件下父母行为的参数。现有研究证实,父母在“诊断”他们孩子的最近发展区方面有明显技能,并前后一致地刚好在独立成绩之上的水平上帮助他们。儿童的确在父母的介入中受益,因而能够解决更复杂的任务。父母和教师在与儿童协作活动期间能使用相似的帮助,但特别受过训练的教师会取得更好的结果。(4) 有助于具体的教育应用:一方面,最近发展区会使教育的一般社会文化取向变得更强,因而起到更新教育方案之重要催化剂的作用;另一方面,最近发展区概念的基于教师的评估,在将来一定大有可为。总之,我们相信临床法与最近发展区方法的整合也许会使认知发展研究方法产生新的变革。

① 维果茨基著,龚浩然等译:《维果茨基儿童心理与教育论著选》,杭州大学出版社 1999 年版,第 317 页。

第二节　皮亚杰理论与弗洛伊德思想的关系

图 7-1　西格蒙德·弗洛伊德（Sigmund Freud，1856—1939）

关于皮亚杰与弗洛伊德的关系，目前国外心理学界大体有两种看法：一种看法认为皮亚杰的认知发展理论与弗洛伊德精神分析之间没有多大关系，二者的研究是根本相反的，即皮亚杰研究认知，特别是要揭示认知结构（“格式”）在儿童思维发展中的作用；而弗洛伊德研究情感，特别是要表明意识思维产生于无意识的本能欲望和情结。另一种看法则相反，认为在弗洛伊德和皮亚杰之间存在着相似性，在当代教科书中，皮亚杰的理论常常被看做似乎是精神分析理论的替换物。我们不同意这两种看法。我们认为，皮亚杰既受到了弗洛伊德精神分析的很大影响，同时又实现了对它的超越，这种超越集中体现在皮亚杰对弗洛伊德精神分析的“发生学转换”上。

一、皮亚杰接触精神分析理论的历史回顾

要从理论上弄清皮亚杰与弗洛伊德的关系，首先必须追溯皮亚杰早期与精神分析运动的关系的历史。从我们掌握的现有材料来看，可以肯定地说，皮亚杰从他心理学研究的开始（1919—1921 年的巴黎时期）就着手对弗洛伊德精神分析进行研究。皮亚杰 1951 年写的《自传》回顾了他的童年时代，他说他早期生活的第二个重要的影响因素是她母亲的精神病，这就使得他从研究的开始就对精神分析和病理心理学问题有着强烈的兴趣。虽然他从没有想在这个领域涉足更深，他宁愿研究常态心理和智慧运算而不研究无意识的秘诀，但这种兴趣还是帮助他取得了独立性并拓展了他的文化背景。他研究弗洛伊德的著作，阅读《意象》杂志，对布洛伊勒（E. Bleuler）（他于 1911 年创立了“精神分裂症”一词）的著作尤为熟悉，并听过荣格的演说。

在比纳实验室工作期间，皮亚杰把先前已学会的临床询问病人的方法用于询问儿童，由此奠定了著名的"临床法"的基础。特别值得提及的是，在1920年比纳举行的一次社交聚会上，皮亚杰作了关于《与儿童心理学有关的精神分析》的长篇讲演，这是皮亚杰第一次对弗洛伊德精神分析做出较为系统的评价。他认为"弗洛伊德的原则在一定意义上是正确的"，"一方面，精神分析是一种个体的历史，是人格的胚胎学；另一方面，它是一种关于无意识的理论：一种严格意义上的科学"。[①]

皮亚杰说过："我曾有一个时期，接受过一种教导式的精神分析，以便更充分地了解这一学说。"[②]这是指皮亚杰1921年第一次到日内瓦时所接受的一个女分析学家对他的精神分析。据说该女分析学家曾被弗洛伊德做过精神分析，后由"国际精神分析协会"派到日内瓦普及精神分析学说。按精神分析的程序，皮亚杰每天早晨8点接受分析，每天一小时，持续了8个月。但后来为什么又终止了呢？而且为什么恰好是在这时而不是别的时候发生呢？皮亚杰晚年曾谈到这个问题。他说："在分析中我所见的一切都是有趣的，发现人们所有的情结是极了不起的事情。但是我的精神分析学家知道，我难以接受这种精神分析理论。她觉得在一个不可能接受这种理论的人身上每天浪费一小时是不值得的。"[③]这当然是皮亚杰自己的解释。皮亚杰的生前好友、合作者，英国曼彻斯特大学梅斯（W. Mays）博士却有另一种推测：在皮亚杰和女分析学家之间，也许发生了否定性的移情——敌意的冲突戴上了一种爱的假面具。这是当精神分析进行了一个时期以后常有的事情。如果情况是这样，那么就有三种可能性：(1) 可能女分析学家对皮亚杰产生了移情情感，所以终止分析；(2) 皮亚杰在理论上的抵制本身可能是他对女分析学家产生的移情情感的一种文饰作用；(3) 移情可能是相互的。当然，人们不能完全排除的是，也许存在着真正的意见分歧。

在停止接受教导式的精神分析之后，皮亚杰与精神分析运动的联系仍然继续保持着。皮亚杰出席了1922年9月在柏林召开的第七届精神分析国际会议，在会议上做了《象征思维与儿童思维》的发言。皮亚杰回顾说："在该文中，我们试图表明，儿童的整个思维——具有不同观点的混合特征和前逻辑性——提供了与'无意识'象征思维的类似性，甚至看起来是无意

---

① Gruber, H., Vonèche, J. (Eds.) (1977). *The essential Piaget*. New York: Basic Books, p. 55.

② Inhelder, B., Chipman, H. H. (Eds.) (1976). *Piaget and his school*. New York: Springer-Verlag, p. 63.

③ 熊哲宏：《论皮亚杰对弗洛伊德精神分析的发生学转换》，《华中师范大学学报》(哲社版)，1992年第2期，第23页。

识象征思维和理性思维之间的中介。”[①]弗洛伊德出席了这次会议，并对皮亚杰的论文感兴趣。皮亚杰还在儿童身上证实了所谓“动机性思维”机制的存在。这种动机性思维是弗洛伊德从对成人的梦、动作倒错和神经病的研究中推论出来的。皮亚杰出版这方面的研究直到 20 世纪 30 年代中期。根据梅斯的推测，皮亚杰必定有将近 15 年时间是“国际精神分析协会”的成员。皮亚杰曾在 1956 年表示，他以被开除“国际精神分析协会”——大概是因为不墨守成规——而感到自豪（此事发生在大约 20 多年前即 30 年代中期，也正好是皮亚杰的兴趣似乎已经发生变化的时候）。他说他是当这个协会在正统心理学界的名声相当不好的时候加入这个协会的。这无疑意味着到他被开除的时候，这个协会已取得了受尊重的地位。皮亚杰还在不同场合下说过，他一直被教条主义者视作一个异端，这里的“教条主义者”显然是指正统的弗洛伊德学派。

从以上历史的回顾中可以看出，虽然皮亚杰早期受到弗洛伊德精神分析的强烈影响，但他从一开始就不是一个正统的弗洛伊德学派的成员。这不仅有他被停止精神分析和被开除“国际精神分析协会”的事实为证，而且从理论渊源上看他并不只受弗洛伊德的影响。在 1921 年去日内瓦随克拉帕瑞德工作以前，他不仅在苏黎士受布洛伊勒学派的影响，而且也在巴黎大学受布隆施维克（L. Brunschvicg）（主要是他的历史批判著作中的“批判的相对主义”）和让内的影响。在《儿童的语言与思维》一书的序言中，皮亚杰自己承认：“让内先生，他的影响在本书中时常可以追寻得到，使我熟悉了行为的心理学，把发生法和临床分析顺利地结合起来了。我也曾受到布隆代尔（M. C. Blondel）和鲍德温教授的社会心理学的深刻影响。”[②]特别是从让内那里，他学到了他称之为“罗伊斯（J. Royce）—鲍德温定律”的知识。这一定律认为，自我意识在本质上是社会的产物。他也从让内那里获得了这种概念，即应把行为的动作格式看做平衡化系统。这些关键性的核心思想都是弗洛伊德所没有的。

皮亚杰早期对精神分析的兴趣及其所受的影响，在他中期和后期的著作中也清晰可见。在 1945 年出版的法文版《儿童符号功能的形成》（1951 年以《儿童期的游戏、梦和模仿》为书名出英文版）中，他专辟章节研究涉及到精神分析的整个问题的无意识象征问题，谈到了他的理论与弗洛伊德理论的关系。1954 年他在巴黎大学作了题为《儿童心理发展中认知与情感的关

① Piaget, J. (1962). *Play, dreams and imitation in childhood*. New York: Norton, p. 170.

② 皮亚杰著，傅统先译：《儿童的语言与思维》，文化教育出版社 1980 年版，第 11 页。

系》讲演。特别是在他的晚期著作《意识的把握》(1974)与《成功和理解》(1974)两书中,他运用无意识的基本机制和压抑原则,阐述了认知无意识和情感无意识及其二者之间的平行论。书中大量实验表明,当要求主体解决某种实际的问题时,其思维是怎样在无意识水平上发挥作用的。还需提及的是,皮亚杰晚年还应美国精神分析学会的邀请从瑞士飞往纽约,在其代表大会上作了题为《情感无意识和认知无意识》的演说,其中表达了其这样一个信念:"我深信,总有一天,认知机能的心理学和精神分析将融合成一种普遍的理论,通过彼此矫正而相互增进提高。"①这一方面表明皮亚杰对精神分析的兴趣经久不衰,另一方面也体现出对弗洛伊德精神分析实行发生学转换是他毕生思考的课题。

二、皮亚杰对弗洛伊德情感不变论的转换

虽然弗洛伊德的精神分析阐发了迄今为止最为系统的情感理论,但在皮亚杰看来,它却是建立在"不变性"的基础之上的。皮亚杰的发生学转换首先是用他的情感建构论取代弗洛伊德的情感不变论。

在对情感不变论进行批判性分析之前,皮亚杰首先充分肯定了弗洛伊德的贡献。"必须强调,弗洛伊德的贡献本质上是一种新的技术。虽然他的理论概念现在需要全面的审查,但是这种技术仍然是迄今所发现的探索'无意识'格式的唯一系统的方法。"②由于对弗洛伊德来说,联想是最重要的心理活动,他就企图发现那些最自发的联想,以便洞察无意识的奥秘。"因此他发明了他的双重技术:通过使用非定向思维的一般分析和通过自由联想的梦的分析。"③正是通过这种双重技术,弗洛伊德提出了他关于"普遍象征作用"的假设。皮亚杰认为,精神分析的"事实"是无可争辩的。"由弗洛伊德及其学派所发现的两个基本的事实是:第一,婴儿的情感生活经历了明确划分的阶段;第二,存在着一种潜在的连续性,即在每一发展水平上,儿童把当前的情感生活情境无意识地同化到早期的情境甚至更遥远的情境中去。"④弗洛伊德心理学中富有生命力的部分是它的方法和事实。然而,"弗洛伊德学说的困难不在于情感生活的事实本身,而在于在普通心理学领域

① Inhelder, B., Chipman, H. H. (Eds.) (1976). *Piaget and his school*. New York: Springer-Verlag, p. 64.

② Piaget, J. (1962). *Play, dreams and imitation in childhood*. New York: Norton, p. 182.

③ Piaget, J. (1962). *Play, dreams and imitation in childhood*. New York: Norton, p. 189.

④ Piaget, J. (1962). *Play, dreams and imitation in childhood*. New York: Norton, p. 185.

这一学说所坚持的一般框架：记忆的性质、联想的作用、照明—意识的概念（对这一概念来说，智慧不是能动的核心）、意识和无意识的关系、情感的保持等”[①]。因此，皮亚杰主张，要把弗洛伊德揭示的情感生活的“事实”和用于解释这些事实的“理论”（一般框架）区分开来，而所谓发生学转换，也就是要用发生学的观点和方法对弗洛伊德的“理论”进行转换。

弗洛伊德的情感不变论首先表现在他对“阶段”的看法上。皮亚杰指出，弗洛伊德的“阶段”是由“精力倾注”即力比多向不同客体和他人转移所决定。“根据‘性’的发展阶段被划分为如下阶段：口腔阶段、肛门阶段、自恋，然后是其他情感客体的选择（接近第一年的终末）和俄狄浦斯（Oedipus）情结，最后是情感转向不断增加的新的他人。”[②]皮亚杰认为弗洛伊德的“阶段”概念有两个根本性的缺陷：第一，划分阶段的标准的任意性。弗洛伊德所主张的阶段彼此之间的差异仅只按照一种优势的生理特征（口腔、肛门等）来划分，但是这种特征在以前或以后阶段中也有出现，因此它的“优势”可以认为是任意的。第二，缺少发生学的特征。弗洛伊德的“阶段”说到底仍然隐含着“不变性”。他的“本能”概念，既不是一个具有稳定机制的生物学概念，也不是心理社会学的概念。“对于弗洛伊德来说，本能是一种不变的能量，被保存在整个发展过程中，仅仅从一种客体向另一种客体（儿童自己的身体、他的父母等）转移。”[③]以不变的性本能（力比多）向不同客体转移来划分“阶段”，实质上就等于没有阶段。难怪弗洛伊德要把发展的后期阶段才具有的智能特征赋予未断奶的婴儿，说他们就已经具有自我意识，有成人一样的记忆和其他的智力功能。弗洛伊德还进一步假定，幼儿能开始用与我们成人几乎同样的方式感知客体和他人，他生活在一个由实在的客体和有其情感生活的人所居住的形态化的宇宙之中。故而皮亚杰认为：“尽管有某些表面迹象，但弗洛伊德比人们通常所以为的更难属一个发生论者。因此，必须通过排除使弗洛伊德学说过分成为关于不变性的科学的那些因素，而对这一学说实行发生学的转换。”[④]

皮亚杰用他的建构主义来转换弗洛伊德的情感发展的不变论。他指出，大量实验事实表明，从儿童出生的头一个月开始，他生活在一个没有“永久客体”的世界之中。即使我们接受弗洛伊德的精力倾注原则即力比多向不同客体的转移，然而在精力倾注之前，这种客体首先必须被建构起来，否

---

① Piaget, J. (1962). Play, *dreams and imitation in childhood*. New York: Norton, p. 185.

② Piaget, J. (1962). *Play, dreams and imitation in childhood*. New York: Norton, p. 184.

③ Piaget, J. (1962). *Play, dreams and imitation in childhood*. New York: Norton, p. 186.

④ Piaget, J. (1962). *Play, dreams and imitation in childhood*. New York: Norton, p. 186.

则就谈不上什么精力倾注。在皮亚杰看来，通过儿童的“感知运动活动”（推、拉客体等），这种建构就开始了。只有在儿童自己通过这种方式获得某种外部世界的概念之后，他才把这个世界看做是由永久客体和他人组成的世界，当他不感知或不在他视野内时，它们依然存在。

皮亚杰坚持认为，在儿童早期阶段的情感生活中，还没有分化出自我意识，不能觉察到作为“非我”的别人的存在。弗洛伊德曾谈到“自恋”，但他没有看到这个事实——这是没有自我的自恋。由于自我还未分化，不能意识到自己，因而一切情感都以儿童自己的身体和动作为中心。皮亚杰发现，这与认知水平上头一年的完全的“自我中心主义”——婴儿不能在内部世界和外部世界之间做出明确的区分——有着密切的平行关系。通过双重的“解除中心化”即认知和情感上的解除中心化，儿童不仅发现了一个客观的物理世界，而且不再把他愉快和痛苦的情感归结于他自己的动作的结果，他开始把其他人，特别是他父母当做产生愉快或不快情感的原因。所以皮亚杰认为，在认知和情感的发展之间有一种紧密的平行关系，而这正是弗洛伊德所忽视了的东西。

根据弗洛伊德的假定，儿童对其父母的早期的情感——正如俄狄浦斯情结所显示的那样——将影响他的一生。往后，他的行为仅仅根据他的早期家庭感情丛（constellation）就能得到解释。这样，一个男人一生只爱一个女人即他的母亲，并以各种意象的形式寻求着她。但是皮亚杰指出，当一种特殊的感情，如对父母的爱转向其他人的时候，这种感情的整个特征也可以发生改变，并不是像弗洛伊德假定的那样，仍然永久地、毫无改变地保留在无意识里面。即使儿童对他父亲的情感类型，使得他在往后的生活中以类似的方式对待别人，但是他对别人的反应模式也会改变。“当一个人暗自地反抗父亲的过度权威，并随后对他的教师或任何限制他的东西采取同样的态度时，这并不表示他无意识地把这些人与他对父亲的意象等同起来。而实际情况只是在他与其父亲的关系中，他获得了一种在他认为是类似的情境中能加以概括的情感和反应的模式——情感模式。”①同样，虽然儿童对他母亲的爱可以使他以同样的方式爱别的女人，然而这种感情的内容有很大的不同。就爱本身而言并不总是同样强烈的。一个人可能有非常强烈的感情，后来间断，然后再次出现。爱的体验也可以与恨的体验相交替。“如果情感被保持在无意识中，那么它就不再作为情感。无意识在本质上是动力

① Piaget, J. (1962). *Play, dreams and imitation in childhood*. New York: Norton, p. 189.

学的。"[①]因此,弗洛伊德设想的那种固执在无意识中的终生不变的"情感"是根本没有的。

三、皮亚杰对弗洛伊德无意识理论的转换

弗洛伊德精神分析的核心内容是无意识理论,这一点早被皮亚杰敏锐地领悟到,但他始终不能接受弗洛伊德的无意识概念本身。在他看来,这一概念的要害在于把无意识视作一个"本能欲望的储藏库"。从这一概念出发,弗洛伊德的意识概念、记忆理论以及对意识和无意识之间的关系的解释都存在着重大缺陷。

皮亚杰指出,在弗洛伊德看来,潜伏在无意识阴暗深处的真实情感和情结,是日常生活中的动作倒错(口误及其他的差错行为)、梦和精神病理学症状的原因。本能欲望(如性驱力)、记忆过程和思维过程都是无意识的,不能达到直接的有意识的觉知;而对于外部现象的知觉(印象)和诸如快乐、痛苦之类的内部情感体验是有意识的,并且是记忆和思维的产物。皮亚杰认为,弗洛伊德把无意识理解为意识现象由以产生的原发实在,把无意识当做实在的存在或实在的东西,这不仅把无意识实体化(皮亚杰则把无意识理解为潜在倾向的定势,从而避免这种实体化的倾向),而且从根本上导致了一种被动的"意识"概念。"对于弗洛伊德来说,意识是一种纯粹的照明,一种'内部感觉器官',它的唯一作用是照亮根据无意识记忆之间的相似律和连续律而产生的已存的联想。这意味着,他否认了对于多数当代心理学家来说意识活动的本质特征即思维的构成问题,这是一种真正的建构性活动。弗洛伊德没有考虑智慧的问题,这是一个极大的遗憾。"[②]

弗洛伊德认为,被压抑的无意识必须经我们的精神防御机制加以化装才能进入意识领域,而最重要的防御机制是稽查。在人的梦里,特别容易看到这些防御机制的作用。"梦总是愿望的满足,但是它们外显的内容隐藏了'隐潜的内容'——梦全然是象征性的'转换'。这种转换是稽查的结果,而稽查来自主体的意识、他的超我或父母活动的内化。隐潜的内容被稽查,因为它由被压抑的欲望组成,以至于梦成为被压抑欲望的象征性实现。"[③]因而弗洛伊德认为,无意识象征思维(梦的象征作用是尤为典型)在其结构和功

---

① Piaget, J. (1962). *Play, dreams and imitation in childhood*. New York: Norton, p. 187.
② Piaget, J. (1962). *Play, dreams and imitation in childhood*. New York: Norton, p. 189.
③ Piaget, J. (1962). *Play, dreams and imitation in childhood*. New York: Norton, p. 183.

能方面与理性思维是完全不同的。

虽然皮亚杰同意弗洛伊德关于无意识象征作用和梦的化装特征的很多观点,但他认为,像弗洛伊德那样假定稽查机制的存在是不必要的。似乎这种稽查能阻止为社会所不容的欲望进入意识领域,仅仅允许通过适当伪装的观念和情感。“事实上,尽管弗洛伊德的压抑概念是清楚的和重要的(已直接得到普遍的接受),但与他被动的意识概念有关的稽查概念却是含糊不清的。弗洛伊德告诉我们,当意识希望对压抑保持无知时,意识就稽查了。但是意识怎样能成为无知即无意识的原因?”①这里似乎就有一个悖论:弗洛伊德一方面说稽查来自意识,是意识在稽查,这就意味着意识是无意识的原因;但另一方面他又断言意识只能是无意识的产物——这是他的根本前提。因而皮亚杰认为,“谈论梦的‘稽查’纯粹是用冗余的术语表示梦的无意识性,所意味的或者是压抑,或者是梦者不能清楚地意识到在他心里躁动着的所有欲望这一事实”。②

在弗洛伊德看来,“象征”是通过逃避稽查的无意识联想而与一个或更多的意义相联系的一种意象。一个象征决不是单一的,总是有“复合一象征作用”,这是由于这些欲望的错综复杂和冲突导致了意义的多样性,最基本的象征是各种意象混合的产物,它可以独立于稽查。皮亚杰指出,这种看法使得所有的象征机制都依赖于稽查,象征不过是“伪装的观念”。实际上,象征是无所不在的,既有无意识的象征,也有有意识的象征。“每一个象征是(或可能是)双重性的:就是说,除去它的被主体理解的直接意义之外,还可以有更深远的意义;完全同样地,一种观念除去它有意识地涉及到此刻的推理之外,还可以包含一套主体暂时不知道或者长期地甚至总是不知道的涵义。”③因此,无论我们与无意识的象征还是与有意识的言语符号打交道,我们还是无法证实这种假定,即我们对它们的意义的无意识应归于稽查的作用。皮亚杰认为,从本质上看,“稽查仅仅表达了象征的无意识、无法理解的特征,而象征本身则是有意识同化的开始即试图理解的结果”④。

当然,皮亚杰也承认,无意识梦的象征作用从事着化装和转换,以阻止我们抓住它的充分的涵义。弗洛伊德认为这种化装和转换是凝缩和移置过程的结果。皮亚杰则把这些过程与认知领域中的概括和抽象过程加以比较,认为二者在功能上是等价的。他指出,凝缩(即一种特定的象征可以代

① Piaget, J. (1962). *Play, dreams and imitation in childhood*. New York: Norton, p. 191.
② Piaget, J. (1962). *Play, dreams and imitation in childhood*. New York: Norton, p. 191.
③ Piaget, J. (1962). *Play, dreams and imitation in childhood*. New York: Norton, p. 172.
④ Piaget, J. (1962). *Play, dreams and imitation in childhood*. New York: Norton, p. 191.

表某类客体的全部，如一只母猫代表着“雌性的类”）是一种概括形式，因为它通过共同的格式（或类）表达了许多涉及与他人真实关系的情感格式。然而在梦中，格式通过具体的（可见的）意象显现出来，而不是像醒着的时候那样。因而凝缩涉及到对一些不同的客体赋予共同的意义，表达了对情境的同化，所以是一种概括。正如不可能存在没有抽象的概括一样，在象征思维领域也不可能没有移置的凝缩，因为在意象和情感同化领域，移置相当于思维领域里的抽象。在弗洛伊德那里，移置（例如在梦中，像手杖、铅笔和钢笔这些细长的物体作为雄性生殖器官的一种替代）也是稽查起作用的结果。但皮亚杰坚持认为，由于凝缩过程本来就牵涉到移置——其意义从情感上被负荷的客体移置到没有被负荷的客体上，因而稽查的假设也是不必要的。这样，凝缩和移置之间的联系——它们是无意识象征作用的特征——与在有意识思维中所有概括都涉及抽象是平行的。“实际上，‘移置’和‘凝缩’是不可分离的，因为用单一的意象把从一些没有移置情感负荷的客体那里模仿来的特征组合起来，是不可能的。而且，构成无意识象征的整套机制，在象征的内容既没有被压抑也没有被稽查的情况下，更容易起作用，因为它与完全意识到的和主体醒来时能加以再认的思维或欲望是一致的。”①可见，尽管皮亚杰对稽查抱有非议，他还是假定凝缩和移置涉及精神过程（虽然是无意识性质的），正如在意识水平上，概括和抽象涉及精神过程一样。

既然皮亚杰认为稽查的机制是不必要的，因而他理所当然地主张在无意识和意识之间并不存在一条绝对分明的界线。弗洛伊德把无意识实体化、绝对化、神秘化，断言无意识与意识之间壁垒森严、泾渭分明。其实，“无意识不是心灵的一个分离的领域，因为在每一心理过程中，从无意识到意识都是持续地和连续不断地变化不定的”②。所有思维（包括象征思维），甚至最理性化的思维，都既是有意识的，又是无意识的。

皮亚杰在他关于思维和语言发展的早期著作《儿童的语言与思维》（1923）中，就已经提出了有意识的（或反省的）思维和无意识思维之间的区别。克拉帕瑞德在该书的序言中指出，在皮亚杰看来，儿童思维出现在两个平面上，一个是低级的、主观性的平面，是具有欲望、游戏和如弗洛伊德所说的对“快乐原则”的幻想的平面。而高级平面则相反，它是由社会环境逐渐建立起来的，是有着语言和逻辑思想的客观性的平面，即现实性的平面。

在皮亚杰看来，无意识与意识是辩证统一的。一般而言，当所有心理活

① Piaget, J. (1962). *Play, dreams and imitation in childhood*. New York: Norton, p. 192.
② Piaget, J. (1962). *Play, dreams and imitation in childhood*. New York: Norton, p. 172.

动的结果是有意识的时候，它的机制却是隐匿着的（无意识的）。例如，一个人多少知道自己想的是一个什么问题或是一个什么物体，他对自己的想法是比较有把握的。可是，他的思维的结果虽然不错，但主体通常仍然意识不到引导自己思维的机制。所谓"认知无意识"就在于一套结构和功能，主体仅仅只意识到它们的结果而已。皮亚杰认为这种现象不限于儿童的思维，也存在于成人的思维当中，甚至存在于科学思想的发展之中。例如，数学思维常常无意识地服从于某些结构的定律，像数学中的"群"，直到19世纪才由伽罗瓦给予明白的陈述。但是它们的存在，早在欧几里得元素中已不难觉察出来。因此，皮亚杰指出，意识是"向心的"而不是离心的。也就是说，意识是从运算的外部结果开始，而后才返回到它们的内在机制的。

皮亚杰关于意识与无意识辩证统一的思想还体现在他的同化—顺化认知模式中。一般而言，"思维顺化"是有意识的，"同化"则是无意识的。思维的顺化之所以是有意识的，原因在于外部的或内部的障碍需要有意识。这就如同克拉帕瑞德"意识的获得法则"一样，意识仅仅在动作受到干扰和障碍的时候才介入。而思维的同化，甚至当它是理性的同化时，通常是无意识的。皮亚杰以儿童（有时甚至科学家）作为例子来说明这一点。儿童牢固地拥有一种概念或观念系统，并无意识地把与它们相冲突的任何思想加以压抑。他可能尽很大努力去发现这种不相容性的理由，因为他只能意识到他所使用的认知格式造成的结果，而对于他抵制互相冲突的假设的真正理由是无意识的。

在对创造性思维的研究中，皮亚杰特别强调这种思维过程中意识与无意识的统一。在创造性思维中，意向性概括往往是有意识的，因为它需要顺化。例如，把牛顿的吸引概念应用于分子的亲和力就是如此。但是在创造性观念的潜在酝酿中却是无意识的。例如，在亚里士多德的物理学中，就存在着把力、运动、位置等物理事实无意识地同化到身体起源的格式中去的情形。此外，阿加西兹（L. Agassiz）关于成化石的鱼的梦，凯库勒（A. kékulé）关于苯的结构式的梦，是凭借梦的意象——这些处于潜在酝酿中的意象往往导致真正的科学发现——对"问题"进行象征性解决的著名例子。总之，从意识与无意识辩证统一的思想出发，皮亚杰告诫说，我们必须避免自己陷入弗洛伊德的无意识"神话"之中，坚持"无意识不是作为一个'领域'而存在，在意识和无意识之间仅仅是一个等级或反省的程度的差别"①。

综上所述，皮亚杰从他的发生学的观点出发，深刻剖析了弗洛伊德无意

① Piaget, J. (1962). *Play, dreams and imitation in childhood*. New York: Norton, p. 172.

识理论(特别是他的被动的意识概念、稽查假设以及把无意识实体化、神秘化的倾向)的根本缺陷,同时系统地阐发了他自己的具有动力学特征的无意识理论,这是皮亚杰对当代心理学的突出贡献。

第八章

新皮亚杰学派

20 世纪 50 年代中期以来，皮亚杰理论受到了空前的挑战与责难。皮亚杰基于唯理论传统，把儿童视为年幼的科学家，认为他们在主客体相互作用的活动中，以一组不断建构发展的逻辑结构，获得越来越广泛而普遍的关于世界的知识。然而，经验论学者指出，皮亚杰未能解释训练学习的成功、任务完成顺序上(有时是极大的)的个体差异以及滞差现象。历史—文化传统的学者则指出，皮亚杰理论未能对语言能力、总体文化经验和特定逻辑任务的完成之间所存在的相关关系做出解释。人们批评皮亚杰的理论博大而不精深，它更多地展示了认知发展的宏观规律，不足以提示认知发展的具体过程和微观的规律；过多地注重发展的质变，而忽视了发展的量变，以逻辑结构描述认知发展，过于抽象化和形式化，无法触及行为的本质，特别是认知科学中信息加工理论的出现，更对皮亚杰理论产生了直接的冲击。

虽然皮亚杰及其在"发生认识论国际中心"的同事们针对这些例外情况对原有理论作了适当说明与补充，但还是有许多发展心理学家紧紧抓住这些与皮亚杰的能力阶段模式相左的实验数据不放，在批评的同时建立起各自的理论模型。随着信息加工思潮向认知发展领域的渗透，人们对待皮亚杰理论有两种倾向。一种倾向主张彻底否定皮亚杰的认知发展框架，认为皮亚杰的逻辑结构观不仅太抽象，而且有错误。例如，某些任务看来使用同样的逻辑结构，但儿童通过这些任务的年龄大不相同。数量守恒在 5、6 岁通过，液体容量守恒在 7、8 岁通过，重量守恒要 9、10 岁才能通过。对此，皮亚杰的理论很难自圆其说。按照皮亚杰的理论，完成这些任务的唯一心理上的必备条件是具有一般的逻辑结构，另外，各个发展任务间的相关往往很低或不显著，这与皮亚杰理论的假设也是相违背的。在皮亚杰看来，儿童在某一发展任务上的成功主要取决于他们是否具备了适当的逻辑结构。另一种倾向主张对经典的皮亚杰体系作一定的修正，使之更完善和更具解释力。

在持这种主张的人们看来，皮亚杰理论尽管有漏洞，但它试图阐明人的心理结构的性质及其发展过程的理论仍然是可接受的，并尝试用信息加工的思想建立各发展阶段儿童的认知模式，并提出自己的理论模型。由于这些理论模型都受皮亚杰理论的影响，所以，无论是出于对皮亚杰潜移默化的认同，还是由于对他有的放矢地否证，它们身上的皮亚杰烙印却是无法隐讳的事实。虽然有些模型已完全不只是皮亚杰理论的某些局部延续，而足以当得起皮亚杰理论的独立补充，但所有这些模型还是在皮亚杰的名字下构成了“新皮亚杰学派”(neo-Piagetians)这个整体。

一般来说，采取“信息加工”的立场是“新皮亚杰学派”的显著特色之一。但诚如李其维教授指出的那样：“新皮亚杰学派既然还保留了‘皮亚杰’一词，当然其最基本的特征之一就是必须仍然以皮亚杰的思想为出发点，否则就没有必要承认自己的这一隶属关系了。……新皮亚杰学派的诸家之说还必须在保留皮亚杰基本思想的前提下，真正有所突破和创新，并且这种突破和创新有别于经典皮亚杰。这是我们评价某种认知发展理论是否为新皮亚杰学说的标准。”[①]我们试图以此为标准，较为全面地介绍和评价“新皮亚杰学派”的研究进展。本章主要考察新皮亚杰学派的基本假设、理论框架和研究方法，并对其进行简要评价。

第一节　新皮亚杰学派的基本假设

新皮亚杰学派的理论家试图要做的就是：保留经典皮亚杰理论的一些方面，使它具有广泛性、一致性和解释力；发展经典皮亚杰理论的一些方面，即那些看起来是静态的、模糊的和不完善的方面；改变经典皮亚杰理论的一些方面，即那些难以从经验上操作的方面。这些方面就构成了新皮亚杰学派共同的基本假设。

① 李其维著：《破解“智慧胚胎学”之谜》，湖北教育出版社 1999 年版，第 295～296 页。

一、保留了经典皮亚杰体系中的一些假设

新皮亚杰学派保留了经典皮亚杰体系中的一些假设:(1) 儿童的认知结构是重要的。儿童不是简单地观察其周围世界和说明其规则,相反,他们主动把世界经验同化到已有的认知结构中。(2) 儿童主动创造自己的认知结构。儿童的认知结构不只是他们的经验的产物,也是他们自己试图以一致的方式组织经验的产物。(3) 儿童通过一个普遍结构水平的序列。儿童的智慧发展水平可以分为三个或四个普遍的认知结构水平。(4) 较前的结构包括在较后的结构中。较后阶段中的更加抽象的结构建立在并改造了较早阶段的结构之上。(5) 不同结构所获得的特征年龄是可以确定的。

二、发展了经典皮亚杰体系中的一些假设

新皮亚杰学派发展了经典皮亚杰体系中的一些假设:(1) 发展和学习必须加以区分。新皮亚杰学派的理论家支持皮亚杰的观点,认为发展是指儿童现存结构框架的转化和适应,而学习是指将新的内容同化到现存结构框架之中,他们重在寻找构成这种转化形式的详细过程。(2) 发展中的结构转化在本质上是局部化的。皮亚杰认为结构转化的过程是在儿童的全部生活和活动中进行的,一直到后期著作中,才提出了结构转化的过程可以通过某一个特殊领域进行。新皮亚杰学派的理论家十分明确地肯定结构转化的局部化。儿童的发展并不是通过全部相同系列水平的课程实施才能获得的,而是可以通过更局部、更集中的方式进行。(3) 结构序列是循环重复的。新皮亚杰学派的理论家提出结构序列的循环性,每个普遍阶段或发展水平中的亚阶段是循环重复的。尽管这个观念存在于经典皮亚杰体系之中,但在新皮亚杰学派的理论背景中,这个观念更加强调,并表述得更有说服力,即认为在发展过程中每个主要阶段都有同样数量的结构步骤,并且这些步骤在相同的序列中都是存在的。(4) 认知和情感是紧密联系的。新皮亚杰学派的理论家认为儿童的情感与认知有密切的关系,他们提出比经典皮亚杰理论更详细的社会化情感功能模式及在其全部过程中的作用。

三、改变了经典皮亚杰体系中的一些假设

新皮亚杰学派改变了经典皮亚杰体系中的一些假设:(1) 认知结构必须

加以重新定义。新皮亚杰学派的理论家认为皮亚杰用符号逻辑结构来描述儿童的认知系统是不全面的，因而他们大多数人按照儿童认知结构的形式、复杂化程度和水平层次，对儿童认知结构综合地下定义，使之更广泛，更具有普遍性的特点。(2) 儿童的认知结构的复杂性存在着一个转变上限。皮亚杰无法解释儿童在某些领域上发展水平参差不齐的原因，新皮亚杰学派的理论家提出区分一般过程和特殊过程，前者限制或增强发展，后者则是在这些一般限制或增强发展之内进行的特殊过程。尽管结构转变的过程是局部地进行的，而且会引起测量水平的一定的变化。但是，这种变化也被认为是受儿童认知结构机能水平中的转变上限所限制。这种一般限制被认为限制在很多操作情境中观察到的许多变化，这就是所谓的"上限效应"。大部分新皮亚杰学派的理论家假设这种上限浮动与儿童的注意能力或短时记忆有密切的关系。同样地，他们也假设有一个"下限效应"，这是由于儿童经验中有一些是更加普遍性的成分，例如一定的教养形式、语言形式和文化训练形式，这种普遍性的经验导致下限浮动。(3) 成熟在决定工作记忆的上限中起很大作用。大多数新皮亚杰学派的理论家认为有特定的生物因素调节着这种上限的变化。(4) 个别差异对整体发展具有重要的影响。大多数新皮亚杰学派的理论家认为，个别差异在决定儿童工作记忆用于特定的加工和儿童思维所遵循的特定发展途径中起关键作用。(5) 文化根源决定高水平结构的内容。新皮亚杰学派的理论家认为，皮亚杰发现的数理逻辑结构思维只是西方文化的一个方面，其他如视觉艺术和社会分析，在高水平发展的西方思维中发挥着与数理逻辑思维在本质上相同的作用。社会文化过程和社会制度对儿童发展起着重要的促进作用，特别是高年龄阶段，西方文化和非西方文化在高水平的智慧结构方面可能有许多不同之处。

当然，尽管新皮亚杰学派具有一些共同的基本假设，但其内部的各位代表人物却均有自己的一套理论体系，这些理论目前仍在继续发展之中，尚未完成真正的融合。

第二节　新皮亚杰学派理论的主要框架

新皮亚杰学派各理论之间存在若干共同之处:(1) 它们都比较关心儿童发展一般模式的例外情况,如任务因素、学习训练、个体差异、文化背景等。(2) 它们都试图在概括出儿童思维总体发展结构之余再概括出详细的发展过程,即在着眼于结构的同时也着眼于过程。(3) 它们与心理学主流的关系比独成一体的皮亚杰理论更直接,较多利用新兴的信息加工理论和现代统计理论的新成果。(4) 在说明过渡机制时不像皮亚杰那样过多借用源自生物学的概念和比喻,更倾向于将神经心理学、信息加工论、学习理论和社会文化综合于发展心理学。(5) 在实验任务的设计上也不同于皮亚杰那种以数学和科学概念为主的设计思想,而是以日常熟悉的情境为蓝本,更为重要的是,实验变量的分离问题在皮亚杰那里还只是一个提议,而新皮亚杰学派的学者却真正着手在它们的研究中控制变量,使特定的因果联结在科学意义上可接受的信度内得到说明。

当然,存在于新皮亚杰学派成员之间的这些共性并不能改变他们迥异的个性。下面就介绍其中几个杰出代表人物的理论。

一、帕斯卡—莱昂内的辩证结构论

加拿大约克大学的帕斯卡—莱昂内(J. Pascual-Leone)是新皮亚杰学派的始作俑者。人们更多地认为他是皮亚杰学派的反叛者,但实际上他所提出的辩证结构论也许是保留皮亚杰理论成分最多的新皮亚杰学派了。因为他完全接受了格式、认知结构及同化、顺化等概念。而正是这些概念体现了相互作用活动论的基本内涵。帕斯卡—莱昂内提出的"心理智能"(men-

图 8-1　朱安·帕斯卡—莱昂内(Juan Pascual-Leone, 左二)与同事、学生

tal capacity)概念是对皮亚杰格式概念的补充。其实质是一种机能对结构的补充,这与后期皮亚杰和皮亚杰学派把研究重点从结构转向机能的大趋势是完全一致的。他自己也承认此概念的提出是受皮亚杰思想的启发而产生的。由于皮亚杰本人更注意的是儿童认知结构的质的变化,因而对心理能量之说并不十分重视,这是完全可以理解的。但是,既然它只是一种对结构变化从量的方面的补充说明,因而并不能动摇皮亚杰的认知结构质的解释。应该指出,当经典皮亚杰理论从抽象的认识主体转移到具体的心理主体时,其严格的结构主义立场已经松动。用帕斯卡—莱昂内的话说,就是从“纯粹的结构主义”向“辩证的结构主义”转化。所谓“辩证的结构主义”就是“预先假定主体通过认知结构或机能调控建构其自身的经验世界”的过程,它是通过揭示这一经验世界的发展来解释认知的功能性范畴。我们大体可以说,纯粹的结构主义对应于皮亚杰早期结构主义时代的结构分析研究,而所谓辩证的结构主义则对应于后期皮亚杰已经开始的对心理主体的现实行为进行功能—结构分析的研究。

但是,根据帕斯卡—莱昂内的观点,皮亚杰后期的功能—结构分析仍没有解决结构转化的机制问题,尤其未能阐明如何从量变导致质变的转化细节。他认为,“心理智能发展性增大”的理论则能完成这一使命。

心理智能是帕斯卡—莱昂内辩证结构论中的核心概念,但它不是被用来解释知识的(像皮亚杰那样,知识被归结为一组心理运算所构成的结构),而是用来说明结构的发展变化的。对这一概念似乎有进一步考查的必要。

根据帕斯卡—莱昂内的解释,心理智能是一种单纯的机体过程,不直接接触经验并受信息的限制。犹如计算机的硬件,它是一种所谓隐性算符。与此相对,软件则指心理操作的格式,它与经验内容(信息)相连,是由具体情景限定的主客体相互作用的过程,即主体加工客体(信息)的过程。格式是这一过程的内化。帕斯卡—莱昂内对格式的界定基本上仍沿袭经典皮亚杰的路线,我们很容易从中辨析出主体活动的贡献,因而可以宣称帕斯卡—莱昂内仍继承皮亚杰的相互作用活动论。但是,作为硬件的心理能量(隐性算符),它只是大脑神经解剖结构的心理表现形式,则显然不能与当前的活动有什么直接的联系。如果要说它与主体的活动有什么联系的话,那必须把它们理解为主体以前活动的长久塑造的产物,它已经历一个从软件向硬件的转变,这是一个漫长的自然过程,实现这一转变的真正工程师仍然是人的活动。换言之,我们必须把当前神经系统所固有的功能性的一般特征(心理智能、隐性算符)理解为人与外物长期相互作用的活动参与其中的进化的结果。

二、凯斯的控制结构论

图 8-2　罗比·凯斯(Robbie Case,1944—2000)

美国斯坦福大学研究院儿童及青少年发展系教授凯斯(R. Case)的理论是到目前为止最有影响的新皮亚杰理论。它跟皮亚杰理论最大的不同就在于,不再以铁板一块的结构变化为出发点,也不那么多地依赖于平衡化等概念,而是吸收了经验论和历史文化学派独有的一些概念,试图用信息加工的思想和方法来整合皮亚杰的理论,因而被人称为智慧发展的过程—结构论。所以,凯斯的控制结构论是一种"过程—结构"理论。

1. 基本假设

凯斯有这样一些基本假设。首先,他从最基本的层次上把儿童的心理过程分为两类:(1) 表征经常发生的刺激样式的象征格式,或称状态表象;(2) 表征对这些刺激样式的改变方式的运算格式,或称运算。其次,他认为儿童从出生起对任何一种或一组格式的激活就伴有或积极、或消极、或中性的情感特征。同时,从出生起他们就能对自己的认知经验和情感经验进行某种程度的主动控制。最后,实行这种控制的结构机制是由特定时期暂时组成的象征格式和运算格式的序列、关系所构成。

以此为基础,凯斯将结构解析为三种成分:(1) 表征儿童经常处于的某种特定状态的格式,也可被理解为儿童对问题情境的表征,称为问题表象;(2) 表征另一种具有情感特性的状态格式,是个体希望对问题空间施加转化,称为目标;(3) 表征从一状态到另一状态所需的运算序列的格式,也就是施加转换所用的手段,称为策略。此三者构成所有阶段和亚阶段结构的基本样式。随着年龄增长,三者可允许的复杂性增加,但基本的控制结构仍然相同。在早期著作中,凯斯曾沿用帕斯卡—莱昂内的心理智能概念,用心理加工空间总量来解释不同年龄的认知结构,现在他更多地使用短时存贮空间(Short Term Storage Space)这一概念,认为短时存贮空间的规模决定儿童解决问题时能够保持的目标数量,进而决定他们能够解决的问题的复杂程度。

结构的发展不仅要受到短时存贮空间的限制,还需要依靠四个基本的格式加工:格式搜索、格式评估、格式重组、格式巩固。这些过程性的分析在凯斯的理论中主要被用来说明阶段间的过渡和结构的整合过程。

2. 发展阶段论

和皮亚杰的理论一样，凯斯的理论也以发展阶段的划分为主要内容。从1个月到成人，整个思维发展过程被划分为四个主要阶段：(1) 感知运动阶段(1～18个月)；(2) 相互关系阶段(1.5～5岁)；(3) 维度阶段(5～11岁)；(4) 向量阶段，或抽象维度阶段(11～19岁)。19岁这个年龄上限指的是成人思维的成熟水平，并不否认个体差异和继后的发展。这一点也是和皮亚杰的处理相一致。每一个主要阶段内又有若干亚阶段：第一亚阶段(单焦点阶段)涉及对新结构(感知运动、相互关系、维度、向量)的操作，但这只能孤立地进行；在第二亚阶段(双焦点阶段)，两个单元能够有序地操作，但不能相互整合；在第三亚阶段(复合阶段)，两个甚至更多的单元能同时操作，相互整合，这一阶段一旦完成，又成为下一主要阶段发展的基石。在第一亚阶段，儿童在工作记忆中只能容纳标志该阶段的两个表征，第二、第三亚阶段则分别能容纳三种和四种表征。

各阶段和各亚阶段的前后序列都始终一致，前一阶段的最末一个亚阶段同时又是后一阶段起始的亚阶段。这一时期内发生跨阶段的质变，复合协调的本身意味着对两个在形式和功能上彼此独立的结构进行等级性整合，这种整合导致向新阶段的过渡。亚阶段之间的过渡也是通过整合过程发生的。然而这种整合不必是等级性的，被整合的是些相似的因素，故称之为非等级性整合。

凯斯的认知发展阶段在形式上与皮亚杰的很相似。在感知运动阶段，婴儿通过身体的运动表征物体(这跟皮亚杰几乎完全一样)，随着亚阶段的进行，这种表征能相互协调，产生出一级关系；二级关系则在相互关系阶段形成，此时儿童能检测和协调物体、事件和人物之间的关系；在维度阶段，儿童形成三级关系，这涉及到两个维度(如液体守恒问题中的高度和宽度)的比较；在向量阶段形成四级关系，儿童能够理解抽象的系统，这使他们能解决言语类比、比例推理等问题，推测他人的心理状态。

3. 发展的机制

具体来说，凯斯认为发展的一个主要变化就是儿童解决问题时执行控制结构(executive control structure)操纵范围的变化。执行控制结构包括问题情境表征、任务目标表征、问题解决特定策略或程序的表征，儿童在执行控制结构中如何表征问题情境、目标和策略存在着一定的个别差异，这尤其反映在儿童能够思虑和协调的选择的数量上。

为了更好地说明执行控制结构在发展上的差异，凯斯研究了儿童在平衡杆任务上的操作情况。向儿童呈现平衡杆，首先让他们观察一下平衡杆工作的情况，然后将杆锁定，在两边杆上放置不同组合的重物(如积木)。最简单的问题是在一边放置一块大而重的积木，而另一边则放一块小又轻的积木，复杂一点的任务是在杆两边不同位置放置不同数量的同种积木。儿童的任务主要是预测杆的哪侧将下降。

研究发现，随着年龄的提高，儿童能够表征更多的问题情境、目标和策略，从而使他们能完成更复杂的任务。比如，一个典型的4岁儿童只能表征一个问题情境(平衡杆两侧各有一个物体)、一个目标(确定哪侧会下降)和一种策略(看一下两侧，然后预言看上去重的一侧会下降)。相比之下，6岁儿童能生成执行控制结构每一方面两个表征，8岁能生成三个，10岁能生成四个。而这最重要的一个原因便是工作记忆或加工效率随年龄有所增加。除了表征数量的增加，随年龄增长，儿童还能对更多的表征进行协调，从而更好地解决问题。

执行控制结构会受到儿童认知能力最佳水平的限制，而这种最佳水平又极大地跟成熟因素有关。然而，由于不同儿童在生活中所遇到的任务不同，执行控制结构的复杂性在个体间或个体内都有着极大的可变性。

4. 中心概念结构

20世纪80年代末期，凯斯提出了中心概念结构(central conceptual structure)理论。这一理论来源于凯斯对儿童执行控制结构发展的探索。

凯斯认为，人类认知发展的某些方面在性质上是领域特殊化的，而另一些则具有领域一般性。他提出，在相继发展的每一水平，儿童拥有一个关于世界的更复杂的一般概念性表征，这个一般性的表征使其能分配大量更特化的执行控制结构去满足各种特定的任务之需。凯斯将这个一般性的表征称为中心概念结构。从定义上说，这里的“结构”是指由若干中心点以及这些中心点之间的联系组成的一种内部的智慧实体。“概念”表示这些中心点及其联系是一种语义上的联系。也就是说，它们是由儿童在现实生活中给外部世界标上的“意义”、“表象”或“概念”组成的，而不是用以解释这种意义的句法手段所组成。“中心”是指这些结构组成了相当范围的更为具体的概念的核心，在帮助儿童向新的思维阶段转换时起到关键作用，且在新的思维阶段使这些概念也起到中心的重要作用。这样，“中心概念结构是指一种概念和概念性关系的内部网络，它在帮助儿童在一种新的认识水平上对许多不同的情境进行思考，并在形成能对付这些情境的一系列新的控制结构方面起着重要的作用”[①]。

在凯斯看来，他的中心概念结构与皮亚杰的逻辑运算结构有相似之处。中心概念结构具有内化的运算系列，组成连贯性的体系，它的变化是逐步进行的，它在不同的阶段和子阶段有不同的形式特征。中心概念结构也被用于了解和学习新事物、探索外部世界，非常类似于皮亚杰所提出的获得知识的方式。当然，凯斯的中心概念结构与皮亚杰的逻辑结构还是有区别的。首先，凯斯的中心概念结构包含语义内容，而不是句法内容。其次，皮亚杰的运算结构的内容是符号，并代表了多年文化学习的结果，而语义结构具有很强的文化成分，这种成分依赖于主体对世界的思考、谈论和行为的特殊方式。最后的不同在于结构变化的描述上，在皮亚杰的理论中，结构变化被看做是主要的，并被看做是涉及皮亚杰称为反省抽象的过程，而不是简单的成熟过程或经验过程。两种理论在结构变化方面的差异，在如何对待学校学习的方式上表现最为明显，在皮亚杰的理论中，学校学习被看做依赖认知发展，而不是贡献于认知的发展；凯斯的理论观点认为，概念发展和学校学习的关系是相互的。

凯斯认为，中心概念结构的理论有可能给一般性发展观和特殊性发展观之间的联结提供一个基础。对于新皮亚杰理论来说，中心概念结构有两种潜在的重要作用：(1) 它有助于我们探明儿童的概念性理解，而不仅仅是他们的控制结构是如何受到发生在 4 岁、6 岁、8 岁和 10 岁左右儿童的一般性发展变化的限制的。(2) 它有助于我们确定不同年龄的儿童是如何注意到问题的特定方面，如何形成适当的具体特殊问题的表征的。

儿童在不同领域的中心概念结构要受制于共同的一般性发展的限制。尽管它们事实上由不同的特殊模块运算以及依靠各种文化产生的经验，但所有中心概念结构都受到一组共同的一般性发展的限制。

这些一般性限制对“执行系统”和(或)工作记忆系统的各方面产生了影响。虽不是必然的和唯一的，但这些限制因素是通过一个心理系统即执行系统发生作用的，它负责处理新的信息，暂时存贮这些信息，选取其他有关信息，以及做出某种形式的协调行动的决策。

总之，中心概念结构理论似乎构成了一种新的发展观(凯斯称为“较为统一的发展理论的一般框架”)。这种发展观的要义是：“每一个结构被假设为表征一组核心的符号关系，是其适用性领域的全部模块。当然，每个结构

① 罗比·凯斯主编，屠美如、周欣等译：《智能的阶梯——儿童发展的新皮亚杰理论》，南京师范大学出版社 1999 年版，第 150 页。

还被假设为在其建构和运用上要受整体系统因素的限制。这些结构的符号内容(特别是在较高年龄水平),似乎依赖于文化、其符号体系的习得以及运用这些符号体系的机构。相反,这些结构受一般性限制因素的制约,似乎更依赖于一组生物学和(或)神经学的因素。实际上,中心概念结构似乎构成了一个枢点,在这个枢点上,生物学的作用与文化的作用相交接,围绕这个枢点凝聚了儿童对物质世界的理解。”①

凯斯的理论不仅关注认知发展,而且关注儿童的整体发展,如情感和社会性的发展、环境因素对儿童的发展造成的影响、跨文化条件下的儿童的学习。这使他的发展理论建立在一个更为真实的背景之上。

三、费谢尔的理论

1. 基本观点

费谢尔(K. Fischer)是哈佛大学心理学教授,他也许是第一个对认知功能的异质性问题加以特别关注的新皮亚杰理论者,他试图对皮亚杰的认知发展理论和斯金纳的新行为主义理论这两种表面上看起来并没有什么相似之处的理论进行融合。费谢尔的理论开宗明义地提出发展是儿童与环境交互作用的产物。当然皮亚杰也有类似的假设,但皮亚杰认为在影响发展的因素上,环境只起着很小的作用,对皮亚杰来说,只是儿童与环境积极地发生作用才是发展的重要原因。而费谢尔远比皮亚杰更强调环境的作用,他认为儿童自身与环境两者对于发展具有同等的重要性,这样,他的理论使预测个体的认知功能要比皮亚杰所认为的远更有异质性。

图 8-3　科特・费谢尔
(Kurt Fischer, 1943—)

费谢尔认为,儿童是通过对引起他们自己行为变化的根源进行控制,从而促进技能,即一系列动作的(包括生理和心理的)发展。费谢尔理论强调技能是由有机体与环境共同决定的,也就是说只有那些得到环境支持的技能才会发展到最高水平。儿童周围环境对不同技能发展的支持、鼓励程度越相似,认知功能也会更具有同质性,发展会更均衡。然而,事实上由于儿

① 罗比・凯斯主编,屠美如、周欣等译:《智能的阶梯——儿童发展的新皮亚杰理论》,南京师范大学出版社 1999 年版,第 443 页。

童周围环境的异质性，一些技能会持续地得以练习或比其他技能受到更多的支持，于是发展便表现出不均衡。费谢尔从而认为，认知功能的异质性便是一个规律而并非发展过程中的例外现象。

同时，费谢尔还认为，就技能的理想操作水平或一个儿童所能表现出来的最佳操作水平而言，技能的发展表现出一种恒常的发展进步，但只有那些在受到最多支持的环境中得到训练的技能才能发展至最理想的水平。

2. 费谢尔对发展阶段的划分

根据费谢尔的观点，技能的发展有一个等级森严的发展顺序，包括十个水平。这十个水平又可分为三个层次，每一层次反映的是儿童对信息进行控制的一般情况。在感知动作层次（大约 3 个月至 24 个月），儿童的技能仅限于对他们环境中的物体进行感知和操作；在表征层次（大约 2 岁至 12 岁），儿童能在心理上对具体的物体进行表征；而在抽象层次（大约 12 岁至 26 岁），他们能将表征的序列加以结合，用无形的、一般方式对事物进行思考。同时，每一层次又都包括四个水平，每层次中最高级的水平（如感知运动的水平 4）对应于下层次的最低水平（表征层次的水平 1）。

发展始于技能的协调。在任何一个层次，水平 1 的技能仅仅使儿童能控制一种行为的变化，如一个动作、一个表征、一个抽象。例如，在表征层次水平，儿童能控制一个单独的表征，即独立于他们行为之外的物体、人物、事件等某种单一属性的表征，但他们不能将这些表征中的两个或多个协调起来。在水平 2，两个表征能够协调起来，如儿童此时能够认识到他们的母亲，可以同时既是母亲，又是外祖母的女儿，费谢尔把两个技能的协调称为对应。在水平 3，两个（或多个）对应结合起来就构成了费谢尔所说的“系统”。水平 4 代表着一个阶层达到最高水平，同时也代表着下一个阶层的起始，在这一水平，两个或多个系统协调起来，费谢尔将之称为“系统的系统”。费谢尔指出，系统的结合产生了新的集合，又成为下一阶段发展的基础。

由于假设技能是以一种逐步的方式发展起来，并与其他技能相结合。因此，费谢尔的理论要求细致的任务分析，对每一技能或技能集合特定的发展过程进行具体化。例如，费谢尔和他的同事们仔细地研究了儿童玩布娃娃的过程。大约在 2 岁时，儿童可以形成一个单一的表征，因此，他能将布娃娃视为一个独立的事主，让布娃娃执行一个单独的动作，如在地上行走或喝茶。通过练习，这些单独的表征可以变得更加复杂，儿童可以分配给布娃娃一个特定的社会角色，如医生或病人，尽管这两种角色仍然是相互独立的。稍后，儿童能将两个或多个技能彼此之间进行联系。例如，儿童开始可以让代表着医生和病人的布娃娃之间产生意义丰富的相互作用，如病人到医生处看病、讲述病情，而医生则详细地检查病人并开出处方等。在第三个水平，当儿童将两个对应进行协调时就产生了系统。例如，两个布娃娃能担任两个相关联的角色，当医生的布娃娃能同时是个父亲，而充当病人的布娃娃能同时充当病人以及医生的女儿。这一阶段的最后一个水平（在本例中是表征层次的最后一个水平）是系统化的系统，儿童能将两个系统协调起来。如在上述布娃娃的游戏中，儿童能显现其有关知识：担当父亲和母亲角色的布娃娃能同时充当配偶和父母的角色，而另一对布娃娃所充当的配偶和父母角色表现又与其有不同。换句话说，此时儿童既能认识到系统中抽象的关系具有一定的共性，又能认识到这些关系在系统中（如家庭）会表现出一定程度的差异。这种新的理解水平同时成为下一层次发展的基础。

3. **费谢尔与皮亚杰的比较**

通过强调环境在技能发展中的作用，费谢尔的理论远比皮亚杰的更强调经验的重要性。然而，费谢尔的10层次水平及循环，对发展本质的预期很容易使人联想到皮亚杰，而费谢尔关于最佳操作水平的概念与现代信息加工的观点也是相一致的。

对费谢尔和皮亚杰理论进行比较，最方便的就是比较两种理论的基本结构：技能与格式。格式是儿童理解世界的结构，对皮亚杰来说，格式的基础是动作，用以执行同化与顺化的功能，是由早期格式发展而来的，他们在相互整合的过程中具有很高的概括性，因而导致认知功能的高度同质。技能同样是儿童理解和认识世界的结构，与格式相似的是，技能的基础同样是动作，是由早期所获得的技能发展而成的。相似的，技能也能得到相对较好的整合，并且以儿童所能控制的变化类型为特征（感知动作、表征、抽象）。然而与格式有所不同的是，儿童所有的或大部分技能在任一特定时间内都不会处于相同的水平。技能的发展是环境与儿童相互作用的结果，只有那些环境始终最支持的技能能发展到最佳水平。对特定物体与任务而言，技能并不具有一般性，而是特殊的，发展功能的不平衡性是规律而并非例外。

格式与技能结构均被视为由简单向复杂不断发展。对皮亚杰来说，格式是以阶段来划分的；而对于费谢尔而言，技能的划分是以水平来划分的。其重要区别在于，皮亚杰的阶段反映的是一种高度的一般性及将儿童特征化，一个儿童要么是一个具体运算思维者，要么处于一个感知运动阶段。相比之下，费谢尔的水平将技能视为依特定物体和任务而有所不同。在费谢尔的理论中，儿童并不是被描述为处于水平4或水平7。人们可以指出一个儿童能够达到的技能的最佳操作水平，但这并不反映着对儿童的分类。

与皮亚杰相比，另一个差别是，费谢尔认为要达到某一特定结果有多条不同的途径，也就是说，尽管所有的技能都基于早期的技能，但并非所有儿童都会以相同的顺序经历技能发展的相同序列。例如，一个儿童可能达到长度守恒中水平 5 的技能，但在练习更多的数量或液体守恒上却达到了水平 6，儿童能将这两种达到水平 6 的技能加以协调从而达到水平 7，然后他们能抽象出长度守恒水平 7 的规则，因而在长度守恒这一特定技能上无需经过水平 6 的阶段。

第三节　新皮亚杰学派的研究方法

经典皮亚杰学派在研究方法上以皮亚杰独创的"临床法"而著称。但随着认知发展研究的进展，特别是实验方法的更新，传统的临床法已不断暴露出自身的缺陷。因此，新皮亚杰学派要想在理论上真正超越皮亚杰，就首先必须在研究方法上有所突破。如今，许多人认识到，皮亚杰的"理论"是自我牵制的，往往不容易用经验手段或简单的实验去检验它。新皮亚杰学者瑞治威(J. Ridgway)说："皮亚杰传统的多数工作是确认性的——被看做与他的工作相一致的数据，或者导致他的观念的某种提炼的数据，均被收集。……关键问题是，人们怎样从一种理论的观点处理那些新证据。波普(Pop)派有可能拒绝整个理论框架，而建模者有可能对该理论作一点调整。"[①]这样，能否设计出并成功实施具有判决意义的关键性实验，就成为首当其冲的事情了。当然，这有赖于方法论上的更新。从近期进展看，出现了下列几种有代表性的新方法。

一、"衍生论类型范式"

英国新皮亚杰学者麦高尼哥及其同事自 1988 年以来提出了一种他们称之为"衍生论类型范式"(epigenetic type paradigms)的研究方案。其总体思路是："转向我们相信是皮亚杰理论的中心的且持续重要的命题——知识

① Smith, L., Dockrell, J., Tomlinson, P. (Eds.) (1997). *Piaget, Vygotsky and beyond: Future issues for developmental psychology and education*. London: Routledge, p. 202.

是通过在儿童与结构化的、潜在地赋予活力的环境之间动力性相互作用中而获得的，我们将根据在我们自己的研究方案内推行的衍生论类型范式而指出，使用明显激发认知调节的基于‘行为’的范式，可以暴露复杂的认知结构。这种范式——本质上的非言语特征——对于以完全与经由动力性自我调节的认知衍生概念相一致的方式来测量认知发展，提供了真实可能性。”①之所以要提出新范式，他们认为主要有如下几方面的理由：

第一，皮亚杰理论的“公理”性质严重妨碍了认知发展的测量。麦高尼哥等人写道：“皮亚杰理论的公理性质事实上严重妨碍了测量，它以错误的方向指导发展性认知方面的实验工作。结果，某些主要的、源初的问题仍然是待回答的。夸张的结构—过程之区分源起于这一失败：例证说明皮亚杰的实验任务方面源自公理的结构，却依次产生了把认知增长的测量与它所依赖的行为调节割裂开来的效应。”②他们认为，皮亚杰对认知发展的“结构式说明”的关键概念是“关系可逆性”，但此概念对发展性认知有消极作用。受布尔巴基小组在数学内提供结构的方式的影响，皮亚杰寻求儿童思维中的“母结构”——它们解释基本的科学、数学和逻辑的原则怎样逐渐被把握。正是对知识加以组织的稳定的“逻辑结构”概念，为皮亚杰形成了他与儿童的行为相比的样板。这样，“发展”就具有逻辑与经验知识缓慢而逐渐分化的特征，由于动作的不断内化（思维的符号工具）而逐渐变得个人化这样一种过程。在皮亚杰那里，直接测量的东西是“标志行为”的出现，但它是“结构”增长的结果。尽管在理论上有根据，但认知增长的皮亚杰式“新”测量并没有按“虚无假设”检验的精神来设计。因为促进增长的“结构”一开始就在那里，它们绝不会遭反驳。正如英海尔德等所描述的：“发生心理学是成人中心的，的确是科学家中心的。它从终端（最后阶段）开始，重构其建构。”③尽管皮亚杰对当代数学的创新是开放的，但对心理学的发展几乎没有影响，没有真实的相关，这不是因为结构有利于过程或程序。皮亚杰对同化和顺化的调节手段的注意证实了这一点。但是皮亚杰理论中的“过程”总是直接源出于他的结构说明。例如，平衡化在它能解释某些技能怎么样出现（如搜寻可见移动的客体、计数10、按其特性归类客体）的意义上取得稳定性。但

① Smith, L., Dockrell, J., Tomlinson, P. (Eds.) (1997). *Piaget, Vygotsky and beyond: Future issues for developmental psychology and education*. London: Routledge, p. 184.

② Smith, L., Dockrell, J., Tomlinson, P. (Eds.) (1997). *Piaget, Vygotsky and beyond: Future issues for developmental psychology and education*. London: Routledge, p. 184.

③ Smith, L., Dockrell, J., Tomlinson, P. (Eds.) (1997). *Piaget, Vygotsky and beyond: Future issues for developmental psychology and education*. London: Routledge, p. 186.

这些过程总是包含着进一步重新组织和重新调节成更精致的技能(如搜寻不可见移动的客体、计数和层级分类)的种子,并且是处在不可避免的发展轨道上,直到该结构至少在"认识主体"中得到实现。"这种种子是结构上被定义的最终状态——皮亚杰声称是最终的认知目的和生物学的绝对必要性,它的存在证据是在逻辑和数学中。总之,被皮亚杰假定的相互作用动力学绝没有被用来发现结构可能是什么,步日内瓦方案之后尘的实验传统也是这样。"①

第二,目前信息加工方案集中于"表征"的倾向,导致在语言水平上"过于解释的失败"的危险。麦高尼哥等人认为,目前有些新皮亚杰学者把皮亚杰结构原则与(在皮亚杰系列化任务上)操作的信息处理分析会聚在一起并不是成功的。在皮亚杰的测量实验中,允许他的被试看那个"塔"(即要求儿童建一个塔,这个塔与空间上很远的一个塔大小相同),在他的"具体"传递任务中比较两根棍子。但今天的信息处理论者似乎拒绝这种允许"知觉"解决的条件。在系列化中,经典的任务明显要求被试按大小次序摆一组可见的、可触摸的、可举起的和可放置的成分——这是一种在这一任务(按其与实足年龄的相关性,所有皮亚杰任务中最强劲的任务之一)上获得了成功的要求。然而,现在研究者们走向极端,使用一种"表征"解决的"不可见的"或"想象的"情境,来减少在系列化中对客体的直接知觉相遇。

这种集中于"表征"的倾向的后果是,导致在对幼儿进行实验测量时极大地依赖言词判断。现今多数源自皮亚杰的任务往往以指称性表达的变换形式,诸如"X 多些还是 Y 多些"、"这里多些还是那里多些"、"它们是相同的还是不同的"等。然而,"如果外显的言词证实不被看做可信地通达儿童对世界的表征——由于它们提出了语言与思维的关系这一以假定为论据的狡辩,那么言词媒介的判断几乎不是更好,特别是对幼儿来说。因为语言判断,甚至当它是准确的并被逻辑证明所支持时,本质上比假定这种判断反映的真实世界状态要更是定性的和不确定的。在量的守恒和其他基于两状态的任务中,这可能不是明显的,这是由于在客体的可见状态(少、多和同样)与该指称性表达之间存在着一一对应。但是在具有更高水平的复杂性和确定性任务的情况下(像分类),在什么程度上对诸如'雏菊比花多些吗'这样的双重问题的回答,可能(被他们自己)捕捉这样一种结构——它的嵌套关

① Smith, L., Dockrell, J., Tomlinson, P. (Eds.) (1997). *Piaget, Vygotsky and beyond: Future issues for developmental psychology and education*. London: Routledge, pp. 186～187.

系、非对称性等——的本体论的和组织化的复杂性。”①因此，皮亚杰式的“基于语言”的测验——凭借语言任务通达复杂的认知运算，使得从语言中离析出“认知”成为困难，如果不是不可能的话。麦高尼哥等人认为，他们的新的“基于行为”的方法——本质上的非言语特征——能克服这种缺陷。

总之，“在我们的工作中，我们全心全意地采纳皮亚杰风格的衍生论分析来阐明复杂系统的认知结构化的动力学。不是把行为映射到先天结构上，我们的目的是，通过建立基于实验室的微世界——被设计来评估在主体与不断增加复杂性的任务环境之间的调节关系——来发现这些结构可能是什么。在缺乏像皮亚杰那样的前后结构——从最终状态观点来定义发展的目的——情况下，我们从所有行为序列化活动的最中心特征引入对主体的适应性压力，以及这些行为必然产生的组合性问题。”②

二、化解“成人和儿童交际冲突”的方法

英国谢菲尔德大学发展心理学教授西戈(M. Siegal)是近期新皮亚杰学派中极为活跃的人物。他和他的同事提出了自称为“工作性模式”的新研究方案。大致地说，这一模式认为，“儿童在某些标准或经典的测量任务中成绩不佳，常可以从他们如何理解成人世界中交流、交往、交际的规则方面得到另外的解释”。具体地说，“根据皮亚杰对认知发展的描述，儿童对许多任务所做的反应，反映着一种概念的而非语言的操作能力的明显缺乏。这种描述设想幼儿具有微妙的交际奇才，使他们能以实验者所倾向的意图去解释有关认知任务的问题。……儿童在许多用于测验他们认知发展的任务中，其操作明显欠佳，常可用成人和儿童交际的冲突来解释。”③

西戈这一方法的基本假定是，儿童并非由于他们的“概念限度”(皮亚杰把儿童对概念的掌握局限在某种范围内)，而是由于实验方式的“限度”影响了他们真实的知识显现。“我们提出的总结性论点：即皮亚杰对儿童认知的发展，常常是低估了的。目前世界范围内的新皮亚杰学派所做的工作，正是

① Smith, L., Dockrell, J., Tomlinson, P. (Eds.) (1997). *Piaget, Vygotsky and beyond: Future issues for developmental psychology and education*. London: Routledge, p. 189.

② Smith, L., Dockrell, J., Tomlinson, P. (Eds.) (1997). *Piaget, Vygotsky and beyond: Future issues for developmental psychology and education*. London: Routledge, p. 190.

③ 迈克尔·西戈，张新立著：《儿童认知发展研究——一种新皮亚杰学派观》，四川教育出版社1999年版，序第1页。

为了修正和补充有关儿童认知发展研究上的错误和不足。”[①]他指出，现今我们关于儿童心理的知识，衍生于儿童与成人“会谈”时的反应。一不小心，会谈就用了似是而非或是其他什么非习俗的询问方法。儿童心理学家们还未充分认识到这种研究类型的缺陷。实际上，儿童错误的反应，并不反映其概念的限度或能力的缺乏，而反映了对问题的目的和意义的误解和迷惑，反映了寻求注意的迫切愿望，或只不过反映了儿童想早点结束那次会谈罢了。“我们能大胆断言，有些实验因其方法论上的缺陷而得出儿童尤其幼儿缺乏或根本没有理解（包括对具体事件或抽象概念）能力的结论是站不住脚的。有的实验，不光遮盖了儿童外显性的（或陈述性的）知识，甚至也遮盖了他们内隐性（隐含性或程序性）知识。”[②]因此，我们需要注意的事实是，儿童与外界的交流、交际和交往的方式，是与成人交流、交际和交往的方式大不相同的。

从交际规则和会谈方式角度看，对于儿童在许多任务上的失败，至少有五种可能的解释：(1) 不确定性下的改变。和较大儿童或成人相比，幼儿在交际中经验不足，自信心不强，虽然他们倾向于给出守恒的回答，但在偏离了交际规则的“重复询问”时，他们更易于迎合某种自以为是的暗示，即他们的第一个反应是错误的。(2) 不真诚。儿童认为成人实验者态度不真诚，明知故问，惹人讨厌，用不着多变。(3) 过分吸引力的任务。儿童知道正确答案，但这个任务太有趣了，他还想在这儿多呆上一会，给出另外的而不是正确的答案，能吸引实验者的注意，能延长实验时间，自己也好多玩一会。(4) 信任实验者。幼儿在成人跟前，一般都较羞怯，因为他们平常受到的指教是听大人的话，大人总比自己知道的多，大人总是为了孩子好，他们不一定了解成人会因测验他们的理解能力，布置一个“陷阱”。(5) 词的使用。儿童对词、语言的理解，更贴近于他们日常生活所体验的，他们不知道某些词的科学定义或数学定义。比如，他们可能把“同样”一词理解成在大小和维度上“都是同样”；把“数”理解成只是整数，那些分数、零不算是“数”；或把文字应用题中的“和”当成“每个”。[③]

总之，凡是用“会谈法”发现儿童“不能理解”什么时，我们就要看看这种

① 迈克尔·西戈，张新立著：《儿童认知发展研究——一种新皮亚杰学派观》，四川教育出版社 1999 年版，第 248 页。

② 迈克尔·西戈，张新立著：《儿童认知发展研究——一种新皮亚杰学派观》，四川教育出版社 1999 年版，第 247 页。

③ 迈克尔·西戈，张新立著：《儿童认知发展研究——一种新皮亚杰学派观》，四川教育出版社 1999 年版，第 50～58 页。

会谈是否采用了冗长的或非习俗的询问方式。只要这种方式存在,就有理由怀疑儿童是用与实验者本意不同的方式去解释所问问题的含义的。尽管会谈法在研究儿童心理时仍会继续使用,但“我们仍要提醒自己,会谈中气氛要自然,背景要有一定的吸引力,问题要明确;对交际中的合作原则和交际原则(四个极点:质、量、相关和态度),双方都要有清楚的认识。只有这样,我们才能利用会谈法,探讨和研究儿童真实的认知发展和心理发展”①。

三、方法和测量是“理论”的整合部分

英国新皮亚杰学者瑞治威对认知发展研究中的理论、方法和测量之间的关系(在皮亚杰著作中,这三者间的关系不甚清楚)进行了较为深入的探讨。他首先从新皮亚杰学派的研究现状出发提出迫切问题:“研究已表明:在同一运算的不同测量上的作业之间的低相关;在纵向研究期间,在不同时间进行的同一皮亚杰式测验上的低初测—再测分数(平均 0.4);在测量被认为一起发展的能力(如排列和组合)的测验之间的低相关;在具有同样逻辑结构的任务能力方面的显著差异。布朗(G. Brown)和戴斯弗吉斯(C. Desforges)考查了在被认为测量具体和形式运算思维的测验中的相关性。他们得出结论:因为相关性弱,皮亚杰的概念是错的。”②

但从方法论上说,皮亚杰理论的许多批评以不同任务上的作业之间的低相关为根据,这是不幸的。首先,相关性假定变量是线性相关的;相关性对曲线数据提供一种弱适合,这已是心理学共同体的常识。但人们似乎很少意识到,相关性也未能对层级上排列的数据提供一种强适合。实际上,简单的相关性分析将不揭示“层级性”,即使该数据完全适合皮亚杰的模式。其次,同样的论证也适用于简单的“因素分析”。因素分析寻求将经由各因素的线性组合的测验项目之间的相关性模型化。但它对空间的维度性没有限制,歪曲人工数据——这些数据被构造来表明所声称的发展序列。使用这种技术评价一种“层级理论”的发展心理学家,肯定会发现对立于阶段和层级的证据。这一情境与“音乐家的例子”——即“如果 90 个音乐家花 90 分钟演奏贝多芬第九交响乐,那么 45 个音乐家将花多长时间?”——是严格类似的。这说明被用来判断该理论成功的数学模型对此目的是完全不适当

① 迈克尔·西戈,张新立著:《儿童认知发展研究——一种新皮亚杰学派观》,四川教育出版社 1999 年版,第 244 页。

② Smith, L., Dockrell, J., Tomlinson, P. (Eds.) (1997). *Piaget, Vygotsky and beyond: Future issues for developmental psychology and education*. London: Routledge, p. 202.

的。

瑞治威进而阐明了他对理论、方法和测量三者之间关系的看法："无论何时心理学家选择统计工具和研究方法，他们都要对他们正在研究的现象做出假定。研究方法的选择、分析方法的选择，对所做出的心理学假定提供一种洞察。理论本身为某种目的而构造，具有一种可能的应用领域；理论家对他们要解释的事情做出选择，对有可能来自他们研究的那种概括做出选择（尽管是隐含着的）。例如，皮亚杰和维果茨基都避开了他们生涯早期的心理测量工作。这种早期心理测量工作的主要目的，是根据某些缺乏定义的'能力'将个体加以分类，以便分别对待他们（在这种情况下，分辨出不可能受益于传统教育的那些人）。这与对个体任务上的作业进行详细的基于理论的分析，以便表明潜在的心理过程的发展形成了直接对照。"①只有弄清经典皮亚杰理论中的事实（根据）、描述和解释之间的关系，或者说，从方法论上阐明认知发展研究中的理论、方法和测量之间的关系，才有可能真正推进新皮亚杰学派的事业。

第四节　对新皮亚杰学派的评价

一、形成一个创新观念

尽管评价新皮亚杰学派在理论上的创新一直是个有争议的问题，但从总体上做出一般性的描述还是可能的。至少是自皮亚杰逝世以来，新皮亚杰学派或多或少达成的一个创新观念是：认知发展是一个受"一般约束"限制的、"领域特殊的"过程。

第一，理论探究的总体思路。按照凯斯的看法，新皮亚杰学派作为一场轰轰烈烈的事业，其直接的意图是在支撑皮亚杰研究方案的"假定和方法"与传统经验论的假定和方法之间建立起一座桥梁。新皮亚杰理论接受皮亚

① Smith, L., Dockrell, J., Tomlinson, P. (Eds.) (1997). *Piaget, Vygotsky and beyond: Future issues for developmental psychology and education*. London: Routledge, p. 201.

杰的这一立场，即儿童自己构造他们对世界的理解，在这一过程中，“反省抽象”起重要作用。他们也接受皮亚杰的这一主张，即发展是这样一种非常“普遍的”过程：各种“变化”——这些变化不能被联系到任何形式的特定外部刺激——起重要作用。最后，他们接受构成皮亚杰研究之基础的隐含的“方法论规范”，其中包括这样一种观念，即推进儿童智慧发展的一种稳妥观点的最好方式，是考查他们在广泛的任务上的认知——涵盖由康德所阐述的“知性”的所有主要“范畴”，以及可得到可靠的数据的任何其他范畴。

然而，新皮亚杰学者同时也与经验论传统的某些基本假定相一致。例如，他们坚持儿童关于外部世界的多数知识，以比皮亚杰本人所阐明的还要更经验的、更渐进的方式被获得。在此过程中，“局域任务因素”、特殊的经验和“联想”过程起着关键的作用。他们也接受这样的概念，即在特定背景中详细地考查和解释儿童的作业，并把“学习”的过程加以“建模”，以便把发展与学习进一步区分开来。最后，他们接受以“运算”术语来定义他们的建构和任务情境的必然性。例如，“格式”的概念在帕斯卡—莱昂内的第一个新皮亚杰体系中就被定义为“有序的一对反应”，而凯斯则进一步把格式划分为形象格式、运算格式和执行格式。

正是因为新皮亚杰学者对“经验”问题的再度重视，致使西戈坚持认为，“由于儿童在人际交往中缺乏经验，无法和成人达到充分的交流，尤其是处于早期发展阶段的儿童，语言能力的不足则更是如此。所以，从事儿童心理、儿童认知发展研究的人常会因此而低估儿童的认知能力。比如，皮亚杰就认为，幼儿对世界的知识大都局限于其感知特征上，并且，他们也不能透彻理解别人的内心世界，缺乏对概念的理解能力。”[1]而他的“新理论模式”，则主要将研究者的目光引向“隐含于儿童内心的概念和能力”这个方面。

第二，“核心命题”的认同。当然，不同的新皮亚杰理论家，对认知系统及该系统发展的方式的一般“构架”，提出了稍有不同的看法。然而，他们大都表示认同一组“核心命题”，即儿童认知发展的确显示出跨许多不同领域而增长的一般模式，但这不是由于存在着“系统广泛的”逻辑数学结构。相反，儿童建构的“局域结构”都受制于注意能力方面共同的、系统广泛的“约束”，这种约束随年龄逐渐提高。近些年来，不同的理论家关注于儿童能力的不同方面，如短时记忆、工作记忆、信息处理速度等。也有人使用不同的度量将任何既定任务施加于儿童信息处理能力上的负荷标准化。还有一些

① 迈克尔·西戈，张新立著：《儿童认知发展研究——一种新皮亚杰学派观》，四川教育出版社 1999 年版，第 3 页。

理论家转向鲍德温关于这些变化的神经基础的概念，使用取自“动力系统思维”的数学技术来将突然的认知“过渡”——可以作为神经学的和任务特殊的变量而发生——加以建模。

第三，“领域特殊因素”的建模。在新皮亚杰学派的研究中，守恒任务和类包含任务是详细被分析的两个任务。根据帕斯卡—莱昂内的观点，这些任务被皮亚杰精致地设计以保证儿童应对所提出的问题而激活一组“误导的格式”。因为这些任务包含这些误导的特性，只有通过活跃的问题解决而不仅仅是通过过去学习的应用才能产生正确的反应。为了克服由这些任务所激活的误导格式，三个一般的前提被认定是必要的。第一，儿童需要与该任务相关的、并说明该问题（当它被提出时）的已习得的全部其他格式。第二，他们需要一种特殊大小的（直到6～10岁才获得的典型的一种大小）信息处理能力。第三，他们需要一种“场独立”的认知风格，允许他们整合各种任务特殊的格式并达到逻辑的结论，即使在面临误导的格式的情况下。没有这样一种风格，他们守恒的获得被大大延迟。

近年在支持这种分析的过程中，新皮亚杰理论家搜集了一些新数据：（1）儿童信息处理能力的测验的确揭示出随年龄而提高。（2）以不寻常的快或慢的方式发展信息处理能力的被试，在获得由皮亚杰所研究的新概念理解类型方面显示出相应的加速或延迟。（3）那些信息处理能力正常、但具有“场依存”认知风格的被试，直到1～2岁（在其他儿童之后）才通过被误导的皮亚杰任务。（4）通过任务修正——增加必须被协调以达到成功的任务解决的格式的数量——能提高2年。

与理性主义传统的方法相一致，新皮亚杰学派不仅仅为像守恒或分类那样的逻辑测验而尝试这种示范，他们也尝试非常广泛的其他任务。根据凯斯的研究，由于儿童集中于单一的维度，他不得不通过集中于至少两个较低的“次序格式”（如正方形——没有酬劳；圆圈——有酬劳）来抽象出它的相关。因这些理由，直到儿童有两个单元的信息处理能力（在6岁被获得），初始的学习才变得快速。此外，如果儿童将从这种维度“解除中心化”，并集中于某种其他的、不怎么突出的维度，那么他们就需要附加的一个单元的信息处理能力。因为直到7岁或8岁，这种大小的能力才成为可达到的；也直到这一年龄，重新学习才正常成为快速的。[①]

① Case, R. (1972). Learning and development: A neo-piagetian interpretation. *Human Development*, No. 15, pp. 339～358.

二、理论贡献

应该说,新皮亚杰学派对皮亚杰事业的推进是令人瞩目的。从这一学派在当代认知发展理论中的地位来看,其贡献无论如何也是不能低估的。下面我们将新皮亚杰学派的理论贡献概括为以下几个方面:

第一,大视野的整合观。近期新皮亚杰学派的一个突出特点,是善于比较当代认知发展不同学派的新理论模型,并从中抽象概括出共同的原则,以此作为自己建构理论的基础。凯斯近些年正是致力于这一点。按他自己的说法:"这一方向是我在自己的工作中所追求的方向。从一般被归类为新皮亚杰学派的观点出发,我尝试表明,皮亚杰普遍概念结构的概念以及鲍德温注意力和皮层整合的概念,对于解释智慧发展的充分模型是必要的。当详细考查这些中心概念结构时,它们也被看出以在其他传统中被提出的方式而不同于皮亚杰。"[①]他认为,在"后皮亚杰时代"(post-Piagetian era),至少在认知发展领域中,划分不同思想学派的"认识论差异"仍然是值得考虑的。正是根据这种认识论的差异,他把当今认知发展理论家的各种理论划分为四种"新模型"。对于"专门知识理论家"来说,知识的增长仍然主要被看做是在局部学习因素的控制之下,学习和发展之间的关系仍然被看做是传统经验论所表明的关系。这种观点致力于有利的模型是"符号的"(正如西蒙的"物理系统符号假设"所表明的),还是"联结主义的"(如"并行分布处理")。然而,主要作为认知科学发展的结果而发生变化的东西,是能在这一传统中提出的知识模型的精致化,以及这些模型能在计算机上模拟的容易性。

对于"理论理论家"(theory-theorists)来说,他们仍然主要把儿童的知识看做性质上不同于成人的,仍然归属于传统理性主义的一般程式。他们企图将儿童概念理解的结构模型化。他们的观点已由关于当代科学理论变化的分析、关于幼儿基础知识的新数据而得到极大的丰富。而对于当代"社会历史理论家"(sociohistoric theorists)来说,由于认知人类学发展的结果,他们的模型变得较少欧洲中心化和更多背景化。他们对认知优势和欠缺的分析也变得更均衡,他们开始考查更详尽地有助于不同形式的认知的社会化过程。最后,对于"新皮亚杰理论家"来说,他们最明显地企图跨越各种认识

① Scholnick, E. K., et al. (1999). *Conceptual development: Piaget's legacy*. Mahwah, New Jersey: Lawrence Erlbaum, p. 46.

论的界限，然而多数理论家仍然强烈依赖不是经验论的就是理性论的方向。把他们统一起来的主要因素是他们偏爱这样的概念：发展中的任务和领域特殊因素必须严格和精确地被建模；尽管其特殊性，发展仍然强烈地被一般成熟性质的因素所影响；这些因素的动力性相互作用通过一系列不能简单地归结为累积学习的强有力重组而推进发展。

凯斯认为，虽然我们可以说这四类理论家相互之间存在"大差异"，但并不意味着，"对话"的过程就不起作用。相反，如果我们考查每一传统的新理论的一般结构，把它们与其先驱相比较，我们就会看到一些重要的会聚点。与20年前的情况相比较，每一学派的当代理论家现在都同意如下观点：系统广泛的认知结构的概念，应该被更特殊的结构的概念所取代；儿童的认知结构不应该被建模为逻辑运算系统，而是作为形成"意义"的系统（皮亚杰晚年在《意义的逻辑》中也做出了这种推进）；在解释结构变化的过程中，儿童物理的和社会的经验应该比皮亚杰理论还要赋予更中心的作用。正是这些共同认可的观点就构成了各类理论家欲意推进的"中间立场"。

凯斯指出，对于经验论传统的理论家来说，向这一"中间立场"推进就意味着离开知识的原子论观，走向更多地强调广泛结构的和学科的连贯性的观点，承认对它们加以反省的某种机制。对于理性论传统的理论家来说，向中间立场推进就意味着离开"系统广泛"的分析，走向详细地考虑领域特殊的那些因素。对于社会历史传统的理论家来说，就是离开关于社会的、经济的和智慧变化的一般的单一线性模式，走向以更特殊的方式看待所有这三个变量的模式。只有这样，才能超越这种或任何其他特殊尝试的"整合"。

凯斯表明，新皮亚杰学派的未来方向是趋向于更大的会聚。他满怀信心地展望说："皮亚杰对理性主义传统的贡献是里程碑式的，以致暂时模糊了在过去对这一传统所做出的重要贡献，以及在其他传统中做出的当代的和先前的贡献。在后皮亚杰时代，出现了对其他传统发生兴趣的重放的花朵，以及对理性主义传统——对皮亚杰从鲍德温那里继承来的、但被低估了的某些观点——重新产生的兴趣。眼下的时代是这样特别富有生机的，具有这样的特征：每一个这样的传统令人兴奋的发展，以及对把所有三个传统汇合在一起的日益增长的兴趣，以便构筑一种多维的然而又连贯的儿童概念发展的视野。"①

第二，"中心概念结构"理论的提出，为揭示发展的领域特殊性与普遍性

① Scholnick, E. K., et al. (1999). *Conceptual development: Piaget's legacy*. Mahwah, New Jersey: Lawrence Erlbaum, p. 46.

的统一，做出了可贵的尝试。虽然早期新皮亚杰理论的目的是想发现一般性系统与任务特殊性观点之间的平衡，但没有完全成功，因为它们把自己的传统皮亚杰的理论体系丢得太多了。现在，中心概念结构则“为综合新的定义、新的工作和新的整合奠定了基础”①。其实质性贡献在于：表明在认知发展领域有一个辩证的进步，从皮亚杰过于一般、过于整体和过于内源的理论，到过于特殊、过于原子论的和过于外部的理论，再到对这两个极端采取“中间立场”的理论(即中心概念结构理论)。

三、理论局限

我们必须看到，新皮亚杰学派就其目前的理论建构水平而言，仍然存在着严重的不足。概括地分析，主要有如下几点：

第一，新皮亚杰学者似乎擅长整合，但目前的理论形态似乎是一种什么观点都可能容纳的“杂烩”。主要表现在：(1) 所谓“人的心理及其适应能力的多层次观点”，实际上是一种调和、折中的观点。人的心理应当被看做是一般性系统还是模块装置，新皮亚杰学者不是要在这两个极端观点中选择一个，而是试图采取一种“中间观点”来解释现有的数据。这种中间观点被称为“一种多层次系统的观点”：“多层次系统的结构及其过程在它们适用范围和程度内，可以沿着从特殊性通过中间性(全部模块)，再通过一般性系统的连续性而变化。人类发展的平行性观点是：随着依赖于生物学和文化的—经验的诸因素的变化，以循环往复和相互作业的方式在所有的层次上发生变化。”②在这里，什么是结构及其过程的“特殊性”、“中间性(全部模块)”和“一般性系统”，特别是中间性的涵义是什么，令人费解。(2) 中心概念结构的不确定性。例如，凯斯认为，中心概念结构作为一个建构性假设起着某种凝聚的作用，把四个或五个完全分离的和无联系的观点结合在一起。“有趣的是：使结构发挥统一作用的特征，体现在不同体系的理论中，某些观点有很强的相似性，它们看来可以整合在一起。中心概念结构的概念很像模块概念的‘天赋理论’；它像新联想主义的‘知识网络’概念；它像有关社会文化理论的‘视野的框架’概念；它像新皮亚杰的‘执行控制结构’概念；对应

---

① 罗比·凯斯主编，屠美如、周欣等译：《智能的阶梯——儿童发展的新皮亚杰理论》，南京师范大学出版社 1999 年版，第 444 页。

② 罗比·凯斯主编，屠美如、周欣等译：《智能的阶梯——儿童发展的新皮亚杰理论》，南京师范大学出版社 1999 年版，第 441～442 页。

于经典皮亚杰的‘运算结构’概念。”[①]令人遗憾的是，如果所谓中心概念结构“对应于”皮亚杰运算结构概念的话，那么新皮亚杰学派的全部工作还有什么意义呢？

第二，“中心概念结构”理论未能理想地把发展的一般性与特殊性统一起来，反而更倾向于领域特殊性（特别是模块论）。凯斯声称，中心概念结构的命题是唯一不直接来自当代模块论的，“但它似乎又与这个理论相一致：在儿童概念系统的中心有一组核心要素，这组核心要素对确定它们建构的理论的性质以及解释它们形成的任何局部现象起着关键的作用”[②]。这种一致主要表现在：中心概念结构似乎符合作为模块理论的变化特征的两种转换：一是“强重构”，即主要的重构过程（发生在 4～6 岁），与新皮亚杰理论的主要“阶段”的转换相一致；二是“弱重构”，即次要的重构过程（发生在 6～10 岁），与新皮亚杰理论的“子阶段”的转换相一致。

总之，上述的几种理论均是在皮亚杰理论基础之上构建的，都试图建立一种同样具有广泛包容性的认知发展理论。每种理论虽说都在一定程度上继承了皮亚杰理论的重要观点，但也都对旧皮亚杰理论面临的某些问题进行了一定回答。关于新皮亚杰学派的未来走向，无论是那些自称新皮亚杰的学者，还是一般认知发展研究的理论家，对此都极为关注。因为谁都无法否认，新皮亚杰学派一直是世界范围内认知发展心理学研究中的一支主力军。李其维教授在展望该学派的前景时指出，在某种意义上，新皮亚杰学派是皮亚杰未竟事业的继续。儿童认知发展心理学的未来前景可能更有赖于以信息加工的观点，对发展过程作更深入的精细分析，以融合和改造传统皮亚杰理论。另外，重返生物学的道路，无论对经典皮亚杰还是对新皮亚杰学派都是畅通的。因为他们都一直未曾在努力构造各种认知结构模式的同时，放弃过机能主义概念。也许，结构主义与机能主义的结合，这是认知心理学的，同时也是认知发展心理学的真正出路所在。[③]

① 罗比·凯斯主编，屠美如、周欣等译：《智能的阶梯——儿童发展的新皮亚杰理论》，南京师范大学出版社 1999 年版，第 436～437 页。

② 罗比·凯斯主编，屠美如、周欣等译：《智能的阶梯——儿童发展的新皮亚杰理论》，南京师范大学出版社 1999 年版，第 432 页。

③ 李其维著：《破解“智慧胚胎学”之谜》，湖北教育出版社 1999 年版，第 318～319 页。

第九章

后皮亚杰学派

所谓"后皮亚杰学派"(post-Piagetians)一词,有其特定的所指。从地域上说,它是指那些法语世界的学者(主要是法国和瑞士)所形成的一个松散的联盟,所以又有"法语团体"(the French Connection)或"法语团体学派"(French Connection School)一说。而从学术倾向上来看,他们(也包括少数说英语的学者)在方法论水平上,主张或实际从事于皮亚杰心理学的"心理测量学化"(psychometrization),即以皮亚杰的临床法为标准构建发展量表和运算测验;在理论水平上,主张差异心理学和发展心理学的真正的整合。正是这一学术倾向,使得他们与"新皮亚杰学派"的理论立场区分开来。本章主要探讨后皮亚杰学派在方法论水平上和理论水平上的主张,并对其进行初步评价。

第一节　皮亚杰理论的心理测量学化

这里我们要分析三个问题:后皮亚杰学派为什么要将皮亚杰理论加以心理测量学化?他们是如何用心理测量手段来解构皮亚杰经典理论的?他们的这种企图和努力是成功的吗?

一、为什么要"心理测量学化"

后皮亚杰学者之所以要在皮亚杰的概念传统以内进行心理测量学化,

是基于他们对皮亚杰测量观的否定性评价。察尔墨斯(M. Chalmers)和麦高尼哥对皮亚杰的测量思想作了如下的描述:对皮亚杰来说,一切开始于测量。他把20世纪"心理测量学"评估心理能力的"新计算尺"(new slide-rule)转换成诊断和解释的工具。正是在实施"比纳—西蒙智力测验"——使用通常的标准(即50%的儿童能通过既定测验的那一年龄)——过程中,皮亚杰意识到:"错误"(模式化的和可解释的错误)像正确回答一样是可测量的,儿童反应背后的"推理"变得像正确性本身一样重要。这种测量不再是一种分数,而是一种典型的"反应模式":一种对答案的"解释"和"证明"的典型样式。于是,基于理论的而不是统计的根据,皮亚杰便形成了用来增强和探索这些反应的"新"测验,后来被体现在关于数、空间、几何和逻辑等领域的工作。例如,直接从伯特那里修改的原初"三项目推理测验"("爱迪丝皮肤颜色比苏珊娜白,而爱迪丝皮肤颜色却比莉里黑,那么她们三人谁的皮肤最黑?"简称"E/L/S测验"),随后被皮亚杰精心制作成这样一套测验:捕捉儿童思维最早出现点上的传递关系的掌握。这些就是诸如著名的测量问题那样的"具体"任务:要求儿童建立一个塔,这个塔与空间上很远的一个塔的大小相同。这依赖于对此原则的掌握:如果A=B,B=C,那么A=C,这样在其形式要求上与三项目推论测验是相似的。大约7岁能解决具体任务(达到样本组的50%),而大约12~13岁能解决关于肤色的言语性问题,要比声称测量到同样潜在的关系协调原则(一种"大于X"和"小于X"关系的协调),更少显著性差异。以这种方式,成套测验就被一种"解释性原则"——这种原则对测验本身的解释与对儿童的解释是一回事——所扩大。这样,在皮亚杰那里,智力发展的"测量"就绝不再意味着同样的事情。而在"实验室"(就其任务分析)与具有其成套测验的教育和临床实践的"领域"之间便产生了分歧。

这样一来,我们还能对这种皮亚杰式的"理论儿童"(theoretical child)实施测量吗?实际上,皮亚杰理论的公理性质(axiomatic nature)事实上严重妨碍了测量,它以错误的方向指导发展性认知方面的实验工作。结果,某些主要的、原初的问题仍然是待回答的。浮夸的结构—过程(structure-process)之区分源起于这一失败:例证说明皮亚杰实验任务方面的公理上导出的结构(axiomatically derived structure),却依次产生了把认知增长的测量与它所依赖的行为调节割裂开来的结果。转向我们相信皮亚杰理论中心的且持续重要的命题——知识是通过儿童与结构化的、潜在地赋予活力的环境之间动力性相互作用中而获得的,后皮亚杰学者将根据在自己的研究方案内提出的后成类型范式(epigenetic type paradigms)而指出:使用明显激发认知调节的基于行为的范式,可以显露出复杂的认知结构。这种范式——本质上的非言语特征——对于以完全与经由动力性自我调节的认知后成(cognitive epigenesis)概念相一致的方式,来测量认知发展,提供了真实的可能性。

在察尔墨斯和麦高尼哥看来,皮亚杰理论的公理性质不利于测量的地方至少表现在:

第一,就关系到"可逆性"的范围内,所谓"逻辑母结构"存在的证据或实例已经失败了。这是因为,皮亚杰对发展的"结构式说明"的关键概念是"关系可逆性"(relational reversibility)。但这一概念对发展性认知来说有消极作用。受布尔巴基学派在数学内提供结构的方式的影响,皮亚杰便寻求儿童思维中的"母结构"。这种母结构能解释基本的科学、数学和逻辑的原则怎样逐渐被把握。这样,对知识加以组织的稳定的逻辑结构概念,为皮亚杰形成了他与儿童的行为相匹配的样板。所谓"发展"就具有逻辑与经验知识缓慢而逐渐分化的特征——由于动作的不断内化(思维的符号工具)而逐渐变得个人化这样一种过程。于是,直接能测量的东西是"标志行为"(landmark behaviors)或行为模式的出现。这种标志行为是结构发展的结果。但是,到底有没有所谓关系可逆性这样的东西?实际上,发展心理学家在20世纪60年代就发现,成人也常常未能完成逻辑上解决像"E/L/S测验"那样简单的三项系列任务。这种失败并不能归因于皮亚杰所谓"不完善的推理者",因为这些操作不能简单地描述为完善准确性方面的"失败",反而表明对完全不同于基于可逆性的那种任务的心理结构化。成人往往以如下方式独特地进行推理:显示出加工的单向性;通达源自逻辑的解决方式的部分性;缺乏对逻辑的不确定性的敏感性。在随后若干年中,在成人身上实施称之为"符号距离效应"(Symbolic Distance Effect)的推理任务期间的"反应时"现象,其普遍性显示出一种"线性搜索结构"的存在,但并没有皮亚杰式的基于可逆运算的逻辑建构的直接证据。

第二,皮亚杰那种浮夸的"结构—过程"之区分是会误导人的。尽管理论上有根据,但皮亚杰认知发展的"新"测量并没有按"虚无假设"检验的精神来设计。促进发展的"结构"一开始就在那里——它们绝不会遭反驳。正如英海尔德等所描述的,发生心理学是成人中心的,的确是科学家中心的。它从终端(最后阶段)开始,重构其建构。尽管皮亚杰对当代数学的创新——这能进一步推进他对儿童认知最终状态的形式化描述——持开放的态度,但心理学的发展几乎没受数学的影响。这显然不是因为结构(或逻辑母结构)会有利于(心理)过程。皮亚杰在"机能主义者"时期对同化和顺化的调节手段的注意，便证实了这一点。但是皮亚杰理论中的“过程”（或“程序”）总是直接源于他的结构说明。例如平衡化，在它能解释某些技能怎么样出现（如搜寻可见移动的客体、计数10、按其特性归类客体）的意义上，取得稳定性。但这些过程总是包含着进一步重新组织和重新调节成更精致的技能（如搜寻不可见移动的客体、计数和等级分类）的“种子”，并且是处在不可避免的发展轨道上，直到该结构至少在“认识主体”中得到实现。这种种子是结构上被定义的最终状态——皮亚杰声称是最终的认知目的以及生物学的绝对必要性，它的存在证据在逻辑和数学中。总之，被皮亚杰假定的相互作用动力学绝没有被用来发现结构可能是什么，步日内瓦方案（Genevan programme）之后尘的实验传统也是这样。

具体来说，皮亚杰在结构和过程之间的区分有助于那些仍然坚守皮亚杰方案的人。例如，在“新皮亚杰学派”那里，基于“推理测验”（reasoning test）和“错误个人特征图”（error profiling）的“新”数据，便被重塑成“信息处理”。其结果导致的是，在现代实验技术的显微镜下所揭示的实时过程，与联结相关任务上的操作——以语言深层结构把语言的各种表层结构联结在一起那种方式——的更一般的结构原则之间更尖锐的区分。这一区分的涵义仍然是，一种最终“可映射”到另一种之上——如果所花的时间和出现的麻烦能产生这样一种映射的话。然而对新皮亚杰者具有讽刺意味的是，近期明显把皮亚杰结构原则与（在皮亚杰系列化任务上）操作的信息处理分析会聚在一起的尝试，却导致这样的结论：在结构和过程（程序）之间有一种未预料的松弛关系。

对此，来自皮亚杰的辩护者的一个快速反应被史密斯作了很好的阐述。他争论说，预料结构原则的这种基于任务的实例，无论如何将不能理解这一理论，这是因为“评估”与“结构说明”并不是共同外延的。“在支持这种对匹配（matching）的承诺中，评估任务仅仅提供了一种不充分的分析单元。”[①]然而，察尔墨斯和麦高尼哥认为，我们应该较少地关注使行为与假设的运算结构相匹配的手段，而更多地关注这种练习本身似乎歪曲和分解了原初的皮亚杰主题。尤其是它似乎迫使把认知结构与假定它们得以出现的、在外部环境中的行为活动分离开来——这无疑是遭皮亚杰嫌恶的一种分离或离题。在结构原则变得不断地与基于信息处理的方案中所测量的行为相孤立的气氛中，新皮亚杰者做出更大的努力从纯粹的“行为”中恢复“表征”和“理

① Smith, L. (1993). *Necessary knowledge: Piagetian perspectives on constructivism*. Hove: Lawrence Erlbaum, p. 97.

解”。通过关注类包含、守恒和传递性的新研究的那种“早期能力”观，产生了使皮亚杰教条有效的实验企图。由皮亚杰发现的7～8岁儿童的能力，现在却在4～5岁儿童那里被搜寻。在这种氛围中，展示“前运算”儿童的运算理解能力，致使研究者通过使该任务的具体化与最小化而强调任务解决的表征方面。这样，就皮亚杰所使用的原初测量和范式而言，其具有支配性的知觉的和行为的内容，便成为那些追随者最大的修正主题。而皮亚杰在测量实验中允许他的被试看那个塔，在他的“具体”传递任务中比较两根棍子，似乎现今新皮亚杰者所接受的(或理解的)那种“智慧”却拒绝这种允许“知觉”解决的条件。在系列化中，经典的任务明显要求被试按大小次序摆一组可见的、可触摸的、可举起的和可放置的成分——这是一种在这一任务(按其与实足年龄的相关性，这是所有皮亚杰任务中最强劲的任务之一)上获得了成功的要求。然而，研究者们走向极端，使用显然需要一种“表征”解决的“不看见的”或“想象的”变式，来减少在系列化中与客体的直接知觉相遇。

这种集中于“表征”的倾向，其进一步的后果是，当用相对幼小的儿童进行实验测量时便极大地依赖言词判断。尽管他们也曾意识到在语言水平上“解释过于失败”(over-interpreting failure)之危险，但近期多数源自皮亚杰的任务以指称性表达(referring expressions)的变换的形式表现出来，诸如：“Xs多些还是Ys多些?”“这里多些还是那里多些?”“他们是同样的还是不同的?”等。然而，如果外显的言词证实尚不被看做可信地通达儿童对世界的表征——由于它们提出了语言与思维之间的关系这一困难问题，那么言词媒介的判断几乎就不是更好或更管用，特别对幼儿更是如此。因为语言判断，甚至当它是准确的并被逻辑证明所支持时，本质上比假定这种判断反映的真实世界状态，要更“定性”和“不确定”。在量的守恒和其他“基于两状态的任务”中，这可能还不明显，这是由于在客体的可见状态(少、多和同样)与该指称性表达之间存在着一一对应。但是在具有更高水平的复杂性和确定性任务的情况下(像分类的情况)，在什么程度上对诸如“雏菊比花多些吗”这样的双重问题的回答，可以被实验者自己捕捉到这样一种结构——它的嵌套关系、非对称性等——的组织化的复杂性(特别是在这种结构的复杂性恰好是正在测验中的那些被试情况下)。尽管像“分类、次序关系等的不断的清晰”那样的“清晰的代表性规则”，的确可能是结构发展的一种产物，甚至是结构发展的一部分，但这种基于语言的测量凭其本身就能提供适当的标志吗？甚至连皮亚杰本人也认为不是：“这些大的整体结构超出了主体的语言,甚至不能用当下语言的单独援助加以阐述。”①这是因为:“逻辑思维的根源将不仅仅在语言中得到发现,而是更一般地在作为反省抽象之基础的动作协调中得到发现。”②

于是,察尔墨斯和麦高尼哥得出结论说,正是由于结构与过程的分离以及过于依赖于语言,新皮亚杰运动的大悖论是,恰好是这种与客体本身的操作的联系,在现代多数实验中失去了。

二、用心理测量手段“解构”皮亚杰理论

如果说察尔墨斯和麦高尼哥的心理测量化主张还是比较“弱”的话,因为他们毕竟保留了皮亚杰的认知结构的概念(无论其实质涵义有多大的不同),那么法语团体的学者则更激进了。首先,从方法学的角度看,他们对皮亚杰理论的“心理测量化”,几乎打破了皮亚杰所理解的自然科学式的心理学观。对皮亚杰来说,心理学可定义为对心理或物种行为的普遍机制或法则的(生物学)研究。而对法语团体的学者来说,显然他们是步英海尔德的后尘而离开皮亚杰结构的和整体的方法论。我们知道,在 1943 年英海尔德已经研究过心理障碍儿童群体的运算思维发展的差异,为此她常常被称颂为“皮亚杰式差异心理学”(differential Piagetian psychology)的先驱。但是,虽然她可能比皮亚杰更倾向于觉察个体差异,但她事实上还是维持了皮亚杰的生物学立场:她研究的是心理损害对运算思维发展的一般效应,而不是以一种“社会科学观点”——强调来自于认知社会化或先行条件(precursor conditions)的变异性——来研究个体儿童中发展的差异。

这样,法语团体的后皮亚杰派立场,似乎就处于发现心理发展普遍“法则”的自然科学立场——所谓“保守的”皮亚杰式观点——与辨析社会上(或生态上)构成的个体差异的社会科学立场之间。他们采纳一种可以称之为“现代化式的立场”(modernistic stance)——用方法学上精致的经验研究工具和测量标准来反对似乎“过时了的和不精确的临床法”。起初,他们至少还维持他们的皮亚杰式信念,但追随着测验和将皮亚杰理论心理测量学化的现代化路线,他们便逐渐用测量技术或方法取代了皮亚杰的哲学基础。他们用最大效应和所有可掌握的职业技能来做到这一点。然而,这一过程冒着完全排除皮亚杰的理论建构物的危险。阶段、顺序、平衡化、普遍性和

① Piaget, J. (1974). *The child and reality*. London: Muller, p. 120.

② Piaget, J. (1970). *Genetic epistemology*. New York: Columbia University Press, p. 18.

概括等皮亚杰经典概念从他们的研究日程中消失了，以致被降低为"心理史的年表"(the annals of psychological history)。例如，拉里威(S. Larivée)等在《法语团体：后皮亚杰时代法语世界研究者的某些贡献》①中断言："个体间与个体内变异似乎比皮亚杰所估价的更重要。"他们关心的焦点是关于跨多样皮亚杰式任务的个体差异的心理测量模式。他们的论述尽管是从作为容易分辨的"新皮亚杰方法"开始的，但最终却转变成了关于认知发展及其功能的"多元化和多维度模型"。在这一模型中，领域特殊的心理结构的主题，"类比的"(analogical)和"命题的"(propositional)信息样式，到达新知识结构的多重的发展通路——在其路线和最终点方面都不同，被置于了前列。而像半逻辑和逻辑结构、具体和形式运算、平衡化与滞差那样的皮亚杰术语，尽管在整个文本里都有，却使人感到有一种决定性的反皮亚杰偏向。因为在他们的评论中，通过"阶段"而发展的心理普遍结构这一基本的皮亚杰观点几乎消失了。

新皮亚杰学者费谢尔在评论中指出："拉里威等把技能建构(skill construction)中的变异解释为关键地涉及信息处理的两种样式——类比的与命题的——之间的互反相互作用的不同模型。在这些相互作用中的个体差异，导致逻辑和数学思维发展的不同道路。他们强调那些工作在皮亚杰框架内的说法语学者对于理解儿童技能建构中的这种多样性所做出的贡献。他们所描述的研究，是在从分辨出发展的普遍性，到描述、分析所观察到的变异以及构成它的各个因素这一领域的焦点之普遍转换。他们所描述的方法尤其是为了分辨和理解多样的发展道路。富有成果地集中于这一变异所出现的框架是动力系统——这既在欧洲也在其他国家普遍地得到发展，提供了分析发展道路中的变异的重要新方法学和理论的工具。皮亚杰和加西亚曾预期到这一运动，他们表明，动力系统概念与发展是相关的。"②

我们再来看看法语团体心理测量学化的具体途径。他们显然是把"临床法"置于脑后，而提出了旨在把数据服从于"参数统计分析"，特别是"因素分析方法"——所谓卡特尔(J. M. Cattell)差异心理学的"皇家大道"——的标准化的测量程序。这样，这一方法学的途径本身就声援了"个体间差异性"的概念——这与皮亚杰理论所包含的、并由水平滞差和差异的概括化和巩固过程所表达的"变异"概念是不一致的。这样，皮亚杰阶段模式所特有

① Larivée, S., Normandeau, S., Parent S. (2000). The French connection: Some contributions of French-language research in the post-Piagetian era. *Child Development*, Vol. 71, No. 4, pp. 823～839.

② Fischer K. W., Paré-Blagoev, J. (2000). From individual differences to dynamic pathways of development. *Child Development*, Vol. 71, No. 4, p. 850.

的“整体结构”概念，被当做是类似于智慧的“g”因素，而“局部获得模式”（即个体发展轨迹）被定义为个体差异，并由“因素负荷模型”（factorial loading patterns）所描述出来。他们相信，这一方法学程序便同化了皮亚杰的理论建构物。劳特瑞（J. Lautrey）通过假定“认知发展的多维度和多元化模型”（the multidimensional and pluralistic model of cognitive development）而把这种分析向前推进了一步。这一模式区分了变异性的两种来源：任务复杂性与特殊性。并认为后者——描述了情境参数和个体偏好——导致个体差异。追随一种不同的、也许更皮亚杰式的引导，蒂瑞鲍皮埃尔（A. de Ribaupierre）采纳“预期分析”来分析发展顺序。她把分析的焦点限制于将概念之间的先行关系（precursor relationships）进行“双重变异”（bivariate），以及随时间而推移的概念的稳定性上。但该结果既没有表明统一的顺序，也没有表明时间的稳定性，即既没有次序化的也没有积累的获得。然而，一般说来，发展的顺序和积累的获得是结构发展变化的两个主要特征。从来自这些分析而得到的这些结构特征的失败中，她既没有得出这一分析程序或概念策略可能是不适当的，也没有得出这一测量可能是无效的这样的结论，相反却说在认知发展中个体差异是普遍的（prevalent）。① 显然，这一所谓“预期分析”模型的问题在于，把个体差异的心理建构物应用于普遍发展模型的主要理论和概念涵义及方法论前提仍然是未注意到的。

我们看到，正是如上的经验问题致使霍夫曼（R. J. Hofmann）得出这样的结论：“日内瓦式的概念”的测量程序在结构上是无效的，因为它未能系统性地控制测量的各种混淆的形态，如任务呈现的样式、作业、心理表征等。而他把他的观察描述为对皮亚杰研究的基本效度的心理测量学批评。他认为他的模型有不同的用处，它能对在皮亚杰框架内分辨认知发展的变异的潜在来源及作业因素起到概念模型的作用。基于“系统任务分析”，他设计了能影响能力发展的作业因子的模型。他认为，他的模型可以指导三种水平的研究：(1) 分析源自发展的外部约束的“个体内变异”；(2) 分析整个发展过程中的“个体内变异及其变化”；(3) 分析个体间差异，以及个体间差异、个体内变异中的变化。②

新皮亚杰学派的早期代表人物帕斯卡—莱昂内在《法语团体是新皮亚

① Larivée, S., Normandeau, S., Parent S. (2000). The French connection: Some contributions of French-language research in the post-Piagetian era. *Child Development*, Vol. 71, No. 4, pp. 823～839.

② Hofmann, R. J. (1982). Potential sources of structural invalidity in Piagetian and Neo-Piagetian assessment. In: S. Modgil et al. (Eds.). *J. Piaget: Consensus and controversy*. London: Holt, Rinehart and Winston. pp. 233～239.

杰学派吗？完全不是！》[1]一文中，仔细辨析了新皮亚杰学派与法语团体之间的差别。他指出，拉里威等的评论是对法国和日内瓦近期（已经自由化的）皮亚杰研究的极好的合理重构。皮亚杰的理论化研究和收集数据之康德倾向的风格，在"法语团体"学派中被一种对数据的更精致的统计处理以及一种辩证的、多重因素的方法所取代。这一认识论和探究方法的变化暗中暴露了皮亚杰经典著作中的主要理论悖论。这一悖论是：声称认知发展的单一规范的过程贯穿整个发展过程（即他的阶段理论），然而同时又声称，发展是作为平衡化——其作用是解决由情境所诱发的格式中的竞争性矛盾或冲突——的结果而出现的。这一观点之所以是一个悖论，是因为由竞争性格式过程所驱使的发展，在正常情况下不应该有一个单一的（"一维的"）规范过程；相反，在格式中的冲突应该随主体变化着的经验而改变，因而导致认知发展的多重过程。

法语团体研究者通过实验表明，不同的主体类型及经由不同的情境能发现的一种替代的发展过程，从而默认了这一悖论。然而他们坚持皮亚杰某种普遍的智慧因素的观点。皮亚杰把这一普遍因素与阶段性的"心理逻辑"等同起来，但法语团体研究者则一般不赞同这样的观点。在这一理论立场中，他们得出结论说，皮亚杰的"运算性"（operativity，即一个主体能自信地从事运算的那一阶段水平）与智慧的一般心理测量因素相联系。为了既能解释这种中心因素又能解释与个体差异相联系的认知发展，他们提出了各种加工的"样式—维度"（modes-dimensions）——其力量从一个主体（或任务）到另一主体可以发生改变。在他们看来，这些"创新"使得皮亚杰的研究程序与新皮亚杰学派相一致。

但是，法语团体学派成员是新皮亚杰学派吗？诚然，他们与新皮亚杰学者有一些共同的结论：他们强调个体差异；他们承认发展的普遍阶段并不真正存在——即使皮亚杰可能在其他方面作了断言（他们与新皮亚杰学派相信阶段仅仅在适当的情境中被发现）；他们承认，跨越某一年龄的儿童的共同的有机体特征（这可能证实了"发展"与"学习"之间的区分），更多地与主体能操纵的心理加工复杂性水平而不是与儿童的逻辑结构（这一结构相当地随先前的学习经验而改变）相联系。心理加工能力的概念被用于解释加工复杂性的发展并因而解释发展的阶段。然而，帕斯卡—莱昂内认为，在法语团体中，"加工复杂性"的概念（通常称"工作记忆"）仍然是未经解释的。

---

① Pascual-Leone, J. (2000). Is the French Connection Neo-Piagetian? Not nearly enough! *Child Development*, Vol. 71, No. 4, pp. 843～845.

事实上,欧洲研究者推荐“维度任务分析”(dimensional task analysis)来评估这种加工的复杂性,正如新皮亚杰者常做的那样。在帕斯卡—莱昂内看来,对于新皮亚杰学派来说,关键的问题在于:“阶段”是由心理注意的发展——是先前认知的—结构的学习的结果——所引起的,正如皮亚杰和经典的发展学家事实上相信的那样?或者,阶段往往标志着成熟所驱使的心理注意机制的内源发展?事实上,这一关键问题全然在法语团体学派的视野之外。

第二节　差异心理学和发展心理学的整合

一般说来,皮亚杰研究者的工作有助于向差异观点的转换。第一,英海尔德及其同事对问题解决过程的分析加速了研究者从结构主义者的观点整合问题解决过程的研究。第二,他们对不同种类策略的观察使个体差异在皮亚杰模型内具有特殊地位,并激发了蒂瑞鲍皮埃尔和瑞本(L. Rieben)从差异观点考虑问题解决过程的研究。① 第三,运算任务的标准化和相同被试的管理,有助于提供在达到跨任务和领域的运算阶段上的个体差异的证据。这些结果导致了对认知发展一元化的疑问,并且引出了在认知发展的一般理论的背景下整合个体差异研究的问题。

在瑞克林(M. Reuchlin)②提出的认识论问题的刺激之下产生了真正的概念转换。1964 年,瑞克林因提出将发展运算和因素测量方法相结合而成为这一领域的先驱。他不仅坚信两种方法可以互相使对方更完善,而且他还因考虑一般和差异心理学的贡献,而为最后整合智力概念奠定了基础。他提出,为了使一般发展理论变成所谓的一般化,有关发展中个体差异的观

① de Ribaupierre, A., Rieben, L. (1985). Individual differences and operational functioning. *Archives de Psychologyie*, Vol. 53, pp. 459～463.

② Reuchlin, M. (1964). Intelligence: Operational genetic and factorial conceptions. *Revue Suisse de Psychologie Pure et Appliquée*, Vol. 23, pp. 113～134. Reuchlin, M. (1973). A hypothesis about modeling and performing in natural thinking. *Journal de Psychologie Normale et Pathologique*, Vol. 70, pp. 389～408. Reuchlin, M. (1977). Piaget and the differential psychology. *Bulletin de Psychologie*, Vol. 30, pp. 336～340. Reuchlin, M. (1978). Vicarious processes and individual differences. *Journal de Psychologie*, Vol. 2, pp. 133～145.

念需包含于发展的一般模型之中。他提出了两种假设。第一种假设认为，对于阶段模型来说是特定的概念的“整体结构”(structured’ensemble)与智力的“g”因素是类似的。第二种假设提出，群因素(group factor)的因素观念与“局部获得模式”(local acquisition patterns)观念的联系，代表了在给定发展阶段的运算的获得顺序上的个体间差异。瑞克林认为，许多认知过程能说明发展，而且这些过程在人和人之间以及情境和情境之间是变化的。在这一点上，对儿童在种种运算测量上的反应的因素分析，应会有助于隔离那些代表“局部获得模式”的群因素。

这些假设启发了法语研究者两代人的研究。作为第一代研究者的杰出代表，龙约把研究主旨放在使发展方法和心理测量方法建立良好关系上。第二代研究者们——拥有劳特瑞、蒂瑞鲍皮埃尔和瑞本的法国—瑞士团体——直接考虑在认知发展的一般模式的背景中整合个体间和个体内差异的方法，这有利于进一步理解在运算发展上的变异性。

一、在皮亚杰认知发展模式中整合多元化发展途径

龙约首先使一系列形式运算测验和一套个体发展的逻辑思维量表(the Scale of Logical Thinking)标准化和规范化。这些在运算水平的评估上的方法论提炼，使他证实了瑞克林关于“局部获得模式”的假设。龙约最初的贡献在于验证了“g”因素的存在，以及描述了内容群因素与运算群因素的不同，并且前者是后者的补充。

龙约观察了不同个体的两种运算(INRC，组合[combinatory])的发展顺序：一些拥有组合结构的个体比那些拥有INRC群的个体更早一些成功完成任务，而对另一些个体则观察到相反的模式。龙约提出，在一个阶段的准备时期，儿童使用不同的发展途径，会先熟练掌握一种运算，然后再掌握另一种运算。实验证实了这一观点。这些结果支持了瑞克林关于存在“局部获得模式”的假说，这一模式反映了INRC群和组合结构能被不同个体以不同的顺序来获得的事实。为了详细说明这些结果的意义，以及使瑞克林的假说和皮亚杰的模型一致，龙约指出了皮亚杰提出的联合观念(the notion of consolidation)，从而区分了阶段的准备时期和获得时期。龙约提出，在准备时期，组合结构和INRC群获得的顺序依儿童不同而变化，从而与瑞克林的局部获得假说相符合。然而，在形式运算阶段的获得时期，正如皮亚杰理论所提出的，组合结构的完全获得可能仍旧先于INRC群的完全获得。由于龙约的研究涉及形式运算阶段的准备时期的被试，所以他报告的结果不

能排除这种可能性。

从发展观点来看,问题在于理解在一个新的整体结构的获得过程中,运算和内容群因素如何协调。龙约主张,尽管他从来没有用其他的观察来证实这一论点,但这两种运算的获得和它们在特定任务内容上的运用不会按固定的顺序发生。龙约试图描述考虑这些主张的从具体到形式运算阶段的一个假设的"三步发展途径"(a hypothetical three-step developmental pathway)。第一步,儿童会通过在一种或另一种特定内容(如空间对口头言语)中运用一种或另一种运算(如 INRC 对组合)而进入一个新的发展阶段。在发展阶段的第二步,一些儿童会将同样的运算运用到第二种内容上,而其他的儿童则会将第二种运算运用到相同的内容上,因此引出了八种不同的发展模式。第三步,儿童或者会将第二种运算运用到首先获得的内容上,或者会将首先获得的运算运用到新的内容上。最后,在发展阶段的最可能的进展是将保留的运算运用到保留的内容上。因此,龙约提出了两种不同类型运算的共同存在,它们代表了遵循在相同一般平衡化中的平行发展的两种不同水平的精心组织。

劳特瑞通过分析龙约标准化逻辑思维量表的数据,进一步研究了个体内差异。[①] 他把龙约的样本分为三个年龄组:具体运算的获得时期(9～10岁)、形式运算的准备时期(11～13 岁)、形式运算的获得时期(14～16 岁)。劳特瑞观察到,儿童在这些任务上的表现的个体内变异性倾向于随年龄而增长。尽管这些观察不能驳斥龙约模型提出的不同发展途径的存在,但它们也没有支持个体内差异在获得时期消失的假说,因此削弱了龙约试图保持完整的平衡化的独有作用。然而,正如劳特瑞自己所指出的,在解释这些结果时需谨慎:考虑到样本中最大儿童的年龄,有可能他们还没有达到形式运算阶段的获得时期。实际上,除了皮亚杰本人声称个体达到形式运算阶段的年龄是在 11～12 岁和 15～20 岁之间,[②]其他几项研究已表明只有 50%

---

① Lautrey, J. (1980). Intraindividual variability in the level of operational development and its theoretical implications. *Bulletin de Psychologie*, Vol. 345, pp. 685～697.

② Piaget, J. (1972). Intellectual evolution from adolescence to adulthood. *Human Development*, Vol. 15, pp. 1～12.

的青少年和年轻成人表现出形式运算水平。①

劳特瑞通过使用本泽克瑞(J. P. Benzecri)的一致性分析(correspondence analysis),也检验了这些个体差异的性质。② 他辨别出三种因素:运算发展的一般因素、运算群因素(INRC 对组合群)、内容群因素(逻辑—数学对逻辑下[infralogic])。这一内容群因素涉及皮亚杰对逻辑—数学和逻辑下运算之间的区分;逻辑—数学运算处理抽象物体(如分类、序列化、数字)之间的相似性和差异性的关系;逻辑下运算涉及物体本身和它的部分之间的关系,包括空间、时间和基于临近和分割关系的数量守恒的观念。逻辑—数学运算被用于构建间断性领域(如分类、序列化),而逻辑下运算构建连续性领域(如空间、守恒)。尽管逻辑—数学和逻辑下运算涉及不同领域,但它们都是反省抽象和平衡化的产物。

劳特瑞探讨了反映在"逻辑—逻辑下"因素中的滞差类型是否与皮亚杰模型(认为在逻辑下领域内能力的获得比在逻辑领域内能力的获得晚些,原因是由于逻辑下领域任务的知觉限制)一致。结果表明,对大多数儿童来说,从具体到形式运算的过渡更可能随逻辑—数学领域的发展而开始,随后是逻辑下领域,这与皮亚杰的模型相一致。尽管在某些个案中也出现相反的顺序,这与皮亚杰的模型相悖,但支持了龙约③和瑞克林关于多元发展模式的理论争论。

总之,龙约在理解认知发展方面的贡献是提出并证明了在阶段转换中多元途径的存在。运算任务的标准化和发展量表的建构的确有助于在皮亚杰范式领域内说明个体内和个体间差异。劳特瑞对龙约结果的修正,使他质疑逻辑下领域从属于逻辑—数学领域,并在皮亚杰模型中主张认知发展的平衡化的作用。后面的研究将着重强调两种领域的相对独立性和它们在儿童认知发展中的作用。

---

① Commons, M. L., Miller, P. P., Kuhn, D. (1982). The relation between formal operational reasoning and academic course selection and performance among college freshmen and sophomores. *Journal of Applied Developmental Psychology*, Vol. 3, pp. 1～10. Lawson, A. E. (1985). A review of research on formal reasoning and science teaching. *Journal of Research in Science Teaching*, Vol. 22, pp. 569～617. Pelletier, D., Larivée, S., Coutu, S., Parent, S. (1989). The effect of selection and academic profiles on the cognitive performance of university students. *Canadian Journal of Higher Education*, Vol. 19, pp. 23～39.

② Lautrey, J. (1980). Intraindividual variability in the level of operational development and its theoretical implications. *Bulletin de Psychologie*, Vol. 345, pp. 685～697.

③ Longeot, F. (1978). *Piagetian stages and factors of intelligence*. Grenoble: Presses Universitaires de Grenoble.

二、在认知发展的一般理论中整合个体差异

先前的结果导致了一种范式的转换：从认识论主体到心理学主体，从平衡化到认知发展的多元化过程。劳特瑞、蒂瑞鲍皮埃尔和瑞本调查了发展以及涉及个体间和个体内变异性的差异规律。① 他们致力于研究的焦点是双重影响：一是瑞克林的认知功能可能性模型的影响，二是通过蒂瑞鲍皮埃尔和帕斯卡—莱昂内②的合作的新皮亚杰学者的影响。他们提出，差异心理学应与发展和实验心理学整合在一起，以产生认知发展的有效理论。

根据瑞克林关于替代性过程存在的观点，法国—瑞士团体的研究者们进行了一系列研究，这些研究有助于明确这些过程的性质，以及它们与任务表现和认知发展的关系。按照瑞克林替代性过程的观点，个体拥有几种同等重要的加工模式的目录，它们可以在问题解决程序中被交替激活。尽管这些不同的加工模式一起存在于每一个个体中，但它们是依据效能和个人偏好而分层组织的。这种分层组织可能会变化：从个体到个体，从一种情境到另一种情境。过程的唤醒性(evocability)或可通达性(accessibility)对不同个体来说可能是不同的(个体间差异)；个体可能用信息加工的不同模式来解决一个问题，依然可以得出相同的结论。而且，给定过程的唤醒性可能因情境而不同(个体内差异)；一个人可能用不同的信息加工模式解决不同的问题。

法国—瑞士研究者不再假设发展是单维度的或逻辑下运算是从属于逻辑—数学运算。他们提出，逻辑—数学和逻辑下因素是平行的，而且个体使用的两种不同的加工模式分别被命名为命题加工模式和类比加工模式。这两种加工模式就是瑞克林所说的替代性过程，而且它们是理解个体差异和认知发展的关键成分。意识到横断研究固有的局限性，研究者们将横断研究和纵向研究结合起来以便更加完善地修正他们的假说。他们还应用了大量的分析性程序以消除各自的局限性。他们也进行了训练研究，以便更直接地验证他们关于在认知发展中存在多元途径的假说。这些研究非常有利

① Lautrey, J., de Ribaupierre, A., Rieben, L. (1981). Can operational development take different forms in different children? *Journal de Psychologie Normale et Pathologique*, Vol. 78, pp. 421～443.

② de Ribaupierre, A., Pascual-Leone, J. (1979). Formal operations and M Power: A neo-Piagetian investigation. In: D. Kuhn (Ed.). *Intellectual development beyond childhood. New Directions for Child Development* (Vol. 5). San Francisco: Jossey-Bass. pp. 1～43.

于他们提出的关于认知发展的多元化和多维度模型。

用各种概念领域的几种运算任务和相同的被试去评估运算发展，可以说是研究个体差异的最佳策略。然而，它把研究者推入了水平滞差问题的中心和比较儿童在任务上的表现的问题，这些任务可能有不同的项目数，也可能因使用分阶段分类而难以进行比较。法国—瑞士研究者选择两种不同但互补的方法进行对抗：一种是成功—失败方法，另一种是结构主义方法。

总之，通过使用更精细的统计分析和将横断、纵向和训练数据结合起来，这些法语团体研究者证实了龙约先前关于在皮亚杰任务中的内容群因素以及在运算发展中的不同途径的观察。的确，不管他们用成功—失败数据还是用维度转换数据，他们的观察集中于确定智力的一般因素和群因素。他们的结果也表明，一个运算群因素不是从属于另一个运算群因素，二者在知识构建和发展中起着组织和领导作用。然而，纵向研究的结果表明，龙约可能低估了发展途径的不同之处。一项纵向研究对 104 名 4 岁半～8 岁的儿童用 25 个任务评估了五次，这 25 个任务涉及五个领域（数字、分类逻辑、空间、时间、关系逻辑），结果进一步强调了在具体运算获得中，认知发展途径的多样性；[①]训练研究的结果也指向多元化发展途径；促进信息加工两种模式之间相互作用的训练情境，对认知发展是最有助益的。如果考虑涉及具体运算的学习过程，那么这些结果的暗含之意和英海尔德等人[②]提出的观点相似。也就是说，在试图解决一个新问题时，被试必须面对存在的各种不同性质和复杂性的格式。最佳的认知发展需要信息加工不同模式的整合。这些观察最终导致了劳特瑞及其同事提出，在每一个个体内至少有两种信息加工模式——命题和类比——并存。

三、"认知发展的多维度和多元化模型"

群因素和个体滞差的存在显示，认知发展不是单维度的，而且信息加工

---

① Bradmetz, J. (1992). Intraindividual changes in the development of operational intelligence of children: A longitudinal analysis of 4-to 9-year-old children's strategies. *Archives de Psychologie*, Vol. 60, pp. 93～122. Bradmetz, J. (1993). Are there stages of development within the concrete operations stage? *Archives de Psychologie*, Vol. 61, pp. 95～125. Bradmetz, J. (1995). Intraindividual changes in cognitive development: A connexionist approach. *Archives de Psychologie*, Vol. 63, pp. 3～16. Bradmetz, J. (1996). The form of intellectual development in children age 4 through 9. *Intelligence*, Vol. 22, pp. 191～226.

② Inhelder, B., Sinclair, H., Bovet, M. (1974). *Learning and structures of knowledge*. Paris: Presses Universitaires de France.

的优势模式不仅与个体差异有关,还与情境差异有关。一些个体能解决困难的逻辑—数学项目,却会在简单的逻辑下项目上失败,而且相反的表现模式也会被观察到,这表明个体不是用相同的加工模式。

在多元化和多维度模型中,个体差异不是同化于特质的发展途径,而是同化于由有限加工模式控制的有限的不同发展途径。① 这一模型区分了变异性的两种来源:一般和特殊。变异性的一般来源包括被试发展的一般因素和变量复杂性的一般因素;变异性的特殊来源包括情境差异和个体加工模式的不同偏爱。②

依据对由数据分析而引出的群因素的观察,劳特瑞及其同事在逻辑—数学因素和逻辑下因素之间建立了平行关系,这是考虑到运算和与之相应的两种不同的加工模式(命题模式和类比模式)。他们详细指出了这两种加工模式的相互作用,以解释认知功能和发展中的个体差异。

命题过程不仅依赖于任务背景,而且涉及分析加工和序列加工。它们处理信息的抽象单元(discrete units)依据表征附带的特殊规范或规则(如逻辑规则)而被组织起来。客体和表征之间的关系是固定的。形式逻辑显然属于此类。因此,命题模式尤其适于解决逻辑—数学任务。相反,脚本(scripts)和原型(prototypical)分类是类比过程的好例子。类比过程更全面而强烈地依赖于任务背景。它们把信息单元及其时空关系包含在单个表征之中。

尽管它们的性质不同,仍可以认为命题和类比过程在所有的被试中并存,并在给定年龄提供不同方式去完成任务,它们如同瑞克林提出的替代性过程的概念。它们在复杂性上被等同分析,尽管它们对不同个体(个体间差异)或不同情境(个体内差异)来说在唤醒性或可通达性上不同。个体间可通达性的差异涉及被试偏好一种加工模式要比另一种加工模式更多些。然而,情境也可能会引发不同的加工模式来证明或多或少的有效性。在这一点上,命题模式可能更适合逻辑—数学任务,而类比模式可能证明逻辑下任务更有效。然而,任一模式可能会被运用于任一类型的任务。

所以,法国—瑞士研究者提出,这两种加工模式根据任务的性质和被试的偏好而对认知功能贡献不同。另外,它们的不同贡献也依赖于被试的年龄。的确,类比加工在早期发展中似乎占优势,而命题加工似乎随儿童长大

① de Ribaupierre, A. (1994). Commentary. *Human Development*, Vol. 37, pp. 170～176.

② de Ribaupierre, A., Rieben, L. (1995). Individual and situational variability in cognitive development. *Educational Psychologist*, Vol. 30, pp. 5～14.

而变得显著。尽管年龄大的被试仍旧可以用类比解释，但这种类型的推理让位于命题解释。

因此，某一被试对信息加工的一种模式的偏好或利用，以及被试特性和情境特性之间的相互作用，也许可以解释个体差异。例如，偏爱命题模式而无视情境的被试应有一个支持逻辑—数学任务的发展滞差，而偏爱类比模式的被试应有一个支持逻辑下任务的发展滞差。此外，在其加工模式适应情境需要中显示灵活性的被试，应有同期发展的轮廓，应可能超过那些已通达两种模式但当运用时不能推断的被试。①

先前的讨论表明，过程的多元化是如何导致个体差异的。此模型也提出，通过类比和命题加工模式之间有效的相互作用，认知发展就产生了。信息加工的两模式之间互惠性的相互作用，为过程本身及其组织的发展开辟了道路。两种不同信息加工模式的互惠性相互作用，同时或继时激活修正它们各自的功能，并导致了它们初始本质的改变。这些过程被应用到心理表征的事实，而使这种互惠的影响成为可能。一旦表征通过给定过程的运用而被重组，它转换方式，第二个过程将被运用。于是，互惠性相互作用产生了一个动态的“自组织环”(self-organizing loop)，这个“自组织环”由重量差异或过程引发的差异结合而成，以产生认知发展上的个体差异。

信息加工模式互惠性相互作用、互相引导，形成“自组织环”的观念，拓展了适应的概念。互惠性影响促进了不能被任何单一模式构建的认知行为的出现。更明确地说，通过应用命题模式，个体制定一系列可能的解决方案，类比模式通过施加更全面、整体的表征来提供限定。命题表征有助于明确一系列不同表征和它们之间的关系。然而，类比表征有助于引导命题表征选择适当的关系。这一两种模式之间的互惠性影响不需要一方从属于另一方。所以，这一模型强调了当几种信息加工模式同时被灵活地应用时，认知发展是最佳的。但需要注意的是，这一模型并不试图解释所有的认知发展，诸如成熟的其他因素也必须被考虑。

总之，法国—瑞士团体研究者提出的模型是多维度的，只要它承认知识的建构起因于不同的发展途径；这一模型是多元化的，只要它承认每一被试表征和信息加工模式的多元化被定义和考察。这一模型提出，不同的信息加工模式的可利用性存在个体差异，而且这些模式在不同的任务或情境上

① Rieben, L., de Ribaupierre, A., Lautrey, J. (1990). Structural invariants and individual modes of processing: On the necessity of a minimally structuralist approach of development for education. *Archives de Psychologie*, Vol. 58, No. 224, pp. 29～53.

也有不同的要求。它断定信息加工模式的多元化和模式之间可能相互作用的多元化，是认知功能和发展个体内和个体间差异的根源。研究者工作的初始贡献表现在两个方面：一方面，他们将个体差异的研究整合到皮亚杰的模型中，拓展模型到其最大限度；另一方面，他们通过使用有限的过程和机制，成功解释了认知行为和发展途径的很多不同之处。认知发展的多维度和多元化模型从皮亚杰的模型发展而来。在这一点上，通过多元分析而确定的两种过程，如同皮亚杰对逻辑—数学运算和逻辑下运算之间的区分一样，它们也有重要的相似性。这毫不奇怪，因为数据分析是在用经典皮亚杰任务收集的数据上进行的，使用不同的任务可以说明不同的过程。多维度和多元化模型的假说与龙约关于多元化发展途径的假说是相似的。然而，多维度和多元化模型背离了传统的皮亚杰立场，它提出，类比模式不从属于命题模式，而且这两个模式在儿童认知发展的构建中发挥着同等的作用。在这一方面，这一模型放弃了对平衡化所起的独特作用，而提出在构建认知发展中的至少两个互补过程的积极作用。尽管多维度和多元化模型证实了多元化发展途径，并提出两种模式之间的相互作用是发展的源泉，这一模型仍没有明确特定机制。例如，反省抽象或者平衡化，通过这一机制这种转化发生了。它既没有明确说明产生从一种发展水平向另一发展水平转换的机制，也没有明确说明与皮亚杰平衡化或反省抽象的不同或相似之处。

多维度和多元化模型不应被视作新皮亚杰模型的主要的替代品，它在范围上还有许多需要理解的地方。尽管有其局限性，这一模型对认识论问题是一个有效的贡献，特别是在理解个体行为的差异是类比过程和命题过程的结果的问题上。从这点来说，这一模型是新皮亚杰研究者工作的补充，实际上和主要新皮亚杰模型呈现出重要的相似性，某些相似性在多维度和多元化模型的发展中产生着影响。在这些模型中，帕斯卡—莱昂内的模型，通过团体与多元化的直接和间接的联系，而起着最重要的影响。对所有的新皮亚杰模型来说，多维度和多元化模型在发展上保持着建构主义者的观点，发展的观念被组织成高级的结构，低级结构被整合到高级结构之中。与这些新皮亚杰模型一致，多维度和多元化模型也认为，个体内和个体间在儿童不同领域发展的速率和模式上存在着主要的差异。对这些差异的反复观察有助于新皮亚杰派对发展模式进行描述的要求，这可以解释个体差异和更明确的多样的发展途径。为了更好地说明个体间和个体内差异的多样性，新皮亚杰派模型抛离了单维度逻辑—数学结构，其中一些模型试图明确“最低限度的结构”(minimalist structure)。的确，多维度和多元化模型提出的六维度水平，与费谢尔和凯斯描述的次水平(sublevels)是相似的，即都是从一个阶段到另一个阶段，但它们在发展的复杂性上是不同的。

多维度和多元化模型提出，在某一特定的情境中，个体使用不同的加工模式，不同的加工模式可以解决某一特定的问题。这一模型的最大贡献是，应用经典的皮亚杰任务清晰地确定了两种模式(类比和命题)。此外，进行个体比较研究，而不是群体比较研究，并与纵向研究的数据和精细的任务分析结合起来，获得了关于发展途径多样性的细致描述。

多维度和多元化模型把发展看做是互惠与相互作用过程的结果，并产生了"自组织环"，于是通过多样性产生而描述了主要过程。然而，这些"自组织环"没有导致特异风格进程或完全不可预测的发展轨迹。这一模型提出，个体差异是由替代性的、共存于所有个体内的有限的一般过程控制的，为完成任务提供可供选择的方式。① 过程的唤醒性和可通达性依赖于个体特性和问题解决背景特性之间的明确的相互作用。过程的可通达性不同于人们基于爱好或偏见而喜爱其中的一个或几个过程。

在大多数新皮亚杰学派的模型中，环境和文化因素对认知发展的贡献会被或多或少地提及。环境观念是复杂的，多维度和多元化模型不能明确环境的哪些方面影响了儿童的发展，或者它们之间如何相互作用以培养发展。考虑到这一点，几种理论模型为以后进一步的探讨提供了途径。例如，维果茨基的模型②提出存在两种类型的知识——日常概念和科学概念，这与劳特瑞及其同事提出的两种加工模式(思维的类比模式和命题模式)有某些相似。在维果茨基的模型中，这两种类型的知识与不同的发展过程和途径相联系。日常概念从社会和物体的具体经验发展而来，而科学概念最初是通过教学口头获得的。真正的概念最终通过两种类型的知识之间的辩证的相互作用而被建构。因此，一些研究者指出，为了更好地理解认知发展，研究者应在社会相互作用的背景中研究发展。③ 最后，认知发展的新结构主义理论已提出解释内部和外部发展限制(或加速、或延缓、或改变方向、或阻止

---

① de Ribaupierre, A. (1994). Commentary. *Human Development*, Vol. 37, pp. 170～176.

② Vygotsky, L. S. (1978). *Mind in Society. The development of higher psychological processes*. Cambridge, MA: Harvard University Press. Vygotsky, L. S. (1987). *The collected works of L. S. Vygotsky: Vol. 1. Problems of general psychology*. New York: Plenum.

③ Fischer, K. W., Grannot, N. (1995). Beyond one-dimensional change: Parallel, concurrent, socially distributed processes in learning and development. *Human Development*, Vol. 38, pp. 302～314.

成长)的模型来。①

第三节 如何在皮亚杰建构论中研究"变异性"

关于后皮亚杰学派对皮亚杰概念的心理测量学化的评价问题,目前褒贬不一。我们总体上认为,虽然我们不反对对儿童认知发展进行心理测量化的研究,但如果一定要在皮亚杰经典理论的框架内对其心理测量化,现在看来并不是一条可行的道路。甚至皮亚杰在他的晚年也已经对那种把他的临床法作为个体发展的诊断式评估的心理测量化,表示了某种忧虑。他说:"现在,我们不再处理一般心理学问题,而是差异心理学问题,即关于个体的心理学——每一个体的心理学。我必须承认,这是我不幸从未研究过的一个问题,因为我对个体中的无论什么东西都没有兴趣。我对一般机制、智慧和认知机能非常有兴趣,但是,使得一个个体不同于另一个体的东西,似乎在我看来就一般心理(human mind in general)的研究来说更少教益。"②在他80寿辰时,他一再重复这一立场。他把其"科学方法"辩护为关于物种行为的合法的心理学研究,并把它用来反对传统上理解的作为个体差异研究的心理学。具体来说,在皮亚杰概念框架内予以心理测量化,将有如下难以克服的问题:

第一,后皮亚杰学者们重犯了皮亚杰晚年早就批评过的那种"错误":没有充分注意或理解"皮亚杰理论"。我们知道,在整个20世纪60至70年代,皮亚杰面临着各种各样的批评,但他一直坚持认为,那些批评他的人并没有充分注意或充分理解他的"理论"。皮亚杰为自己所作的辩护表明,他总是把重点放在他的"理论"上。在他看来,他的实验或测量必须在其"统括理论"(the overarching theory)的框架之内才能得到理解。否则,就会遭到歪

① Case, R., Edelstein, W. (1993). Introduction: Structural approaches to individual differences. In: R. Case, W. Edelstein (Eds.). *The new structuralism in cognitive development. Theory and research on individual pathways. Contributions to human development* (Vol. 23). New York: Karger. pp. 1~10.

② Inhelder, B., Piaget, J. (1971). Closing remarks. In: D. R. Green et al. (Eds.). *Measurement and Piaget*. New York: McGraw-Hill, p. 211.

曲。从皮亚杰生前的态度来看，对其经验性研究进行某一个别的重复实验，从中所得到的否定性结果，似乎并没有引起他的重视。由于皮亚杰"理论"中的经验性或实证性的细节部分相对来说是不重要的，因而可以忽视由其他的经验观察所发现的否定性结论。即使这些细节是错误的也不会令皮亚杰感到吃惊。他仍然坚持认为他的理论的框架是站得住脚的，其主要原则是不可动摇的。我们可以认为，后皮亚杰学者显然是没有抓住皮亚杰理论之要旨。

第二，后皮亚杰学者用过于琐碎的测量技术来取代发展理论（特别是"阶段"和"结构"），这与皮亚杰本人大异其趣。如上我们看到，后皮亚杰学者对心理测量学化的关键性论证，是被方法学的——标准化的测量程序——而不是理论的理由所驱使的。他们并不想提出一种不同的或更好的理论框架，而是通过更拘泥形式的测量技术来拒绝所谓皮亚杰的"过分渲染的理论"。但是，他们纯粹只是测量"差异"——无论是个体内还是个体间差异，不仅其研究结果令人失望，而且把皮亚杰的问题限制到测量的信度和效度问题，这样就避开了对皮亚杰来说是重大的"概念"（理论）问题。虽然测量问题在一定程度上可以不要或拒绝普遍性的理论，但它未能解决其潜在的最严重的缺陷：在说明个体间变异性的性质及其在发展中的作用方面，都可能失败。我们承认，由于皮亚杰的康德认识论背景，他便大无畏地坚持认知"普遍性"的传统，但这也致使他忽视了"变异性"与他的建构主义认识论的相关性——对于建立一门心理内部发展的平衡动力学来说，需要赋予对客体和社会相互作用的经验以建构功能。皮亚杰晚年的"滞差"概念的确试图探讨这个问题，但他未能察觉出一种合理的解决方案。同样，尽管皮亚杰意识到社会因素在发展中的主要力量，但他可能忽视了个体之间基于经验的和社会构成的差异可能会不同地、系统性地影响发展。我们相信，承认这一点仍然与他自己的基本理论完全一致。

从历史的观点看，皮亚杰为了实现自己的理论目标，便把分析人的心理作为物种行为的表达这种"一般心理学方案"，与用图表示个体差异的"传统心理学方案"置于对立之中，这一策略是不充分的。但是，后皮亚杰学者用来校正皮亚杰基于不充分测量的"整体结构"概念之纯粹心理测量方案，更是行不通的。正如高尔德（S. J. Gould）指出的那样，要理解与皮亚杰理论的真正意图相一致的"个体差异"，就要把个体间变异性理解为既是平衡化发展的输入，又是平衡化发展的结果——其动力因（以达尔文方式）有机体与环境的经验性相互作用而有力量，亦即对毕生普遍的和差异的心理发展都有深远而持续的效应。①

总的来说，后皮亚杰学派的心理测量化方案给我们的一个启示是：研究者所使用的“方法”和“测量”是他们理论中的一个整合部分，而理论是为某种目的而被构造的。不管关于发展的“参数统计分析”、“因素分析”、“任务分析”等如何进行，指导这些分析的“理论”将总是首要的。正如帕斯卡—莱昂内指出的那样：“发展心理学的法语团体有助于为新千年拓展研究任务：‘皮亚杰式’的儿童的过程模型和心理注意机制模型，以便能理解更高的认知机能是怎么样发展性地从低级认知机能中出现。由于注意资源是多重的、领域普遍的及非常抽象的（与像学习那样的其他资源以非线性方式动力学地相互作用），故而实验性的方法可能是不充分的。所以对发展性任务分析的理论指导形式是必要的，这是我们与法语团体同事明显共有的一个结论。”②

瑞克林早在 20 世纪 60 年代就提出个体内差异和个体间差异在认知发展的一般模型中整合的要求，至今仍没有完全实现，但可以说是正处于十字路口。这一长期追求的目标不是在已发现的结果中，而是在探求的征程中。理解个体内差异和个体间差异的相互作用以及一般认知过程的发展的要求，依然给未来的研究者提供了方法论上和概念上的挑战。

---

① Gould, S. J. (1996). *Full house, The spread of excellence from Plato to Darwin*. New York: Crown.

② Pascual-Leone, J. (2000). Is the French Connection Neo-Piagetian? Not nearly enough! *Child Development*, Vol. 71, No. 4, p. 845.

第十章

反皮亚杰主义

“反皮亚杰主义”(anti-Piagetian)就是所有认为皮亚杰理论错误的观点，它对皮亚杰经典理论从理论和实证方面均提出了挑战。反皮亚杰主义的代表性观点就是卡米洛夫—史密斯(A. Karmiloff-Smith)的“表征重述模型”(representational redescription model,简称 RR 模型)、进化心理学(evolutionary psychology)关于儿童发展的“领域特殊性”(domain-specificity)观点和当代发展心理学的“天赋论”。下面我们就简要述评一下这几种观点。

第一节 卡米洛夫—史密斯的“表征重述模型”对皮亚杰理论的挑战

英国伦敦大学学院著名发展心理学家卡米洛夫—史密斯在《超越模块性：认知科学的发展观》[①]中提出的“表征重述模型”，在国外产生了较大的影响。它不仅作为一种成熟的理论写进了关于儿童发展的教科书，而且还作为取代皮亚杰理论的一种范例——一种多少有点“反皮亚杰主义”的范例——而为人们所称道。但在我们看来，这一理论模型本身

图 10-1 安妮特·卡米洛夫—史密斯(Annette Karmiloff-Smith)

① Karmiloff-Smith, A. (1992). *Beyond modularity: A developmental perspective on cognitive science*. Cambridge, MA: MIT Press.

以及由此所引出的问题并没有得到真正解决。因此有必要对这一模型的理论价值和适用范围进行剖析。首先介绍这一模型的基本假设、主要内容，然后着重于儿童"心理理论"这一领域，看其模型的解释价值，最后把它与皮亚杰的解释模型相比较。我们的结论是，表征重述模型实质上不过是用"信息加工"语言表达的皮亚杰理论的一种变体，说到底，它并不构成一种对皮亚杰理论的真正反叛。

一、"表征重述模型"的基本假设和主要内容

为了更好地理解表征重述模型，首先有必要了解一下卡米洛夫—史密斯的学术背景。正如她本人所回顾的那样："我在日内瓦大学沉浸于皮亚杰理论 13 年，起先是做学生，后来是一个研究合作者。在此期间，土生土长的皮亚杰主义者一直认为就我个人和理论而言，我都是一个异教徒。我拒绝像他系里的每一个人那样，称皮亚杰为'老板'。"她也承认她多少有点"反皮亚杰主义"[①]。她认为，皮亚杰的发展观根植于心理和环境在任何时候都起作用的"后成论"和"建构论"观点。皮亚杰理论的真正精髓在于他的认识论，即关于儿童与环境之间丰富的、建构性的相互作用的一般观点；在于他对理解后成论和发生形式的更为一般的探求。在她看来，皮亚杰理论在认知发展理论中是否还有它的作用，回答应该是肯定的。但她断言："皮亚杰理论强烈的反先天论和他主张全面的阶段性不再是一种可行的发展框架。"[②]把她的观点综合起来，大致如下：

第一，皮亚杰对"逻辑数学结构"中全面的、阶段性的变化所作的心理学描述的细节，已不再有生命力。她相信，有可能保留皮亚杰理论的精髓而去除阶段和结构。她提出的是发展的"时期"(phase)模式而不是"阶段"(stage)模式。她认为，在皮亚杰的阶段模式中，变化或多或少同时发生于各个不同的领域。而时期模式则在于：它在不同的时间、在不同的"微领域"中产生周期性的时期变化，并在每一领域内重复产生。以语言领域为例，在代词习得这样一个微领域中，X—Y—Z 变化序列（如从内隐到外显再到言语论证）可能到 7 岁时完成；而在理解"单词是什么"这一微领域，序列相同，在 5 岁时就可能已经完成。她承认，她反对"阶段"而赞同发展的领域特殊性。

① A·卡米洛夫—史密斯著，缪小春译：《超越模块性——认知科学的发展观》，华东师范大学出版社 2001 年版，第 16～17 页。

② A·卡米洛夫—史密斯著，缪小春译：《超越模块性——认知科学的发展观》，华东师范大学出版社 2001 年版，第 10 页。

第二，皮亚杰强烈的反先天论，甚至与行为主义有许多相同之处。皮亚杰和行为主义者"在关于婴儿心智的最初状态的概念上是一致的。行为主义者视婴儿为一张白纸，没有内在的知识；这与皮亚杰把婴儿看成受'未分化的、混浊的'输入冲击的观点，实质上是相同的"①。在皮亚杰看来，婴儿是一个纯粹的感知运动有机体；新生儿更没有领域特殊的知识，只有感觉反射和同化、顺化及平衡化这三个领域普遍的过程。但现有的婴儿研究表明，大脑最初的功能构造要比皮亚杰理论认为的复杂得多。她坚持认为，存在着某些能引导后成的先天规定的领域特殊的倾向。当然，卡米洛夫—史密斯也认可皮亚杰的这一观点：脑的内在可塑性远比先天论观点所假定的强。

第三，皮亚杰平衡化理论认为，不同发展水平的各个系统之间存在内部"矛盾"，是干扰、冲突、不稳定性等引起发展。但卡米洛夫—史密斯认为，变化可以在没有矛盾的条件下发生，矛盾不会自动地引起变化。表征是在动力系统中一个部分产生稳定性时发生变化的。她认为她不是否认不稳定性、失败、矛盾和竞争的重要性，但她假设：导致表征变化的竞争，只有在每个可能的竞争者已经巩固之后才能发生（它本身是稳定的）。

了解了卡米洛夫—史密斯这样一个理论背景之后，就可以看出她为什么要构筑一个表征重述模型了。这一模型至少是要取代——尽管她本人没有公开这样宣称——皮亚杰的阶段和结构理论。

卡米洛夫—史密斯认为，知识进入儿童的大脑具有三种方式：一些知识是先天就具有的，另一些知识是儿童通过与环境发生交互作用而获得的，再另外一些知识则是通过表征的重述而获得。

所谓"RR 模型"，是一个把反复的"表征重述"过程加以具体化的模型。所谓"表征重述"，就是儿童心理中的内隐信息逐渐变成心理的外显知识的过程。我们先看看做为这一模型的前提条件的基本假设：

首先，人类获得知识的特有方式是通过重述表征，即通过以不同的表征形式重复地表征内部表征所表征的信息，在内部利用已经储存的（先天的和习得的）信息。"RR 模型基本上是一个关于人类特有的从内部通过利用已经储存的知识而不只是通过利用环境来丰富自身能力的假设。"②RR 模型试图说明，对于知识的有意识通达以及对于儿童建立"理论"来说，儿童的表征逐渐变得可操纵和灵活。它包含了这样一个循环的过程：在这个过程中，

① A·卡米洛夫—史密斯著，缪小春译：《超越模块性——认知科学的发展观》，华东师范大学出版社 2001 年版，第 7 页。

② A·卡米洛夫—史密斯著，缪小春译：《超越模块性——认知科学的发展观》，华东师范大学出版社 2001 年版，第 176 页。

信息已经出现于有机体的独立功能作用中，通过重述过程，有特殊目的的表征信息逐渐变得能为认知系统的其他部分所利用。这样，表征重述就是从包含在问题解决程序中的内隐信息到逐渐表现为外显知识的运动过程。这个过程先是在一个领域之内，然后有时在几个领域之间。

卡米洛夫—史密斯假定，表征重述过程是作为形成领域内和领域间关系的内部驱力而自发地发生的。表征重述的自发性，“这正是我所认为的发展：儿童不满足于在学习说话和解决问题中的成功；他们要了解他们如何做这些事情。在寻求这种理解的过程中，他们成为小小的理论家”①。因此，“发展”与“学习”似乎沿着两个互补的方向前进：一方面，它们包含了逐渐程序化的过程（行为越来越自动，越来越不受影响）；另一方面，它们包含了“外显”和越来越易受影响的过程（即外显地表征信息）。两种过程都与认知变化有关。

表征重述的实际过程被假定是“领域普遍性”的。但是它在各特定领域内、在不同的时刻进行，并且受到各“微领域”中表征的内容和外显水平的制约。要注意，表征重述的领域普遍性，并不隐含着它包括几个领域同时发生变化的意思。而只是说，在每一领域内，表征重述的过程是相同的。RR模型是与阶段模型不同的“时期”模型，像皮亚杰那样的阶段模型是与年龄相关的，涉及到整个认知系统的根本变化。相反，表征重述是假定在整个发展过程中各微领域内循环发生的。

在作了如上基本假定之后，卡米洛夫—史密斯把RR模型的主要内容概括为发展的三个“时期”和表征的三个“水平”。

先看发展的三个循环的时期。第一时期，儿童主要关注来自外在环境的信息。这个最初的学习是材料驱动的。这一时期的最后结果是，在任何已经达到这个水平的微领域上连贯的行动成功，即“行为掌握”。第二时期是内部驱动的时期，儿童不再集中于外部材料。系统内部的动力起作用，因此内部表征成为变化的重点。最后，在第三时期，内部表征和外部材料调和了，在内部控制和外部控制的追求之间达到了平衡化。

知识的表征和再表征至少有四个水平，称为内隐（I）、外显1（E1）、外显2（E2）和外显3（E3）。在水平I上，表征的形式是对外在环境中的刺激进行分析和反应的程序。其特点是：信息以程序形式进行编码；程序式的编码按序列规定；新表征独立储存；是分类性的（即还不能形成领域内和领域间的

① A·卡米洛夫—史密斯著，缪小春译：《超越模块性——认知科学的发展观》，华东师范大学出版社2001年版，第16页。

表征联系)。这一水平以偏爱方式计算特定的输入,并快速而有效地对环境做出反应。但由水平 I 表征产生的行为是相对不灵活的。内隐水平的知识表征无法为认知系统的其他层面所获得,也不能为意识所获得。换句话说,它是模式化的,反映了对特定知识的有效、天生的处理过程。例如,新生儿关于物体的知识、婴儿或幼儿与言语刺激相关的知识都反映在内隐的水平上,这时并没有重述的产生。这种知识犹如蜘蛛知道如何织网、小鸟知道如何筑巢、山羊知道避开悬崖的知识一样。

水平 E1 的表征,是水平 I 以程序方式编码的表征重新编码为一种新的压缩形式(即失去许多细节)的结果。重述是以较高水平语言进行的抽象,并且是不加分类的(即组成成分可用于潜在的领域内和领域间表征联系)。当表征重述为 E1 时,就出现一个灵活的认知系统。在此基础上,随后能建立起儿童未成熟的"理论"。但要注意,在 E1 表征中,虽然知识是外显地表征的("外显表征"),但尚未有意识地通达。例如,年幼的儿童能很出色地判断哪些句子符合语法、哪些句子不合语法——但他们很少能够说明为什么情况会是如此。

在 E2 水平上,表征可通达于意识,但还不能进行言语报告(这只有在 E3 水平上才可能)。E2 表征可通达于意识,但它们与 E1 表征有相似的表征代码。例如,E1 空间表征重新编码为可有意识地通达的 E2 空间表征。在水平 E3,知识重新编码为跨系统的代码。这种普遍的形式被假设为与自然语言非常接近,很容易地转化为稳定的、可交流的形式。可能某些直接以语言形式学习的知识立即储存在 E3 中。儿童从与他人的言语相互作用中学习到许多东西。卡米洛夫—史密斯曾描述了讲英语的儿童在学前阶段如何正确地使用"a"和"the",在 5 岁左右,儿童已了解了使用冠词"a"和"the"的规则,但直到 9～10 岁,儿童才能清楚地意识到这些规则,按照卡米洛夫—史密斯的观点,只是到了此时,儿童才能对规则的表征进行重述,使之不但能为其他认识系统所获得,还能被意识到,使之获得更高的复杂性和抽象。科学、哲学、政治的产生以及日常的社会交往都需要比我们所能获得的资料更多的东西,常常要求个体对认知系统获得的信息进行表征的表征。

在《超越模块性:认知科学的发展观》一书中,卡米洛夫—史密斯只区分三种表征形式:I、E1 和 E2/3。因为 E2 和 E3 两者都涉及有意识的通达。总之,她主张一种多重编码的观点:相同知识有多种储存的水平。为了与皮亚杰理论区分开来,她一再强调她的"反复的发展时期"的概念:在某一特定的时候,儿童可能在一个微领域中只有水平 I 表征可资利用,但在另一个微领域有 E1 表征可加利用,在第三个微领域有 E2/3 表征。在不同领域之间也是如此。当然，表征重述的实际过程被认为是领域普遍性的，但它在各特定领域内、在不同的时刻进行，并且受各微领域中表征的内容和外显水平的制约。她断言，她的这种以“成功”为基础的认知变化观点与皮亚杰的观点不同。对皮亚杰来说，处在稳定状态的系统不会自动地改进自身。而表征重述则是一个“利用”稳定状态抽取它们所包括的信息的过程，它以后可较灵活地应用于其他目的。

二、表征重述模型对“领域”发展的解释

从心理学解释的角度看，表征重述模型能够合理地解释儿童的“领域”发展吗？下面我们略举两个认知领域（数、心理理论）的例子，来看看卡米洛夫—史密斯是如何用“RR 模型”进行解释的。

正如我们已经知道的那样，皮亚杰论证过儿童“计数”与数量守恒无关。那么计数与数量守恒的关系是什么呢？是否只要数字很小，儿童就能够守恒？实验已经表明了对婴儿分辨 3 以下的数的最初的制约；学步儿对 3 以下的计数最初也有相似的制约。那么，数量守恒是否可能只涉及操作较大的数的能力呢？格尔曼（S. A. Gelman）不同意。她特别强调对计数的数的操作与对不规定的量的操作之间有区别。后者涉及到对“数”的更为抽象的理解。真正的守恒者在缺乏有具体例示的数的表征时，也形成了推论数关系的能力。在某种意义上，守恒的儿童已开始对代数输入进行操作，而不仅仅是对数的输入进行操作。卡米洛夫—史密斯的解释是，与数有关的先天规定的原则（如一一对应等）不能直接为儿童所利用，而是慢慢变成蕴含于与环境互动的“程序”之中。RR 模型假定，向代数概念的发展包括关注儿童的内部表征。成功的计数程序中哪些成分必须外显地表达，使儿童能对不规定的量进行操作并有数量守恒？首先，内隐于计数中的“一一对应”操作必须外显地确定。一一对应是成功的计数程序的一个内隐特征，蕴含在程序中的这个原则必须加以抽象、再述，以独立于程序性编码的不同形式进行表征。这种水平 E1 的表征，一旦从包含在水平 I 计数程序中提升出来，就能够应用于不规定的量的操作。但水平 E1 表征还不能用于言语报告。一旦进一步重述为 E2/3 形式，他们便通过了数量守恒任务，并能提供关于一一对应的言语论证。儿童的数学知识就是在这些重述的基础上建立起来的。

卡米洛夫—史密斯认为，RR 模型有助于解释儿童“心理理论”的发展。她特别针对的是莱斯利（A. M. Leslie）关于儿童假装游戏的“元表征模块”

观。根据莱斯利的观点，儿童假装游戏的结构有三项：(1) 动因(通常是儿童自己)；(2) 初级表征(游戏时用的实际物体)；(3) 关于假装内容的去结合的二级表征。而“去结合的表征”(decoupled representation，二级表征)是心理理论所特有的。它能使儿童把假装内容的表征与真实的物体或事件的表征分开。初级的和去结合的表征涉及到不同的、分离的加工水平，并遵从不同的因果和逻辑推理的制约。因此，假装一块木头有一个驾驶盘、一只喇叭和四个车轮，决不损害儿童对木块和汽车的真实特征的理解，也不改变他们对这些特征的表征。莱斯利进而认为，这种作为假装游戏之基础的元表征模块，是遗传编码的，由脑的成熟而引发。

卡米洛夫—史密斯认为，莱斯利的假装理论没有提出关于动因、对象和事件的信息如何变成外显表征的问题，而 RR 模型有助于克服这一缺陷。RR 模型认为，为了使一个程序的成分能够操作，该程序必须首先达到行为掌握，只有此时它的成分才能以 E1 形式重述。而假装游戏均涉及到：对现实的真实描述的破坏；对动因的外显表征、游戏物体的初级表征；对这些物体的假装角色的去结合的表征。根据 RR 模型，这要求首先对现实的真实表征的行为掌握，以及随后在 E1 或更高水平上的重新表征。然而，幼儿也常常用语言宣告他们的假装的意图：“我假装！”初看起来，似乎他们以外显的形式(E2/3 形式)进行表征了。其实不然。不是因为他们已经使用了 E2/3 水平的表征，而是因为他们涉及到可观察的外在化了的标志(如改变声音、声调，夸大的动作，笑等)，这些标志使他们在头脑中的区别很明显。根据 RR 模型，这需要 E1 形式的表征。有研究表明，儿童在假装游戏中，以及在对游戏的非假装的评述中使用了不同的语言标记和声调。换言之，他们用外部方式或外在化方式，来标记和证明他们对之进行操作的内部区分。

因此，根据 RR 模型，虽然学步儿童可能宣告“我在假装”，虽然他们必定有了对假装游戏中的三项(动因、初级表征和去结合表征)的 E1 表征，但假装内容与真实事件的区别并非必须以 E2/3 形式来表示(或意识的通达)。然而，它必须以 E1 形式作为外显表征而存在。4 岁儿童以后便掌握了这样的事实：不可观察到的(非外部标记的)“命题态度”(如“我相信……”、“我认为……”等)，是主人公行为的预测器而不是可观察的世界的真实状态。当 4 岁儿童能在他人“误信念”的基础上进行成功的推理时，他们就能用言语报告加以论证，这需要 E2/3 形式的表征。

三、信息加工式语言的皮亚杰理论的变体

在弄清了RR模型的基本假设、主要内容以及对儿童领域发展的解释之后，我们看到此模型实际上是要取代皮亚杰的以平衡化为解释机制的阶段（或结构）理论。但人们自然就会提出这样的问题：RR模型能构成对皮亚杰理论的一种取代或反叛吗？只要我们稍加比较，就会发现这一模型与皮亚杰的解释理论有着惊人的（至少是隐潜的）相似性——只不过是用时髦的"信息加工"式的语言来表达的。用不着动用皮亚杰动作内化与格式外化的双重建构的心理学解释理论，只要我们想起皮亚杰著名的"意识的把握"理论（行动的演化和知识的三种水平），这种相似性就再清楚不过了。"RR模型"的要义是从内隐程序到外显知识，"意识的把握"理论的要义是从外部动作转变为（有意识的）概念化，或对动作的结果、意图和机制有意识地觉知。这就是说，"动作在它本身中构成自发的和现成的有力的知识。这种知识（仅知道如何去做）即使从概念理解的意义上说尚不是有意识的，但它却构成概念理解的起源，因为几乎在所有各点上，觉知都（常常非常显著地）远远落后于这种初始的'知识'，因而这种知识虽缺乏理解，却仍有引人注目的效用"①。在皮亚杰那里，儿童的认知发展无非是他的"动作"在三个连续分明的层次水平上不断"重构"自身。

第一个水平乃是尚未概念化的物质动作水平，但其格式系统已经形成一种细致加工的"知道如何做"了。皮亚杰把凡能在动作中可以重复和概括的东西叫做"格式"。由于格式之间可以相互协调，于是就蕴涵着一种总的动作协调——格式逻辑。如包含逻辑、序列逻辑和对应逻辑，它们便是以后"逻辑数学结构"的基础。在皮亚杰的晚期著作中，他一再使用"程序"一词，特别是提出了"程序性格式"的概念："程序性格式是被应用于指向一种目标的手段（我们可以称为与递归性相反的前驱性）。它们以连续的方式被赋予次序，但早先应用的那些格式后来不是必然地被保存。程序也是依赖于情境的，以至于对不同情境的概括化是更困难的，显然可与呈现性格式的概括化区分开来。"②回想一下"RR模型"，它的水平Ⅰ是一种内隐程序，但皮亚杰对程序性格式的内隐性说得也再清楚不过了：感知运动智慧的格式还不是

① 左任侠、李其维主编：《皮亚杰发生认识论文选》，华东师范大学出版社1991年版，第308～309页。

② Piaget, J. (1986). *Possibility and necessary* (*I*). Minneapolis: University of Minnesota Press, p. 4.

概念，因为它们还不能在思维中被运用，它们的作用仅限于在外部操作上的应用，儿童一点儿也不知道它们作为格式的存在，因为儿童还没有掌握用来称呼它们并在意识中把握它们的符号系统。“RR 模型”说水平 I 表征产生的行为相对不灵活，皮亚杰则说物质动作水平导致“偶然（仓促）成功”。

皮亚杰的第二个水平是“概念化水平”：它作为觉知的结果，从动作中提取出它自身的元素，另外加上具体概念的所有侧面，而这些侧面正好与其早期格式相对照，这也就是具体运算水平上的概念化。皮亚杰认为，随着语言、象征性游戏、意象等的出现，在那些保证主客体之间存在着直接的相互依存关系的简单活动之上，增添了一种“内化了的”并且更为精确的“概念化了的”新型活动。有意识的觉知是通过选择和形成表象性格式来进行的，这已经意味着概念化。“由于考虑到有意识觉察形成格式，同时又考虑到把连续的活动压缩成为一个表象性的整体，把整个时间序列归置到一个单一动作之中去的过程，使得我们认定整个协调问题需要重新叙述，并建议把内在于活动之中的格式看做是一种灵活的概念，这种概念在表征活动时能超越于这些活动之上。”[①]仔细品味一下皮亚杰这里的论述是饶有趣味的：皮亚杰用了“压缩”、“重新叙述”，甚至用了“表征”一词，认为概念化过程在“表征”早期的外部活动时，能超越于这些活动之上。对比一下“RR 模型”的水平 E1。E1 表征是“新的压缩形式”，是“外显的表征”，是“灵活的认知系统的开始”，“超越了水平 I 上的限制”。这难道与皮亚杰的描述有什么实质性区别吗？

第三级水平，与形式运算正好同时，皮亚杰称之为“反省过的抽象”（reflected abstraction）。简单地说，这是对第二级概念化水平的再抽象。皮亚杰认为，“反省过的抽象”本身有两种水平：一是把某些预先给定的关系投射到新的思维平面上（可隐喻为“准几何意义上的反射”）；二是在这个新平面上重建这些关系所必需的重新组织（可隐喻为“理性意义上的反射”）。前者是具体运算水平上的反省过的抽象，它可以是有意识的，只要它包含推理在内，即使主体并不知道自己从何处得出内在的必然性（如 A<B，B<C，则 A<C ）。后者是形式运算水平上的反省过的抽象，它当然是有意识的，尤其是主体在比较自己所进行的两个行动步骤，并试图辨识其共同因素时更是如此。这就是皮亚杰所称的“反省过的抽象”（采用过去分词 reflected 乃是表示反省过程的结果）。显然，第三级水平的抽象是一种有创造力的机制，因为它是由“二阶运算”（在具体运算之上进行的新运算）所构成的，是一个

① 皮亚杰著，王宪钿等译：《发生认识论原理》，商务印书馆 1981 年版，第 28 页。

从前面水平出发更向上进行抽象，它通过迄今尚未出现的“组合运算”系统而形成并丰富起来。回想一下“RR模型”中的水平E2和E3，它们两者都涉及有意识的通达。皮亚杰叫意识的“把握”，而“RR模型”叫“通达”。我们要问：这也有实质性不同吗？

更为严重的问题是，是什么促使一种水平向另一种水平过渡？卡米洛夫—史密斯认为，这里正是她向皮亚杰挑战的地方之一。RR模型要求以“成功”为基础的变化。就是说，变化随成功而不仅仅是随失败而来的。儿童在他们与环境成功地相互作用之后探究领域特殊性的环境。这不等同于皮亚杰的反省抽象概念，反省抽象只是在系统不平衡化时产生，这就隐含着一个系统在平衡化状态下从不会自发地改进自身或探究新的可能性。变化可以在没有矛盾的条件下发生，矛盾不会自动地引起变化。总之，表征是在动力系统中的一个部分产生稳定性时发生变化的。

这一新奇的论点可以说是与皮亚杰针锋相对的。在皮亚杰的解释模型中，“矛盾”(可表现为干扰、限制、差异、否定等形式)是阶段或水平之间过渡的动力。在晚期著作《关于矛盾的实验》(1974)中，皮亚杰给予儿童对矛盾的发展着的觉知并努力超越矛盾以主要地位。对他来说，矛盾是由肯定与否定之间不完全的补偿所组成的。对儿童来说，是通过一种双重过程使得超越矛盾成为可能：拓展参照系以及使概念相对化。在标准的守恒任务中，当儿童认识到长和短(或多或少)是“相对”的概念，人们不得不同时考虑某种转换的最初和最后的阶段时，就发生了这种补充过程。因而达到了的理解便能引起所涉及到的各个维度的协调。于是平衡化就成为逻辑过程——从中每一肯定被一种等价的否定所补偿。这样，在皮亚杰那里，矛盾与发展的阶段之间的关系就是：在前运算水平，充分地专注于肯定，完全忽视否定(某种东西或多或少可以处于同时)。在前运算和运算思维之间的过渡期间，通过指出矛盾是转换的过失而出现补偿的企图，因为对于前运算儿童来说，任何变化都改变了一切。而运算主体——处于运算阶段的被试——则充分地进行补偿并应用不矛盾律。总之，对于皮亚杰来说，矛盾是推理中的一种错误，是内部再平衡化的一个部分，而不是社会交往的结果，它仅仅是内部再平衡化的事情。这样，皮亚杰把儿童心里同时想着对立面这一能力的出现设想为发展的一种正常的和普遍的特性。

然而在RR模型中，为什么已达到稳定状态(或行为掌握)的表征得到了重述，为什么表征重述是一个利用稳定状态抽取它们所包括的信息的过程，不仅在理论上令人费解，而且当卡米洛夫—史密斯用它来分析各个领域(如物理、数、心理理论)的发展过渡时也缺乏说服力。如果像她所说的那样，儿童已经产生了正确的语言输出，或者已经前后一致地达到了问题解决的目的，那么进一步发展的需要从哪里来？当然卡米洛夫—史密斯也承认："我并不否认认知冲突在产生其他类型变化中的作用(例如，通过由理论驱动的期望与实际结果之间的不匹配)。这里我所强调的是内部系统的稳定性作为产生表征重述之基础的另外的——我假设，是非常重要的——作用。通过表征重述的反复过程，而不仅仅是通过与外部环境的相互作用，认知灵活性和意识最终得以产生。"①这里的言下之意是，表征重述重在儿童心理"内部"的相互作用，而不仅仅是与外部环境的相互作用。但如果心理内部没有不稳定、失败、矛盾或竞争，一切问题都解决了(一切均"皆大欢喜")，那还有进一步发展这样的问题要提出来吗？

当然，我们不是要全面否定表征重述模型的理论意义。我们相信，儿童发展涉及到表征如何逐渐变得外显的问题，也可能是——像卡米洛夫—史密斯所说的那样——把内隐知识重新表征为外显知识的过程。但是，就这一模型来说，我们感到它尚缺乏一种上升到发展机制上的解释，也就是说，它的心理学解释力还不够。卡米洛夫—史密斯本人也承认这一点。她曾说，RR 模型的问题实际上像皮亚杰理论的问题一样，与"计算机模型"这样的理论——如西蒙等人的"物理符号系统模型"，新近崛起的"联结主义模型"(人工神经网络)——相比，它"解释"得不够充分。尽管她认为她的模型与联结主义模型是一致的，但我们仍看不出是如何增强了它的解释力。我们认为，RR 模型缺乏解释力，其原因之一可能是把皮亚杰理论中合理的东西丢得太多了。皮亚杰基于"矛盾"的平衡化模式具有较强的动力学维度，但 RR 模型主张以"成功"为基础的变化，这就使这一模型的动力学维度大打折扣。至于卡米洛夫—史密斯对皮亚杰的其他批评，如要去除皮亚杰的阶段和结构，皮亚杰与行为主义有共同点，皮亚杰的反先天论等，我们在此不再赘述。

最后我们想对卡米洛夫—史密斯本人的心理状态做点"精神分析"。作为反叛皮亚杰而提出的一种理论，结果与反叛对象的理论有惊人的相似性！这不能不令我们吃惊。对此作一个精神分析式的解释是：卡米洛夫—史密斯本是一个皮亚杰的长期追随者，在她的潜意识中深深地打上了皮亚杰理论的烙印；当她在意识的层面上"反叛"皮亚杰时，她不可能意识到她的理论与皮亚杰理论有根深蒂固的内在联系。这也从一个侧面启示我们：要摆脱

① A·卡米洛夫—史密斯著，缪小春译：《超越模块性——认知科学的发展观》，华东师范大学出版社 2001 年版，第 24～25 页。

皮亚杰对儿童发展理论的影响(或像有人所说的那样,“要走出皮亚杰的‘阴影’”),我们的路还长着呢!

第二节 进化心理学的“领域特殊性”观对皮亚杰理论的挑战

进化心理学是近十多年来在西方心理学中出现的一种新的研究取向,它运用进化论对人的心理的起源和本质及一些社会现象进行了深入的研究。进化心理学认为,人是由生理和心理两部分构成的有机整体,人的生理和心理机制都应受进化规律制约。心理是人类在解决生存和繁殖问题的过程中演化形成的,科学的进化论应该成为心理学研究的一个重要理论依据。进化心理学的基本主张是:过去是理解心理机制的关键;功能分析是理解心理机制的主要途径;生存与繁殖问题是人类进化过程中主要的问题;心理机制是在解决问题的过程中的演化物;模块性是心理机制整体组织的特性;人的行为是心理机制和环境互动作用的结果。

进化心理学关于儿童发展的“领域特殊性”研究不仅已经形成了一种新趋势,而且从理论上说也产生了一种认知发展研究的新范式。在“领域特殊性”或“领域特殊发展”的浪潮日益高涨的情况下,以皮亚杰为代表的“领域普遍性(或领域一般性)”(domain-generality)的研究范式无疑面临着严峻的挑战。

一、皮亚杰领域普遍发展观的合理因素

儿童认知是以一般方式发展,还是以特殊方式发展?这就是今天著名的“领域普遍性”对“领域特殊性”问题。按前一种观点,儿童发展需经历一般性的阶段,并按顺序发展;按后一种观点,儿童发展是同时沿着许多方向、以不同的速度和连续的方式发展。但是,对于认知发展的领域特殊性观点或研究来说,我们首先需要弄清的一个问题是,究竟什么是领域特殊性?

到目前为止,还没有人能给出一个令人满意的定义。也许格尔曼的一

个说法是目前最具代表性的："在推理样式、知识结构以及获得知识的机制在跨越不同内容领域的重要方面都是不同的这一范围内，认知能力是领域特殊的。"①卡米洛夫—史密斯对"领域"的界定是从与"模块"相区别的角度进行的。她认为："从儿童心理的观点来看，领域是支持某一特定范围知识的一组表征：语言、数、物理，等等。模块是把这种知识和对它的计算加工封闭起来的信息加工单元。因此，认为发展是领域特殊的，并不必然隐含着模块性。换句话说，信息的储存和加工可能是领域特殊的但不是封闭的、先天的或强迫的。……我将论证发展的领域特殊性而不是严格的福多意义上的模块性。我将保留'领域'这个术语以包括语言、物理、数学等。我还将区分出'微领域'，如物理领域内的重力和语言领域内的代词习得。这些微领域可以被认为是特定领域中的子集。"②格尔曼对领域的理解则以区分"核心领域"与"非核心领域"为特色。她的核心观点是："存在着核心特殊的和非核心特殊的知识领域，但只有核心特殊的领域得益于天赋骨架结构(innate skeletal structures)。核心骨架领域是普遍共有的，即使它们特殊的焦点可能发生改变；而个体在他们所获得的非核心领域方面广泛地发生改变。"③

在明确了"领域特殊性"的基本含义之后，我们就可以看出为什么持这一发展观的学者要反对皮亚杰了。皮亚杰的发展观从本质上看就是一种"领域普遍观"。其突出特征在于，只存在着一条单一的中心发展路线，即"逻辑数学结构"的发展，它几乎支配和影响了儿童所有其他认知能力的发展。具体来说，皮亚杰的"结构"在本质上是逻辑数学的；逻辑数学结构或范畴对于认知发展特别是物理范畴的形成来说具有决定性的意义，因为所有物理范畴都要从属于或受制于逻辑数学范畴。在皮亚杰那里，逻辑数学结构具有普遍性，因为它影响甚至决定儿童智慧行为的每一个方面。显然，所谓"领域特殊性"的浪潮正是要反对以皮亚杰为代表的这种普遍发展观。经过二十多年的实验数据的积累，可以认为皮亚杰这种过于一般的(普遍的)、过于抽象的、纯粹的逻辑数学化的发展观，是值得重新考虑的。因为皮亚杰逻辑数学化的结构主义解释难以同化目前所出现的实验数据。其中具有挑战性的数据有如下几类：

① Gelman, S. (1999). Domain－specificity. In: R. A. Wilson, F. C. Keil (Eds.). *The MIT encyclopedia of the cognitive sciences*. Cambridge: MIT Press. pp. 295～298.

② A・卡米洛夫—史密斯著，缪小春译：《超越模块性——认知科学的发展观》，华东师范大学出版社 2001 年版，第 6 页。

③ Gelman, S. (2000). Domain specificity and variability in cognitive development. *Child Development*, Vol. 71, No. 4, p. 854.

第一,认知发展中的非同步现象。这是皮亚杰经典性解释中最主要的一个问题:儿童在通过相同的逻辑结构的不同测验中表现出年龄差。也就是说,在使用不同的测量去测试同一逻辑结构时,通过测试的儿童年龄相差非常悬殊。根据皮亚杰对儿童守恒的测量,数量守恒是 7 岁左右;液体、长度和重量守恒是 8 岁左右;质量守恒要到 10 岁左右,而体积守恒则要到 13 岁甚至更大的儿童。这就给皮亚杰的解释出了一个难题:如果"逻辑"是儿童解决守恒问题的唯一力量或根据的话,那么,儿童一旦掌握了不变性原则,就应该马上能够解决所有的守恒问题。皮亚杰用"滞差"概念表明在儿童的主要发展阶段存在一些延迟。但这充其量只是对问题的描述,并没有提供一种解释。

第二,个体差异。这一类挑战性数据是测验各项目之间的得分呈低相关。例如,如前所述,已有数据表明:在同一运算的不同测量上的作业之间呈低相关;在纵向研究期间,在不同时间进行的同一皮亚杰式测验上的低初测—再测分数(平均 0.4);在测量方面被认为是一起发展的能力(如排列和组合)的测验之间的低相关;在具有同样逻辑结构的任务能力方面有显著差异。① 中国的一项研究表明,理论上属于具体运算阶段的作业任务,在各次测查期间其作业成绩的相关都较低,各种有关概念的获得并不是同步的。② 尽管皮亚杰理论的许多批评者以不同任务上的作业之间低相关为根据,这不足以证明皮亚杰完全错了。但这些测验项目都与同一逻辑数学结构有关。这些数据也许表明,不同的个体向不同的方向发展,或用不同的推论来解决逻辑结构相同的问题。

第三,跨文化的差异。跨文化的调查表明,在许多文化背景中,皮亚杰式的测验并没有取得成功,甚至在成人中也难以成功。由于"形式运算"被假设为具有普遍性,因而这种情况就难以用皮亚杰结构论加以解释了。皮亚杰也曾将之归咎于测量仪器上的差错,或只是一个测验内容的问题。他认为,如果对测验加以改进,使之更适用于其他文化,使其他文化教育背景中的人完全熟悉测验的内容,用于形式思维的逻辑数学结构将会具有真正的普遍性。但迄今并没有事实证明,测验内容的变化就能产生(由结构支配的)迥然不同的操作行为。

第四,逻辑训练的作用。皮亚杰的逻辑数学结构是儿童自发建构的产

---

① Smith, L., Dockrell, J., Tomlinson, P. (Eds.) (1997). *Piaget, Vygotsky and beyond: Future issues for developmental psychology and education*. London: Routledge, pp. 201～207.

② 方富熹、方格:《初入学儿童认知发展中的个别差异和个人内部差异初探》,《心理学报》,1991 年第 4 期,第 372～379 页。

物。那么，按照这一理论，纯粹外部的影响因素（特别是教学）对儿童在逻辑数学结构的测量中的表现应该影响不大。即使训练确有影响，也许只是在其他性质相似的测验中才会出现迁移现象。但现有数据表明，许多训练都对儿童在守恒等方面测量中的表现产生明显积极的影响。因此，皮亚杰所坚持的“学习”与“发展”的关系的观点仍需重新考虑。

基于以上数据，我们在原则上承认，皮亚杰过于普遍化的、过于抽象和理想化的“阶段”和“结构”概念需要重新调整，但这并不意味着皮亚杰关于认知普遍化发展的思想就不再起作用了，有可能弱化皮亚杰的阶段和结构而继续采纳他的领域普遍化发展的思想。皮亚杰普遍发展思想的合理因素主要有以下几个方面：

第一，以动作为基础的儿童与外部世界（物理/社会文化环境）之间建构性相互作用论。如果我们要探索儿童发展的一般规律而不仅仅是个体差异，那么皮亚杰这一作为理论基础的假设仍然具有普遍性的意义。到目前为止，关于儿童动作（或活动）对发展的意义，动作是主体与环境之间的动力性相互作用的观点，在发展心理学中尚没有人能够否定。

第二，“平衡化”和“反省抽象”作为认知发展的机制仍然具有普遍性的意义。平衡化是一种基于主体“内部矛盾”的动力学机制，它能解释儿童认知为什么从低级向高级发展；而反省抽象则提供了主体从内隐的动作层面向外显的抽象符号层面通达的机制，它同样具有领域普遍发展的意义。这就表明，同化与顺化、概括化、“意识的把握”（概念化）等，都是领域普遍的机制，因为它们是在不同领域中都具有的相同的一般性过程。

第三，皮亚杰理论中存在着某些全面的或跨领域的一般性变化。首先是 18 个月左右所发生的变化。一方面发生了“哥白尼式的革命”——一种普遍的去自我中心的过程；另一方面又正是“符号功能”（象征性游戏、心理表象、语言等）开始形成的时期。其次是 7、8 岁左右能运用内部表征对具体客体进行操作的时期。最后是 11、12 岁能运用语言通达的抽象形式思维时期。无论各发展心理学家的具体数据多么不同，这些大的一般性变化或在各种不同的领域中发生根本变化，应该是具有普遍意义的。

第四，皮亚杰关于特定行为模式与神经回路相联系或对应的观点也具有普遍性发展的意义。在皮亚杰看来，“成熟”之所以是认知发展的第一个基本因素，是因为某些行为模式有赖于一定神经结构或神经回路的最早发生的机能。如约四个半月婴儿的视觉与抓握反射的协调便是如此。视知觉的各种机体条件要到青年期才能完全成熟，而视网膜的机能则很早就出现了。皮亚杰给我们的启示是，如果领域一般性的变化确实发生了，这可以作为脑神经发生根本变化的一个征象。

二、极端"领域特殊性"观的不合理性

与皮亚杰的领域普遍观相反,目前"领域特殊性"的呼声越来越高,以致任何谈论儿童发展的普遍性的观点似乎都已经过时了。我们把这种倾向称为极端的或激进的领域特殊观,其最有代表性的观点是"模块论"的观点。有时人们把模块观点与领域特殊的观点相提并论。

模块论的基本观点可概括为:(1) 人出生时就具备了一组原始的"模块"式结构。这样一组模块能使儿童偏向于注意某些特殊类型的刺激,并形成一定的反应模式。假定模块存在的直觉上的依据是:个别儿童有时候可以用成人的方式操作某一特定水平的任务,而其他的任务则以儿童的方式进行操作。已有数据表明:儿童能像成人那样操作特别的任务,是因为这些任务可以让他们应用一个丰富而广泛的"知识基础";儿童实际上对这个任务有特别多的接触,这样就有时间去获得这个任务的知识基础;儿童有强烈的动机,很早就显露出对任务领域具有天赋。成人脑损伤研究表明,这些成人在某一特定认知领域中的行为水平不比儿童行为水平高,而他们在所有其他领域的行为相对而言不受影响。(2) 模块是天赋的。大多数模块论者都或多或少主张模块天赋论。(3) 模块具有"强重构"和"弱重构"的特点。就是说,随着时间的推移,儿童在每个领域的"图样"(map)或"视界"经历了周期性的重新建构。所谓弱重构,是指某些相对较少的重构,可以被看做是对原有结构进行补充和(或)将局部结构整合到更为一般的结构中去。而绝大多数重构则表现在儿童概念的本质、概念之间的关系以及用这些概念进行解释的现象等方面的变化上,这即是强重构。

我们注意到,模块论者往往把自己的观点与皮亚杰对立起来。因为"模块"首先意味着领域特殊性。例如,福多在一系列评论皮亚杰和维果茨基的著作中坚持一种极端的领域特殊观。在他看来,大自然已经设计好了两种方式,从"快速的无声系统"(即"输入系统")和"缓慢的深思系统"(即"中心系统")中获取最多的东西,只是拒绝在它们两者之间进行选择。也就是说,除了输入系统和中心系统这两大独立的(分离的)模块系统外,没有任何居间的、可调和的东西。但是,我们不无遗憾地指出,模块的思想并不是极端领域特殊论者的专利,在皮亚杰理论中也有丰富的模块论思想。[1] 对于皮亚

---

① 熊哲宏:《论"心理模块性"研究的理论心理学意义》,《心理学探新》,2002年第1期,第16～20页。

杰来说，就儿童的认知发展而论，是否能以“知觉”的发展来解释“概念”的发展（在这里，知觉属输入模块，概念属中心模块）。经验主义的一个基本命题认为，概念的内容来源于知觉，而且概念的形式仅仅是由经验的抽象和概括所组成，并没有任何所谓“构成的结构”。即是说，除了知觉所提供的事物之间的关系以外，并无其他任何来源可言。皮亚杰则观察到，这种构成的“结构”（逻辑数学概念）总是存在，并由儿童的动作所产生。而且，这结构还利用非知觉的内容来丰富概念（即增加知觉以外的信息），因为在刚开始时“感知—运动格式”的作用便超出了知觉的范围，而且“感知—运动格式”本身是不能被人所知觉到的。

皮亚杰观察到四种情境，以情境三为例：知觉的发展与相应概念的发展之间显现出部分的“同构性”（或结构的相似形）。在这里，知觉是概念的“先形”（prefiguration）。但这不是说，知觉是概念的直接先驱，而是表明知觉与概念的构成是类似的，但两者是旁系的关系而非因果的关系，它们的共同来源乃是感知—运动格式。“先形”的一个简单例子就是“知觉常性”与“运算守恒”（概念）之间的关系。实验表明，在儿童认识物体某些性质的“不变性”（守恒）时都存在这样两种过程：在知觉常性情况下，物体看起来在外观上的大小或形状改变时，它的实际大小或形状并不改变；在运算守恒情况下，例如，液体从一个容器倒向另一容器，或是改变一块泥土的形状，它的容量和重量等并不改变。从心理机制上看，知觉常性与运算守恒各以多种成分的补偿机制为基础。在大小常性的情况下，视网膜上映像的大小随着距离增加而递减，但所知觉到的实际大小由于这两个变数的相互协调而仍然保持大致不变。在物体守恒情况下，儿童看到液体倒向较窄的玻璃杯时，虽然液体水平面上升了，但液体的圆柱形宽度却减小，因此儿童能判断液体的容量不变。由此可见，液体的容量由于补偿机制的作用而保持守恒。因此，常性机制（在知觉水平上）与守恒机制（在概念水平上）之间具有一种结构的相似性或部分的同构性。

皮亚杰解释说，知觉常性与运算守恒通过补偿作用按相似的形式而发展这一事实，并不意味后者来源于前者，而恰恰说明后者表现出更大的复杂性。常性与守恒之间的关系是一种旁系的关系：知觉常性在出生第一年（感知运动阶段）就显现了，或者说知觉的补偿机制早在出生后头 6 个月到 12 个月就已发生作用；而运算守恒或运算的补偿机制要到 6 岁或 7 岁才具有。这说明知觉的常性或不变性并不是概念的守恒或不变性的直接来源（直接先驱）。皮亚杰的发生学研究的确表明，知觉与概念是两大独立的模块系统（分别是领域特殊的和信息封闭的）。

以上表明，即使皮亚杰的领域普遍观中也有领域特殊观的因素。更何况，当今模块论也承认存在着用于将模块的运算结构加以协调的一般性（普遍性）装置。但他们所说的普遍性往往是指各个领域的内部而不是各领域之间（跨领域）。按这种观点，儿童知识变化的方式之一是：当他们在某一领域中获得更多的经验时，他们就开始建立这一领域基本构成要素之间的新的联系（无论是概念性的、步骤性的，还是纯粹联想的），这些新的联系引导以前相互分离的知识被结合起来，而成为知识结构的联合体。因此，尽管他们承认儿童发展具有一种一般性的成分——一个超越孤立的任务或情境的成分。或者说，有一种儿童有关任务的全领域知识结构的变化，但这种变化或者是源于能控制儿童对这个领域任务做出反应的"模块"的成熟，或者是源于一种理论的重复工作的临界线与模块的临界线二者共存的变化。

我们认为，模块论就目前的理论形态而言尚存在着不少缺陷。首先，断言模块的天赋论，会进一步引出关于天赋与后成（先天与后天、遗传与环境）关系问题的传统之争。正如有人指出的那样："天赋论与模块性在如下意义上是不同的：天赋论是关于认知怎样发展的一个主题（涉及到它在很大程度上独立于经验输入这一观点），而模块性是关于认知加工是怎样被组织的事情。但这两个研究方案显然又是相互支持的。因为，同样细化的模块组织，应该仅仅通过普遍学习过程在多样的经验输入之上进行操作，就被复制在不同个体中，这一说法不是全然合理的。模块似乎是特殊化的、专门的认知机制，支持模块性的主要理论论证之一——至少与知觉输入模块相关——使得认知被结构化的方式有适应优势。如果是这样，那么这种适应优势将需要通过对于模块系统的发展进行指令的遗传传递而被复制下来。"①于是，人们经常对天赋论的批评同样适用于模块论。其次，模块论极端的领域特殊观对许多现有数据缺乏必要的解释力。例如，根据凯斯等人提供的数据，在工作记忆测验中，已经在相当多的不同任务情境中发现了不变的年龄常模，而且不同测量的发展轨迹也是相同的；就结构测验来看，为了评定儿童行为的上限或最佳水平，同时出现了相同的一般性模式，即在不同领域的测验中，也出现了相同的一般性趋势以及在发展的速度方面的局限性。

① Botterill, C., Carruther, P. (1999). *The philosophy of psychology*. Cambridge: Cambridge University Press, p. 56.

三、在领域特殊发展与普遍发展之间保持必要的张力

正如我们已经表明的那样，皮亚杰的领域普遍发展观尽管有其合理的因素，但它那过于普遍化的阶段和结构概念需要进行新的调整；而以模块论为代表的领域特殊观则因过于极端而成为一种狭隘的领域特殊观。于是，对于我们深化皮亚杰的事业来说，关键的问题就是要找到一条既能优化皮亚杰普遍发展观又能克服极端领域特殊观的有效途径，从而在儿童发展观上的领域普遍性与领域特殊性之间保持必要的张力。

我们主张，认知发展既不是完全（或绝对）的领域特殊的，也不是完全（或绝对）的领域普遍的，而是既有领域特殊的因素又有领域普遍的成分。对认知发展的合理解释应该是领域的特殊性与普遍性的统一。在当前领域特殊性研究日渐高涨的情况下，我们应该区分认知发展的哪些方面或因素是领域特殊式的发展，哪些是领域普遍式的发展，并试图把二者有机统一起来。任何把发展的领域特殊性与领域普遍性对立起来的做法都可能是失之偏颇的。正如卡米洛夫—史密斯指出的那样："发展不是要么是领域特殊的，要么是领域一般的。显然两者有错综复杂的相互作用，领域一般性的作用要比大部分发展的先天论和模块论的观点所假定的要强，而领域特殊性的作用要比皮亚杰理论所假设的强。"①对于未来的皮亚杰研究来说，为了在特殊观与普遍观之间保持必要的张力，我们认为要从以下方面做出努力：

第一，在理论假设上，既要继续坚持皮亚杰的后成论和建构论，又要突出领域特殊性对文化差异和个体差异的重视。皮亚杰本人在《皮亚杰的理论》的开篇中所概述的那三个"基本假设"——可简述为后成论、适应论和主客体相互作用论，迄今仍然是儿童认知发展研究的指导性假设。人们对"结构"的概念可以有不同的理解（如新皮亚杰派的"中心概念结构"，模块论者的"模块"，联结主义的"知识网络"等），甚至于不用结构一词（如卡米洛夫—史密斯的"表征重述"，后皮亚杰学派的"心理测量学化"对逻辑数学结构的"解构"等）；人们也可以不再使用"阶段"的术语（如卡米洛夫—史密斯用"时期"加以取代），或弱化阶段概念的涵义（如方富熹的"连续性和阶段性相统一"）。② 但是，皮亚杰认知水平上的建构论（对应于基因水平上的后成论），

① A·卡米洛夫—史密斯著，缪小春译：《超越模块性——认知科学的发展观》，华东师范大学出版社 2001 年版，第 153～154 页。

② 方富熹、方格、刘范：《略论儿童认知发展是阶段性和连续性的统一》，《心理学报》，1988 年第 1 期，第 1～6 页。

对于各派不同理论倾向的发展学家都是原则上可接受的，也是必须接受的。例如，新皮亚杰派认为，建构论对中心概念结构的形成具有关键意义。无论它被应用到什么领域，或者它所依赖的文化经验有多大差别，真正承担概念理解的任何认知结构都必须由儿童主动地建构。

把领域特殊性与皮亚杰建构论结合起来，从理论假设的角度来说，就要突出建构过程中的文化差异和个体差异（个体间和个体内），因为这正是皮亚杰经典理论强调不够的方面。这就首先意味着，儿童建构的智力运算（特别是较高水平的运算）本身是一种文化创造的产物。由于哺育儿童成长的文化（环境）以及这一文化生活中的历史性事件的不同而表现出差异。其次，随着年龄的增长，为了适应并融入本文化所公认的价值观，儿童必须更多地依赖于某种形式的教学（正式的和非正式的），这正是维果茨基提出的"教学必须在发展的前面引导发展"的精神。显然，儿童的认知发展会由于他的文化背景中的社会群体以及所能接触到的教育资源而表现出差异。在这个意义上，我们提出的儿童的文化发展与个体发展的统一，与皮亚杰普遍建构论和领域特殊性的统一，二者是完全一致的。

第二，在方法学上，既要坚持皮亚杰对"一般机制"、"智慧或认知的机能"的普遍法则的研究，又要容纳领域特殊观着重"领域"、"核心知识"、"模块"、"任务作业"等的研究特色。皮亚杰把心理学理解为关于物种行为的普遍机制或法则的研究，把儿童认知发展研究理解为关于"智慧发展的普遍理论"，这样的理论着重的是对发展的普遍机制的描述和解释。但由于人的心理的复杂性，既有"一般心理"又有"特殊（差异）心理"，而皮亚杰的理论仅仅研究了前一个方面。今天我们把一般机制与特殊机制的研究结合起来，一方面意味着研究的范围要跨越相当广泛的领域和任务，而不仅仅局限于某一个领域或一种任务。分析的框架要能超越任何一个特殊领域，以致在注意到不同任务之间差别的情况下能确定不同任务中的相同之处。另一方面，就像今天的领域特殊性研究者所做的那样，首先是要着重于各个不同的领域，特别是那些一般被看做是涉及到不同的神经学层面——因为"领域"的起源在于人类神经系统的模块结构——的作业类型，同时要注重儿童在探讨作业的过程中所产生的概念性变化，而不只是具体方法和技能的变化。其次，在任务分析中，要注意那些需要儿童具有丰富的一般性知识的任务。既要关注那些具有独特的兴趣、知识、才能或能力的个别儿童（天才儿童），也要关注那些具有中等水平知识和能力的儿童群体。

第三，在发展的总趋势上，既要承认儿童发展的普遍性进步，又要看到发展是一个从简单到复杂、从具体到抽象、从内隐到外显的曲折过程。皮亚杰理论追溯认识本身的起源，从最低级形式的认识开始，并追踪这种认识向以后各个水平的发展情况，一直追踪到科学思维并包括科学思维，从而为我们展示了一幅人类认识普遍性进步的总趋势。而且，尽管儿童认知的内容有可能随文化背景和具体任务的不同而发生变化，发展的速率也可能在一个文化内或跨文化中的不同场合发生变化，但发展的普遍性进步则是从简单的、具体的、内隐的外部感知动作过渡到复杂的、抽象的和外显的内部表征。正是在这个意义上，卡米洛夫—史密斯有根据表明她的"表征重述"理论体现了领域一般性与特殊性的统一："表征重述的功能和过程是领域一般性的，因为在不同的领域和微领域中有一个相同的过程以同样的方式在起作用。但表征重述在整个发展的不同时间里重复发生。虽然过程是领域一般性的，但表征重述对之起作用的变化结构受领域特殊性的制约。换言之，它受到某一时刻支持特定微领域的表征之形式和外显水平的影响。它不包含皮亚杰所说的那种全面的结构变化。"①

总之，我们相信，只要我们进一步发挥皮亚杰关于领域普遍性发展的机能、机制、动力学过程的思想，并把当今领域特殊性研究的合理成分融合进去，我们将会最终解决经典发展理论中的普遍性与特殊性问题的困境。②

第三节 当代发展心理学的"天赋论"对皮亚杰理论的挑战

"天赋论"历来是儿童发展心理学中的一个古老而常新的经典问题。近二十多年来，随着神经科学、认知神经科学、发展的认知神经科学、婴儿实时脑激活研究、神经语言学等突飞猛进的发展，使得人类对自身的"天赋"问题有了新的认识，并导致古老的天赋论在当代再次复兴。目前国外已出现了各种各样的天赋论形式。这些多样的天赋论形式，不仅对一般的儿童发展心理学提出了新的课题，而且对皮亚杰经典理论也构成了一种挑战。为了

① A·卡米洛夫—史密斯著，缪小春译：《超越模块性——认知科学的发展观》，华东师范大学出版社 2001 年版，第 153 页。

② 熊哲宏：《论儿童"领域特殊"发展与"领域普遍"发展的统一——整合皮亚杰理论与当代模块论》，《西北师大学报》(社会科学版)，2002 年第 4 期，第 17～22 页。

在新的历史背景下推进皮亚杰的事业，有必要在新的起点上重新探讨先天与后天（或天性与教养、遗传与环境）的关系问题。我们认为，这对于皮亚杰理论的未来发展乃至整个认知发展研究都至关重要。

一、当代发展心理学"天赋论"的复兴及其原因

众所周知，"天赋论"最早是一种古老的哲学观念。随着科学的发展对人自身认识的加深，它日益渗透到科学本身而成为一种科学观念。我们这里所考察的天赋论，显然是一种儿童发展心理学中的科学观念。这种观念在当代的复兴形式主要表现为以下四种：

第一，模块天赋论。这种天赋论可以说是当代天赋论复兴的最典型的形态。其基本要义是：人的心理是由遗传上规定的、功能独立的单元即"模块"（module）所构成的。心理模块只能是天赋的，它是一种相对固定的、受到高度制约的天赋规定的组织。模块天赋论的主要代表人物是哲学家福多、语言学家乔姆斯基、进化心理学家科斯米德斯（L. Cosmides）和托比（J. Tooby）等。

福多在1983年出版的《心理的模块性》一书中首次提出了"模块"的天赋性概念。根据这一概念，作为功能独立的、目的特殊的单元即模块只能是天赋的。他宣称模块具有"固定的神经构架"（fixed neural architecture）。这就意味着：模块被注定是"硬件化的"（即不是从更原始的过程所装配的），具有固定的神经构架（即遗传上规定了的）。福多把模块比作身体的器官。我们的身体是由许多功能独立的器官所组成的，通过各器官的相互作用，便形成我们身体的整体功能。当然模块并不像身体器官那样交换能量或液体，而只能交换信息。这表明模块是一个功能上的隐喻（你可以说是一个抽象的"器官"）。但它就像身体器官的成长一样，是受遗传控制的；它也不是遍布整个大脑的，它只在某个特定的神经结构或大脑皮质中存在（如语言就是一个最好的例子）。福多最近还进一步断定："一个模块所专有的信息和操作或多或少无一例外地是'遗传上预先编程的'（无论这准确地是指什么）。"[①]可以认为，福多所主张的模块天赋论是一种"纯粹的"或"强的"、"极端的"天赋论。

乔姆斯基在其《关于心理研究的模块化方法》一书中，将他的语言模块

① Fodor, J. (1998). *In critical condition: Polemical essays on cognitive science and the philosophy of mind*. Cambridge: The MIT Press, p. 128.

的思想加以系统化。他认为，心理由“具有其自己特性的分离的系统(如语言官能、视觉系统、面孔识别模块等)所组成”①。乔姆斯基关注的是语言模块，更特别的是句法或“普遍语法”这样的模块。他确认，我们的“语言能力”是由对我们的自然语言进行内部表征的语法——普遍语法——所组成的。这样，乔姆斯基的模块实际上是一种在心理上表征的领域特殊的知识或信息实体。简单地说，它是一种表征系统，这种表征系统当然是天赋的。

近期进化心理学家科斯米德斯和托比等提出了“达尔文模块”(Darwinian modules)的概念。这种模块是“天赋的”认知结构，其独特特性主要或完全由遗传因素所决定。此外，进化心理学家提出更强的观点：支配我们认知结构的许多达尔文模块是自然选择的产物。它们是在物种进化史期间由自然选择所发明的类型，以便在该物种的自然环境中产生适应目的。这样，不仅进化心理学家本身偏爱模块是天赋的这一观点，他们也偏爱关于模块怎么样成为一种天赋的——即经由自然选择——理论。虽然达尔文模块在现代环境中不必提高繁衍适应，但它们存在着，因为它们在我们“更新世”的祖先的环境中的确提高了适应性。换言之，虽然达尔文模块现在不必是适应性的，但它们是“适应器”(adaptations)。对模块的起源进行这样的说明，就是进化心理学家称为“达尔文式的”之理由。②

第二，初始天赋论。这是指婴儿从出生时便表现出来的知识，或称“初始知识”(initial knowledge)。其代表人物是发展心理学家戈普尼克(A. Gopnik)和斯佩尔克(E. Spelke)。戈普尼克初始天赋论的要义是：“婴儿似乎具有天赋的心理知识，这种知识是似理论的，至少在它的确超出直接知觉经验这一意义上是这样的。它能产生真正的和富有创造的预测，它依进一步的证据而被修正。当我们说这种知识是天赋的时，我们不是在哲学意义上指这一点。它既不是该哲学家也不是任何闲荡的家伙能想到的一种学习它的方式。我们是指，它在 42 小时大的婴儿中显示出来。”③“我们支持的观点是，婴儿由于某种天赋结构在理解人方面被赋有一种跳跃性开始，但他们逐渐开始理解包括假装、意象、情绪、知觉、愿望、意向和信念在内的整个心理领域。新生儿尚不具有像这种充分的心理理论的任何东西，但他们的确

---

① Chomsky, N. (1988). *Language and problems of knowledge*. Cambridge, MA: MIT Press, p. 161.

② Cosmides, L., Tooby, J. (1994). Origins of domain specificity: The evolution of functional organization. In: L. A. Hirschfeld, S. A. Gelman (Eds.). *Mapping the mind: Domain specificity in cognition and culture*. Cambridge: Cambridge University Press. pp. 85～116.

③ Gopnik, A. (1996). The scientist as child. *Philosophy of Science*, Vol. 63, p. 510.

具有理解他人和人的行动的富有优先权的方式。"我们可以认为，初始天赋论是一种比较"弱的"天赋论，因为它强调天赋的东西只是赋予一种"跳跃性的开始"。按照戈普尼克的说法，初始天赋论是一种"系统阐述关于早期发展的一种理论，这种早期发展严肃地呈现婴儿对人的理解的初始状态的丰富性，并仍然拥有发展的变化。我们提出我们称为'初始状态天赋论'，它并不归结为福多的'模块性或最终状态天赋论'——结果从一开始就是固定的，只是随年龄而成熟。恰恰相反，我们提出，发展是通过一种不断的修正过程而进行的，就像科学的理论变化过程。婴儿绝不是面临从行为的粗陋事实引入心理的经验这一经验论困境。他们也不被一种简单地、生物学上固定地解释他人这一约束所诱惑。……西方成人的常识心理学框架既不是天赋的也不是成熟所决定的；它主要被儿童所塑造，以此来说明他与他人相处的经验。像研究他们的成人一样，儿童是从某种强有力的假定——他们从事实验，他们构造的理论被他们所接受的证据深深地影响——开始发展的。我们对儿童的理解以及他们对我们的理解在本质上不是固定的，而是像我们彼此相互作用一样慢慢修补成形的。"①

第三，参数天赋论。这种天赋论（以乔姆斯基为代表）认为人类的"普遍语法"已经设置了有关环境输入的天赋规定之参数。婴儿为什么能学习不同的语言？根据乔姆斯基的观点，这是因为普遍语法有确定的参数，这些参数可以通过经验来固定下来。"语言能力"是一种错综复杂的网络，此网络与一个包含开关矩阵的"开关盒"相联系，这些开关可以在两种状态之间转换。除非开关以某种方式加以设置，否则系统就不会工作。当开关以某个允许的方式设置后，系统就按其自身的性质工作，但是不同的功能取决于所有开关的设置方式。这个固定的网络就是普遍语法的原理系统，开关就是由经验确定的参数。给正在学习语言的儿童呈现的数据必须能满足开关以某种方式进行设置的需要。而开关一旦设置，儿童就有了一个特定语言的命令，并了解了该语言的事实：一个确定的表达具有了确定的意义。这样，根据参数天赋论，所谓语言学习就是确定普遍语法尚未指定的参数值的过程，是设置开关使网络工作的过程。语言学习并不是儿童真正做什么事情，而是置于适当环境中的儿童发生了什么事情，就像儿童处于适宜的环境刺激和营养条件下，按预定的方式生长和成熟一样。总之，按照参数天赋论，

---

① Meltzoff, A., Gopnik, A., Repacholi, B. M. (1999). Toddler's understanding of intention, desires and emotions: Explorations of the dark ages. In: P. D. Zelazo et al. (Eds.). *Developing theories of intention*. New Jersey: Lawrence Erlbaum. pp. 17～41.

儿童的语言获得能力是脑的固有机制的结果。婴儿的大脑可能天生就能分类接收刺激,如音位、词、句法类型和短语。这种天赋的机制使儿童能正确、快速地获得语言。

第四,素质天赋论。这种天赋论认为人有天赋规定的"素质"(predisposition),即注意偏向和原则倾向性等。这以卡米洛夫—史密斯为代表。她在1992年出版的《超越模块性——认知科学的发展观》中重新解释了"先天规定"一词的含义。她说:"我在本书中用'先天规定'这个术语,并不是说在出生时就存在预先规定的模块的遗传蓝图。我主张的先天规定的素质比福多的先天论所说的来得后成。贯穿本书的观点是天性规定了最初的偏向或倾向,它把注意力引向有关的环境输入,而这又反过来影响随后的脑发育。"① 卡米洛夫—史密斯认为,信息储存在儿童心理中有几种不同的方式。其中一种是通过作为进化过程之结果的"先天规定"。先天规定的素质可能是特殊的,也可能是非特殊的。无论是哪一种,环境的输入都是必须的。当先天成分被详细规定时,环境的作用可能只是触发有机体去选择一个参数或线路而不选其他。与此不同,当先天"素质"只是一种偏向或一个"概略"(a skeletal outline)时,那么环境的作用就不仅是一个触发器,它通过心理与物理/社会文化环境之间丰富的后成互动而实际影响大脑的随后结构。而所谓"概略"就只涉及到对特定输入的注意偏向,以及一些限制计算这些输入的原则倾向性。

当代儿童发展研究领域天赋论的复兴,其原因是多方面的。既有实验研究技术方面的原因,也有纯粹理论上的原因。从实验研究技术方面的原因来看,自20世纪80年代以来,婴儿实验研究的方法和技术有了新的较大的突破,形成了比较系统的婴儿实验研究的新范式。其中最有代表性的首先是"习惯化/去习惯化"技术。在这种技术中,向婴儿重复呈现同样的刺激,直到他们开始对它只注视比较短的时间,表现出对这个刺激不感兴趣。然后呈现不同的刺激。如果婴儿注视较长时间,表现出兴趣的重新产生,那就可以下结论说,婴儿认识(或知觉、理解)到新刺激与以前的刺激不同。婴儿对一个事件的兴趣(例如,在一系列各种大小和颜色不同的方块之后见到一个圆圈)一般表现为注意的延长。如果新生儿表现出对方块的兴趣降低,也不管它们的颜色和大小的改变,而突然对第一次呈现的圆圈表现出兴趣的恢复,那么心理学家可以下结论说,新生儿出生时就存在着对"形状"的分

① A·卡米洛夫—史密斯著,缪小春译:《超越模块性——认知科学的发展观》,华东师范大学出版社2001年版,第5页。

辨能力，而不必经过学习。在这一技术中，婴儿的“兴趣”是通过吮吸的增强或观看的延长来加以测定的。这可以帮助我们探索环境的输入对婴儿先天素质的影响。例如，通过运用测定观看时间的技术便可发现，婴儿对一只没有支撑而停在半空中的球表现出惊讶（看的时间要长些），或者对一个物体似乎穿越一个坚固的表面而表现出惊讶（即他们也许对明显违反物理的规律具有特殊的敏感性）。

其次是“观看或倾听的偏爱”技术。在这一技术中，不测定习惯化和去习惯化，而是向婴儿同时呈现两个刺激，测量婴儿更喜欢哪一个。测量是由看不到婴儿能见到的刺激的观察者进行的。可利用这种技术测定婴儿把听觉刺激的数目（如三个鼓声）与两组视觉刺激中哪一个加以匹配的能力，其中一组包含两个物体，另一组包含三个。

近些年来，“儿童心理理论”的发展研究成为新的热点。心理学家发现，3 岁儿童已处于理解“信念”的边缘状态。然而，在“不明的年龄”（a dark ages）期（从大约 15 个月到 36 个月），现已确立的婴儿研究技术（如偏爱新颖性的程序）不起作用，因为儿童太大以致不能坐着并被动地看；相反，要求健全的言语区分的测验（如指导语“当我第一次问你时，在我们做 X 之前，你相信的东西是……”）也不起作用，因为对于这种“言语体操”来说学步儿又太小。于是，最近又发展了几种专门测验不明年龄期儿童的心理理论的技术。其中一种技术是利用学步儿的语言能力。这种研究表明，18 个月的儿童能理解词指称客体，并能利用成人的注意线索（如凝视方向、姿态）来分辨一种新颖标记的所指物。在相似的年龄，儿童也以他们企图确定一个新颖词的所指物来说明他人的意向。而对早期谈话的自然主义研究的分析，也说明了儿童对心理的理解。另外，“行为再扮演程序”（behavioral reenactment procedure）、婴儿解读人的情绪表达的意义等新技术，对于发现婴儿的天赋素质具有非常重要的意义。

除了实验技术变革的原因之外，当代天赋论的复兴还有深刻的理论原因。可以说是当代发展心理学理论演变的逻辑结果。从理论上关注儿童发展的天赋因素，最早是由反叛行为主义的“认知革命”（特别是乔姆斯基的语言学、福多“心理的模块性”理论）所驱使的，最近则与皮亚杰的反“天赋论”有关。

二、皮亚杰建构论中的“天赋”概念

众所周知，皮亚杰是一个彻底的反“天赋论”者。他经常把语言学家乔姆斯基、生态学家洛伦兹等作为批判的对象。在他晚年,有人把他称为"新行为主义者",也有人把他视为"成熟论者"。他则为自己辩护说:"我既不是新行为主义者也不是成熟论者,我所关心的重要问题是新结构的不断形成的问题,这些新结构既不是在环境中也不是在主体自身内部中,而是在他的发展的各阶段之间预先就形成了的。"①的确,在对婴儿天赋成分的估计上,他至多只承认"遗传格式"(genetic scheme)(即注视、抓握和吸吮等)的存在及其对发展的意义。他的基本理论立场是:在包括感知运动格式在内的认知格式领域内,遗传与成熟的作用都限于:只能决定后天成就的不可能性或者说可能性的范围有多大。但是成就的实现需要由经验从而也是由环境所给予的外界材料,以及由自我调节引起的逐步的内部组织化。要说明认知性行为,我们必须求助于"内源因素",但是绝不能由此就说每一种内源的东西都是从一种遗传程序设计所派生出来的。

但是,皮亚杰的这种天赋概念受到了卡米洛夫—史密斯的严厉批评:"我要冒着伤害我以前在日内瓦大学的一些同事的风险,说皮亚杰和行为主义者有许多相同之处。是什么把皮亚杰和斯金纳联系起来?肯定是一个过失!但我是通过把领域一般观和对发展的领域特殊性解释对立起来,从而达到在这样两个不可能是同盟者的人之间架起联系的。"②她解释说,皮亚杰主义和行为主义理论都不同意婴儿有任何先天结构或领域特殊的知识。他们各自都只承认某些领域一般性的生物学上规定的过程:对皮亚杰主义来说,是一组感觉反射和三个机能过程(同化、顺化和平衡化);对行为主义者来说,是遗传的生理感觉系统和一组复杂的联想规则。这些领域一般性的学习过程可运用于语言和非语言认知的所有方面。因此,皮亚杰和行为主义者在关于婴儿心智的最初状态的概念上是一致的。行为主义者视婴儿为一张白纸,没有内在的知识,这与皮亚杰把婴儿看成受"未分化的、混沌的"输入冲击的观点在本质上是相同的。

我们认为,在皮亚杰囿于当时婴儿实验技术而对天赋因素估计不足的意义上,卡米洛夫—史密斯的批评是有意义的。但是若把皮亚杰与行为主义相提并论,就大大冤枉了皮亚杰。仅就皮亚杰的天赋概念而论,他与行为主义的界限是非常清楚的。

第一,皮亚杰并不否认婴儿有任何先天的结构。他称之为"遗传格式"、

① 皮亚杰著,王宪钿等译:《发生认识论原理》,商务印书馆1981年版,第62页。

② A·卡米洛夫—史密斯著,缪小春译:《超越模块性——认知科学的发展观》,华东师范大学出版社2001年版,第7页。

“前言语智力结构”、“本能”或“身体器官的逻辑”(即运用有机体本身天赋的技能而不是运用由万能的智力所构成的技能的那种逻辑)。在他看来,本能牵涉到特定的实际认识——“知道怎么办”,而本能包含有行为内容和行为形式的遗传程序编制。甚至感知运动格式本身以及感知运动格式的具有决定作用的标志——“IRM”(天赋行为机制)或“内在意义标志”——也是遗传来的。说它们是“天赋”的,就意味着是固定不变的,绝对不能为表现型的建构所改变。

第二,皮亚杰反对关于本能的过分“程式化的模型”,而主张所有本能行为中有三个按阶梯等级排列的水平。前者强调所谓本能特性的刻板性、盲目性和确实可靠性,与智力的自觉意向性、灵活性和易犯错误性之间“天然的对立”。皮亚杰则认为本能的水平有:(1) 一切本能行为所共有的特点——一般协调作用;(2) 行为内容在遗传时的程序化;(3) 个体对环境的适应。而在从本能到智力的过渡中,却唯有水平(2)趋于消失或被减弱。这是因为,这一过渡过程伴随有内化与外化的双重建构。这样,尽管认识结构确实赢得了必然性,但只是在它们发展的最后而不是一开始就有,而且也不牵涉任何先行的遗传程序设计。

第三,皮亚杰运用瓦丁顿的“后成论”表明,表现型是遗传因素与环境因素之间从胚胎发生阶段起就存在着的一种不可分离的相互作用的产物,这就使得要在天赋的东西与获得的东西之间找出一条固定的界限是不可能的,因为在这二者之间存在着生物发展及认知行为所特有的自我调节区域。这样,要说明认知结构的生物根源,必须既不认为只有环境才对认知结构发生作用,也不认为这种结构是先天预先形成了的,而应该看做是“自我调节的作用”——自我调节在循环往复的通路中发生作用,并具有趋向于平衡化的内在倾向。在皮亚杰看来,自我调节系统的功能作用具有心理学解释的价值:一方面,这些自我调节系统存在于有机体的功能作用的各个水平上,从染色体组起直到行为领域本身为止。自我调节是生命最普遍的特性之一,也是机体反应与认知性反应所共有的最一般的机制。另一方面,以自我调节为基础的解释,能说明形成结构的过程,而不是说明现成的结构。

以上分析表明,卡米洛夫—史密斯关于皮亚杰的新生儿“空无知识”,领域一般性的学习可以解释语言和认知的各个方面的观点,确乎言过其实了。而在评价行为主义时,皮亚杰的惯用语是“没有结构的发生”(相应地,乔姆斯基等人是“没有发生的结构”)。显然,皮亚杰是公开把自己与行为主义对立起来的。以下我们会进一步看到,皮亚杰的天赋概念对于说明儿童的认知发展仍然具有一定的意义。

三、天赋制约与后成建构相互作用的动力学

正如我们前面所表明的那样，古老的“先天”与“后天”的经典问题在新实验背景下再次以前所未有的方式提了出来，迫使人们做出新的回答。但是，近期占主导地位的是一种纯粹的或彻底的先天论。模块论和乔姆斯基“普遍语法”观就是这种极端的天赋论。我们认为，从发展皮亚杰理论的愿望来看，纯粹天赋论对于确立科学的发展观将是一个障碍，或有可能陷入困境。

在模块天赋论者那里，新生儿被看成是预先安排好的、能理解特定输入或信息源的个体。而随后的学习要受到先天规定的、领域特殊的“原则”的引导，并且这些原则决定了随后学习的本质。例如，格尔曼认为，儿童对数的学习要受先天规定的与数有关的“原则”高度制约。这些原则使婴儿能集中注意于与数有关的输入，并在记忆中建立与数有关的表征。这些原则随后也为学步儿规定了什么是正确的计数。一句话，先天原则倾向于引导婴儿有选择地把注意力集中于与各个特殊领域（如数）有关的输入。格尔曼提出的儿童一开始就能理解的“计数原则”有：(1) 一个一个数：指知道必须数所有物体，每次数一个，且每次只能数一个；(2) 按稳定的顺序计数：应该总是 1—2—3……而不是一会儿 1—2—3……，一会儿 2—3—1……；(3) 基数：知道数到最后一个数就是一组数的基数（或一系列物体的总数），如“1—2—3—4—5—6”，那么“6”就是基数。①

就语言习得来说，模块天赋论者认为，先天规定的语言结构（模块）制约着儿童运载语言输入的加工。他们主张，婴儿特别关注语言，把语言本身作为“问题空间”，而不是作为领域一般性输入的一部分。因为婴儿具有一些与语言有关的注意倾向。因此，他们与皮亚杰相反，把 18 个月语言开始发生的时间归咎于先天规定的成熟的限制，而不是把它看做领域一般性的“感知运动”发展的最终产物。例如，近期研究表明，婴儿的心理对有限的一类语言输入进行加工。12 小时的新生儿能区别与语言有关的输入和其他非语言的听觉输入，4 天的婴儿已经对他们母语的某些特征产生敏感。②

由于近期婴儿实验研究新技术的突破，皮亚杰关于“感知运动时期”婴

---

① A·卡米洛夫—史密斯著，缪小春译：《超越模块性——认知科学的发展观》，华东师范大学出版社 2001 年版，第 83～105 页。

② 杰柯·梅勒、伊曼纽·都朋著，洪兰译：《天生婴才：重新发现婴儿的认知世界》，九州图书出版社 1999 年版，第 177～211 页。

儿的理论受到了严重挑战，纯粹的先天论大有取代皮亚杰建构论之势。但是，正如历史上关于先天与后天的经典之争所表明的那样，纯粹或极端的先天论在心理学解释上总是有无法解决的难题：后天的东西——纯粹先天论也不否认有这样的东西——是怎样从先天的东西中产生出来的？正如皮亚杰早就洞察到的那样，如果我们希望依靠遗传来说明理性思维的原初的一般形式，我们就得说，例如，数是一个天赋观念。但是我们的推论应该在哪里停止呢？我们必须承认原虫和海绵在它们的遗传组织中已经具有数概念吗？而且，如果它们已经有了数的概念，这仅仅是意味着“自然”数呢，还是我们还要假设它们也潜在地包含有康托尔的“超限对应关系”呢？今天，我们也可以这样提问：就算未来科学证明婴儿确实天赋地带着一些领域特殊的东西来到这个世界，这是不是就意味着纯粹先天论最终取胜了呢？不一定。因为对于任何一种发展理论——除非像福多那样，倾向于怀疑有所谓“认知发展”这样的事情——来说，都必须在天赋的领域特殊能力与后天的发展可塑性之间有一个必要的平衡化。否则，何谈发展！正如卡米洛夫—史密斯指出的那样：“重要的是要记住：婴儿心理中领域特殊的特性越多，则系统以后的灵活性和创造性就越少。固定的限制有最初的适应性功效。而婴儿输入系统的效能、自动性与它们的相对固定性二者之间有一个权衡关系。这就导致了关键的一点：我们最终构造的婴儿心理的先天能力的图像越复杂，则解释以后认知发展的灵活性对我们来说就越重要。”①就目前发展理论的现状而言，皮亚杰的建构论仍然是解释后天发展灵活性的最适宜的模型。我们试加以论证如下：

皮亚杰建构论对于说明先天与后天的关系问题的最大价值，是强调儿童认知的发展，而不是遗传程序编制或先天规定的程序的显露。皮亚杰强调，绝不能说每一种内源的东西都是从一种遗传程序设计所派生出来的。尽管自我调节因素是内源的，但它们的效应却不是“天赋的”。我们相信，随着“计算机控制轴向层析X射线照相术”(CAT)、“正电子发射断层摄影术”(PET)和“功能性磁共振成像”(fMRI)等技术的运用，将会使我们知道更复杂的婴儿脑功能构造，并发现婴儿更多天赋的东西。但是，我们发现的婴儿天赋的东西越多，则在理论上解释这种“天赋”与大脑的关系，以及与外部环境的关系就更重要，也更困难。这里当然涉及怎样给“天赋”下定义。在众多有关天赋的定义中，迄今最有代表性的主要有两种：一种是心理哲学家皮

① A·卡米洛夫—史密斯著，缪小春译：《超越模块性——认知科学的发展观》，华东师范大学出版社2001年版，第8页。

利幸的定义:“当人们声称某个认知状态或能力是天赋的时候,他们的意思是或应该是:不是与环境的影响无关,而是与根据对环境相关特征的表征而进行的由规则控制的建构过程无关。换言之,单从语义(或信息)内容方面看,它与环境原因没有系统的关系。”①另一种定义是卡米洛夫—史密斯提出的“先天规定的素质”(predispositions):“当先天素质只是一种偏向或一个概略时,那么环境的作用就不仅是一个触发器,它通过心理和物理/社会文化环境之间丰富的后成互动而实际影响大脑的随后结构。概略涉及对特定输入的注意倾向和一些限制计算这些输入的原则倾向性。注意,我假设人类心理既有一定的详细规定,也有某些很概略的领域特殊的倾向性,这取决于在什么领域。”②显然,前一种定义是皮亚杰所反对的,因为它主张天赋的东西与后天的建构过程——皮亚杰称“表现型的建构”——无关;后一种定义是关于天赋的一种原则性说明,所包含的详细规定比较少,特别是它去除了遗传程序设计。应该说,这是目前较为合理的一种定义。

问题还不仅仅在于怎样给天赋下定义。在纯粹天赋论的观点中,其合理的意图是希望给婴儿一个很好的开端,或一种“跳跃性的开始”。但关键的问题还在于“后天”怎样从“先天”中出现。为此,皮亚杰在说明“智力之从本能中出现”时引入了内化与外化的双向建构。但皮亚杰用一种过于生物学化的“自我调节”作用来解释这种过渡,似乎解释力还不够。也许正是为了克服这一不足,帕斯卡—莱昂内一直致力于一种“机体论理论”(organismic theory)。这一理论的中心论题是关于“心理注意机制”的发展性展开。他认为,当心理注意能力被适当定义为一种普遍的、因果的建构物时,它似乎是作为一组随实际年龄——直到青年期——而努力成长的天赋资源出现的。心理注意的力量是通过在误导的情境中,人们能同时容纳的机体上不同的方面或维度的数目而标志出来的。帕斯卡—莱昂内强调,“心理智能”应该被定义为天赋的,否则它就成为一种局部描述性建构物。如果天赋资源和先前学习都能提高心理智能,那么这一概念就会只是在选择的情境中主体作业水平的描述器(descriptor),因为学习必然是情境特殊的。发展心理学已经给这类局部描述性概念一个名称,即“工作记忆”。这样,心理注意能力应该被用于意指这样的中心天赋机制:能进行复杂性加工,并增加工作记忆,正如学习也能这样。某些天赋功能机制(亦可称之为“硬件”构造算

① Pylyshyn, Z. W. (1987). What is in a mind? *Synthese*, Vol. 70, p. 117.

② A·卡米洛夫—史密斯著,缪小春译:《超越模块性——认知科学的发展观》,华东师范大学出版社 2001 年版,第 14 页。

子)——既能行使又能限制人或物种(或这二者)的学习潜能——是必然存在的。把这些“天赋机制”与认知学习相混淆,并称它们为“g 因子”,或“工作记忆”,或中心抑制机制,或加工速度,或加工的“命题的”与“类比的”样式之间的相互作用,都没有澄清它们的性质,除非所假设的因素在它们后面有一种适当的、普遍的机体论的理论。

这就出现了两个主要问题:这些心理注意机制是什么?这些注意机制是出生时就充分发展了的,还是直到青年期才慢慢展开的?在有机体内沿着发展而展开的天赋心理注意能力能导致学习潜能的提高,这又导致皮亚杰阶段的出现(至少在可以发现阶段的那种误导的情境内)。一种“误导的情境”是:作为突现的那种格式(不是作为知觉特性的结果,就是过去的学习—习惯)事实上对于正确的任务解决是不方便、不适宜的。

关于第一个问题,帕斯卡—莱昂内表明,一种中心注意机制必须包括处于动力性(系统性)相互作用的四种不同种类的过程(或“硬件”—“软件”操作子):(1) 中心激活性“心理能量”机制(简称 M);(2) 中心抑制性“注意中断”(简称 I);(3) 产生注意封闭的一种中心机制——也许凭借一种能降低(根据某种“最小原则”)由心理注意“通道”(beam)所创造的神经激活区的皮层侧抑制过程;(4) 一组能推动、控制和适当分派这些资源的执行过程(“软件”——计划和监控格式)。值得说明的是,首先,M(或激活)机制是需要,因为没有它,我们就不能解释处理任务复杂性的极大能力——跨任务和背景领域——的突然的、再发性的出现,甚至在先前的学习经验可能是误导的那种任务中。这是“发展—阶段过渡”的可靠标志。其次,正是由于假定了中心抑制机制(或一种提高了的加工速度),我们用不着落入一种学习悖论就能解释这些数据。同样,学习机制——与 M 操作子一起——并不能解释达到了阶段过渡年龄的儿童的作业的突然变化。例如,他们在适当的年龄、在以前没有面临的误导任务中解决问题的突然进步(如皮亚杰的“水平面任务”,水平线守恒实验)。在这种情况下,就需要一种中心抑制机制,来解释为什么(突然)儿童既能把正确的推理反应集在一起(可能是作为监控 M 机制以激活相关的任务格式的“执行过程”的结果),又能压倒在特定情境中构成误导因素的习惯性、过于学习的错误反应。

第二个问题,是存在着心理注意机制的长期发展的展开(这是一种容易解释发展阶段的假设),还是心理能力出生后不久就充分展开。帕斯卡—莱昂内认为,有利于前一种假设的是:这对于获得非常复杂的、时间上结构化的技能——这种技能具有一种层级的、构成性的组织化——来说,更好起解释作用,像人的语言、音乐、复杂的“理性的”(符号的但不是直觉的)知识等就是极好的例子。关于语言获得的研究表明，晚期第二语言学习，其语言上的不适当性，会随着儿童的获得年龄而增加，尤其是当青年期以前获得语言的时候。一种有限的(但慢慢发展的)信息处理能力，在需要成分分析的学习任务中是一种优势。就早年获得来说，随着心理注意能力的发展，首先被学习的语言成分，往往是在各阶段该认知活动的简单的、情境上突现的结构成分——它致使更精细的(层次上更高的)成分后来被学会。①

可以说，帕斯卡—莱昂内的"机体论理论"比皮亚杰"智力从本能中出现"的描述，更具有解释力。但是对于一种合理的发展观来说，不仅要解释后天的东西如何从先天中产生，而且更重要的任务在于怎样为后天丰富的动力性建构过程留下广阔的空间或余地。正是在这里，皮亚杰的建构论大有可为。为了应对当代新天赋论的挑战，必须把研究重点扩大到天赋规定的范围之外。一方面，我们承认有领域特殊性的天赋制约。"领域特殊性的制约通过限制所容纳的假设空间而加强学习。它们使婴儿能只接受那些最初以特定方式加工的数据材料作为输入。加工的领域特殊性一开始就为婴儿提供了有限的但又是有组织的(非混沌的)系统，而不是只在皮亚杰说的感知运动末期才能这样做。"②另一方面，也是更重要的方面，我们必须强调发展的领域普遍性的过程。这一过程的实质(或核心)就是皮亚杰的以动作或活动为基础的主客体相互作用。因为道理很清楚，无论我们所说的"天赋"成分是什么，它也只有通过与物理/社会文化环境的相互作用才能成为我们的认知潜能的一部分；而在它接受到输入之前，它只能是潜在的可能性。更何况输入又会反过来影响儿童随后的脑发育和认知发展。因此，皮亚杰建构论与乔姆斯基的纯粹天赋论不同，后者专注于生物学上预先规定的模块，为丰富的后成建构过程只留下极小的余地；皮亚杰也与一般的领域特殊论者往往集中于所谓"输入系统"(感觉、知觉、语言、面孔识别等)这种低级认知系统不同，他更注重输出系统即儿童的动作特别是运算(具体和形式思维)这样的高级认知系统。很显然，对高级认知系统的说明要求有助于后成建构式发展。根据皮亚杰的反省抽象理论，正是动作迁移到内化思维平面上，才使得更大的认知灵活性和普遍性——皮亚杰所谓包含可能性的以及看不见的东西的"非时间性宇宙"——成为可能。如果说婴儿的输入系统包含更多的天赋制约的话，那么儿童的输出系统、高级认知系统(思维、问

① Pascual-Leone, J. (2000). Is the French Connection Neo-Piagetian? Not nearly enough! *Child Development*, Vol. 71, No. 4, pp. 843～845.

② A·卡米洛夫—史密斯著，缪小春译：《超越模块性——认知科学的发展观》，华东师范大学出版社 2001 年版，第 11 页。

题解决、逻辑推理等)将会离天赋制约的东西越来越远。这样,在皮亚杰传统建构论基础上,坚持一种天赋制约与后成建构相互作用的动力观,就是未来儿童发展研究所迫切需要的合理的发展观。

参考文献

中文文献

C·阿特金森著,熊哲宏译:《皮亚杰的平衡模式》,《心理发展与教育》,1991年第2期。

奥布霍娃著,史民德译:《皮亚杰的概念:赞成与反对》,商务印书馆1988年版。

玛格丽特·博登著,谢小庆、王丽译:《皮亚杰》,法律出版社1992年版。

德里克·博伊尔著,熊哲宏摘译:《皮亚杰对教育贡献的神话》,《外国教育研究》,1999年第3期。

陈元晖著:《论冯特》,上海人民出版社1979年版。

丁芳:《儿童的道德判断、移情与亲社会行为的关系研究》,《山东师大学报》(社会科学版),2000年第5期。

丁芳:《儿童的观点采择、移情与亲社会行为的关系》,《山东教育学院学报》,2001年第1期。

丁芳:《论观点采择与皮亚杰的去自我中心化》,《山东师范大学学报》(人文社会科学版),2002年第6期。

丁芳:《儿童心理理论研究的皮亚杰理论基础》,《山东教育学院学报》,2002年第6期。

丁芳:《儿童心理理解研究的先驱——皮亚杰的观点》,《济南教育学院学报》,2002年第6期。

丁芳:《儿童心理理论的发展及其与执行功能的关系》,《华东师范大学学报》(教育科学版),2005 年第 3 期。

丁芳、李其维:《幼儿心理理论与执行功能关系的研究》,《心理科学》,2005 年第 3 期。

丁芳、熊哲宏:《儿童心理理论研究的一个新方向》,《心理科学》,2003 年第 5 期。

方富熹:《介绍皮亚杰的临床法》,《心理学动态》,1987 年第 2 期。

方富熹、方格:《初入学儿童认知发展中的个别差异和个人内部差异初探》,《心理学报》,1991 年第 4 期。

方富熹、方格、刘范:《略论儿童认知发展是阶段性和连续性的统一》,《心理学报》,1988 年第 1 期。

J·弗内歇:《总序》,见《皮亚杰发生认识论精华译丛》(五卷本),华东师范大学出版社 2005 年版。

J·弗内歇、李其维:《皮亚杰理论,新皮亚杰学派及其他——Jacques Vonèche 教授访谈录》,《心理科学》,2000 年第 4 期。

高觉敷主编:《西方近代心理学史》,人民教育出版社 1982 年版。

顾蓓晔、李其维:《罗比·凯斯的儿童思维发展阶段论》,《心理发展与教育》,1992 年第 4 期。

R·基奇纳著,熊哲宏译:《皮亚杰与康德主义》,《哲学译丛》,1993 年第 4 期。

蒋明澄著:《心理科学史》,电子科技大学出版社 1996 年版。

蒋一之:《皮亚杰的道德发展理论及其教育意义》,《外国教育研究》,1997 年第 4 期。

A·卡米洛夫—史密斯著,缪小春译:《超越模块性——认知科学的发展观》,华东师范大学出版社 2001 年版。

罗比·凯斯主编,屠美如、周欣等译:《智能的阶梯——儿童发展的新皮亚杰理论》,南京师范大学出版社 1999 年版。

康德著,韦卓民原译,曹方久、唐有伯整理:《纯粹理性批判》,华中师范大学出版社 1991 年版。

匡春英、熊哲宏:《"新皮亚杰学派":近期研究进展与走向述评》,《襄樊学院学报》,2000 年第 6 期。

雷永生、王至元、杜丽燕等著:《皮亚杰发生认识论述评》,人民出版社 1987 年版。

约翰·马丁·里奇、约瑟佛·L·戴维提斯著,姜飞月译:《道德发展的理论》,黑龙江人民出版社 2003 年版。

李放放、熊哲宏:《福多和卡米洛夫—史密斯:关于“心理模块”的两种探讨》,《襄樊学院学报》,2003 年第 6 期。

李其维:《皮亚杰关于形式思维的运算逻辑概论》,《心理科学通讯》,1984 年第 4 期。

李其维:《发生认识论的理论框架》,《华东师范大学学报》(哲学社会科学版),1986 年第 6 期。

李其维:《皮亚杰发生认识论原理》,见《西方心理学的新发展》,人民教育出版社 1987 年版。

李其维:《试析发生认识论中“平衡化”范畴》,《华东师范大学学报》(哲学社会科学版),1988 年第 2 期。

李其维:《关于研究形式思维的组合性系统和 INRC 群的方法论探讨》,《心理学报》,1989 年第 4 期。

李其维:《Hans Furth 的图形—符号逻辑及其对研究心理逻辑学的方法学的启示》,《心理科学》,1991 年第 3 期。

李其维:《皮亚杰教育思想评述》,见《外国教育家评传(3)》,上海教育出版社 1992 年版。

李其维著:《皮亚杰心理逻辑学》,扬智文化事业股份有限公司 1995 年版。

李其维著:《破解“智慧胚胎学”之谜》,湖北教育出版社 1999 年版。

李其维:《“发生认识论”的未来发展》,见《当代中国心理学》,人民教育出版社 2001 年版。

李其维:《皮亚杰关于认知发展的形式化理论——〈态射与范畴:比较与转换〉导读》,见《态射与范畴:比较与转换》,华东师范大学出版社 2005 年版。

李其维:《发生认识论与逻辑——〈走向一种意义的逻辑〉导读》,见《走向一种意义的逻辑》,华东师范大学出版社 2005 年版。

李其维:《策划者后记》,见《皮亚杰发生认识论精华译丛》(五卷本),华东师范大学出版社 2005 年版。

李其维、弗内歇:《皮亚杰发生认识论若干问题再思考》,《华东师范大学学报》(哲学社会科学版),2000 年第 5 期。

李颖:《维果茨基与皮亚杰关于儿童自我中心言语问题的比较研究》,《南京师大学报》(社会科学版),1999 年第 5 期。

梁文涛:《论皮亚杰的活动教学观与素质教育》,《教育理论与实践》,2000 年第 8 期。

杰柯·梅勒、伊曼纽·都朋著,洪兰译:《天生婴才:重新发现婴儿的认知世界》,九州图书出版社 1999 年版。

S·A·米勒著,郭力平等译:《发展的研究方法(第二版)》,华东师范大学出版社 2004 年版。

皮亚杰著,傅统先译:《儿童的语言与思维》,文化教育出版社 1980 年版。

皮亚杰著,王宪钿等译:《发生认识论原理》,商务印书馆 1981 年版。

皮亚杰著,傅统先译:《教育科学与儿童心理学》,文化教育出版社 1981 年版。

皮亚杰著,傅统先译:《儿童的心理发展》,山东教育出版社 1982 年版。

皮亚杰著,傅统先、陆有铨译:《儿童的道德判断》,山东教育出版社 1984 年版。

皮亚杰著,倪连生、王琳译:《结构主义》,商务印书馆 1984 年版。

皮亚杰著,袁晖、郑卫民译:《心理学与认识论》,求实出版社 1988 年版。

皮亚杰著,尚新建等译:《生物学与认识》,生活·读书·新知三联书店 1989 年版。

皮亚杰著,高如峰、陈丽霞译:《儿童智力的起源》,教育科学出版社 1990 年版。

皮亚杰著,卢濬选译:《皮亚杰教育论著选》,人民教育出版社 1990 年版。

皮亚杰著,范祖珠译:《发生认识论》,商务印书馆 1990 年版。

皮亚杰著,洪宝林译:《智慧心理学》,中国社会科学出版社 1992 年版。

皮亚杰著,李文湉译:《行为,进化的原动力》,商务印书馆 1992 年版。

皮亚杰著,熊哲宏主译,李其维审校:《可能性与必然性》,华东师范大学出版社 2005 年版。

皮亚杰著,吴国宏、钱文译,李其维审校:《关于矛盾的研究》,华东师范大学出版社 2005 年版。

皮亚杰、加西亚著,李其维译:《走向一种意义的逻辑》,华东师范大学出版社 2005 年版。

皮亚杰、加西亚著,姜志辉译:《心理发生和科学史》,华东师范大学出版社 2005 年版。

皮亚杰、英海尔德著,吴福元译:《儿童心理学》,商务印书馆 1980 年版。

皮亚杰、亨里克、阿希尔著,刘明波等译,李其维审校:《态射与范畴:比较与转换》,华东师范大学出版社 2005 年版。

全国高校儿童心理学教学研究会编:《当前儿童心理学的进展》,北京师范大学出版社 1984 年版。

申继亮、李虹、夏勇、刘立新:《当代儿童青少年心理学的进展》,浙江教育出版社 1993 年版。

谭秋桂:《皮亚杰论儿童言语社会化》,《心理科学》,1996 年第 5 期。

B·J·瓦兹沃思著,徐梦秋、沈明明译:《皮亚杰的认知和情感发展理论》,厦门大学出版社 1989 年版。

王巍、寇世琪:《追寻人类语言的来源——析乔姆斯基与皮亚杰、普特南的哲学争论》,《自然辩证法通讯》,1998 年第 2 期。

王振宇编著:《儿童心理发展理论》,华东师范大学出版社 2000 年版。

维果茨基著,余震球选译:《维果茨基教育论著选》,人民教育出版社 1994 年版。

维果茨基著,李维译:《思维与语言》,浙江教育出版社 1997 年版。

维果茨基,龚浩然等译:《维果茨基儿童心理与教育论著选》,杭州大学出版社 1999 年版。

吴道平:《自然?使然?——皮亚杰与乔姆斯基的一场辩论》,《读书》,1995 年第 12 期。

张新立著:《儿童认知发展研究——一种新皮亚杰学派观》,四川教育出版社 1999 年版。

熊哲宏:《论皮亚杰对弗洛伊德精神分析的发生学转换》,《华中师范大学学报》(哲社版),1992 年第 2 期。

熊哲宏:《论皮亚杰的辩证法》,《华中师范大学学报》(哲社版),1994 年第 6 期。

熊哲宏著:《皮亚杰哲学导论》,华中师范大学出版社 1995 年版。

熊哲宏:《论皮亚杰作为心理学方法论的"心理学解释"》,《华中师范大学学报》(哲社版),1996 年第 3 期。

熊哲宏:《生理因果性和意识蕴涵之间的同构论——论皮亚杰的心身关系理论》,《齐齐哈尔师范学院学报》,1996 年第 4 期。

熊哲宏:《心灵深处的王国——弗洛伊德的精神分析学》,湖北教育出版社 1999 年版。

熊哲宏:《皮亚杰发生认识论的康德哲学框架》,《华东师范大学学报》(教育科学版),2000 年第 3 期。

熊哲宏:《皮亚杰理论与康德先验范畴体系》,《襄樊学院学报》,2000 年第 6 期。

熊哲宏:《儿童“心理理论”发展的“理论论”(The theory-theory)述评》,《心理科学》,2001年第3期。

熊哲宏:《什么是“儿童心理理论”? ——评儿童心理理论发展研究中的“概念混淆”》,《华中师范大学学报》,2001年第5期。

熊哲宏:《论心理学“解释”与“理解”的统一——整合维果茨基与皮亚杰理论的一种途径》,见《心理学探新论丛》,南京师范大学出版社2001年版。

熊哲宏:《从皮亚杰的人格形成及其特征看他对教育的真实态度》,《教育研究与实验》,2001年第4期。

熊哲宏:《论认知“中心系统”的模块性——消除J. Fodor“心理模块性”的悖论》,《襄樊学院学报》,2001年第6期。

熊哲宏:《论儿童的文化发展与个体发展的统一——维果茨基与皮亚杰理论整合研究论纲》,《华东师范大学学报》(教育科学版),2002年第1期。

熊哲宏:《论“心理模块性”研究的理论心理学意义》,《心理学探新》,2002年第1期。

熊哲宏:《皮亚杰早期思想与康德的影响》,《襄樊学院学报》,2002年第3期。

熊哲宏著:《皮亚杰理论与康德先天范畴体系研究》,华中师范大学出版社2002年版。

熊哲宏:《儿童发展的“表征重述模型”(RR Model):是一种对皮亚杰理论的反叛吗?》,《华中师范大学学报》(人文社会科学版),2002年第4期。

熊哲宏:《论儿童“领域特殊”发展与“领域普遍”发展的统一——整合皮亚杰理论与当代模块论》,《西北师大学报》(社会科学版),2002年第4期。

熊哲宏:《“心理模块”概念辨析——兼评J. Fodor经典模块概念的几个构成标准》,《南京师大学报》(社会科学版),2002年第6期。

熊哲宏、匡春英:《皮亚杰对儿童语言发展研究的贡献——兼论〈儿童的语言与思维〉的历史地位》,《河南教育学院学报》(哲学社会科学版),2001年第2期。

熊哲宏、李其维:《模拟论、模块论与理论论:儿童“心理理论”发展的三大解释理论》,《华东师范大学学报》(教育科学版),2001年第2期。

熊哲宏、李其维:《“达尔文模块”与认知的“瑞士军刀”模型》,《心理科学》,2002年第2期。

熊哲宏、李其维:《译校者前言》,见《可能性与必然性》,华东师范大学出版社2005年版。

熊哲宏、周克武:《关于皮亚杰学派历史局限性的再评价》,《襄樊学院学报》,1999 年第 3 期。

许政援、沈家鲜、吕静、曹子方编:《儿童发展心理学教学参考资料》,吉林教育出版社 1987 年版。

杨宁、王玉:《论幼儿自言自语的自我调节作用》,《华南师范大学学报》(社会科学版),2004 年第 2 期。

英海尔德:《序言》,见《走向一种意义的逻辑》,华东师范大学出版社 2005 年版。

俞晓琳:《略论皮亚杰理论对科学教育的启示》,《教育研究》,1997 年第 1 期。

张春兴著:《心理学思想的流变——心理学名人传》,上海教育出版社 2002 年版。

张卿著:《学与教的历史轨迹——20 世纪的教育心理学》,山东教育出版社 1995 年版。

张卫、林崇德:《论儿童发展的新皮亚杰理论》,《华南师范大学学报》(社会科学版),2002 年第 4 期。

赵壁如主编:《现代心理学发展中的几个基本理论问题》,中国社会科学出版社 1982 年版。

朱智贤著:《儿童心理学》(1993 年修订版),人民教育出版社 1993 年版。

朱智贤、林崇德著:《儿童心理学史》,北京师范大学出版社 1988 年版。

左任侠:《略论皮亚杰理论对教育的影响》,《心理科学通讯》,1983 年第 1 期。

左任侠、李其维主编:《皮亚杰发生认识论文选》,华东师范大学出版社 1991 年版。

英文文献

Atkinson, C. (1983). *Making sense of Piaget*. London: Routledge & Kegan Paul.

Botterill, C., Carruther, P. (1999). *The philosophy of psychology*.

Cambridge: Cambridge University Press.

Bradmetz, J. (1992). Intraindividual changes in the development of operational intelligence of children: A longitudinal analysis of 4-to 9-year-old children's strategies. *Archives de Psychologie*, Vol. 60.

Bradmetz, J. (1993). Are there stages of development within the concrete operations stage? *Archives de Psychologie*, Vol. 61.

Bradmetz, J. (1995). Intraindividual changes in cognitive development: A connexionist approach. *Archives de Psychologie*, Vol. 63.

Bradmetz, J. (1996). The form of intellectual development in children age 4 through 9. *Intelligence*, Vol. 22.

Case, R. (1972). Learning and development: A neo-piagetian interpretation. *Human Development*, No. 15.

Case, R., Edelstein, W. (1993). Introduction: Structural approaches to individual differences. In: R. Case, W. Edelstein (Eds.). *The new structuralism in cognitive development. Theory and research on individual pathways. Contributions to human development* (Vol. 23). New York: Karger.

Chomsky, N. (1988). *Language and problems of knowledge*. Cambridge, MA: MIT Press.

Chomsky, N. (1992). On cognitive structure and their development. In: B. Beakley, P. Ludlow (Eds.). *The philosophy of mind*. Mass: MIT Press.

Commons, M. L., Miller, P. P., Kuhn, D. (1982). The relation between formal operational reasoning and academic course selection and performance among college freshmen and sophomores. *Journal of Applied Developmental Psychology*, Vol. 3.

Cosmides, L., Tooby, J. (1994). Origins of domain specificity: The evolution of functional organization. In: L. A. Hirschfeld, S. A. Gelman (Eds.). *Mapping the mind: Domain specificity in cognition and culture*. Cambridge: Cambridge University Press.

de Ribaupierre, A. (1994). Commentary. *Human Development*, Vol. 37.

de Ribaupierre, A., Pascual-Leone, J. (1979). Formal operations and M Power: A neo-Piagetian investigation. In: D. Kuhn (Ed.). *Intellectual development beyond childhood. New Directions for Child Development* (*Vol. 5*). *San Francisco: Jossey-Bass.*

de Ribaupierre, A., Rieben, L. (1985). Individual differences and operational functioning. *Archives de Psychologyie*, Vol. 53.

de Ribaupierre, A., Rieben, L. (1995). Individual and situational variability in cognitive development. *Educational Psychologist*, Vol. 30.

Fischer, K. W., Grannot, N. (1995). Beyond one-dimensional change: Parallel, concurrent, socially distributed processes in learning and development. *Human Development*, Vol. 38.

Fischer K. W., Paré-Blagoev, J. (2000). From individual differences to dynamic pathways of development. *Child Development*, Vol. 71, No. 4.

Fodor, J. (1998). *In critical condition: Polemical essays on cognitive science and the philosophy of mind*. Cambridge: The MIT Press.

Gelman, S. (1999). Domain-specificity. In: R. A. Wilson, F. C. Keil (Eds.). *The MIT encyclopedia of the cognitive sciences*. Cambridge: MIT Press.

Gelman, S. (2000). Domain specificity and variability in cognitive development. *Child Development*, Vol. 71, No. 4.

Gould, S. J. (1996). *Full house, The spread of excellence from Plato to Darwin*. New York: Crown.

Gopnik, A. (1996). The scientist as child. *Philosophy of Science*, Vol. 63.

Gruber, H. (1982). Piaget's mission. *Social Research*, Vol. 49, No. 1.

Gruber, H., Vonèche, J. (Eds.) (1977). *The essential Piaget*. New York: Basic Books.

Hofmann, R. J. (1982). Potential sources of structural invalidity in Piagetian and Neo-Piagetian assessment. In: S. Modgil et al. (Eds.). *J. Piaget: Consensus and controversy*. London: Holt, Rinehart and Winston.

Inhelder, B., Chipman, H. H. (Eds.) (1976). *Piaget and his school*. New York: Springer-Verlag.

Inhelder, B., Piaget, J. (1971). Closing remarks. In: D. R. Green et al. (Eds.). *Measurement and Piaget*. New York: McGraw-Hill.

Inhelder, B., Sinclair, H., Bovet, M. (1974). *Learning and struc-*

tures of knowledge. Paris: Presses Universitaires de France.

Kant, I. (1964). *Critique of pure reason*. New York: St. Martin Press.

Karmiloff-Smith, A. (1992). *Beyond modularity: A developmental perspective on cognitive science*. Cambridge, MA: MIT Press.

Kitchener, R. F. (1986). *Piaget's theory of knowledge*. New York: Yale University Press.

Larivée, S., Normandeau, S., Parent S. (2000). The French connection: Some contributions of French-language research in the post-Piagetian era. *Child Development*, Vol. 71, No. 4.

Lautrey, J. (1980). Intraindividual variability in the level of operational development and its theoretical implications. *Bulletin de Psychologie*, Vol. 345.

Lautrey, J., de Ribaupierre, A., Rieben, L. (1981). Can operational development take different forms in different children? *Journal de Psychologie Normale et Pathologique*, Vol. 78.

Lawson, A. E. (1985). A review of research on formal reasoning and science teaching. *Journal of Research in Science Teaching*, Vol. 22.

Longeot, F. (1969). *Differential psychology and operational theory of intelligence*. Paris: Dunod.

Longeot, F. (1978). *Piagetian stages and factors of intelligence*. Grenoble: Presses Universitaires de Grenoble.

Lourenco, O., Machado, A. (1996). In defense of Piaget's theory: A reply to 10 common criticisms. *Psychological Review*, Vol. 103, No. 1.

Meltzoff, A., Gopnik, A., Repacholi, B. M. (1999). Toddler's understanding of intention, desires and emotions: Explorations of the dark ages. In: P. D. Zelazo et al. (Eds.). *Developing theories of intention*. New Jersey: Lawrence Erlbaum.

Pascual-Leone, J. (2000). Is the French Connection Neo- Piagetian? Not nearly enough! *Child Development*, Vol. 71, No. 4.

Pelletier, D., Larivée, S., Coutu, S., Parent, S. (1989). The effect of selection and academic profiles on the cognitive performance of university students. *Canadian Journal of Higher Education*, Vol. 19.

Piaget, J. (1932). Preface to the Russian edition. In: J. Piaget. *Ri-*

etch I michlenie ribienka. Moscow & Leningrad: Itchliedgiz.

Piaget, J. (1959). *Judgment and reasoning in the child*. Totowa, New Jersey: Littlefield, Adams.

Piaget, J. (1960). The general problems of the psychobiological development of the child. In: J. M. Tanner, B. Inhelder (Eds.). *Discussions on child development: Vol. IV. The fourth meeting of the World Health Organization study group on the psychobiological development of the child*. London: Tavistock.

Piaget, J. (1962). Comments. In: L. Vygotsky, *Thought and language*. Cambridge, MA: MIT Press.

Piaget, J. (1962). *Play, dreams and imitation in childhood*. New York: Norton.

Piaget, J. (1969). *The mechanism of perception*. New York: Basic Books.

Piaget, J. (1970). *Science of education and the psychology of the child*. New York: Orion Press.

Piaget, J. (1970). *Genetic epistemology*. New York: Columbia University Press.

Piaget, J. (1971). *Insights and illusions of philosophy*. New York: Meridian Books.

Piaget, J. (1972). Intellectual evolution from adolescence to adulthood. *Human Development*, Vol. 15.

Piaget, J. (1974). *The child and reality*. London: Muller.

Piaget, J. (1986). *Possibility and necessary* (*I*, *II*). Minneapolis: University of Minnesota Press.

Pylyshyn, Z. W. (1987). What is in a mind? *Synthese*, Vol. 70.

Reuchlin, M. (1964). Intelligence: Operational genetic and factorial conceptions. *Revue Suisse de Psychologie Pure et Appliquée*, Vol. 23.

Reuchlin, M. (1973). A hypothesis about modeling and performing in natural thinking. *Journal de Psychologie Normale et Pathologique*, Vol. 70.

Reuchlin, M. (1977). Piaget and the differential psychology. *Bulletin de Psychologie*, Vol. 30.

Reuchlin, M. (1978). Vicarious processes and individual differences.

Journal de Psychologie, Vol. 2.

Reuchlin, M., Bacher, F. (1989). *Individual differences in the cognitive development of children*. France: Presses Universitaires de France.

Rieben, L., de Ribaupierre, A., Lautrey, J. (1990). Structural invariants and individual modes of processing: On the necessity of a minimally structuralist approach of development for education. *Archives de Psychologie*, Vol. 58, No. 224.

Scholnick, E. K., et al. (1999). *Conceptual development: Piaget's legacy*. Mahwah, New Jersey: Lawrence Erlbaum.

Smith, L. (1993). *Necessary knowledge: Piagetian perspectives on constructivism*. Hove: Lawrence Erlbaum.

Smith, L., Dockrell, J., Tomlinson, P. (Eds.) (1997). *Piaget, Vygotsky and beyond: Future issues for developmental psychology and education*. London: Routledge.

Smith, N. K. (1962). *A commentary to Kant's "critique of pure reason"*. New York: Humanities Press.

Sugarman, S. (1987). *Piaget's construction of the child's reality*. Cambridge: Cambridge University Press.

Tryphon, A, Vonèche, J. (Eds.) (1996). *Piaget-Vygotsky: The social genesis of thought*. Hove: Psychology Press.

Vidal, F. (1994). *Piaget before Piaget*. Cambridge, MA: Harvard University Press.

Vonèche, J. (1999). The origin of Piaget's ideas about genesis and development. In: E. K. Scholnick et al. (Eds.). *Conceptual development: Piaget's legacy*. New Jersey: Lawrence Erlbaum.

Vygotsky, L. S. (1962). *Thought and language*. MA: MIT Press.

Vygotsky, L. S. (1978). *Mind in Society. The development of higher psychological processes*. Cambridge, MA: Harvard University Press.

Vygotsky, L. S. (1987). *The collected works of L. S. Vygotsky: Vol. 1. Problems of general psychology*. New York: Plenum.